개정증보판

새로쓴 농업경영학의 이해

개정증보판

새로쓴 농업경영학의 이해

심영근 · 이상무 공저

삼경문화사

개정 증보판을 내면서

이 책이 나온지 벌써 5년이 되었다. 그동안 한국농업은 여러 가지 면에서 많은 변화를 경험하였지만, WTO 협정 이후 우려되었던 큰 충격은 오히려 예상보다는 덜하지 않았나 하는 얘기도 있다. 최근의 IMF 사태가 더욱 큰 충격을 준 것으로 느껴진다. 이러한 어려움 속에서도 우리 농업경영은 꿋꿋하고 당당하게 자라나고 있다고 믿는다. 많은 실력있는 농업경영자들이 세계 시장의 무한 경쟁에서 살아남고 제 힘으로 이겨내기 위해 땀 흘리고 머리를 쓰고 있는 것을 도처에서 목격하고 확인할 수 있기 때문이다.

이 책은 처음 나온 이후 대학 교재로 나름대로 괜찮다는 반응을 얻어서 꾸준히 이용되어 온 것으로 알고 있으나, 그동안의 우리 농업과 관련된 통계자료 등을 최근 수치로 수정하고 책의 구성면에서도 몇 가지 보완할 필요성이 제기되었기 때문에 이렇게 개정 증보판을 내게 되었다.

개정 증보의 주요 내용은 첫째, 생산경제학의 이론부분을 비롯해서 조금 오래된 이론적 내용을 과감히 줄이는 대신에 농업경영관리의 실무적 방법과 이론을 많이 보강하였다는 점을 들 수 있다. 이에 따라 책의 편제도 상당히 변경하였다.

둘째는 통계수치와 관련된 내용들을 1997년 말 현재치로 수정하여 최근의 농업경영의 실상을 최대한 반영하도록 노력하였다는 점이다.

셋째는 가급적 실제 경영상의 문제에 최대한 접근해서 이론적인 교과서로서뿐만이 아니라 실제 농업경영자의 경영관리 실무에 도움이 되도록 배려하였다는 점이다.

아쉬운 점은 시간에 쫓겨서 애초에 계획했던 농업경영정보화와 전산화에 의한 DSS(의사결정 지원체계) 부분을 이번에도 포함시키지 못했고, 그동안의 농업경영의 변동분석과 미래지향적인 농업경영의 모델 제시, 식품체계 및 농업경영서비스체계와 농업경영의 관계에 대한 해설, 농업경영정책의 방향과 정책수단 등에 대한 부분도 구상은 해놓고 있으나 원고를 완성하지 못해 이번 개정 증보판에 반영하지 못한 점이다.

이 부분들은 다음 기회에 반드시 포함시키도록 노력할 것을 약속하면서 이 책을 이용하는 많은 분들의 평가와 편달을 바라 마지않는다.

아울러 이 책이 다시 개정 증보되어 나오기까지 여러모로 도와 준 서울대 농대 최영찬 교수, 농림수산정보센터 한상도 과장, 코아기획 윤종현 사장에게 감사드린다. 특히 공저자 이상무 교수의 존경하는 선배이신 정 디자인의 정병규 사장과 박한수 과장의 도움이 없었으면 끝까지 이 책을 다시 펴낼 엄두조차 내지 못할 형편이었음을 고백하면서 특별한 감사의 말씀을 드린다. 또한 이 책의 출판을 맡아주신 삼경문화사와 인쇄・제본을 기꺼이 해주신 동양문화인쇄(주) 윤병태 사장, 온종희 상무께도 깊은 감사의 말씀을 드린다.

1999년 밝아오는 새해초에
저자대표 **沈永根**

■ 초판 서문

책 머리에

최근 우리나라 농업은 급격한 농촌인구 감소에 따른 노동력 부족과 이로 인한 노임상승이라는 대내적 어려움이 가속적으로 심화되고 있다. 거기다가 엎친데 덮친 격으로 무역자유화라는 세계적 대세에 밀려 농산물 수입개방의 거센 압력에 직면함으로써 실로 우리 농업이 존폐(存廢)의 기로(岐路)에 서 있다고 해도 과언이 아닌 실정이다. 이러한 난국을 타개하는 길은 정부의 적극적인 농업구조개선 정책과 함께 우리의 농업과 농촌을 지키고 살리려는 국민적 노력에 달려 있다고 하겠다.

특히 이 시점에서 우리 농업분야에 종사하는 모든 사람들에게 무엇보다도 절실히 요구되는 것은 스스로의 농업을 수지맞고 소득이 높은 현대적인 경영으로 끌어 올리려는 의욕과 자세이며, 더 나아가서는 우리 농업을 국제적으로 개방된 자율시장체제에 장기적으로 적응시켜 나가는 경영능력이 아닐 수 없다. 왜냐하면 수지맞고 소득이 높은 농업경영이야말로 이 나라 농업의 활로를 보장하는 궁극적인 길이기 때문이며, 이러한 목표를 달성하기 위해서는 정부의 정책이나 국민적 노력에 앞서서 우리 농업을 영위하는 경영태도와 경영수준이 먼저 한 차원 높이 향상되어야 한다고 믿기 때문이다. 이제 우리도 「농민(農民)」이라는 애매한 말 대신에 「농업자(農業者)」 또는 「농업경영자(農業經營者)」라는 정확하고 의미있는 용어를 쓰도록 유도해야 할 때가 아닌가 한다.

이러한 뜻에서 지난 1978년에 발간하였던 「농업경영학개론」을 새로운 각도에서 다시 편집·보완하고 누구나 이해하기 쉽도록 한글 전용체의 쉬운 문장으로 정리하여 이 책을 출판하게 되었다. 특히 이번에는 그동안 농업정책 분야의 실제적인 경험과 평소 농업경영에 대한 많은 관심을 가지고 있는 농림수산부의 李相茂 국장과 공동으로 저작함으로써 이론적인 부분과 함께 실무적인 부분을 많이 보완하였다고 생각한다. 이 책의 기본구조는 지난 번과 비슷하게 3편으로 나누어 집필하였으며, 앞의 책에 수록된 내용은 거의 빠짐없이 다시 수록하되 현재의 시점에 맞게 통계자료 등을 새로이 정비하였고, 서술도 이에 맞게 재정리하였다. 여기에 덧붙여 최근에 나온 여러 가지 경영관리에 관한 이론과 기법(技法)들을 가급적 쉽게 요약하여 보완하였고, 농업경영의 기초가 되는 몇 가지 항목들을 추가하여 재편집하였다.

· 제1편에서는 농업의 특성과 농산물 시장에 대한 설명에서 시작하여 경영관리의 일반이론과 농업경영요소에 관한 이론을 소개하고, 또한 농업경영방식과 경영조직, 경영형태에 관한 이론들을 덧붙여 설명하였다.

· 제2편에서는 농업경영을 합리화하는 데 필수적인 지침이라고 할 수 있는 생산경제학의 기초이론을 알기 쉽게 그림으로 설명하면서, 생산함수와 생산비, 생산요소와 생산물의 합리적 선택과 결합에 관한 이론들을 망라하여 소개하였다.

· 제3편에서는 실제로 농업을 경영하는 데 바로 활용할 수 있는 경영기법을 소개하는 데 주력하여 농업경영분석과 진단 및 설계, 농업부기와 분야별 경영관리기법에 대한 실무적인 설명을 위주로 하였다.

특히 목차와 참고문헌, 찾아보기를 좀더 체계화함으로써 독자의 편의와 학생들의 공부에 도움이 되도록 노력하였다는 점을 덧붙인다.

이러한 이론들을 우리 농업경영의 현실에 그대로 적용하기에는 다소의 어려움이 없지 않을 것으로 생각된다. 그러나 우리 농업이 한 차원 높은 합리적 경영으로 발전하지 않고서는 당면한 대내외적인 시련과 도전을 극복해 낼 수 없다는 것이 이 책을 새로이 출판하게 된 기본 입장이자 저자의 변함없는 소신이라는 것을 밝혀두고자 한다.

이 책을 발간함에 있어서 여러분들이 힘써 협력해주셨는데, 특히 농림수산정보센터의 權東燮 사장과 金漢珉, 李聖模 씨 두 분의 힘이 컸으며, 원고를 정리하고 타자와 교정 등 궂은 일들을 맡아 해 준 농업공무원교육원의 黃熙宣, 농림수산부의 柳利鉉 씨와 丁惠淑, 崔敬姬, 金賢美 양, 농림수산정보센터의 裵道洙, 張甲鎭, 權珍祐 씨 등 여러분에게 감사의 말씀을 드린다.

끝으로 이 책이 앞으로 우리나라 농업경영의 발전과 농업경영학의 연구에 조그마한 기여나마 할 수 있게 되기를 바라면서 독자 여러분의 유익한 충고와 조언을 기대해 마지않는 바이다.

1993년 7월
저자대표 **沈永根**

새로쓴 농업경영학의 이해 — 차례

제 1 편

농업경영의 기초이론

1. 농업경영과 농업경영학

2. 농업경영 요소

3. 농업경영 조직

제2편 농업경영관리와 생산경제학

1. 경영관리의 기초이론

2. 농업경영관리

제 3 편 농업경영분석과 진단 · 계획

1. 경영실태 분석

2. 경영진단

3. 경영예측과 경영계획

표 · 그림 · 양식

■ 표

■ 그림

■ 양식

제 1 편

농업경영의 기초이론

1. 농업경영과 농업경영학
2. 농업경영 요소
3. 농업경영 조직

1
농업경영과 농업경영학

1 — 농업경영이란 무엇인가

농업경영이란 무엇인가. 이를 간단하게 말하기는 어렵다. 왜냐하면 농업이란 생산활동과 경영이란 개념이 함께 명백히 이해되어야 하기 때문이다. 농업의 특질은 한마디로 말해서 농산물을 생산하는 것이다. 생산할 수 있는 농산물의 종류는 곡물, 과실, 누에고치, 가축, 채소 등 참으로 광범하다. 이를 생산하는 데 있어서의 기술적인 면을 곡물농업에서 보면 작물의 생육력을 이용하기 위하여 경지에 파종을 하여 중경(中耕), 제초, 시비(施肥) 등의 비배관리를 하는 재배기간이 경과된 후에야 비로소 곡물의 수확이 가능하게 된다. 다시 말하면 토지, 종자, 농약, 비료 등의 생산수단에 여러 가지 생산기술을 적용하는 인간의 노동력을 가해야만 농산물을 생산하게 되는 것이다.

농업생산을 하는 농가의 목적은 생산 그 자체에 있는 것이 아니고 이를 가족의 식량으로 이용하거나 경영에 필요한 투자재원의 확보 또는 가계를 영위하는 데 필요한 소득의 확보를 위하여 이를 판매 또는 처분하는 데 있다. 이러한 목적을 충족하려면 많은 양을 생산하는 것은 물론 원래의 가치보다 더 큰 가치를 산출하여야 한다. 왜냐하면 생산에 투입된 각종 생산수단의 가치는 생산과정을 통하여 감소되거나 소모되지만 그 가치는 새로이 만들어진 생산물에 옮겨지면서 그동안 부가된 가치가 덧붙여지기 때문이다. 그러므로 생산이란 물량의 생산에만 뜻이 있는 것이 아니라 가치의 증식이라는 경제적인 의미가 더욱 크다.

농업경영을 인간생활에 필요한 동·식물의 생산만을 담당하는 하나의 작업단위로만 해석한다면 성공적인 농업경영을 위해서는 어떻게 하든지 생산물의 수량을 증대하거나 생산물의 품질을 개량함으로써 그 목적을 달성할 수 있을 것이다. 그러나 농업경영의 본질은 기술면 뿐만이 아니라 경제면에서의 합리화를 떠나서는 논의될 수 없으며, 이는 한정된 자원을 가지고 매년 계속하여 경영목적을 최대로 얻을 수 있을 때, 또는 일정한 경영목적을 달성하기 위해 최소의 비용을 들일 수 있게 될 때 가능하게 되는 것이므로 어떠한 경영조직으로 그러한 목적을 달성할 것인가가 핵심과제가 된다.

좀더 구체적으로 말하자면 각종 시험연구에서 얻어진 기술과 기법은 농업생산의 증대를 위하여 크게 공헌하게 되지만 그것이 곧 농업경영의 합리화를 위한 방법으로 받아들여지지는 못하는 경우가 많다. 예를 들면 벼농사에서 다수확을 가져올 수 있는 기술에는 우리가 알고 있는 것 중에도 여러 가지가 있다. 그렇지만 이것을 실행하기에는 너무 많은 비용이 들어서 경제성 면에서 유리하지 않기 때문에 경영에 도입되지 못함을 흔히 볼 수 있다. 따라서 경제적 목적을 달성하기 위한 수단으로서 농업생산이 행하여질 때 비로소 농업경영의 문제가 논의될 수 있기 때문에 시험장이나 대학에서 시험연구를 위해 농업생산을 하는 것은 농업경영으로 볼 수 없는 것이다.

농업생산의 기술적 · 경제적 의미를 이해하고 나서 농업경영을 정의하면 다음과 같이 된다.[1] "농업인이 일정한 경영목적을 가지고 지속적으로 노동

1) 渡邊兵力 著, 鄭容福 編譯 : 農業經營, 富民文化社 刊, 1989, p.6

력과 토지 및 자본재(농기구, 비료, 사료 등)를 이용하여 작물의 재배(경종, 耕種) 또는 가축의 사양(양축, 養畜) 및 농산가공 등을 함으로써 농산물을 생산하고 그것을 이용, 판매, 처분하는 조직적인 수지(收支)경제단위가 농업경영이다." 따라서 농업경영에서 가장 중요한 것은 일정한 경영목적을 추구한다는 것과, 일정한 조직체이어야 한다는 것이다. 또한 이 조직체는 경영자가 무엇을(작목의 선택), 어떻게 생산하여(기술적 생산), 그 생산물을 어떻게 처리(가공, 저장, 운반, 판매, 소비 등)할 것인가를 결정해야 하며, 경영에 필요한 생산수단의 조달이나 자금의 융통을 통하여 이러한 과정을 운영해 가는 지속적인 재생산활동을 하는 조직체이어야 한다는 것이다.

오늘날의 농업생산 내용은 매우 복잡해서 벼를 비롯한 화곡류(禾穀類), 콩류, 채소, 과실 등의 식용작물과 공예(工藝)작물, 사료작물 등을 재배하는 경종부문 이외에도 여러 종류의 가축과 누에고치 등을 기르는 축잠(畜蠶)부문과 생산된 농산물에 약간의 가공을 하는 농산가공부문 등이 있다. 규모가 작은 전통적 소농(小農)경영에서는 하나의 경영체에 경종부문 뿐만 아니라 축잠, 농산가공부문에 이르기까지 조금씩 전부 영위하는 경우를 흔히 볼 수 있지만 상업적 전문영농단계로 발전할수록 어느 한 부문만의 경영에만 전념하는 경우가 많아지는 경향을 보이게 된다.

여러 부문의 경영을 동시에 영위하거나 경영의 전문화를 기한다고 해서 그것이 곧 바로 경영의 합리화를 의미하는 것은 아니며, 이는 개별 농가나 농장이 가지고 있는 자원과 그 밖의 자연적, 경제적 사정 등에 의해 결정될 성질의 것이다. 같은 지방의 농가라도 각각의 사정에 따라 농업경영의 내용이 다르기 마련이며, 같은 농가라 할지라도 시간의 경과나 여건의 변화에 따라 달라지게 된다. 따라서 어떤 농가에서 성공한 경영방법을 다른 농가가 그대로 모방한다고 해서 같은 결과를 기대할 수는 없는 것이므로 농업경영자는 그때 그때 그 농가의 여러 가지 상황과 조건에 가장 알맞는 합리적인 경영을 위해 무엇을 어떻게 해야 할 것인가를 충분히 생각하여 신중하게 판단하지 않으면 안 된다.

따라서 어떤 경우를 막론하고 농업을 경영하고자 할 때 반드시 합리적으로 생각해야 할 것은 노동력과 토지, 자본재 등의 생산요소를 어떠한 비율로 어떻게 결합했을 때 바라는 농산물을 얼마만큼 생산하게 될 것이며, 나아가서는 이를 어떻게 이용, 판매, 가공할 것인가 하는 선택과 결합의 문제라 할 수 있다. 즉 각 생산부문의 규모를 어느 정도로 할 것이며, 그것을 위해서 생산수단을 어떻게 조달하고 조직화하는 것이 바람직한 농업경영을 계속하는 데 더 유리할 것인가를 판단해야 한다는 것이다. 결론적으로 말하자면 농업경영활동의 영역은 매우 광범위하지만 요약하건대, 첫째 작목의 선택과 구성, 둘째 각 생산부문의 집약도의 결정, 셋째 경영수단의 조달과 조직화, 넷째 생산기술의 선택과 생산과정의 관리, 다섯째 생산물의 처리와 경영성과의 정리에 걸쳐 있다고 할 수 있다.

이를 좀더 현대적 용어로 풀이하면 "농업경영이란 생산, 제도, 기술, 인간요소, 시장, 정책, 환경 등의 변화에 따른 불확실성(risk and uncertainty) 하에서 개별 영농단위가 자체의 경제내외적 목표(goal) 달성을 위해 자원을 배분(resource allocation)하는 농장의 문제해결(problem solving)을 위한 의사결정과정(decision making process)"이라 할 수 있다.

특히 농업경영에 소요되는 토지, 노동, 자본 등 자원은 언제나 한계가 있으므로 부족한 자원(scarce resources)을 효율적으로 배분(efficient allocation)하는 것이 반드시 필요하다. 뿐만 아니라 농업경영의 목표는 소득과 순수익, 생산성과 사회적 지명도 및 여가시간 등 복합적 목표(multiple goals)인 경우가 대부분이므로 이를 조정할 필요가 있다. 또한 농업경영의 환경은 항상 불완전한 정보(imperfect information)로 인해 불확실한 것이다. 예를 들면 가족의 질병발생 가능성과 일기의 변화, 기계·장비의 고장 가능성 등을 비롯하여 조세제도, 토지제도, 법인설립제도 등의 제도와 경제정책, 산업정책, 농업정책 등의 정책의 변화, 새로운 기술과 신소재의 출현, 새로운 수요와 소비자 기호의 변화에 따른 비용구조와 시장구조의 변화, 가격과 이자율, 환율 등 거시경제지표의 변화와 경기변동, 가족구성원의 변화와 노사관계의 변화 등 예측하기 어려운 변화가 엄청나게 많기 때문에 효과적인 농업경영을 위해서는 이에 대비하여 필요한 정보를 최대한 확보·활용해야 한다. 따라서 농업경영은 이러한 한정된 자원과 복합적 경영목표 및 환경변화에 따른 불확실성이라는 세 가지 측면을 충분히 감안하여 최적(最適)의 결정을 내리는 것(optimization)이라 하겠다.

한편 농업생산의 기반이 되는 경지는 잘 관리하면 영원히 그 가치를 감소시키지 않고 계속해서 이용할 수 있으므로 농업경영 또한 1년 단위로 한정하지 않고 매년 반복할 수 있는 하나의 계속체(going concern)로 생각해야 한다. 따라서 특정 연도에만 최대의 수익을 올리려는 농업경영은 바람직한 것이 못된다. 다만 1년간의 경영성과를 파악하여 다른 연도와 비교하기 위해 경영연도를 편의상 1년으로 구분하고 있는 것이다. 다시 말하면 농업경영은 하나의 계속체로서 재생산이 실현될 수 있는 경제단위가 될 때 비로소 그 의의가 있는 것이므로 특정 연도만을 생각하는 농업생산기술은 이러한 관점에서 그 가치를 인정하기 어렵고, 반드시 장기적인 관점에서 경영의 합리화에 어긋나지 않을 때 그 타당성을 인정받을 수 있게 된다는 점을 잊지 말아야 할 것이다.

2 — 농업경영의 목적

농업경영의 목적은 농업을 구성하는 여러 조건에 따라서, 또는 시대의 변천과 더불어 변화하는 성질을 가지고 있다. 어느 시대 어떠한 장소에 있어서도 구별없이 적용될 수 있는 공통적인 경영목적이란 있을 수 없다. 개별농가의 사정, 예를 들면 경지면적, 노동력, 자본 등이 서로 다르기 때문에 각 농가가 택한 농업생산과 경영의 목적은 어느 시대이든 농가 간에 차이가 있기 마련이며, 이것 또한 시대의 변천과 더불어 변화하는 것이다.

화폐경제가 충분히 발달하지 못하고 현물경제가 지배적인 시대의 농업은 생활에 필요한 것을 직접 자기의 농장에서 생산하는 자급자족의 농업이라 할 수 있으므로 되도록 많은 농산물을 생산하는 데 그 경영목표를 두고 있었다. 그러나 오늘날과 같은 화폐경제시대의 농업은 단순히 양적인 증산만을 목표로 하는 것이 아니고 화폐가치로 표현된 조수익(粗收益)을 되도록 크게 하는 한편 그러한 조수익을 가져오는 데 소요되는 경영비를 되도록 적게 하여 그 차액인 순수익을 크게 하는 것을 경영목표로 하는 경우가 대부분이다.

1. 농업경영의 목적에 관한 여러 가지 주장

19세기 초 독일 농학의 개조(開祖)인 테아(A. D. Thaer)는 농업경영의 목적을 "되도록이면 많은 금전적 이익을 계속하여 높이는 데 있다"고 하였다. 여기서의 목표는 되도록이면 생산을 많이 하려는 것이 아니라 총생산가액(價額)으로부터 비용을 공제한 순수익을 계속적으로 많이 올리려고 하는 데 있다는 것이다. 농업입지(立地)의 이론적 연구를 전개한 유명한 학자인 폰 튀넨(J. H. von Thünen)은 그의 저서인 「고립국(孤立國, Der Isolierte Staat)」에서 "여러 가지 종류의 농업경영에 있어서 상대적인 유리성을 결정하는 표준이 되는 것은 지대(地代, rent)이므로 더 많은 지대가 생기게 하는 경영이 더 유리한 경영"이라고 하였다. 이는 농업경영자가 바라는 목적은 경영 총수익으로부터 물재비(物財費), 자본이자 및 노임 등을 공제하고 남는 지대 즉 토지자본 이자를 되도록 많이 얻는 데 있다는 것으로서 테아의 순수익설을 지대설로 좀더 구체화한 것으로 평가된다.

20세기에 들어와서 브링크만(T. H. Brinkmann)이 주장한 농업경영의 목표도 테아와 같이 농업경영의 목표가 "되도록이면 많은 사(私)경제적 이익을 계속적으로 얻는 데"있다고 하였다. 이러한 '이익'이 결국 어디에 존재하는가를 살펴보면 경영자는 그들의 목적을 달성하기 위해서 이용 가능한 경지에 자본과 노동력을 투입하게 되는데, 이때 최대의 이익을 올릴 수 있는 경영 규모는 투입된 최종의 단위 경영비를 그로부터 얻는 조수익으로 보상할 수 있는 수준이라는 것이다. 즉 한계(限界)비용과 한계수익이 일치하는 점까지가 농업 생산의 범위가 된다는 것이다.

이와 같이 사경제적 이익이 농업경영의 목적으로 구체화됨에 있어서 경영자의 입장이나 경영자와 경영요소의 상호관계에 따라 경영의 목적이 달라질 수 있는데도 불구하고 독일의 많은 학자들은 오직 '순수익의 증가'만이 농업경영의 목적이라고 주장하였다. 그렇게 주장하였던 주된 이유를 살펴보면 당시의 독일에는 이미 상당히 큰 규모의 대농경영이 존재하고 있었고, 이것이 농업경영학의 직접적인 연구대상이 되었기 때문에 기업적인 농업경영의 목적에 대한 이론이 일찍부터 발달할 수 있었음을 알 수 있다. 이러한 이론은 개인의 이익과 사회 전체의 이익이 궁극에 가서는 일치한다는 데 그 논리의 근거를 두고 있는 것으로서 자본주의가 발달함에 따라 독일에서 그 이론이 사실로 확인되었던 것이다. 그 밖에도 크라프트(G. Kraft)는 "최대이며 계속적인 기업수익 또는 기업소득이 경영의 목적"이라고 하였고, 애덤스(R. L. Adams)는 "최대이면서 지속적인 이윤이 목적"이라고도 했는데, 표현상에 다소의 차이가 있을 뿐 모두가 조수익에서 경영비를 뺀 순수익을 최대로 늘리는 것이 경영의 목적이라는 주장이라고 볼 수 있다.

이에 반해 애레보(F. Aereboe)는 이러한 이론들과 반대의 입장에서, 되도록 많은 금전적 이익을 얻는 것을 농업경영의 목적이라고 한 주장들이 본질적으로 타당하지 않다고 주장하였다. 그는 "농업의 사경제적 목적은 농업자와 그 가족의 욕구를 되도록 완전히 충족시키는 데 있다"고 하면서, "농업에 의해서 돈을 버는 것은 농업자와 그 가족의 만족이라는 목적을 달성하는 하나의 수단"이라고 하여 농업경영의 목적을 소득에서 구하고 있다. 즉 앞에서 말한 학자들이 금전적 이익에 중점을 두고 있는 데 반해 애레보는 자급(自給)물질 등은 현물 그 자체도 욕구 충족에 유용한 것이므로 경영의 성과를 무엇이든 시장가격으로만 따지는 것은 오히려 비합리적인 생각이라고 주장하였던 것이다. 이와 같은 애레보의 주장에 따른다면 농업경영의 목적을 경제적으로 파악하는 데 있어서 객관성을 유지하지 못하게 될 가능성이 있다. 왜냐하면 그의 이론이 현금소득의 가치는 그것에 의해서 가족의 생활상의 욕구가 어떻게 충족될 것인가의 정도에 따라서 결정된다는 점을 강조하고 있어서 많은 주관적 요소가 개입되지 않을 수 없기 때문이다.

애레보처럼 농업경영의 목적을 소득에 두고 있는 학자로는 스위스의 라우르(E. Laur)가 있다. 그는 소농의 입장에서 경영의 목표를 "계속해서 되도록 적은 비용으로 되도록 많은 수익을 올림으로써 그 결과 많은 소득을 얻는 데 농업경영의 목적이 있다"고 하였다. 이때 소득이란 경영에 투입된 가족 노동력에 대한 보수와 자기 토지 또는 자기 소유의 자본의 총가액에 대한 이자 등을 포함한 합계액으로서 빌린 토지나 자본에 대한 지대와 이자액을 뺀 나머지를 소득으로 보고 있다. 라우르는 대농경영을 연구대상으로 한 것이 아니라 그의 향토에 많이 존재하였던 소농경영, 즉 주로 가족 노동력에 의존하는 농사이면서 가족 노동력만으로 부족할 경우에 약간의 고용 노동력을 사용하는 정도의 농업경영을 그 연구 대상으로 하였기 때문에 가족 노동력에 대한 보수를 중요한 부분으로 하고 있는 농업소득을 되도록 많게 하는 데 경영의 목표가 있다고 보았던 것이다.

이외에도 러시아 태생의 차자노프(A. Tschajanow)의 주장에 따르면 "소농경영에 있어서의 노력의 한도는 새로이 한 단위로 노동력을 증가했을 때 느끼는 고용의 정도와 이것에 의하여 얻어지는 증가수익이 농가의 욕구를 충족시킬 수 있게 하는 정도와 같아지는 점에서 정해진다"고 하여 그 전의 이론들과는 좀 색다른 견해를 보였다. 차자노프의 주장은 농업경영의 목적이 농산물의 가격 또는 이윤이라는 교환경제의 객관적인 기준에 의해서 결정되는 것이 아니라, 오히려 농가의 주관적인 생활욕구에 의해서 결정된다는 것이다. 즉 현실적으로 존재하는 시장과 상품경제에서 농업경영을 분리하여 농가를 생활욕구 중심의 가계소비의 경제단위로 파악하는 데 중점을 두었던 것이다. 이는 차자노프뿐만 아니라 다른 많은 소농론자(小農論者)가 일반적으로 보는 농가의 개념이라고 할 수 있다.

2. 농업순수익인가, 농업소득인가

농업경영의 목적은 앞에서 살펴 본 바와 같이 학자에 따라서 그 이론이 구구하지만 크게 두 가지 주장으로 구분할 수 있다. 그 중 하나는 농업경영의 목표를 농업순수익을 최대로 하는 데 두는 것이고 다른 하나는 농업소득을 최대로 하는 데 두는 것이다. 이를 요약해 보면 농업순수익을 중요시하는 입장은 농업조수익에서 가족 노동력에 대한 보수를 고용노임과 같이 평가하여 이를 물적 재료비와 함께 경영비로 공제한 나머지를 농업순수익으로 보고 있는 데 반해, 농업소득을 중요시하는 입장은 농업조수익에서 농업생산을 위해 소비한 비료, 종자, 사료 등의 물적지출과 고용노임 지출액만 공제한 나머지를 농업소득으로 보고 이들을 각각 최대로 하는 데 농업경영의 목표가 있다고 주장하는 것이다. 이때의 농업소득에는 앞에서 말한 농업순수익 부분과 함께 가족 노동력에 대한 보수가 포함되어 있으므로 농업소득과 농업순수익의 두 주장의 근본적인 차이는 자가 노임을 수입으로 보느냐, 아니면 비용으로 보느냐에 있다고 할 수 있다.

농업소득에 목적을 두는 학설이 다소의 이론적 결함에도 불구하고 최근까지 우리나라에서 유력한 학설로 주장되어 왔는데, 이와 같이 차자노프를 비롯한 소농론자의 비(非)자본주의적인 이론은 우리나라 농업경제의 현실로 보아 타당하지 않은 것이라고 하겠다. 왜냐하면 소농의 특징이 개별 경제단위에서 크게 나타난다고 하더라도 전체 경제가 자본주의적인 생산관계에 의해 지배되고 있다면 어디까지나 자본주의의 경제원칙에 따르지 않을 수 없기 때문이다.

한편으로는 우리나라 농가의 상당수가 아직까지 소규모의 자작농(自作農)으로서 가계와 경영이 서로 분리되지 않은 소농단계에 있는 것도 사실이기 때문에 농업경영의 목적을 농업소득에 두는 것이 바람직하다는 주장에도 일리가 없지는 않다는 점을 인정하고자 한다. 경영자 스스로가 농업노동에 종사하고 있다는 의미에서는 노동자적이지만, 스스로 토지를 소유하고 있다는 의미에서는 지주(地主)적이며, 스스로 약간의 자본을 가지고 경영에 참가한다는 의미에서는 자본가적이라고 할 수 있는 삼위일체적인 소농에 의해 우리나라의 농업경영이 대부분 영위되고 있다는 현실인식을 바탕으로 해서, 기업적인 순수익 개념을 우리나라 농업경영에 그대로 적용하기가 현실적으로 매우 어렵기 때문에 여러 가지가 복합적으로 혼재되어 있는 농업소득이 우리의 현실을 반영하고 있다고 주장하는 점을 인정하고자 하는 것이다. 그러나 그렇다고 해서 오늘날 소농의 상태가 확대 또는 축소되지 않고 현재와 같은 상태를 지속한다면 모르거니와 앞으로 우리나라 농업경영도 그 규모 면에서나 경영기법 면에서 차츰 확대 발전시키기 위한 여건을 마련해야 한다는 견지에서 본다면 이러한 소농론적 주장은 이제는 더 이상 바람직한 이론이 되지 못한다는 점을 지적하지 않을 수 없다.

앞에서 우리나라 농업경영의 상당수인 소농경영이 삼위일체적인 성격을 가지고 있다고 지적하였지만, 이들 세 개의 성격이 각각 같은 비중을 가지는 것은 아니고 그 중에서 상대적으로 큰 비중을 가지는 것이 있다. 즉 아무리 소농이라 하더라도 농업경영인 한 그 중심적 의미는 노동자적 성격이나 지주적 성격에 있는 것이 아니라 소농의 내부에 혼재하는 여러 가지 모순된 성격을 통합하여 이를 하나의 경영체로 조직 운영하는 기업가적 성격에 있다고 해야 할 것이다. 우리나라의 소농경영이 아직까지는 기업가적 성격을 충분히 발휘하지 못하고 있지만 앞으로 발전할 수 있는 소지가 여러 가지 면에서 충분히 있다고 판단되기 때문에 자가 노동력을 농산물의 생산이나 재생산에 이용했을 경우에 이를 비용으로 간주해야 한다는 농업순수익설이 농업소득을 경영의 목적으로 보는 소농이론을 극복하는 발전 지향적 이론이 될 수 있는 것이다. 궁극적으로 생산성을 높이는 것이 경영비를 절감하는 동시에 순수익을 늘릴 수 있는 방법이 되기 때문에 농업경영의 기업가적인 성격이야말로 우리나라 농업 전체의 발전과 개별적 농업경영의 개선을 위한 핵심적 과제가 아닐 수 없다.

3. 농업경영의 목적

최근의 학설에 의하면 농업경영의 목적은 광의의 개념으로 볼 때 농장의 가족·사회·경제적 목표의 증대에 있다고 할 수 있다.[1] 그림으로 표현하면 다음 페이지 그림 1-1과 같다.

먼저 가족과 사업과 지역사회의 가치와 환경에 의하여 각각의 목표가 규정되고 이들 간에 상충되는 목표는 적절히 조정되어 절충점을 찾아야 할 것이며 3자 간에 공통적인 목표를 찾아내어 이를 농업경영의 목표로 삼는 것이 가장 바람직할 것이다.

대체로 가치는 주관적이거나 관습과 종교적, 전통적 도덕률에 영향을 받는 것이므로 지역과 인종, 종교, 세대에 따라 각각 다를 수가 있겠지만 전 인류에게 공통된 보편적 가치도 엄연히 존재하는 것이므로 이에 유의하여 각각의 목표를 설정해야 할 것이다.

환경변수로서 가족환경은 농업경영자의 가족의 구성과 가족구성원의 교

1) Stephen B. Harsh et al ; Managing the Farm Business, Prentice Hall, 1981, p.180

〈그림 1-1〉 농업경영의 목적

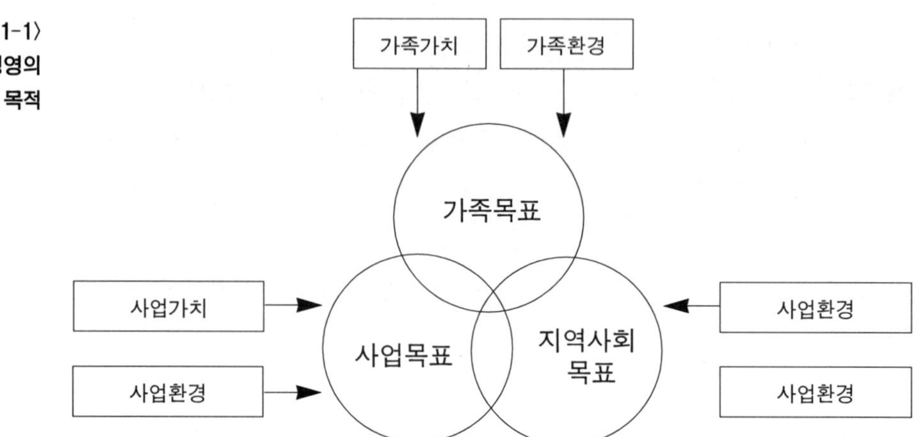

육수준, 나이, 건강 상태, 기술 정도, 성격 등이 될 것이다. 사업환경은 농장의 위치와 자원상태 및 물리적 · 경제적환경 그리고 시장여건과 자본조달 · 원료조달 등의 여건이 될 것이며, 지역사회 환경으로서는 농장이 위치한 지역사회의 인구 구성과 조직, 정치적 · 사회적 · 경제적 여건이 될 것이다.

가족목표의 예를 들면 소득의 증가와 채무의 감소, 생활수준의 향상, 좋은 가족관계의 유지 발전, 가족 구성원의 건강증진과 여가선용, 지역사회에서의 인지도의 증대 등이 될 수 있을 것이다. 사업목표로서는 높은 수익성과 효율성의 유지 발전, 자산의 증식과 사업의 성장 및 안정, 자금여력의 확보 증대와 경쟁력의 제고 등이 있을 수 있다. 지역사회목표로서는 지역농산물의 생산증대와 경제력의 향상, 환경보전과 사회문제의 최소화, 고용증대와 분배의 개선, 전통문화의 계승 발전 등이 있을 수 있다.

앞에서도 지적한 바와 같이 이 3자 간에는 목표의 상충이 항상 일어날 수 있기 때문에 이를 조정하고 절충하는 과정이 반드시 필요하다. 예를 들면 사업목표로서의 사업성장과 가족목표로서의 여가선용 간에는 상충하는 부분이 있을 수 있으며, 지역사회목표로서의 환경보전과 사업목표로서의 높은 수익성 간에도 상충하는 경우가 있을 수 있는 것이다.

대체로 농업경영의 일반적 목표는 첫째, 이윤 또는 소득의 극대화에 있다. 구체적으로 연간 농업경영 순소득(annual net farm income)으로서의 이윤(profit)을 극대화(maximization)하는 것이다. 이 경우 극대화에 대응하는 개념으로 만족추구행위(satisfying behavior)가 있는데 이는 연간 어느 정도의 소득을 유지하는 것으로 만족하는 경우를 말한다. 둘째는 토지와 가축수 등 농장규모를 키우고 비용을 줄여서 시설·장비 투자를 확대하는 등 순자산(income networth)을 증가시키고 사업을 확장(control a larger business)시키는 것과 지역사회의 인정을 받아 이를 후계자에게 계승·발전시키는 것이다. 셋째는 위험을 줄여서 수확감소나 손실을 피함(avoid low returns or losses)으로써 안정적으로 농업을 경영하는 것과 채무를 줄여서(reduce borrowing needs) 불경기와 같은 전체 경제의 고금리·저가격시대에 대비하는 것이다. 넷째는 가족의 생활수준을 향상(improve family living)시키는 것과 가족구성원의 여가시간을 증가(increase leisure time)시키는 것이다. 끝으로 깨끗하고 잘 정비된 농장을 유지 발전(neat and well-kept farmstead)시키는 것과 지역사회에 대한 봉사(community service)를 통해 지역발전에 기여하는 것이다.

3 — 농업경영학의 학문적 성격

1. 농업경영학의 정의

농업경영학을 정의하면 “농업경영의 본질을 탐구하고 어떻게 하면 가장 효율적으로 농업경영의 목적을 달성할 수 있을 것인가의 이론과 방법을 연구하는 학문"이라고 할 수 있다.[1] 농업경영학의 중점이 농업인의 사경제적 목적 달성에 있기 때문에 개별적인 농업경영에 주된 관심을 두지 않을 수 없다. 따라서 농업경영학은 개별적인 농업경영의 목표로서의 농업순수익 또는 농업소득을 최대로 올리기 위해 경영자원을 가장 효율적으로 결합 이용하여 농업 생산성을 높여 나감으로써 수지맞는 농업경영을 계속적으로 영위하게 하는 방법을 구체적으로 연구하는 학문이라고 할 수 있다.

그러나 농업이 전체 산업 중의 한 부분인 것처럼 개별적인 농업경영도 전체 사회 경제의 한 부분이기 때문에 농업경영학도 개별적인 농업경영의 문제만을 다루는 것은 아니고, 전체 국민 경제와 밀접한 관련을 가지고 농업자원을 가장 효율적으로 이용함으로써 전체 농업생산력과 농가의 소득수준을 높이는 데도 관심을 두지 않을 수 없는 것이다.

다음으로 농업경영학은 일정한 목적을 설정하고 그 목적을 달성하기 위한 방법을 강구하는 실천적 경제학이기 때문에 이러한 실천과학에 있어서는 사실의 인과관계를 구명하는 것 못지않게 목적의 설정과 그 목적의 달성을 위한 가치 판단이 불가피하게 요구된다는 점을 명심하여야 한다. 또한 농업경영이 기술적인 생산 단위로서의 성격과 수지계산 등의 경제적 판단을 하는 경제 단위로서의 성격을 아울러 가지고 있기 때문에 농업경영학은 농업기술학적 측면과 경영경제학적 측면을 동시에 포괄하지 않으면 안 된다.

이러한 점들을 포괄하여 농업경영학을 다시 정의해 보면 협의의 개념으로는 농업경영학은 "농업경제학의 영역으로 노동력과 토지, 자본재 등의 생산요소를 선택하고 결합하여 생산, 이용, 판매, 가공하는 생산부분의 규모를 결정하고 이를 위해 생산수단을 어떻게 조달하고 조직화하는가를 연구하는 학문"이라 할 수 있다. 좀더 광의의 개념으로 정의한다면 농업경영학은 "개별 영농단위가 불확실성 하에서 목표달성을 위한 경영의사결정을

1) 具在書 ; 新農業經營學, 先進文化社 刊, 1991, p. 5

다루는 학문 분야로 농가의 과제 해결을 위해 필요한 학문 분야(사회과학, 자연과학, 인문과학)의 영역을 수용하는 복합적인 응용과학 분야(multi-disciplinary)"라고 할 수 있다.[1)]

2. 농업경영학의 발전과정

서양에서 농업경영학이 발전해 온 과정은 통상 3단계로 구분하는 것이 일반적이다. 첫 번째 단계는 '백과사전적 단계'로서 18세기까지가 이에 해당하는데 이때는 농업경영에 관한 학문적 영역이 따로 독립되어 있지 않고 정치학이나 생산기술에 관한 학문의 일부로서 백과사전적인 관방학(官房學, Kameral Wissenschaft)에 포함되어 있었던 단계이다. 관방학자들의 관심은 주로 농업법과 농업 생산 기술 및 기초적인 자연과학 이론에 집중되어 있었다. 농민이 개별적인 농업경영자로서의 주체성을 가지지 못하였던 때이므로 농업경영이라 함은 영주가 농노(農奴)와 농장을 관리하는 것에 불과한 것이어서 농업경영학도 관방학의 일부로 족하였던 것이다. 그러나 당시에도 영국이나 프랑스 북부지방에서는 일부 부유한 대농장이 출현하여 농업에 있어서의 자본주의적 경영형태를 보임으로써 케네, 튀르고 등 중농학파 경제학자들이 수확체감의 법칙과 경제표 등 근대 경제학의 이론을 발전시키는 배경이 되었던 것이다.

두 번째 단계는 '농학적 단계'로서 18세기 말부터 19세기 말까지에 해당되는데, 이때는 농업경영이 종합적 농학(Land Wirtschaftslehre)의 일부분으로 간주되었다. 농업경영에 관한 경제적 측면과 기술적 측면의 양쪽에서 원리를 추구하였는데, 한 가지 특징은 농업정책에 관한 논의를 제외한

1) Glenn L. Johnson: "Methodology for the Managerial Input", in The Management Input in Agriculture, Agricultural Policy Institute, Southern Farm Management Research Committee, and Farm Foundation, 1963, pp. 1~20

것으로서 이는 농업경영학의 사경제학적 성격을 명백히 한 것이었다. 다만 이 시기에도 대부분의 농업생산이 영세 소농에 의해 영위되었고 상품 생산이라기보다는 자급자족적이고 가계(家計) 유지적인 농업경영이 위주였기 때문에 경작 기술, 윤작(輪作), 시비법 등 농업생산을 늘리기 위한 기술 향상에 주력하였고 기업적 농업경영이라는 측면은 논의되지 못한 단계였다.

농업경영학 발전의 세 번째 단계는 '경영 경제학 단계'인데 19세기 말 이후를 말한다. 농업경영학이 농업적으로나 경제적으로나 처음으로 변화를 보이기 시작한 나라는 미국이다. 곡물 생산에 있어서 유럽과 미국 간의 경쟁이 일어나면서 경제 분석의 필요성이 커졌고 이에 따라 농업경영학도 일부는 생산물의 판매를 위한 입지적응이론(立地適應理論)으로, 일부는 수지계산이론(收支計算理論)으로 발전하게 되었고, 따라서 농학자 겸 농업경영학자가 사라지고 전문적인 농업경영학자가 독자적인 위치를 차지하게 되었다.

한편으로 영세 소농의 가계 유지적 농업경영에 대한 특수한 이론들은 20세기 초에 러시아의 농업경영학자들에 의해 발전되었으나, 19세기 말 이후 대부분의 구미(歐美) 제국이 생존 단위의 소농 경영체제로부터 과학적 농장경영을 과제로 하는 기업적 영농체제로 바뀌어지는 단계에 있었기 때문에 농업경영학의 주류도 자연히 시장 경제에 적응하여 상품생산을 주로 하는 개별 농업경영체의 경제문제에 주로 관심을 갖게 되었던 것이다.

요약하건대 농업경영학은 농업경영 자체의 변화에 따라서 그 관심의 대상과 이론의 내용 및 분석 방법 등이 상당히 많은 변화를 거쳐 오늘날까지 발전해 왔다. 대체로 전통적인 소농경영의 생계 유지적 가족 영농 상태에서는 기술적인 농산물의 생산과 농가소득의 증대에 주된 관심을 보이다가, 현대로 가까와질수록 농업경영의 기업체적 성격이 강해지고 농장기업(farm business)의 구체적 내용에도 실질적으로 많은 변화가 일어남에 따라 농업경영학적 분석도 기업 이윤이나 경영수익 즉 순수익을 늘리는 쪽으로 중점이 이행하는 추세를 보여 왔다. 특히 최근에는 농업경영이 좁은 의미의 농축산물 생산으로부터 수산물, 임산물 등의 생산분야로 범위를 넓혀가거나, 농장 외부의 제조업, 상업, 유통업, 건설업, 기타 서비스업 등 농업관련산업(agri-business) 부문과의 수평적(horizontal), 수직적(vertical) 내지 집합적(conglomerate) 결합(integration)이 광범하게 진전됨으로써 농업경영학의 관심 분야도 훨씬 넓어지고 다양해지는 한편 기업과 경영조직의 의사결정 및 관리 기법 쪽으로 더욱 관심의 초점이 옮겨지고 있다는 점을 덧붙여 두고자 한다.

3. 농업경영학의 대상과 방법

농업경영학은 농업경영의 원리를 추구하는 학문이므로 그 대상은 농업경영 활동에 있다. 농업은 토지를 경작하여 인간생활에 필요한 동·식물을 생산하고 이에 따른 1차 가공을 하는 산업 즉 농·축산물의 생산활동이라 할 수 있다. 농업경영학의 대상은 농업부문의 경영에 한정되므로 농가의 가계와 농외(農外)의 부업 또는 겸업은 그 대상에서 제외된다. 우리나라의 농가는 평균 1.3ha 내외의 영세한 영농규모를 가지고 있기 때문에 아직도 경영과 가계가 완전히 분리되지 않은 상태에 있는 농가가 많고, 많은 농가가 농외 부업이나 겸업 또는 취업에 의해 농가소득을 늘리려고 노력하고 있지만 이 부분은 농업경영학의 대상에는 포함되지 않는다. 다만 이러한 농외 부업 또는 겸업이 농업경영 자체를 보완하여 농업생산의 경제적 효과를 더욱 높일 수 있다면 농업경영의 일부로 간주될 수 있을 것이지만 이것이 농업경영학의 중심 과제가 될 수는 없다.

농업경영학은 처음부터 농업경영 수익을 추구하는 전업적(專業的)인 농업생산 조직체의 경영을 주 대상으로 하는 것이므로 자가 식량만을 생산하는 수준의 영세농가의 경우는 대상에서 제외되어야 한다. 또한 한번에 그치는 경험적 또는 시험적인 농업경영은 농업경영학의 대상이 될 수 없고 계속적인 재생산 경제단위로서의 농업경영만이 대상이 된다.

다음으로 농업경영학은 상품 생산의 농업경영에 주로 관심을 두고 있다는 점을 강조하고자 한다. 농산물의 상품화율은 상품의 종류와 경영규모에 따라 다르다. 우리나라 농가의 농작물 수입의 주종인 쌀의 상품화율은 1995년 현재 평균 67.8% 수준이며, 대농일수록 그 비율이 높다. 우리나라의 농업경영은 규모가 작기 때문에 전체 생산량 중에서 상품화되는 수량이 선진국에 비해 낮은 수준에 있으나, 농산물 상품화율은 경제의 성장발전과 더불어 차츰 높아지는 것이므로 상품으로서의 농산물을 생산하기 위한 기업적인 농업경영이 더욱 중요해지는 것이며, 따라서 이를 주 대상으로 하는 농업경영학의 중요성도 더욱 커지게 된다.

요컨대 농업경영학은 상품 생산을 근거로 하는 농업의 경영학이기 때문에 농업을 자본주의 경제원칙에 따라 전문적인 산업활동의 하나로 간주하고, 어떻게 하면 이를 가장 효율적으로 경영할 것인가에 대한 경영 경제의 원리를 추구하는 학문이라 하지 않을 수 없다. 그러므로 그 대상은 하나의 기업적인 산업체로서의 농업경영이 되어야 할 것이며, 새로운 품종이나 비배법(肥培法)의 발명에 의하여 증산이 가능하다 하더라도 그것이 자본주의 경제원칙에 따르지 못한다면 경영에 도입되기 어려운 것이다. 그러한 기술이 경영체에 도입되기 위해서는 시험적인 단계를 벗어나서 보편화되고 합리적인 기술이 되어야 한다. 농업생산에서 얻어진 경영성과에 대한 평가와 비교선택은 경영경제적 측면에서 여러 가지 분석 과정을 거쳐야 하는 것이므로 농업경영학에서는 농업 생산 기술보다 경영 경제적 요소를 더 중요시하게 되는 것이 당연하다.

따라서 농업경영학의 방법은 무엇보다도 경영경제학적 방법이 위주가 되어야 하며 경영학의 기초 이론으로서의 조직이론과 의사결정이론, 기업회계이론을 비롯하여 생산함수와 최적결합이론 등 생산 경제학의 기초 이론이 중요한 것이다. 이외에도 경영진단과 설계, 자원 및 자금 관리, 투자 분석, 생산물의 처리와 마케팅, 위험관리 등 부문별 경영관리 이론이 농업경영학의 주요한 내용이 되고 있다. 그러나 농업경영학이 일반 경영학과 다른 고유성과 독자성을 확보하기 위해서는 농업이라는 측면을 무시할 수 없으므로 농업과 농산물의 특성, 우리나라의 농업구조와 여건, 농업생산과 판매과정 및 농업 관련 산업에 관한 이론들이 농업경영학의 방법에 반드시 포함되어야 한다.

아울러 최근 국제화, 정보화 시대의 전개에 따라 농산물 유통에 관한 이론과 컴퓨터를 이용한 의사결정 지원체계 이론 등이 차츰 중요해지고 있는 만큼 이 부분에 대해서도 농업경영학의 관심이 더욱 고조되고 있는 경향이다. 끝으로 경영정보의 활용과 이를 기초로 한 경영전략의 수립이 농업경영에서도 핵심적인 부분으로 대두됨에 따라 농업경영 정보체제와 농업경영의 사례분석이 농업경영학의 주된 관심사 중의 하나가 되고 있으며, 이러한 모든 것을 포괄하는 농업경영정책이 농정의 주요대상이 될 뿐 아니라 농업경영학이 다루어야 할 핵심과제가 되고 있다는 점도 아울러 덧붙여 두고자 한다.

4. 농업경영학의 접근법

현대 농업경영학의 전개 과정을 미국의 경우를 예를 들어 설명하면 20세기 초에는 주로 코넬(Cornell)대학의 경험학파의 접근방법(empirical approach)에 의존하다가 1945년을 전후하여 수리적(數理的) 모델에 입각한 생산경제학적 접근이 강조되었다. 이후 1950년대에는 의사결정 이론(decision theory)의 영향을 많이 받았고, 1960년대에는 경영과정 연구접근법(management process approach)이 대두되었다. 1970년대에는 사회체계적 접근법(social systems approach)이나 행태학적 접근법

(human behavior approach)의 경향이 강조되었고, 1980년대 이래 정보체계와 시스템공학에 의한 체계학적 접근법(systems science approach)과 경영정보체계(MIS, management information system)가 부각되었다.

먼저 경험적 접근법은 농장조사(farm surveys)나 농장기록(farm records)을 통한 경험 학습(study experience)을 중시하며, 여기에서 농장의 성공과 실패요인을 확인(identify successes and mistakes)하고, 여기서 파악된 지식을 전달, 파급, 확산시키는 방법이었다.

다음으로 생산경제학(production economics)의 수리적 접근법(mathematical approach)은 수리모형(mathematical models)이나 과정(processes)을 이용하여 이론적으로 최적화(最適化) 계획(optimal plans)을 도출하는 것인데, 주로 생산함수 이론(production function theory)과 선형계획법(linear programming) 등이 많이 활용되었다.

의사결정 이론은 판단의 합리성(rationality)에 근거하여 소비자 선택이론(consumers' choice theory)의 체계에 의해 최적상태(optimality)를 달성하려고 하는 접근방법이었으며, 경영과정 연구접근법은 경영자의 기능을 파악(identify function of managers)하고, 경영기능 중에서 경영과정의 원리를 도출(distill principle of managerial process)하며, 이에 따라 일반적인 경영과정(universal managerial process)으로 확대 적용하려는 접근방법이었다.

사회체계적 접근법은 문화적인 상호관계(cultural interrelationship)를 시스템으로 파악하고 이를 사회학적으로 접근(sociological approach)하는 것인데, 주로 대농경영이나 조합의 조직경영을 분석하는 데 많이 활용되었다. 행태학적 접근법은 농장구성원 간의 인간관계(interpersonal relations)를 분석하고 인간적인 관점(human aspects)을 중요시하여 개인이나 사회심리학적으로 접근(individual and/or social psychological approach)하는 것인데, 주로 농장경영 행태의 변화 추세를 분석하는 데 많이 활용되었다.

체계학적 접근법은 농장체계를 환경(environment)과 관련된 변수(interrelated variables)와 제약조건(constraints), 계수(parameters) 등의 시스템으로 파악하고, 목적함수(objective functions)에 입각한 현실적인 영농체계(farming system)를 설계하여, 자원(input)의 변환과정(converting process)을 시뮬레이션(simulation)으로 미리 예측하는 방법을 위주로 하는 시스템 공학적으로 접근하는 것이다. 여기서는 무엇보다도 경영정보체계를 중시하는 것이 특징이다.

4 — 농업의 특성과 역할

1. 농업의 일반적 특성

토플러(A. Toffler)가 지적했듯이 인류 역사상 인간의 삶을 근본적으로 뒤바꾼 첫 번째의 혁명은 신석기시대로부터 비롯되었다고 하는 농업혁명이다. 약 1만년전 전후로 추정되는 이 농업혁명의 내용은 식물의 종자를 심어서 수확하고 동물을 길러서 젖과 고기, 껍질과 털가죽을 이용하며, 돌을 갈아서 농기구를 만들고 토기로 음식물을 담는 그릇을 만들어 쓰며 옷을 짜입고 음식을 익혀 먹는 것 등이었다고 한다. 그 이전까지는 야생의 식물 열매를 따먹고 짐승을 사냥하거나 물고기를 잡아서 날 것으로 먹고 식물의 잎사귀나 짐승의 가죽으로 옷을 해 입는 정도에 불과하였다. 인간의 생존에 필요한 의식주(衣食住)의 획득 방법과 형태가 농업혁명에 의하여 근본적으로 달라짐에 따라 인간의 생활이 여기저기 옮겨다니다가 한곳에 정착하는 취락생활로 바뀌어지면서 인류 사회와 국가, 문명과 역사가 시작된 것이다.

그후 지금까지 산업혁명, 정보혁명의 단계를 거치면서 농업의 형태와 역할은 엄청나게 달라져 왔고 그에 따라 인류사회의 양상 또한 많은 변혁을 겪어 왔다. 그러나 아직까지도 인간의 생존에 필요한 식량만은 농업 이외의 다른 방법으로는 조달할 수 없는 상태를 지속하고 있다. 옷이나 집은 합성섬유와 여러 가지 건축자재 및 그에 따른 기술의 발달로 인해 농업에 대한 의존도가 많이 낮아졌지만, 아무리 선진국이라 하더라도 인간의 먹거리만큼은 필수 식품이거나 기호(嗜好) 식품이거나 간에 결국 농업에 의존하지 않을 수 없는 것이 현실이다. 따라서 농업문제는 바로 식량문제이며 원초적으로 이 식량의 생산 공급을 담당하는 농업생산 경영단위와 그에 딸린 사람들의 생계와 소득에 관련된 문제인 것이다.

농업이 다른 산업, 특히 제조업과 구별되는 첫 번째의 특징은 생산 환경의 제어(control) 정도에 있다. 다시 말하면 토지와 기후 등 농업의 기본적 생산 환경을 인공적으로 제어(制御)한다는 것은 현실적으로 거의 불가능하며, 설혹 가능하다고 하더라도 그 비용이 엄청나게 소요되기 때문에 자연에 의존할 수밖에 없는 것이 농업이다. 인공 제어가 어렵고 자연에의 의존도가 크기 때문에 결과에 대한 통제나 생산 계획 또는 경영 설계가 더욱 어렵고, 결과에 대한 예측이 지극히 어려우며 동시에 위험과 불확실성이 불가피하게 커지는 것이다.

또한 생물체는 유기적인 생식(生殖), 성장, 결실(結實) 과정을 거치기 때문에 생산에 있어서의 투입 산출 관계가 매우 복잡해지며, 상당한 시간을 요하게 되므로 투자에 있어서의 자본회전기간이 길고 투자 수익이 불확실하게 된다. 동시에 제조업이나 서비스업에 비해 기계화가 어렵고 우회생산도와 부가가치율이 상대적으로 낮기 때문에 비교생산성이 떨어지기 마련이며, 수확체감의 법칙이 비교적 더 엄격하게 더 빨리 적용되는 점 등 상대적으로 불리한 위치에 있을 수밖에 없다. 따라서 경제가 성장 발전할수록 산업 구조가 농업보다는 상대적으로 유리한 제조업, 서비스업 쪽으로 변화하기 마련이며, 따라서 농업의 비중이 상대적으로 줄어드는 것이 일반적인 경향이다.

다음으로 자연 조건에의 의존도가 크기 때문에 각 지역의 기후 풍토에 따라서 적합한 동식물의 분포가 달라지고 생산 시기도 달라지며, 이에 따라 소비자의 기호 즉 수요(需要)의 패턴이나 생산자의 기술 조건과 비용 구조가 근본적으로 달라지게 된다. 이는 어느 나라, 어느 지역 또는 어느 시기의 농산물 소비와 생산에 결정적 영향을 미치게 되고, 따라서 어느 나라나 어느 지역에 있어서의 농업 전체 또는 특정 품목의 경쟁력과 경영형태를 결정하는 근본 요인이 되는 것이다.

끝으로 농업은 자연을 이용하여 인간이 필요로 하는 식품과 의류, 의약품 등을 생산하는 필수산업인 동시에 비교적 자연에 가깝고 자연과 더불어 있는 산업이다. 농업에 있어서는 인간 노동의 기계에 의한 대체가 상대적으로 어렵고, 농업노동의 작업환경과 작업조건, 작업능률이 상대적으로 불리한 점도 있다. 그러나 환경 측면에서 볼 때 비교적 공해와 거리가 멀고 생명을 다루는 산업이기 때문에 푸르름〔綠〕의 자원을 비롯한 자연환경을 보존하는 데 없어서는 안 될 산업이라는 점에서 후기 산업사회로 갈수록 그 중요성이 더욱 강조되고 있다.

아울러 농업은 다른 산업에 비해 수직적 또는 수평적 분업과 전문화가 상대적으로 어려운 산업이므로 그 경영에 있어서 전체적인 조화와 전방위적(全方位的)인 배려가 요구된다. 따라서 농업에 종사하는 사람은 농업노동에서부터 자연자원과 자본재의 이용과 결합 및 생산물의 처리 판매에 이르는 전과정에 걸쳐 노동자, 경영자, 지주 또는 자본가의 역할을 동시에 수행하게 된다는 점을 다시 한 번 강조해 두고자 한다.

2. 우리나라 농업의 특성

농업생산의 기초적 조건은 자연적 요소와 사회경제적 요소의 영향을 받는다. 자연적 요소로는 농업입지, 지리적 위치와 환경, 기후, 토양 및 수리(水利) 조건 등을 들 수 있으며, 사회경제적 요소로는 생산기반인 토지의 소유제도와 농업노동 여건, 농산물 수급 및 시장 여건과 제도 등을 들 수 있을 것이다.

먼저 우리나라의 자연조건을 살펴보면 유라시아 대륙의 동쪽 끝에 붙은 반도 지형으로서, 주로 산악지대가 많고 넓은 들이 별로 없어 경작 가능한 토지가 적으며, 하천의 길이가 비교적 짧고 경사가 급하여 지표수(地表水)가 빨리 바다로 흘러가 버리는 단점이 있다. 또한 하천 유역 면적도 그리 넓지 못한 편이며, 자연 호수는 거의 없다고 해도 과언이 아니다. 기후는 대륙성과 해양성의 양쪽 성격을 함께 가지고 있어서 겨울에는 대륙의 찬바람의 영향으로 자연 조건만으로는 일부 지역의 일부 품목 외에는 농사를 짓기가 극히 어려운 반면, 여름철에는 아열대 계절풍인 몬순의 영향으로 고온다습(高溫多濕)하여 벼농사를 비롯한 여름 작물의 생육에 적당하다고 할 수 있다.

여름과 겨울의 기온교차(較差)가 크고 겨울철이 길기 때문에 2모작이 매우 어려워 경지의 이용이 제한되고 있으며, 밤낮의 기온차도 상당히 큰 편이다. 연간 강우량은 대체로 1,200~1,500mm 내외이나 그 계절적 분포는 6월에서 8월까지에 집중되어 있어 여름철의 벼농사에는 적합하나 봄철에 파종하는 작물에는 불리하다. 또한 지형 조건이 물을 가두어 두기 어렵게 되어 있어 홍수와 가뭄의 반복이 불가피한 상황이므로 지금까지의 농업투자의 거의 대부분이 수리시설에 집중될 수밖에 없었던 근본 원인이 되었다. 토양은 오랫동안 농사를 지어온 결과 지력(地力)과 비옥도가 전반적으로 떨어지고 무기물도 부족하며, 토양의 물리적 성질도 나빠지고 화학비료를 많이 쓰게 된 최근에는 토양의 산성화 현상도 보이고 있다.

이러한 자연적 요인에 따라 우리나라의 농업은 오랜 옛날부터 벼농사를 위주로 하고 겨울철에는 남부 지방에서 보리농사를 2모작으로 짓는 형태를 계속해 왔다. 가축은 유휴자원의 활용과 일소(役牛)가 필요하다는 정도로 유지되어 왔고, 채소와 과실류는 일부 지역에서 특산물로 재배되거나 농가의 채전(菜田) 수준의 생산에 머물러 왔다.

요컨대 다른 산업이 발달하기 이전에는 농업이 국민의 기본 욕구를 충족하는 수단으로서, 대부분의 가계의 생업(生業)으로서, 벼농사를 중심으로 하는 다품목 소량생산의 생계영농의 형태를 지속해 왔다. 그러나 최근 우리나라 경제가 급속히 성장 발전하면서 농산물의 수요와 생산에 급격한 변화가 초래되었고, 이에 따라 우리 농업의 특성 자체에도 엄청난 변화가 일어나고 있다.

다음으로 사회경제적 요소를 살펴보면, 우선 우리나라 농업은 가족단위의 생계영농을 바탕으로 해서 발달되어 온 노동집약적인 영세 소농이라는 것이다. 아직까지도 농가 호당 평균 경지면적은 1.3ha 정도에 불과하며, 영농의 기계화가 최근 급속히 확산되고 있기는 하지만 전통적으로 노동 집약적인 영농을 계속해 오고 있다는 점을 부인하기 어렵다. 가족농업이기 때문에 생계와 농업경영이 분화되지 않은 상태에 있기 쉽고, 자급 생산비율이 높고 상품화율이 낮은 특성을 갖고 있으며, 벼농사 편중성으로 인해 생산의 계절성이 강하여 노동수요와 농산물 공급의 계절적 편중이라는 특징을 아울러 갖고 있다.

한가지 덧붙인다면 우리나라의 농업은 최근까지도 그 자체가 우리 민족의 삶이자 문화 그 자체였다고 할 수 있다. 국민의 심성과 나라의 역사가 농업과 더불어 함께 해왔기 때문에 농업문제는 단순히 경제적인 차원에서 논의되는 데 그치는 것이 아니고 정치, 사회, 교육, 문화의 모든 면에서 경제외적(經濟外的)인 많은 관련 요소들을 포괄적으로 논의하지 않으면 안 된다는 것이다.

3. 농업의 발전단계

농업의 발전단계에 관해서는 여러 학설이 있으나 이들을 요약 정리해보면 대체로 3단계로 나누어 설명하고 있다. 첫 번째 단계는 자급자족의 생계영농을 위주로 하는 전통적 농업 단계로서, 농업부문의 비중이 절대적으로 크지만 농업기술과 생산성 및 생산력이 전체적으로 정체 상태에 있어 농업발전이 이루어지지 않고 있는 단계라 할 수 있다. 이때의 농업생산은 대부분 자가소비와 생계유지를 목적으로 자가 노동력에 의존하는 가족 경영 형태를 취하며, 일반적으로 경영 규모가 극히 영세하고 농업경영과 가계생활이 분리되지 않은 상태에 머물러 있다.

두 번째 단계는 과도기적인 농업기술 발전단계인데, 이 단계에서는 전통적인 농업기술과 자원이 한계에 이른 반면, 인구의 증가와 농산물 소비 수요의 증가로 새로운 농업기술의 개발 또는 도입에 의해 토지와 노동의 생산성과 이용도를 높이려는 노력이 활발해지는 경향을 보이게 된다. 대체로 이 단계는 산업화에 의한 국민경제 전체의 성장 발전과 동시에 진행되기 쉬워서, 농산물의 상품화율이 높아지고 농업노동력이 비농업부문으로 이동하기 시작하면서 농업경영에 있어서도 고용 노동력의 비중이 커지게 된다. 또한 농촌 노임이 올라감에 따라 영농의 기계화가 불가피해지고, 농가경제에 대한 겸업과 농업 이외 소득의 비중이 높아지는 경향을 보이는 동시에 농업경영에 있어서는 규모확대와 전업농가의 출현이 함께 일어난다. 이 단계에서는 토지를 비롯한 전통적인 농업자원이 최대한으로 이용되어 유휴자원이 줄어들고, 그 생산력을 높이기 위한 기반투자와 농업기술 혁신을 위한 연구, 교육, 지도 부문에 대한 공공투자가 집중적으로 이루어지며, 새로운 농업 자재의 개발 보급과 농산물의 유통・처리에 관한 시설・장비 투자가 활발해지는 과도기적인 특징이 여러 분야에서 현저하고도 급속하게 나타나게 된다.

세 번째 단계는 상품생산을 위주로 하는 산업적 농업단계로서 산업화가 상당히 진행된 선진국에서 나타나는데, 농업부문의 비중은 상대적으로 현저히 줄어드는 반면 최신의 농업기술과 고도의 자본재에 의존하는 기술·자본 집약적 농업이 주류를 이루게 된다. 이 단계에서는 농업 자체의 경쟁력이 가장 중요시되므로 부업적인 농업경영이 쇠퇴하고, 고도의 경영능력과 기술, 자본을 갖춘 전업적 농업경영체제와 효율적인 유통판매 조직을 가진 농업 관련 산업이 중심이 되며, 토지와 노동력의 가격이 상대적으로 비싸지는 만큼 토지 절약 또는 노동력 대체를 위한 기계적, 화학적 농업기술이 눈부신 발전을 보이게 된다. 농산물의 수요도 맛과 색깔, 영양분과 모양, 신선도와 안전성을 고루 갖춘 고급 농산물 쪽으로 다양화되고, 외식(外食)산업과 가공산업이 크게 발전하므로 이에 따라 농산물의 시장구조가 현저히 달라지게 된다. 공공투자보다는 민간부문의 투자가 더욱 활성화되고 대외적으로는 국제무역이 개방되는 시점에 처하게 되며 농업경영 측면에서는 고용노동 의존도가 커지고 자본 장비율이 고도화되는 한편, 컴퓨터에 의한 농업경영 의사결정 지원체계의 확산에 따라 농업기술과 경영에 관한 정보의 역할이 두드러지게 된다.

4. 우리나라 경제발전과 농업의 역할 변화

존스톤(B. F. Johnston)과 멜러(J. W. Mellor)에 의하면 경제 발전에 관한 농업의 역할은 대체로 다섯 가지로 요약된다.[1)]

첫째는 식량공급의 확대, 둘째 농산물 수출에 의한 외화 획득의 증대, 셋

1) Johnston, B.F., and J.W.Mellor:The Role of Agriculture in Economic Development, American Economic Review, vol. 51(Sep.1961), pp.566~595

째 농업부문에서 비농업부문으로의 노동력 이동, 넷째 자본 형성에의 기여, 다섯째 농촌 현금소득의 증대와 그에 따른 비농업 제품의 구매력 증대로 산업화를 촉진하는 것 등이다.

우리나라 농업은 최근 20년 동안 엄청난 변화를 겪어 왔다. 무엇보다 중요한 것은 다른 선진국의 예에서와 마찬가지로 농업의 비중이 총인구에 대해서나 GNP 구성비에 있어서나 취업구조에 있어서나 다같이 급격하게 줄어들었고, 이에 따라 이제 농업은 더 이상 우리나라의 기간(基幹)산업으로서의 위치를 차지하지 못하게 되었다는 점이다.

다음으로 농산물의 수요 패턴이 현저히 달라졌다는 점이다. 각종 농산물에 대한 소득 탄성치(彈性値)의 변화와 소비자의 소득 수준의 변화, 엥겔계수 또는 소비 지출 구조의 변화와 농산물 소비자 기호의 다양화, 고급화 등이 그 요인이라 할 수 있다. 이로 인해 식품 부문의 중요도가 가정경제나 국민경제 양면에서 모두 낮아졌고 동시에 식품과 사료 공급에서 차지하는 국내 농산물 생산의 비중도 감소하였다.

또한 농산물 유통 및 가공 기능이 차츰 농가로부터 보다 전문화된 기업으로 이전되는 경향을 보이고 있으며, 동시에 식품부문에서 다른 선진국에서와 마찬가지로 보다 편리한 것을 원하는 소비자의 기호에 맞추기 위해 추가적인 서비스가 더 필요하게 됨에 따라 최종 소비재까지의 총부가가치 중 원료농산물이 차지하는 비율이 현저히 줄어들고 있다. 이러한 현상은 농가의 소득원이 될 수 있는 부분이 농가로부터 비농업 서비스 부문으로 옮겨지고 있음을 의미한다.

셋째는 농업노동 생산성과 실질 농업노임이 상승하기 시작한 이후로는 농업부문이 더 이상 무한정한 노동력의 공급원으로서의 역할을 하지 못하게 되었다는 점이다. 이는 농업부문에서도 노동력의 경합이 발생하여 농가의 잠재실업 또는 위장실업의 가능성이 줄어드는 반면에 농업생산비의 상승요인으로 작용하게 된다는 것을 의미한다. 한편 농업과 제조업부문 간의 노동생산성 격차는 더욱 확대되어 결과적으로 양 부문 간의 소득격차 확대로 나타나게 되었다. 그 주요 원인은 아직도 영농 기계화가 미흡한 상태에서 농업기술 혁신을 기대하기 힘든 전통적인 소규모 농업경영을 지속하고 있는 데 있다. 뿐만 아니라 젊은 농촌인력의 도시 유출과 노령화 및 부녀화 경향이 차츰 두드러지고 있어서, 농업노동력의 양적 감소와 함께 질적 저하 현상이 더욱 가속화되어 농업노동 생산성의 상대적 저위(低位)로 귀결되고 있는 것이 심각한 문제로 지적되고 있다.

넷째로 인구 구성과 GNP 구성에 있어서 농업부문의 비중이 줄어들었음에도 불구하고 오히려 농업부문의 비농업 제품 시장으로서의 역할은 더욱 커졌다는 점이다. 퇴비 등 농가 자체에서 조달하는 영농자재에 의존하기보다 상업적으로 구입하는 경향이 증가함에 따라 농업자재 시장은 그 규모가 크게 확대되었을 뿐 아니라 더욱 전문화되는 추세를 보이고 있다. 또한 농가소득이 증가함에 따라 의류, 주거용품, 전자제품 등 비식품(非食品) 소비재 시장으로서의 역할이 무척 커졌기 때문에 수출 시장에 이어 우리나라 소비재 산업 발전을 뒷받침해 온 두 번째 원동력으로 인정받을 정도로 그 중요성이 부각되고 있다.

끝으로 대부분의 선진산업국에서의 경제발전 또는 농업발전 과정에서 경험한 바와 같이 우리나라에서도 종래의 다품목 소량생산의 생계영농으로부터 더욱 전문화된, 거의 단일 품목의 상업영농 형태로 이행하고 있다는 점이다. 이러한 현상은 농업경영의 다변화와는 반대되는 것으로서 농업경영에서의 위험을 증대시키는 요인이 되기도 하지만, 한정된 자원과 기술을 가지고 제한된 시장 여건 하에서 경쟁력을 확보하기 위한 불가피한 발전과정의 일부로 이해되어야 할 것이다.

따라서 모든 농가가 제한된 몇 가지 대안 중에서 어떤 품목을 판매를 위한 환금(換金)작물로서 선택하기 때문에 많은 농가가 일부 품목에 편중되는 경향을 보이기 쉬우며, 이에 따라 특정 품목의 공급반응이 편중되어 그 품목의 가격 등락의 진폭(振幅)을 확대시킴으로써 전반적으로 농산물 시장을 불안정하게 만들고, 결과적으로 농가소득과 농촌경제의 불안정 및 취약 요인이 되고 있는 것이다.

5 — 농산물의 특성과 수요 공급

농업경영이 자급자족적 생계영농의 상태에 머물러 있을 때에는 농산물의 수요 공급 분석이 농업경영자에게 별로 쓸모 없는 것으로 인식되어 농업경영부문의 관심의 대상이 되지 못하였으나, 오늘날 전업적 상업영농이 확산 정착되고 있는 단계에 와서는 무엇보다도 생산물의 처리가 바로 경영수익으로 연결되는 만큼 농산물의 수요 공급 분석과 가격형성 문제가 농업경영의 가장 중요한 관심사로 대두되고 있다.

1. 농산물의 특성

농산물 수요 공급 분석 이론을 간략히 소개하기에 앞서 농산물의 특성을 짚어보기로 한다. 우선 농산물은 식품의 주종을 이루고 있기 때문에 인간의 기본적 수요 가운데 가장 중요한 위치를 차지하고 있으며, 최종 소비재라기보다는 가공원료로 이용되는 경우가 많아서 반드시 처리, 가공 단계를 수반한다. 또한 농산물은 수요와 공급의 가격탄력성이 낮기 때문에 물량 변화에 대한 가격진폭이 상대적으로 심하다는 점을 들 수 있다.

다음으로는 대체로 단위가치에 비해 부피가 크고 무게가 무거워서 단위물량에 대한 가격이나 부가가치가 상대적으로 낮은 반면 수송·저장 등의 비용이 상대적으로 많이 먹히며, 유기체(有機體)인 생물이기 때문에 부패·변질의 가능성이 커서 그 보관이나 운반이 까다롭고 비용이 많이 드는 반면, 인간의 생존을 위한 일상식품이기 때문에 신선도와 안전도가 품질의 가장 중요한 결정요인이 된다. 따라서 농산물의 수확 후 처리와 수송, 저장, 가공, 판매 등 전 유통과정을 통해 취급을 어렵고 까다롭게 하며, 이로 인해 그 비용을 더욱 많이 들게 하는 요인이 되어 농업경영 자체를 무척 어렵게 만드는 것이다.

또한 농산물은 같은 품목이라 하더라도 품종과 재배·수확 시기, 생산 지역과 생산자 등에 따라 그 품질과 비용이 크게 달라지며, 수요 측면에서도 계절과 시기에 따라 관습적, 문화적 요인이 작용하므로 소비자의 선호가 상당히 달라진다. 뿐만 아니라 농산물은 기본적으로 자연조건의 제약을 받기 때문에 생산 공급이 계절성과 지역성을 띠지 않을 수 없게 된다. 이에 따라 계절적인 가격 진폭과 지역 특화 현상이 수반되기 마련이며, 이는 다시 농산물의 수요에 있어서도 계절성과 지역성을 띠도록 유도하는 요인이 되기도 하지만, 농산물의 소비가 대부분 일상적인 식품 소비이기 때문에 전국에 걸쳐 연중 계속해서 안정된 수요를 유지하는 것이 일반적이다.

2. 농산물 수요·공급의 특징과 결정요인

농산물 수요의 특징으로서는 먼저 농산물 자체가 최종 소비재가 아닌 경우가 많기 때문에 최종 소비재에 대한 수요가 본래의 수요(primary demand)라면 그 원료가 되는 농산물의 수요는 2차적 수요(derived demand) 또는 간접적 수요라는 점을 들 수 있다. 이 때문에 농산물 수요의 결정 인자와 과정이 더욱 복잡해지며, 따라서 수요의 예측이나 계산이 훨씬 어렵고 까다롭게 되는 것이다. 뿐만 아니라 농산물 수요는 그 품질이 다양하기 때문에 기호도 매우 다양하고 따라서 변이도(變異度, degree of variation)도 상대적으로 크다. 농산물의 수요를 결정하는 기본요인은 인구와 소득요인, 가격과 품질요인이 있다. 또한 맛과 영양, 색깔과 모양, 신선도와 안전도 등에서 선택의 기준이 개인마다 다르고 사회적 관습과 분위기에 많은 영향을 받으며, 한 품목이 단독으로 소비되기보다는 여러 가지 품목이 함께 소비되는 경우가 대부분이므로 수요에 있어서의 결합 또는 보완적 관계가 많이 나타난다.

인구요인은 수요의 총량을 결정하는 중요한 요인이다. 인구증가율과 연령별, 성별, 지역별(농촌, 도시 등), 소득 계층별 인구구성의 변화가 농산물의 총수요를 결정하는 데 많은 영향을 미치게 된다. 또한 인구계층에 따라서 개별적인 농산물 수요가 각기 다르기 때문에 각 계층별 인구구성의 변화가 1인당 농산물 수요에도 상당한 영향을 미친다.

소득요인이란 1인당 국민소득의 변화가 1인당 농산물 수요에 영향을 미친다는 것이다. 소득 변화에 따른 농산물 수요 변화를 가리켜 농산물 수요의 소득 탄력성이라고 한다. 일반적으로 총 가계 지출 중에서 식품비 지출이 차지하는 비중은 소득이 증가함에 따라 줄어드는 경향을 보이는 바 이를 엥겔의 법칙이라고 하거니와, 품질이 낮은 농산물은 대체로 소득 증가에 따라 수요가 줄어드는 것이 보편적이다. 그러나 품목에 따라서 어느 정도의 소득 수준까지는 수요가 늘다가 그 이후에는 수요증가가 정체 또는 감소하는 경향을 보이는 수가 많으며, 고급 농산물일수록 소득 탄력성 계수가 높은 것이 일반적이다. 소득 계층별로 보면 대체로 저소득층의 소비자일수록 농산물 수요의 소득 탄력성이 정(正,+, positive)의 방향으로 커지고 고소득층의 소비자일수록 비탄력적이거나 부(負, -, negative)의 방향으로 커지게 된다는 것이 정설이다.

다음 가격 요인은 동일한 품목에 대한 농산물 수요가 그 가격의 변화에 따라 달라진다는 것으로 이를 수요의 가격 탄력성이라고 한다. 일반적으로 가격이 올라가면 수요가 감소하므로 수요의 가격 탄력성 계수는 특별한 경우 이외에는 부(−)의 수치를 나타내게 된다. 대부분의 농산물은 인간 생존과 생활에 가장 기초적인 필수식품이기 때문에 가격 변동에 대해 상대적으로 비탄력적인 특징을 가지고 있다. 다시 말하면 가격이 아무리 높더라도 필요한 만큼은 소비를 해야 하고 가격이 아무리 낮더라도 일정한 양 이상은 한꺼번에 소비할 수 없는 것이 농산물이므로 가격의 등락에 관계없이 어느 정도의 소비 수요는 항상 존재하는 것이다. 농산물 수요의 가격 탄력성은 품목과 품질에 따라 각각 달라지는데, 대체로 필수품의 정도가 높을수록 가격 탄력성 계수가 낮아지는(비탄력적이 되는) 경향을 보이게 된다. 또한 일반적으로 원료 농산물보다는 최종 소비재의 단계로 갈수록 가격 탄력성이 커지는데, 이는 최종 소비 단계에서는 여러 가지 형태의 대체재(代替財)가 많아지기 때문이다.

다음으로 농산물 공급의 특징을 살펴보면 우선 농산물의 생산은 계절적인 경우가 많기 때문에 국제 무역을 감안하지 않는다면 수확 직후의 생산량이 연간 공급량이 되기 쉽다. 따라서 아주 단기적으로는 가격의 등락에 관계없이 공급량이 제한되기 마련이다. 저장·수송을 감안한 연중 공급곡선은 가격이 올라가면 공급량도 따라서 늘어나는 정(+)의 함수 관계를 가지게 된다. 이때 국제무역을 감안하지 않는다면 연중 1회 밖에 생산되지 않는 농산물의 경우에는 당년에 생산된 총량이 국내공급량의 상한선이 된다. 이에 비해 중장기 공급함수의 경우에는 생산요소 중에서 가변(可變) 생산요소의 변동을 통해 생산·공급량을 조절할 수 있는 시간대를 장기로 가정하는데, 이 경우에는 공급의 가격 탄력성이 단기보다 커지게 된다.

농산물의 공급은 공산품에 비해 상대적으로 비탄력적이다. 그 이유는 생산요소 중에서 토지 등 고정요소의 비중이 상대적으로 큰 데 비해 그 증감이 쉽지 않고, 그 용도가 제한되어 다른 용도로 쓰기도 어렵고 당장 처분하기도 어렵기 때문에 생산물의 가격이 아무리 싸더라도 어차피 자원의 유휴화를 막는다는 뜻에서 그 품목의 생산을 중단하기가 어렵기 때문이다. 반면 생산물의 가격이 아무리 비싸더라도 고정 생산요소를 단기간에 증가시키기는 곤란하므로 그 품목의 생산이 무한정 늘어나지는 않는다는 것이다. 또한 농산물의 생산에는 상당한 시간이 필요하므로 그 가격에 대한 공급 반응은 당연히 시차(時差, time-lag)를 두고 일어나기 쉽다. 특히 비용이 많이 드는 고정 생산요소를 증감시키는 것은 더욱 긴 시간과 신중한 검토를 요하기 때문에 공급이 더욱 비탄력적이기 쉬운 것이다.

농산물 공급의 결정요인으로는 생산물의 가격 이외에도 생산요소의 부존 상태와 이용 가능성 및 그에 따른 비용 등 생산요소에 관련된 사항이 중요하며, 이는 전반적인 농업 생산기술의 수준과 활용 정도에 따라서 크게 좌우된다. 아울러 생산물이나 생산요소의 대체 또는 결합의 가능성과 기회 비용의 정도도 특정 농산물의 공급에 영향을 미치는 바, 이러한 사항에 대해서는 뒤에 생산경제학의 기초이론에서 구체적으로 상세하게 설명하기로 한다. 한 가지 덧붙일 것은 농산물의 생산은 유기적인 과정을 거치면서 자연조건, 특히 기상 요인의 영향을 크게 받기 때문에 생산량의 예측이 매우 어렵다는 점이다. 따라서 위험과 불확실성이 공산품에 비해 원천적으로 크기 마련이며, 인위적으로 조절할 수 없는 부분이 많기 때문에 아무리 전천후(全天候) 시설을 갖춘다 하더라도 궁극적으로 생산과정과 생산량을 완전히 통제 조정한다는 것은 거의 불가능한 것이다.

3. 농산물 시장의 구조와 특징

농산물의 수요와 공급이 만나는 곳이 농산물시장이며 여기에서 농산물의 가격이 형성된다. 농업경영의 목표가 소득 또는 순수익을 증가시키는 데 있고, 농산물시장과 가격은 바로 소득과 순수익의 직접적인 결정인자인 만큼 이에 대한 기초적 이해는 농업경영을 공부하는 데 필수적인 것이다. 산업조직(industrial organization)이론의 시장체계분석(market system analysis) 접근법에 의하면 농산물 시장의 분석은 시장구조(market structure), 시장에 참가하는 개인 또는 집단의 행위(conduct) 또는 행태(behavior), 그리고 그 결과로서의 성과(performance)라는 세 가지 측면을 포함한다. 여기서는 시장구조와 행태에 중점을 두고 농산물 시장의 특징을 살펴보기로 하자.

시장구조를 설명하는 가장 중요한 요소는 경쟁의 정도 또는 반대로 독점(獨占)의 정도이다. 이는 수요자(구매자) 또는 공급자(판매자)의 집중 정도, 시장 점유율과 상품의 동질성, 품질 차별화의 정도, 그리고 시장 참여조건 또는 시장 참여 규제의 수준에 따라 결정된다. 그 중에서도 가장 중요한 시장 집중도는 소비자와 생산자의 숫자 및 규모별 분포에 따라 정해지며, 이는 독과점 금지법 등 소유권이나 재산권과 관련된 여러 가지 법규에 의해 영향을 받게 된다.

생산자와 소비자의 숫자만 보면 농산물 시장은 거의 완전경쟁(perfect competition)에 가까운 시장이라고 할 수 있다. 생산자와 소비자의 숫자가 워낙 많기 때문에 아무도 시장가격을 임의로 조정 통제할 수 없고, 시장 집중도나 시장 점유율이 상대적으로 아주 낮은 수준에 머물러 있기가 쉽다는 것이다. 그러나 최근에는 농업생산에 있어서도 전문화 경향이 급속히 진전되어 특정 품목의 생산 공급자의 숫자가 현저히 줄어들고 따라서 집중도가 높아지는 경향을 보이고 있다. 이것이 바로 경쟁의 정도를 감소시킨다는 것을 의미하지는 않지만, 시장구조를 현저히 변화시키고 그에 따라 동일 품목 공급자간의 결속력과 영향력을 강화시키는 반면 가격의 변이도와 진폭을 확대시킴으로써 시장의 불안정성을 더욱 고조시킬 가능성이 커진다는 점에 유의해야 한다.

한편 대형 식품체인점을 포함한 농산물 가공산업이 발달함에 따라 원료농산물의 대량수요자가 늘어나게 되고, 이에 따라 농산물의 수요 구조에 변화가 일어나 상품의 차별화와 관련 산업의 수직적 결합이 촉진되는 현상도 진전되고 있다. 다음으로 농산물 시장의 특징은 유기체인 생물을 다루는 것이므로 신선도와 부패·변질의 가능성이 시장구조를 좌우하게 된다는 점이다. 수송이나 저장, 가공, 판매의 모든 유통단계에서 신선도를 유지하기 위해 필요한 모든 수단들이 반드시 따라야 하며, 생산자로부터 소비자에게 이르는 시간이 가급적 짧아야 한다. 특히 청과물이나 수산물의 경우 부패・변질되기 전까지의 단시간 내에 농산물의 거래가 끝나야 하기 때문에 매매 방식에도 상당한 영향을 미치게 되는 것이다.

또한 농산물은 계절과 지역에 따라 여러 곳에서 소규모로 분산 생산되어 공급되는 반면 수요 측면에서는 소규모 소비단위인 가정에서의 일상적 소비가 대종을 이루고 있다. 따라서 그 유통과정에 수집상(蒐集商)과 중개상, 반출상(搬出商), 위탁판매상, 중간도매상, 산매상, 소매상 등 다수의 다양한 중간상인과 1차 처리, 예냉(豫冷), 선별, 포장, 집하, 수송, 저장, 가공, 판매, 배송(配送) 및 품질관리와 판촉(販促)활동, 유통 금융, 위험부담 등 각종의 서비스기능이 관계하게 되어 시장의 구조와 유통의 단계가 지극히 복잡하고 다양하기 마련이다.

거기다가 국민의 건강과 공중위생에 중요한 식품이 대부분이므로 농산물의 생산 또는 수입 공급에서부터 최종 소비와 수출에 이르기까지 동식물 검역(檢疫)과 위생검사, 품질검사 등에 관한 정부의 개입이 불가피하여 농산물 시장에 대한 정부 규제가 많아지기 쉽다. 뿐만 아니라 식품가격의 안정은 국민의 생계 안정 측면에서나 전체 경제의 안정성장을 위해 매우 중요한 정책 목표이기 때문에 이를 위한 정부의 농산물 시장개입과 통제, 간섭, 규제의 가능성이 또한 커지는 것이다.

끝으로 농산물 자체가 1차 산품이며, 그 생산 공급체계와 소비체계가 제조업 제품에 비해 상대적으로 낙후되어 있기가 쉬운 만큼 일반적으로 농산물 시장체계가 다른 상품의 유통체계에 비해서는 다소 뒤떨어져 있기가 쉽다. 특히 시장의 시설과 유통장비 및 시장정보 면에서 상대적으로 낙후되어 있는 경우가 많고, 불확실성과 위험부담이 더욱 커지게 된다. 또한 유기체인 생물을 생산 공급함에 있어서 제조업처럼 규격화된 제품을 생산해내기가 어렵기 때문에 상품의 표준화나 등급화가 더욱 어렵고, 이에 따라 농산물의 거래방식도 상대적으로 낙후되기가 쉬운 것이다.

농산물시장은 이처럼 시설 · 장비 면에서 불완전하고(incomplete), 거래방식이나 매매제도 측면에서 전체계적(全體系的)이지 못하며(incontingent), 유통정보와 품질의 규격화 · 표준화 측면에서 완벽하지 못할(imperfect) 뿐 아니라, 수요공급의 불가예측성(不可豫測性)으로 인해 위험부담이 크고(risky), 불확실한 정보와 지식에 의거하여 그때 그때 임기응변적으로 의사결정을 하는 경우가 대부분이다.(후진국으로 갈수록 더 심하다.) 또한 기회주의적(opportunistic)인 행태가 많아서 자기에게만 유리한 쪽으로 판단하고 행동하기 때문에 결과적으로 시장구조를 더욱 복잡하게 만들 뿐 아니라 공정한 가격 형성을 저해하고 정부의 정책 수립과 집행 또한 왜곡시키는 요인이 되기도 한다.

이러한 농산물 시장의 특징과 앞 절에서 설명한 농산물 자체의 특성으로 인하여 일반적으로 농산물의 유통구조는 복잡하고 많은 단계를 거치게 된다. 유통 효율과 유통 서비스의 질이 낮고 상대적으로 유통 비용이 많이 들며 유통 마진이 커진다. 뿐만 아니라 유통 정보의 부족으로 인해 공정하고 신속한 거래가 잘 이루어지지 않는 반면 농산물의 수급과 가격을 안정시킨다는 것이 현실적으로 매우 어려운 과제가 되고 있는 것이다

4. 농산물 가격의 결정요인과 특성

농산물의 가격도 결국 수요와 공급에 의해 결정된다. 수요 측면에서는 앞서 설명한 바와 같이 장기적으로 인구요인과 소득요인 및 소비자의 선호(選好) 형태와 사회적 관습 등이 영향을 미치게 된다. 단기적으로는 해당 품목에 대한 수요의 가격 탄력성과 대체 가능한 품목의 가격수준 등이 중요한 결정요인이다.

공급은 국내 생산과 수입으로 구성된다. 국내 생산의 결정인자는 국내 부

존자원과 토지, 노동력, 생산자재 등 각 생산요소의 상대가격 수준과 생산 및 유통의 기술 수준 등이다. 이러한 요인들이 상품의 비용구조를 결정하며 따라서 공급의 가격 탄력성을 좌우하게 된다. 다만, 농산물의 경우에는 다른 품목과 달리 자연조건의 제약을 많이 받기 때문에 기상 여건에 따라서 공급의 불확실성과 가격 진폭의 위험이 커진다는 점을 반드시 유의해야 한다.

농산물 수입의 가격과 양을 결정하는 요인으로는 국내 생산여건, 국제 가격과 국내 가격의 차이, 수입농산물 공급의 가격 탄력성, 수출입제도와 정부의 수출입정책 등이 있다. 특히 농산물 가격에 영향을 미치는 중요한 인자로서 정부의 정책과 시장 개입 또는 시장 규제가 있다. 농산물 가격을 안정시키기 위한 수매, 비축, 방출 등 정부의 수급 조절 노력과 가격 지지(支持) 또는 통제정책, 국내 농산물 보호를 위한 수출입 규제 제도 외에도 농산물의 생산, 유통에 관련된 허가, 인가, 등록, 신고, 제한, 규제, 통제, 촉진, 조성, 지원, 보조, 과세 등 모든 정부의 정책과 제도적 장치들이 다 농산물 가격의 결정요인에 포함되는 것이다.

농산물 가격의 특성으로는 먼저 가격등락(騰落)의 계절성과 주기성(週期性)이 있다. 농산물 생산이 계절적이거나 주기적이기 때문에(예: 가축 번식주기) 농산물 가격은 불가불 계절적으로 등락하거나 주기적인 변동을 보이게 된다. 명절이나 소풍철, 행락철 등 사회적 관습이 특정 농산물의 계절적 수요에 영향을 미치기 때문에 농산물 가격의 계절변동이 발생하는 경우도 흔히 있다. 어쨌든 농산물 가격은 홍수 출하기에는 하락하고 물건이 귀한 단경기(端境期)나 계절수요가 최대로 되는 때에는 상승하기 마련이며, 경우에 따라서는 공급반응의 시차로 말미암아 생산 공급과 이에 따른 가격 등락의 해거리 현상도 나타난다. 좀 장기적인 가격변동 주기로는 옥수수와 돼지고기의 가격변동(corn-hog cycle)이 그 대표적인 예로 꼽히고 있으며 우리나라에서는 쇠고기 가격변동이 주기성을 띠고 있는 것이 그 예로 지적되고 있다.

농산물 가격의 두 번째 특성은 상대적인 가격의 불안정성이다. 대체로 농산물의 수요와 공급이 다같이 가격에 대하여 비탄력적이기 때문에 물량 변화에 따른 가격변동, 즉 가격 신축성(price flexibility)이 크기 마련이다. 이와 더불어 가격이 오를 때의 소비자의 가수요 증가나 공급자의 출하 통제, 공급계약 위반 및 투기적 목적의 매점 현상, 밀수입 등과, 가격이 내릴 때의 투매와 구입 기피 및 구매계약 위반 등 유통 참여자의 기회주의적 행동 가능성이 커지므로 이러한 현상들이 농산물의 가격 불안정성을 더욱 가중시키게 되는 것이다. 또한 농산물 생산 자체의 불확실성과 불가예측성(unpredictability)으로 말미암아 수요자와 공급자가 모두 생산 출하 계획이나 구매 소비 계획을 안정적으로 수립 운영하기 어려우며, 가격형성이나 유통과정에 투기적 요소를 증대시키는 것도 농산물 가격의 근본적인 불안정요인이 된다.

셋째로 농산물 가격이 가지고 있는 특성은 생산자 가격과 소비자 가격의 양면성과 그 양면에서의 정책적 중요성이다. 다른 상품도 마찬가지겠지만 농산물의 가격은 생산자에게는 생계와 직결되는 문제인 동시에 소비자에게는 가계 운영의 기본문제인 것이다. 특히 저소득 소비자에게나 저임금 근로자에게는 가장 기본적인 임금재(賃金財, wage good)요 생존재(生存財, subsistence good)인 식품의 가격이 더욱 중요한 의미를 갖게 되는 것이다.

단순히 생산자인 농업인의 소득을 증대시키고 농산물의 증산을 유인하기 위해서는 농산물 가격이 높은 수준에서 유지되고 계속 상승하는 것이 바람직할 것이다. 그러나 다른 한편으로는 농산물 가격 상승은 영세 서민이나 저임금 근로자의 생계 안정을 위협하고 국민경제 전체의 안정을 저해하는 요인이 된다. 최근 선진국 여러 나라에서 나타나고 있는 바와 같이 일정 수준의 농산물 가격지지로 인해 과잉생산이 정책적으로 보장되는 결과를 가져와서 밑빠진 독에 물 붓기식으로 정부의 재정부담을 가중시키고 더 이상 가격을 올릴 수도 내릴 수도 없게 만드는 상태가 바로 현대판 '식품가격의 딜레마(food price dilemma)' 인 것이다.

반대로 국민생활의 안정과 경제의 안정 성장을 위해서 농산물 가격을 낮은 수준에서 계속 안정시킨다면 생산자인 농업인의 소득이 상대적으로 낮아져서 영세 소농의 생계를 불안하게 할 뿐 아니라 농촌경제의 활력을 떨어뜨려 국민경제의 건전한 균형 발전에 근본적인 장애요인이 된다. 또한 경영비의 충분한 보상이 되지 못함으로써 생산의 위축을 초래하여 국민식량의 자급률이 낮아지고 따라서 수입 의존도가 높아질 우려가 있다는 지적도 많다.

다시 말하면 농산물의 가격은 국민 생존에 필수 불가결한 식품 가격으로서나, 국민경제의 안정에 기본적인 요소인 비용가격으로서나, 또는 국민의 상당수를 차지하는 경제적 약자인 농업인의 생계 소득의 원천이 되는 농업조수익의 기준가격으로서나, 무엇보다도 중요한 정책가격으로서의 의미를 애시당초부터 내포하고 있는 것이다. 이에 따라 여러 가지 입장에서 농산물 가격에 관한 주장과 논의가 있어 왔으며, 정부의 지지, 지원, 보호 또는 규제, 간섭, 통제 등 정책적 개입이 불가피하게 있어 왔다. 이러한 정부의 정책을 결정할 때마다 가장 첨예하게 토론의 대상이 되는 부분이 바로 농산물의 가격 수준을 어느 정도로 할 것이냐이며, 이는 궁극적으로 이해관계를 달리하는 각 이익집단과 계층 간의 힘겨루기, 다시 말해 정치적인 역학관계에 의해 결정된다고 보는 것이 일반적인 시각이다.

5. 농산물 유통의 기능과 조직

앞에서도 여러 번 설명한 바와 같이 농업경영의 목적은 순수익을 최대로 올리는 데 있든지, 소득을 최대로 올리는 데 있든지 간에 농업조수익을 최대로 올리지 않으면 안 된다는 데서는 방향이 일치한다고 하겠다. 농업조수익이란 생산된 농산물의 양과 그 가격을 곱해서 산출되는 것이다. 자급자족의 생계영농시대를 지나 상업영농시대에 들어서는 시점에서는 어떻게 생산할 품목을 선택하고 생산된 농산물을 상품으로 어떻게 처리하고 판매하여 최대의 조수익을 올릴 수 있느냐 하는 것이 농업경영의 첫 번째 중요한 관점이 되며 따라서 농산물 유통과 마케팅 이론이 더욱 관심의 초점이 되고 있다.

대체로 경제가 발전함에 따라 생산과 소비 사이에는 시간적, 공간적 간격이 차츰 커지게 되는데 이 간격을 메워주고 생산과 소비를 유기적으로 연결시켜 주는 것이 유통이다. 도시화의 진전에 따라 농산물의 생산지역인 농촌과 소비 인구가 밀집되어 있는 도시 사이에 공간적 거리가 커지게 되므로 수송이라는 유통의 한 기능이 생겨서 장소적 효용가치(place utility)를 높여 준다. 또한 계절적으로 집중 생산된 농산물을 연중 골고루 소비하게 하자면 시간적 간격을 메워야 하는 보관 또는 저장이라는 다른 하나의 유통기능이 발생하여 시간적 효용가치(time utility)를 높여 주게 되는 것이다.

뿐만 아니라 원료 농산물을 그대로 최종 소비하는 것이 아니라 여기에 처리·가공이라는 또 하나의 유통기능이 덧붙여져서 상품의 품질과 편의성을 높여줌으로써 새로운 형태의 효용가치(form utility)를 창출해 낸다. 또한 농산물 유통의 기능은 생산과 소비 사이에 개재된 수송·보관 또는 저장·처리·가공 등의 새로운 효용가치의 창출 기능과 함께 생산 즉 공급과 소비 즉 수요를 연결하여 거래를 이루어주는 상업적 매개기능 즉 소유변동에 따르는 효용가치(possession utility)를 창출하는 기능을 포함하고 있는 것이다.

이 상업적 매개 또는 교환기능은 가격결정의 핵심이 되는 유통기능으로서 전 유통과정 중에서 일어나는 구매기능과 판매기능을 포괄하는 것이다.

여기에는 구매 또는 판매의 관리기능과 수집·분산기능 및 장기계약 또는 판매 촉진활동 등이 부수적으로 따르게 된다. 다음으로 물적 유통기능의 대표적인 세 가지가 장소의 효용을 높여 주는 수송과, 시간의 효용을 높여 주는 저장, 형태의 효용을 높여 주는 가공이다. 이외에도 농산물 유통의 효율을 높여 주고 거래를 촉진시켜 주는 기능으로서 시장정보 기능과 위험부담 기능, 표준화와 선별, 규격화, 등급화 기능 및 유통금융 기능이 중요하다.

농산물 유통조직 또는 유통경로는 일반적으로 생산지 유통과 소비지 유통으로 구분되며, 소비지 유통은 도매단계와 소매단계로 구분된다. 최근에는 전통적인 5일시장 형태의 산지 유통형태가 쇠퇴한 대신 여러 가지 다양한 유통조직과 형태가 많이 나타나 더욱 복잡한 유통경로를 형성하고 있으나, 대체로 산지유통은 생산농가와 수집상, 반출상 또는 위탁판매상 사이에 이루어지는 거래를 중심으로 체계화되어 있다. 여기에 농협, 축협 등 생산자 단체나 정부기관이 개재하는 경우와 생산자가 산지 중간상인을 거치지 않고 바로 소비지로 직접 출하 또는 소비자에게 직접 판매하는 경우가 차츰 늘어나는 경향을 보이고 있다.

다음 소비지의 도매단계에서는 전통적인 객주(客主)나 거간의 현대적 형태인 위탁상이 아직도 상당한 비중을 점하고 있어 공정거래의 상징으로서의 경매에 의존하는 법정 도매시장이 제대로 정착 발전하지 못한 상태에 있으나, 최근 유통산업의 현대화와 개방 추세에 따라 이 부분에 있어서도 많은 변화가 일어나고 있다. 대형 유통체인과 집배송(集配送)업체의 신설·참여와 함께 지역거점 중심의 부류별 전문도매시장(예: 식육, 화훼 도매시장 등)의 설립 등이 정부와 민간의 양쪽에서 활발히 추진되고 있다. 또한 전국 단위의 유통정보망과 온라인 금융 전산시스템 등이 농산물의 도매 거래형태와 조직을 현대식으로 변화시키는 데 주도적 역할을 하고 있다.

끝으로 소매단계에서는 전통적인 주택가의 구멍가게와 소매시장 형태가 차츰 연쇄점과 전문 직판장, 중규모의 주택가 슈퍼마켓과 대규모 도심 백화

점 또는 거대한 거점 상업지역의 쇼핑센터 형태로 바뀌어가고 있다. 한편 노점이나 행상은 그 나름대로의 존재이유 때문에 계속 명맥을 유지할 것으로 보인다. 이외에도 주문배달 형태의 소매방식과 외식산업의 발달에 따른 종합서비스 형태의 소매방식이 더욱 확산되고 있으며 전자식 자동구매 방식도 조금씩 선을 보이게 될 것으로 전망된다.

이상과 같이 농산물 유통기능과 조직에 대해 개략적으로 설명한 이유는 앞으로 농업경영에서 이 부분이 차지하는 비중과 의미가 더욱 커질 것이 확실한 만큼 성공적인 농업경영의 열쇠는 바로 생산한 농산물을 유통단계로 어떻게 잘 연결시키느냐에 달려 있기 때문이다.

2
농업경영 요소

1 — 농업경영의 기본 요소

생산은 경제 사회의 근원적인 활동이며, 사회생활은 사람이 살아가는데 필요한 생활 수단을 생산하고 재생산함으로써 비로소 가능하게 된다. 생산의 기본 요소는 주체인 인간과 객체인 자연, 즉 인간의 노동력과 이 노동력의 대상이 되는 자연 곧 토지이다. 그리고 토지에 노동력이 작용할 때에 몇 가지 보조 수단이 필요하게 된다. 예를 들면 농업생산 활동을 위해서는 종묘, 비료, 사료 등의 원재료와 건물, 농기구, 역축(役畜) 등이 필요한 것이다.

농업이 아직 충분히 발달하지 않은 단계에는 이 보조 수단이 종묘와 간단한 농구(農具)에 불과하였다. 농업 기술의 향상에 따라 작물과 가축이 개량되었고 토지도 시비(施肥)와 관개(灌漑) 등에 의하여 개량되기에 이르렀다. 그 결과 농업 생산력이 비약적으로 성장하게 되었고, 오늘날에는 보조적인 노동수단이 없는 경우는 거의 없게 되었고, 토지도 원래의 토지 그대로 있는 경우가 드물게 된 것이다. 따라서 오늘날 농업생산 과정에 있어서의 기본 요소는 인간의 '노동력'과 노동의 대상인 '토지(자연)' 및 보조적인 노동 수단인 '자본재'이며 이를 생산의 3요소, 농업경영의 3요소, 또는 집약도(集約度, intensity)의 3요소라고 한다.

모든 생산은 이들 3요소가 적당히 결합되어 이루어지는데, 각 요소의 중요도는 생산의 종류에 따라 달라진다. 예를 들면 상공업에 있어서는 토지를 지질에 구애되지 않고 널리 선택할 수 있고, 상대적으로 토지의 비중이 낮으며, 노동력은 노동시장에서 충분히 구할 수 있다. 따라서 자본재와 이를 획득할 수 있는 능력인 화폐 자본과 신용이 결정적으로 중요하게 된다.

이에 비해 농업에 있어서는 토지가 농업생산의 기반이며, 토지의 조건이 바로 농업경영의 기본적 내용과 형태를 특징지우는 요건이 된다. 또한 노동력은 다른 경영요소를 종합하는 주체로서, 이 노동력의 작용 없이는 아무리 고도화된 노동수단이나 개량 발전된 노동수단도 이용할 수 없다는 의미에서 기본적인 생산 요소이다. 자본재인 장비와 원재료는 노동의 생산 효율을 높이거나 토지의 생산성을 높이는 수단이다. 이 생산수단의 발달 정도에 따라 노동의 성과가 근본적으로 달라지게 된다. 농업경영에서도 생산수단이 차지하는 비중이 커져 왔다.

최근에는 이들 3요소 이외에 경영이나 생산활동에 있어서 기술과 정보의 중요성이 더욱 강조되고 있다. 자본재가 기술 축적의 산물이라고 볼 수도 있지만, 토지 · 노동 · 자본재의 기본 요소를 적절하게 효율적으로 결합하여 생산성을 높이는 방법이 기술이므로 기술을 농업경영 요소의 하나로 덧붙이는 경우가 늘어나고 있는 것이다. 정보는 기본 3요소와 기술에 관한 지식과 그 운용 방법 등을 총칭하는 것으로서, 정보화 사회의 진전에 따라 기술에 못지않게 중요한 경영 요소의 하나로 부각되고 있다.

2 — 노동력

농업경영에 있어서 노동력은 모든 경영 요소를 결합하는 주체로서 가장 기본적인 것이다. 원시시대에 있어서는 노동력만이 물자 획득의 수단이었다. 사회가 진보됨에 따라 간단한 도구가 발명되고 이를 이용하는 농경활동이 시작되면서 인간의 생산활동이 궤도에 오르게 되었다. 이에 따라 농업이 발달하고 공업과 상업 등 여러 가지 산업이 분화되어 오늘날과 같은 복잡한 경제사회를 이루게 된 것이다.

초기의 간단한 도구가 차츰 발달되어 오늘날에는 농기계로 이용되고 있는데, 이러한 농기계와 그 밖의 자본재는 그 경제적 성격상 노동력의 생산성을 높이는 수단으로 사용되고 있다. 그러나 농업에 있어서는 기계화된 기술이 고도로 발달한 공업이나 교통업에서 흔히 볼 수 있는 바와 같이 기계가 모든 작업의 주가 되고 인간 노동이 종속적 역할을 하는 체제가 될 수는 없다. 다시 말하면 이런 점에서 공업노동과 농업노동은 그 성질을 현저히 달리하고 있는 것이다.

1. 농업노동의 특성

데이비드(E. David)에 의하면 농업노동에 있어서는 살아있는 생명체의 생육을 대상으로 하는 데 비해 공업생산은 죽은 물건을 가공하는 것을 대상으로 하기 때문에 큰 차이가 있다고 한다. 농업노동은 동식물의 생육 과정을 대상으로 하므로 대부분의 작업이 경지 위에서 이동하면서 행해지며, 그 작업의 종류가 다양하고 때와 장소에 따라 언제나 변화하기 쉽다. 거기에다 동식물의 생장 과정에 상응해야 하므로 노동 소요의 시기적인 번한(繁閑)을 면할 수 없을 뿐 아니라 그 노동에 있어서는 각별한 주의를 요하며, 필요에 따라서는 다른 종류의 노동이 이어서 행해져야 한다. 이 점에서 전문적이고 세분화된 노동만을 반복하는 공업노동과는 아주 다르다는 점을 유의해야 한다. 즉 농업생산은 유기적 과정인 데 비해 공업생산은 기계적 과정이라는 것이다.

좀더 구체적으로 농업노동의 특수성을 살펴보자. 첫째 농업노동은 유기적 생산과정의 일부이므로 궁극적이고 직접적인 생산활동은 자연에 의해 행해지고, 인간의 농업노동은 어디까지나 2차적이고 보조적인 위치에 불과하다. 최근에 농업기술의 현저한 발달로 인해 농업생산에 있어서도 인위적인 조작이 많이 가능하게 되었다고 하지만, 농업생산 과정의 시작과 끝을 결정하는 것은 결국 자연조건이라는 점을 부인하기 어렵다. 뿐만 아니라 농업 생산과정의 진행속도와 소요시간 또한 궁극적으로는 자연조건이 결정한다. 이 과정에서의 농업노동은 동일한 작업의 연속적인 반복노동이 아니라, 생육과정이 진행됨에 따라 성질이 전혀 다른 작업들이 다른 강도로 필요하게 되고, 이 가운데 시간적 간격이 불가피하게 생기게 된다. 농업노동의 인위적 통제와 기계화가 근본적으로 어려운 것은 바로 이러한 농업노동의 유기적 성질에 기인하는 것이다.

다음으로 농업노동은 필연적으로 장소의 이동을 전제로 한다. 동일한 장소에서 고정식 생산라인에 의해 기계적으로 수행할 수 있는 공업노동과 달리 사람과 기계, 기구가 작물이나 가축의 소재에 맞추어 이동하여야 하기 때문에 기계화나 시설자동화의 제약 요인이 되고 있다. 즉 기계화의 경우 이동식 단일기계로 가능한 모든 농작업을 함께 수행하기는 거의 불가능하기 때문에 한 번의 생산과정에 여러 가지 기종이 필요하게 되어 자본비용이 큰 반면 기계의 가동률과 효율이 낮은 상대적 불리성을 감수할 수밖에 없다.

이동에 따른 동력이 별도로 필요하게 되므로 운전비용이 추가로 소요되는 점도 불리한 점이다. 또한 최근에 증가하고 있는 시설자동화의 경우에도 농업생산의 대상인 작물이나 가축을 이동하기 어렵기 때문에 아무리 한 곳에 모은다 하더라도 생산에 필요한 재료들을 좁은 장소에 이동시켜 작업을 할 수 있는 공업생산에 비해서는 시설 면적이 엄청나게 많이 소요된다. 따라서 이에 필요한 토지 비용이나 자본 비용의 측면에서 현저히 불리하다는 것을 인정하지 않을 수 없다. 물론 이러한 제약요인들을 극복하기 위한 여러 가지 기술들이 많이 개발되고 있으나, 근본적으로 자연에의 의존도가 큰 농업생산의 속성을 벗어나기 어렵기 때문에 비용과 효율 측면에서는 어느 정도 상대적으로 불리할 수밖에 없는 것이다.

다음으로 농업노동은 한 곳에 근로자가 모여서 체계적으로 작업을 하는 공장노동의 경우와 달리 특수한 경우를 제외하고는 노동의 장소와 시간이 분산되어 있고, 체계적인 생산라인에 의한 작업이 이루어지기 어렵다. 따라서 노동의 통제와 감독이 어렵고 효율적인 분업을 위한 작업의 체계화가 곤란하기 때문에 노동의 효율이 상대적으로 낮을 뿐 아니라 노동 성과를 확보하는 데 애로요인이 되고 있다.

2. 농업 노동력의 종류

농업 노동력은 가족 노동력과 고용 노동력으로 구성된다. 가족 노동력이란 경영주와 그 가족에 의하여 농업경영에 직접 제공되는 노동력을 말하며, 고용 노동력은 경영상 필요에 의해 일정한 노임을 지불하고 외부로부터 사들이는 노동력을 말한다. 공업생산에 있어서의 노동은 주로 고용 노동력에 의존하지만 농업생산에 있어서는 그 생산의 특수 사정으로 인하여 경영의 주체인 농가의 가족 노동력이 근간이 된다. 서유럽의 대부분의 나라들과 근대 자본주의적 농업경영의 모범이 되고 있는 미국에서도 가족 노동력이 농업 노동력의 주가 되고 있는 것이 현실이다. 특히 우리나라와 같은 소규모 경영에 있어서는 가족 노동력에의 의존도가 높기 마련이다.

1— 가족 노동력

경영주와 그 가족이 제공하는 노동력을 말한다. 우리나라 농업경영은 가족 노동력을 위주로 영위되어 왔다. 농가의 노동력은 대부분 농업경영에 사용되어 수익화되고 있으며, 영세한 농업경영일수록 가족 노동력이 더욱 중요하게 된다. 가족 노동력은 혈연으로 결부되어 공동생활을 하는 가족에 의하여 제공되는 노동력이다. 따라서 가족 구성의 기본 여건에 따라 좌우되기 때문에 농업경영에 필요한 노동력의 양과 질이 언제나 일치하지는 않고, 과부족의 현상이 흔히 생기게 된다.

농작업은 매우 복잡 다양하기 때문에 가족 구성이 다양하여 이질적인 노동력을 각자의 능력에 따라 적절한 작업을 할 수 있게 하는 이점도 없지 않으나, 그 수량의 조정이 결코 쉬운 일은 아니다. 미국, 호주 등의 개척 초기의 경우와 같이 노동력이 충분히 있고 또 계속 늘어나면 이에 따라 경지를 확장하고, 반대로 가족 노동력이 감소하면 경작지를 감축하는 등 경영 면적을 쉽게 늘리고 줄일 수 있는 곳에서는 크게 문제되지 않는다. 그러나 우리나라의 경우와 같이 경지 면적이 거의 고정되어 있는 상태에서는 농업경영 면적에 대한 가족 노동력의 과부족 현상이 심각한 문제가 된다.

가족 노동력은 고용 노동력에 비해 몇 가지 장점을 가지고 있다. 첫째로는 농번기에는 가사 또는 다른 곳에 필요한 노동을 절약하거나 연기하여 온 가족의 노동력을 모두 농업생산에 투입할 수 있고, 다른 때에는 이를 달리 배분할 수 있는 노동력 공급의 융통성을 들 수 있다. 둘째로 농가의 가족 노동력의 약간을 차지하고 있는 부녀 노동력은 요리, 세탁, 육아, 청소 등 가사 노동 이외에도 양잠이나 가축 사육 등의 농사 작업에도 광범위하게 이용되고 있으므로 농가 경제에 있어서 부녀자의 지위와 경제적 의의가 참으로 크다. 셋째로는 농업경영의 성과가 농가 경제에 직접적인 영향을 미치게 되는 까닭에 온 가족이 자발적으로 최선의 노력을 다한다는 점에서 가족 노동력은 질적으로 우수할 뿐만 아니라 감독할 필요가 없다는 장점이 있다.

그러나 다른 한편으로 가족 노동력은 경영 주체인 가족이 농업경영에 관계없이 보유하고 있는 노동력이므로 이를 농업경영에 투입하건 않건 가족 노동력의 유지 비용인 가계비에는 별다른 변화가 없다는 기본적인 문제점을 안고 있다. 농업경영에 가족 노동력을 충분히 이용하지 못하면 그만큼 추가 비용의 투입 없이도 공급 가능한 노동력을 놀린 결과가 되어 노동력과잉이 되는 것이다.

농업경영은 가족 노동력의 일터이면서 동시에 그 수익을 얻는 수단이므로 가능한 한 이를 완전히 소화시켜 최대한의 수익을 얻도록 노력하게 된다. 그러나 가족 노동에 대한 보수는 정해진 노임이 아니고 경영의 성과로 얻어지는 소득에서 가계비 지출의 형태로 지불되는 것이어서 직접적인 노임의 지출이 없으므로 농업경영자로 하여금 가족 노동은 무상 노동이라는 인식을 가지게 하는 경우가 많다.

경영자는 가족 노동으로 조금이라도 보수를 벌 수만 있다면 가계 소득에 도움이 될 것이라는 생각에서 가족 노동을 지나치게 혹사하는 과로의 폐단이 따르게 된다. 특히 농번기에 부녀자에게 이러한 일이 많은데 이는 가족의 건강을 해치고 결국 의료비 등 가계비 지출을 증가시켜 농가 경제에 이롭지 못하게 되는 수가 많다. 따라서 농번기에 부족되는 노동력은 다른 방법으로 보충하도록 해야 할 것이다. 즉 노동 능률의 향상을 위한 개량 농구의 도입이나 노동 방법 및 경영조직의 개선 등이 고려되어야 하며, 성별, 연령별 노동력의 질적 차이와 각 개인의 능력에 맞게 노동을 배분하는 방법 등도 함께 생각되어야 한다.

2 — 고용 노동력

고용 노동력이란 일정액의 노임을 지불하고 타인의 노동력을 고용하여 자기의 지휘 감독 하에 작업을 시키는 것을 말하며, 그 본질은 다른 산업에 있어서의 임금 노동자와 다름이 없다. 고용 노동력에 대한 임금은 실제로 농업경영비로 지출되어야 하므로 농업경영자의 입장에서는 되도록이면 고용 노동량을 적게 하도록 노력하기 마련이다. 또한 부득이 고용했을 때에는 지불된 노임 이상의 경제적 효과를 얻고자 하게 된다. 극단적으로는 노동자를 혹사한다든지 노임을 생계비 이하로 낮추어 주고자 한다든지 하는 문제가 생길 수도 있는 것이다.

이에 반하여 임금 노동자의 입장에서는 고용주에게 제공하는 일정한 노동력에 대해서 되도록이면 많은 노임을 받는 것이 최대의 관심사이다. 이에 따라 이해관계의 대립이 발생하게 되고 노임이 올라감에 따라 농업경영자의 입장에서는 영농작업의 기계화와 노동절약의 문제가 중요시되는 것이다. 이와 같은 고용 노동력은 고용되는 기간의 단위에 따라 연중 고용, 계절 고용, 1일 고용 및 위탁영농 등으로 분류된다.

연중(年中) **고용 또는 상시**(常時) **고용** ——— 연중 고용 또는 상시 고용은 우리나라에서는 일찍이 봉건시대로부터 '머슴'이라고 하여 왔다. 머슴은 1년 또는 수년을 단위기간으로 하여 계약되는 노동이므로 노동력의 공급량이 연중 일정하므로 대농경영에 있어서나 가족 노동력이 언제나 부족한 경우 또는 연중 거의 같은 양의 노동력이 필요한 축산 경영 등에 있어서 유리한 것이다. 머슴은 대개 고용주의 집에서 침식을 같이 하면서 고용주의 가족과 함께 일하는 까닭에 가족 노동력처럼 안심하고 일을 맡길 수 있고, 또한 노임도 비교적 저렴하다. 다만, 머슴에 대한 의식주의 현물 지급 비용과 연말에 지불되는 노임을 함께 계산하여 이를 연간 노동일수에 대한 일당노임으로 산출해보면 일고(日雇)에 비해 싸지 않은 경우가 흔히 있고, 가족 노동력으로 할 수 있는 일도 머슴이 있기 때문에 가족이 하지 않고 놀게 되는 경우까지 생각하면 그렇게 유리하지도 않다는 점을 고려해야 한다.

머슴은 지난날에는 상당수가 있었으나 농지개혁 이후 크게 줄어들어서 오늘날에는 거의 없어졌다. 근래에는 농업경영이 전업화·기업화하고 전문 농업경영체가 발전되는 과정에서 과거의 머슴과는 다른 기업적인 상시 고용이 늘어나고 있다.

계절 고용 ——— 계절 고용이란 1개월 내지 2개월을 단위기간으로 하여 농번기에 고용되는 노동력을 말하며, 농업사정이 다른 지역 간의 이동 노동력이 주가 된다. 우리나라처럼 좁은 지역에서는 지역 간의 이동에서 오는 경우는 드물고, 잠재 실업이 많았던 상황에서 다른 직업으로부터의 이동에서 생기는 경우가 많았다. 예를 들면 공장에서 해고된 자나 무직자가 일시적으로 고용되기 위하여 일터를 잡는 경우가 이에 해당한다.

계절 고용은 유럽 여러 나라와 미국에서 많이 이용되어 왔다. 그 이유는 각 지방의 기후, 풍토에 따라 생산이 분화되거나 같은 생산물의 생육기가 지역마다 다르기 때문에 각 지역의 농번기가 계절적으로 다르고, 따라서 각 지역의 농업 노동력 수요가 계절적으로 차이가 나는 까닭이다. 이 경우 농업노동자들이 지역별 농번기의 농업 노동력 수요에 맞추어 한 지역으로부터 다른 지역으로 떼를 지어 이동하면서 계절적인 고용에 임하게 되는 것이다. 예를 들면 미국은 영토가 광대하기 때문에 남부 지방에서 북부 지방으로 밀의 수확기를 따라 약 3개월 간에 걸쳐 이동하게 되는데, 과거 이들 이동 농업노동자(migratory farm-workers)는 1930년대에 가장 많아서 임금 노동자 총수의 약 1/3에 달하였다고 한다.

1일 고용 또는 임시(臨時) 고용 ——— 1일 고용 또는 임시 고용이란 수시로 공급되는 하루 단위의 계약에 의한 고용 노동력이다. 우리나라 농업에 있어서의 고용노동은 대부분 이러한 1일 고용 형태에 속한다. 1일 고용의 경우 노동의 질이 연중 고용보다는 떨어지는 경향이 있다. 다만, 같은 마을에 거주하거나 고용주와 잘 아는 사이인 경우에는 자기 노동에 대한 책임을 중하게 여기고, 경영의 성과에 대한 관심도 크기 때문에 비교적 근면한 양질의 노동이 되는 수가 있다. 근래 일손이 부족한 농촌에서 단체로 1일 고용을 하는 경우에는 대부분 일당 노임에만 관심이 있고, 작업에 대한 흥미나 책임감을 느끼지 않는 경우가 많으므로 가축의 사양 관리와 같은 작업에는 부적당하고 작업시에 여러 가지로 주의 · 감독이 더 필요하게 된다.

이러한 임시 고용의 존재는 계절적으로 작업 소요량이 많은 6,7월이나 9,10월에 노동력 부족을 메꾸어 주는 효과가 있으나, 농업노임의 상승과 전반적인 일손 부족현상이 나타나고 있는 오늘날의 우리나라 농촌에서 노동력 배분에 관한 농업경영상의 문제를 근본적으로 해결할 수 있는 방법은 되지 못한다. 따라서 노동능률을 획기적으로 향상시킬 수 있는 영농의 기계화와 시설자동화를 통해 계절적인 노동력 수요의 집중을 해소시키거나, 조직적이고 체계적인 노동력 공급을 위한 농작업의 협동화와 위탁영농에 의해 농번기의 노동력 부족 문제를 해결하는 방향으로 개선해 나가야 할 것이다.

전통적으로 우리나라 농업노동에 있어서 농번기의 노동수요에 협동적으로 대처해 온 방식으로서 품앗이와 두레가 있는데, 이는 1일 고용을 서로 돌려가면서 교환하는 형태이다.

위탁영농 ——— 위탁영농은 어떤 농작업을 위탁받아 이를 마침으로써 보수를 받는 고용노동의 한 형태이다. 따라서 이는 작업단위의 고용이기 때문에 반드시 작업시간에 구애되지는 않는다. 우리나라와 같은 소규모 농업경영에서는 흔하지 않은 고용노동이었으나, 최근 농촌의 일손이 급속히 줄어들면서 농업노임이 현저히 상승하는 추세에 있기 때문에 벼농사의 경우 논갈이, 모내기, 벼베기와 탈곡 등 여러 작업이 위탁영농에 의해 많이 이루어지고 있다.

특히 농업경영주의 노령화 추세가 급속히 진행되면서 직접 농작업을 하기 힘든 나이 많은 영농주들이 자기 농지를 남에게 빌려주고 임대료 수입을 얻는 것보다는 위탁영농에 의하여 농업경영을 계속하는 것이 훨씬 이익이 된다는 판단 아래 벼농사의 일부 농작업을 부분 위탁하거나 일정 면적의 벼농사를 아예 파종에서 수확까지 전부 위탁하는 사례가 급속히 늘어나고 있다.

이에 따라 젊은 영농주로서 자기 농지를 충분히 갖고 있지 못한 경우 위탁을 받아 영농을 함으로써 위탁영농 수수료의 수입을 얻고자 하는 고용 노동력이 늘어나고 있으며, 최근에는 이들이 위탁영농회사 형태로 수적 증가와 함께 기업적 조직을 갖추어가고 있는 추세이다.

3. 우리나라 농업 노동력의 수급현황과 변화추이

1970년대 말까지만 하더라도 우리나라 농촌의 노동력은 초과공급 상태에 있었다. 농가호수와 농가인구는 절대수가 늘어나 1967년에 최고치를 기록하였고 그후 차츰 감소하기 시작하였다. 1980년까지만 해도 농가인구가 1천만 명을 넘고 농가 호당인구도 5인이 넘었으며, 총 인구 중 농가인구의 구성비가 28.4%에 달할 정도로 농촌의 인구비중이 상대적으로 컸다. 따라서 농업노임을 포함하여 농촌 노임이 전반적으로 낮은 수준에 머물러 있었고, 잠재실업 또는 위장실업 형태로 남아도는 노동력이 농업부문에 과잉된 상태였던 것이다.

1965년의 농림업 취업자수는 4,538천명으로서 총 취업자 중의 구성비가 55.9%에 달하였으며, 농가 호당 취업자수는 1.81명으로 호당인구의 취업비율이 28.7%에 머물러 있었다. 그러나 1970년대부터 우리 경제가 급속히 성장 발전함에 따라 도시에서의 취업 기회가 크게 늘어났고, 농촌의 젊은 인력이 상대적으로 보수가 높고 고용 조건이 유리한 도시의 일자리를 찾아 급속히 농촌에서 빠져나가는 현상이 20년 이상 지속된 결과, 1980년대 후반에 들어서면서부터 농촌의 노동력 부족현상이 가속적으로 심화되고 농업노임이 급격히 상승하여 농업경영에 심각한 문제로 대두되는 상태로 뒤바뀌게 되었다.

1— 농업 노동력 공급 추이

농업 노동력의 기본바탕이 되는 농가인구와 농업 취업인구의 변동상황을 살펴보면 그야말로 짧은 기간 내에 가히 혁명적인 변화가 있었음을 알 수 있다. 그 첫째는 농업 노동력의 공급이 과잉상태로부터 급격하게 줄어들었을 뿐만 아니라 계속 감속하고 있다는 점이다. 1997년의 농가호수는 1,440천호, 농가인구는 4,468천명으로 1967년의 최고치인 2,587천호, 16,078천명에 비해 농가호수는 1,147천호, 그리고 농가인구는 11,610천명이 줄었다. 30년 동안 연평균 38천호, 387천명이 계속 감소한 것이다. 따라서 1980년에 28.4%였던 총 인구에 대한 농가인구 비율은 1985년에는 20.8%로, 1990년에는 15.6%, 그리고 1997년에는 9.7%로 크게 감소하였다.

농가 호당 인구도 1997년에 3.10명으로 1985년에 비해 1.32명이 감소되었다. 같은 기간에 농림업 취업자수도 1,339천명이 감소되었고, 이들의 취업자 총수에 대한 비율도 23.7%에서 10.5%로 크게 줄어들었다. 따라

〈표 1-1〉 농가인구와 농업 취업인구의 변동상황

항목 / 연도	농가 호수 구성비 (천호)	농가 인구 인구 (천명)	총 인구중 수 (%)	농가 호당 구성비 (명)	농림업 취업자 수 (천명)	총취업 자 중 비율 (%)	호당 취업자 (명)	호당 취업자 (%)
1965	2,507	15,812	55.1	6.31	4,538	55.9	1.81	28.7
1970	2,483	14,422	44.7	5.81	4,756	49.5	1.91	32.9
1975	2,379	13,244	37.5	5.57	5,041	43.1	2.12	38.1
1980	2,155	10,827	28.4	5.02	4,429	32.3	2.06	41.0
1985	1,926	8,521	20.8	4.42	3,554	23.7	1.85	41.9
1990	1,767	6,661	15.5	3.77	3,100	17.1	1.75	46.5
1995	1,501	4,851	10.9	3.23	2,424	11.9	1.61	50.0
1997	1,440	4,468	9.7	3.10	2,215	11.0	1.53	49.4

자료 : 농림부, 농림업주요통계 1998

서 농가 호당 취업자수는 1.53명으로 감소하였으나 호당 취업자 비율은 49.4%로 오히려 증가하여 농가의 일손부족 현상이 일반화되고 있음을 나타내고 있다.

둘째는 급속한 농가인구의 노령화와 부녀화로 인해 농업 노동력의 질이 현저히 낮아진 점을 들 수 있다. 농가인구의 연령별 구성을 보면 1970년에 43.5%에 달했던 13세 이하 인구가 1990년에는 20.6%, 1997년에는 12.8%로 급격히 줄어든 반면, 1970년에 15.6%에 불과했던 50세 이상 인구가 1980년에는 20.5%, 1985년에는 27.1%, 1990년에는 34.5%, 그리고 1997년에는 47.4%로 엄청나게 증가하였다.

이에 따라 14세 이상 49세 이하의 청장년 인구비중은 1980년의 49.7%에서 1997년에는 39.7%로 줄었다. 따라서 1970년에 5,093천명에 달했던

〈표 1-2〉 **농가인구의 연령별 · 성별 구성추이**

(단위:천명)

항목 / 연도	연령별			성별	
	13세 이하	14-49세	50세 이상	남	여
1970	6,271 (43.5)*	5,903 (40.9)	2,250 (15.6)	7,164 (49.7)	7,258 (50.3)
1980	3,230 (29.8)	5,385 (49.7)	2,212 (20.5)	5,415 (50.0)	5,412 (50.0)
1990	1,370** (20.6)	2,993** (44.9)	2,298 (34.5)	3,279 (49.2)	3,382 (50.8)
1995	680 (14.0)	2,049 (42.2)	2,122 (43.7)	2,373 (48.9)	2,478 (51.1)
1997	574 (12.8)	1,776 (39.7)	2,118 (47.4)	2,149 (48.1)	2,319 (51.9)

*( ) 안의 숫자는 구성비 (%)

** 1990년 숫자는 14세 이하 : 15~49세임

자료 : 농림부, 농림업주요통계 1998

이 연령층의 절대인구가 1997년에는 1/3 수준에 불과한 1,776천명으로 크게 감소하였다. 또한 성별 인구구성도 1980년 이후 완만하지만 남성의 비율이 줄고 여성의 비율이 늘어나는 추세를 지속함으로써 1997년에는 여성비가 51.9%에 달해 농업노동의 부녀 의존도가 커지고 있음을 시사해 주고 있다.

2 — 농업노동 수요의 변화

농업노동의 수요면에서도 그동안 엄청난 변화가 일어났다. 농업 노동력의 공급이 줄어들고 농업노임이 상승함에 따라 불가피하게 노동 절약적인 기술이 요청되었고, 기계화와 시설의 자동화를 비롯하여 노동력을 절감하려는 영농방법이 채택 확산되었다. 시기적으로 다소 늦었다거나 정도에 있어서 불충분하다는 지적은 있을 수 있겠지만 농업생산과 경영을 위한 노동시간이 전반적으로 크게 줄어들었고, 작물에 따라서는 엄청난 노동력 절감이 실현되고 있다.

농가호당 농업노동시간의 추이를 보면 1970년에 연간 총 2,155시간이던 농업노동시간이 1980년에는 1,814시간, 1990년에는 1,593시간, 1995년에는 1,414시간으로 25년간 평균 34.4%가 줄어들었다. 작물별로는 벼농사 노동시간이 1970년의 연간 760시간에서 1995년에는 265시간으로 크게 줄어들었으나 과수특작과 채소농사의 경우에는 노동시간이 오히려 늘어났다. 농업노동이 작물별로 다양해지고 벼농사에서 현금작물로 이동하고 있음을 알 수 있다. 축산에 있어서도 소 사육 노동시간은 1980년의 111시간에서 1990년에는 157시간으로 늘어나 소 사육의 비중이 커졌다가 1995년에는 108시간으로 도로 줄어들었고, 양돈에 있어서는 자동화 기술의 보급에 따라 단위당 노동시간이 1980년의 22시간에서 1995년에는 4시간으로 현저히 줄어들었음을 보여주고 있다.

한편 고용노동의 비중이 1970년에는 16.9%로 상대적으로 컸으나, 가족

〈표 1-3〉 농업노동시간의 변동상황

(단위:시간)

항목 / 연도	농가 호당 농업노동 시간				작물별 농업노동 시간				
	총시간	가족 노동	고용 노동	품앗이	벼농사	과수 특작	채소	소사육 (두당)	양돈 (두당)
1970	2,155 (100.0)*	1,621 (75.2)	363 (16.9)	171 (7.9)	760	165	154	-	-
1980	1,814 (100.0)	1,441 (79.4)	202 (11.2)	171 (9.4)	596	166	286	111	22
1990	1,593 (100.0)	1,286 (80.7)	193 (12.1)	114 (7.2)	475	227	393	157	7
1995	1,414 (100.0)	1,159 (82.0)	179 (12.6)	76 (5.4)	265	241	452	108	4

* ( ) 안의 숫자는 구성비(%), 자료 : 농림부

노동이 기계화 작업을 담당함으로써 고용노동을 대체한 부분이 많았기 때문에 1980년에는 11.2%로 낮아졌다. 그후 농가 호당인구가 계속 줄어들어 가족 노동력의 공급이 감소함에 따라 고용노동의 비중이 1980년대 후반부터 조금씩 커지고 있으며, 품앗이는 1980년 이후에 많이 줄어들어 1995년에는 76시간에 불과한 실정이다.

다음으로는 농업생산이 연중 생산체제로 바뀌면서 한편으로는 겨울철 영농의 대종을 이루고 있던 보리농사가 급격히 줄어들어 계절적인 노동 수요에도 엄청난 변화를 초래하였다. 즉 보리베기와 모내기, 벼베기와 보리파종 등 농번기 노동 수요 경합이 완화되면서 시설 농업과 축산의 확산으로 농한기가 줄어들고 있다. 뿐만 아니라 모내기, 벼베기 등 집중적인 계절 노동을 필요로 하는 작업이 거의 기계로 대체되고 있어 농업노동 수요가 차츰 계절적으로 평준화되어가고 있다.

월별 노동시간의 변화 추이를 보면 전반적으로 감소한 가운데 모내기, 보

(단위 : 시간)

〈표 1-4〉 월별 농업노동 시간의 변화

년\월	1	2	3	4	5	6	7	8	9	10	11	12
1970	80	33	111	163	178	340	291	194	147	278	243	98
1980	61	61	102	131	193	324	184	148	142	244	154	70
1990	52	52	99	144	207	226	155	147	148	206	101	56
1995	46	60	97	138	181	172	132	138	127	156	111	54
(95/70, %)	57.5	182	87.4	84.7	102	50.6	45.4	71.1	86.4	56.1	45.7	55.1

자료 : 농림부

리베기 철인 6, 7월과 벼베기, 보리파종 시기인 11월의 노동시간이 상대적으로 크게 줄어들었음이 두드러지고 있다. 반면에 겨울 영농의 확산이 진전됨에 따라 그 준비기인 2월과 수확기인 5월의 노동시간이 오히려 늘어났다. 또한 연간 농업노동 시간의 배분도 전통적인 농번기인 5, 6, 7, 8, 10, 11월의 노동시간 비중이 1970년에는 70.7%에 달하였던 것이 1995년에는 63.0%로 크게 줄어들어 농작업의 계절적 편중현상이 완화되고 있음을 나타내고 있다.

다음으로 단위 면적당 농업노동 시간인 노동 집약도의 변화를 보면 단보당 농업노동 시간이 1970년에 183시간이던 것이 1980년에는 161시간, 1995년에는 107시간으로 25년 동안 41.5%나 크게 줄어들어 농업기계화와 시설 영농의 진전에 따른 농업노동의 자본 대체가 빠른 속도로 진행되고 있음을 보여주고 있다.

3 — 농업노임과 노동생산성의 변화

실질 농업노임과 농업 노동생산성은 1960년대 후반까지는 거의 상승하지 않고 있다가, 농가인구가 최대였던 1967년을 전후하여 서서히 오르기 시작하여 1970년대 후반에 와서 상승세가 다소 빨라졌고, 1980년대 후반 이래로

(실질임금지수 1980=100)

〈표 1-5〉 제조업·서비스업과 농업의 실질임금지수 비교

연도	제조업	서비스업	농업
1970	44.1	37.9	8.7
1975	57.8	53.6	22.1
1980	100.0	100.0	100.0
1985	130.4	124.7	146.6
1990	219.4	163.5	280.2
1995	293.8	206.8	323.1

자료 : 재정경제부, 농림부

는 급등세를 보이고 있다.

실질 임금지수를 다른 부문과 비교해 보면 1970년대에는 농업노임 지수가 제조업과 서비스업에 비해 현저히 낮은 수준에 있었으나, 1980년대에는 다른 산업 부문보다 현저히 높은 수준의 증가율을 보이고 있다.

3 — 토지

토지는 우리들이 생활하는 장소인 동시에 자연물이 생성하고 존재하는 장소로서, 또한 그 자신 노동수단을 공급하는 원천으로서 기본적인 생산수단이 된다. 토지는 노동의 장소를 제공하는 기능과 원초적으로 지니고 있는 생물의 육성이라는 기능을 동시에 가짐으로써 농업경영의 기본적 요소가 되는 것이다. 다시 말하면 작물의 재배를 매개로 하여 토지의 생산력을 농작물 생산으로 구제화함으로써 그것을 경영의 성과로 결실시키는 것이 농업경영에 있어서의 토지 이용이라는 것이다.

1. 농업경영 요소로서의 토지의 특성

농업경영 요소로서의 토지의 속성은 첫째로 지형이나 토양과 기후 등 물리적인 생산력이 어느 정도인가에 따라 달라진다. 둘째로 위치와 교통 형편 등의 경제적 조건이 토지의 가치와 그에 따른 토지 비용을 결정하는 인자가 되며, 셋째로 자본재로서의 속성도 가지고 있다. 즉 자연 그대로의 토지만으로는 경제적으로 의미가 있는 물적 생산력을 갖추기 어려우므로 여기에 개간, 간척, 토지개량, 수리시설 등 인위적인 자본 축적이 결합되어 일정한 생산력을 경제적으로 발휘하게 된다. 다시 말하면 농업경영 요소로서의 토지는 자연적 생산요소로서의 지력과 경제적 의미에서의 토지의 위치적 가치요인 그리고 축적된 자본이라는 자본재로서의 속성을 동시에 가지고 있으며 이 세 요소가 결합되어야 비로소 제 기능을 다하게 되는 것이다.

토지가 모든 생산의 기본요소의 하나로서 가지고 있는 일반적 특성으로는 위치를 옮길 수 없다는 점과 공급이 원초적으로 한정되어 있다는 점, 영구히 소모되지 않는다는 점, 그리고 모든 생물체의 양육과 활동을 위한 기본 바탕으로서 뿐만 아니라 모든 경제행위가 일어나는 장소적 공간으로서 기본요소가 된다는 점을 들 수 있다. 토지공급의 원초적 한정성과 위치의 불가이동성으로 인해 토지가격은 수요 증가에 따라 그대로 상승하는 특성과 위치에 따라 토지가격에 차이를 보이는 특성을 가진다. 이는 농업생산과 경영비용 중에서 큰 비중을 차지하는 토지비용의 결정인자로 작용하게 된다. 특히 우리나라와 같이 토지면적이 인구에 비해 좁은 경우에는 원초적으로 경제 성장 발전에 따라 토지 수요가 증가하고 그로 인해 토지가격의 상승이 불가피할 뿐 아니라 토지 투기의 가능성이 매우 큰 상황에 있다. 따라서 농업생산과 경영에 있어서 근본적인 경쟁력의 제약요인이 되는 것이다.

토지는 시간에 따라 소비되거나 소모되지 않고 영구히 존속하기 때문에 토지 자체에는 감가상각의 필요성이 없고 그 자체가 불가이동성이기 때문에 별도의 보존비용을 필요로 하지 않는다. 그러나 토지에 인위적으로 가해진 자본의 축적으로 이루어진 자본재적 성격의 생산력은 정도의 차이는 있겠지만 일정한 유지비용과 감가상각이 전혀 없지는 않다는 점을 유의해야 한다.

토지는 모든 생물체의 기본 바탕이요 모든 경제행위의 기본 공간으로서의 속성을 가지고 있기 때문에 원초적으로 공공적 성격을 배제하기 어렵다. 다른 생산수단과 달리 토지만큼은 완전한 사유화(私有化)가 불가하다는 주장이 많다. 헨리 조지(Henry George)를 비롯한 많은 사람들이 토지가격과 지대(rent)의 상승으로 인한 이익의 공공적 환수 등 토지공개념에 입각한 제도의 도입을 주장해 온 까닭이 여기에 있다. 최근 우리나라에서도 토지의 공개념에 관한 광범한 논의에 따라 지가(地價) 상승에 의한 개발이익의 환수 등 제도적 장치가 마련되고 있는 것은 토지 투기를 방지하여 농업용 토지가격과 토지 용역비를 안정시키기 위해 매우 중요한 의미를 지니고 있다고 하겠다.

요약컨대 토지는 농업경영에 있어서 가장 중요한 생산요소로서의 속성을 가지고 있는 동시에 사유재산제도가 기본이 되어 있는 자본주의적 시장경제체제 하에서는 자산가치로서의 속성도 함께 가지고 있다. 이러한 토지의 양면성으로 인해 여러 가지 이해관계가 상충되거나 첨예하게 대립되어 경영과 경제의 차원을 넘어 정치와 체제의 차원에까지 영향을 미치게 되고, 따라서 농업용 토지의 보전과 이용을 한층 더 복잡하고 어렵게 만드는 근본 원인이 되는 것이다.

2. 농업경영을 위한 토지의 자연적 · 경제적 조건

토지의 농업경영을 위한 기본적인 조건은 자연적으로 어느 정도의 지력을 가지고 있고, 어떤 작물의 재배에 적합하며, 어느 정도의 생산 가능성을 가지고 있는가 하는 것이다. 토지가 아무리 좋은 위치에 있다고 하더라도 지력이 낮고 물리적 생산력이 낮은 경우에는 농업경영 요소로서의 가치는 그만큼 낮아지지 않을 수 없다. 한편으로는 지력이 아무리 높다 하더라도 그 위치와 교통사정에 따라서 토지의 경제적 가치가 달라지게 되는 것임은 더 말할 필요가 없다.

1 — 지력

지력은 토양의 성질, 수리여건 및 비료 성분 등에 따라 달라진다. 지력은 농업경영에 있어서 가장 중요한 조건으로서 고정적인 불변의 것은 아니고, 제한된 범위 안에서 인위적으로 개량 또는 향상시킬 수 있는 것이다. 즉 토양의 성질은 객토나 비료 시용 또는 심경(深耕)과 유기물 부식 등에 의하여, 또한 수리여건은 관·배수 시설에 의하여 개선될 수 있다. 다만 그 정도는 원초적으로 토지 자체가 지니고 있는 자연적 조건을 완전히 극복하기가 어렵고, 또한 그 사회의 기술 축적과 자본 축적의 정도에 따라 현실적인 제약이 있다는 점을 유의해야 한다.

특히 우리나라의 토양은 이미 상당히 산성화되어 있기 때문에 이를 중화(中和)시켜 다수의 작물이 생육할 수 있는 토양으로 개량하는 동시에 산성토양에 강한 내산성(耐酸性)인 작물 또는 품종을 선택하여 이를 극복할 필요가 있다. 그 외에도 토양 유기물을 증가시키거나 미량원소들의 결핍을 방지하기 위한 방법, 토양의 물리적 성질을 개선하기 위한 방법들이 지력 증진을 위해 사용되고 있는 것이다.

2 — 기후와 지형 · 지세

작물이 생육하기 위해서는 일정한 기온과 일조(日照), 강수(降水)와 바람 등을 필요로 한다. 뿐만 아니라 토지의 경사와 표고(標高) 및 해양과의 관계 등 지형 · 지세에 따라서 서로 다른 지역적 특색을 나타내기도 한다.

이러한 것은 토지의 근본적 속성인 불가이동성과 증감불능성으로 인해 인력으로 어찌할 수 없는 것이다. 따라서 농업생산과 경영이 그 입지조건에 따라 결정적인 영향을 받게 되어 농업생산이 강한 지역성을 띠게 되는 근본원인이 된다. 인력으로는 어떻게 그 자연적 조건에 보다 잘 적응할 수 있도록 할 것인가 하는 기술적인 문제가 주된 관심의 대상이 된다.

우리나라는 위도상 온대지방에 위치하고 있을 뿐만 아니라 아시아 몬순지역에 속하고 있어, 여름철에는 고온다습하고 겨울철에는 대륙성 기후의 영향으로 한냉 건조하여 다양한 작물이 생산되고 있다. 즉 여름 작물로는 벼, 콩, 고구마, 감자, 담배, 참깨, 무, 배추, 고추, 사과, 배, 감귤 등의 아열대성 및 온대성 작물이 재배되며, 겨울 작물로는 보리와 마늘, 양파 등의 작물이 재배되고 있다. 지형면에 있어서는 국토면적의 3분의 2가 산지(山地)로서 남해안과 서해안의 평야를 제외하고는 모두 경사가 험준하여 농업생산에 이용되기 어려운 실정이다.

3 — 위치와 교통사정

토지의 경제적 조건을 결정하는 또 하나의 중요한 인자는 시장과의 거리와 교통사정이다. 일반적으로 시장에 접근해 있는 지역은 그렇지 못한 지역에 비하여 시장을 유리하게 이용할 가능성이 있으며, 교통이 편리한 지역은 상대적으로 수송비가 적게 드는 등 여러 가지 이점이 있다. 따라서 토지의 위치와 교통사정이 농업경영의 방향을 결정하는 기본적인 요인이 되지 않을 수 없다.

토지의 자연적 조건이나 경제적 조건은 결코 불변적인 것은 아니어서 그 사회의 발전 또는 기술의 진보에 의해서 변화한다. 특히 경제적 조건은 사회의 진전에 따라서 언제나 변화하기 마련이다. 도시의 팽창에 따라 시장과의 지리적 거리도 변화하며, 도로사정의 향상과 운송수단의 발달은 경제적 거리를 단축시키고, 판매·구매조직의 확립은 이때까지 이용될 수 없었던 시장의 이용을 가능하게 한다. 또한 자연적 조건이라 할지라도 인력으로써 어느 정도의 변경은 가능한 것이므로 농업경영을 유리하게 발전시키기 위해서는 그 토지의 자연적 조건도 가능한 한 개선해 나갈 필요가 있다. 특히 우리나라와 같이 농업용으로 활용이 가능한 토지의 면적이 원초적으로 좁은 경우에는 토지의 자연적, 경제적 조건을 개량하여 그 가치와 활용도를 높이는 것이 매우 중요한 의미를 지닌다.

3. 토지의 농업경영상 이용형태

농업경영상 토지의 이용형태는 작물의 재배에 이용되는 것이 가장 많고, 가축 사육을 위한 축사의 부지로 활용되거나 방목장 또는 초지로 이용되는 경우도 있다. 근래에는 시설영농의 부지로서 다층식 이용까지 등장하는 등 매우 집약적으로 이용되는 경우가 늘어나고 있으며, 농가의 건물이나 창고 및 농업경영에 관련된 부대시설의 부지로도 활용되고 있다.

작물의 재배에 이용되는 형태는 쌀을 주 작목으로 하고 있는 아시아 지역에서는 논〔畓〕이 주종을 이루고 있다. 그 다음이 밭작물과 채소, 특용작물 등의 재배에 이용되는 밭〔田〕, 과수의 재배에 이용되는 과수원, 사료작물의 재배에 이용되는 사료작물포, 목초재배에 이용되는 초지 등으로 구분된다. 우리나라의 경우에는 지적법(地籍法)상의 지목(地目)이 이러한 토지의 이용형태에 따라 전통적으로 구분되어 있는데 이른바 논, 밭, 과수원, 초지가 그것이다. 사료작물포는 일반적으로 밭에 포함되고, 건물이나 축사, 시설 등의 부지는 대지(垈地)로 분류되어 있다.

농업기술이 발달함에 따라 농업생산의 계절성이 차츰 극복되어 근래에는 논·밭의 구분이 반드시 필요하지 않게 되어 가고 있다. 다년생 작물 재배용으로 분류되어 왔던 과수원의 지목상 구분도 사실상 그 의미가 퇴색되고 있다. 특히 최근에는 논의 범용화(汎用化), 즉 논을 밭으로도 이용할 수 있도록 하여 필요하면 언제라도 같은 농지를 논이나 밭으로 바꿔서 적합한 작물을 재배할 수 있게 해야 한다는 주장이 크게 공감을 얻고 있다.

또한 초지도 과거에는 임야와 농지의 중간적인 토지 이용형태로 별도 분류되었지만, 근래에는 농지에 포함되어야 한다는 주장이 설득력 있게 대두되고 있다. 다년생 작물인 관상수와 유실수의 재배에 이용되는 토지도 그 지목이 논이나 밭, 과수원이거나 초지 또는 임야이거나를 막론하고 농지로 분류되어야 하며, 불필요하고 무의미해진 지목상의 세분류는 앞으로 통합 재조정되어야 한다는 주장도 최근에 많이 제기되고 있다.

4. 우리나라 농업용 토지 이용상황

우리나라의 총 경지면적은 1997년 말 현재 1,924천ha로서 국토면적 9,937천ha의 19.4%에 불과하다. 이는 국토의 대부분이 산악과 임야로 되어 있어 농지로서의 개발이 매우 어려운 데 기인한다.

〈표 1-6〉 우리나라의 국토이용상황

(단위:천ha)

항목 / 연도	국토면적	농경지				임야		기타	
			%	논	밭		%		%
1970	9,848	2,298	23.3	1,273	1,025	6,611	67.1	939	9.6
1975	9,881	2,240	22.7	1,277	963	6,635	67.1	1,006	10.2
1980	9,899	2,196	22.2	1,307	889	6,568	66.3	1,135	11.5
1985	9,914	2,144	21.6	1,325	819	6,531	65.9	1,239	12.5
1990	9,927	2,109	21.2	1,345	764	6,476	65.3	1,341	13.5
1995	9,927	1,985	20.0	1,206	779	6,452	65.0	1,490	15.0
1997	9,937	1,924	19.4	1,163	761	6,533	65.7	1,480	14.9

자료 : 농림부, 농림업주요통계 1998

특히 근래에 와서는 농지의 비농업적 수요가 크게 늘어남에 따라 농지의 전용(轉用)이 증가하여 1970년 이래 경지면적이 계속 줄어들고 있다. 표 1-6에서 보는 바와 같이 국토면적은 대규모 간척에 힘입어 조금씩 꾸준히 늘어 왔으나 농경지는 지난 27년 동안 약 19.4%에 해당하는 374천ha가 줄었다. 임야도 78천ha가 감소한 반면 택지, 공단, 도로, 공공시설 등 도시의 비농업적 토지이용이 대부분인 기타가 541천ha나 늘어나 국토의 14.9%를 차지하게 되었다.

농경지 중에서는 특히 밭의 면적이 크게 줄어들어 같은 기간 중 264천ha가 감소하였다. 논 면적 역시 지난 27년간 110천ha가 감소되었다. 특히 논 면적이 많았던 1988년의 1,358천ha에 비하면 최근에는 많이 감소하는 추세에 있다. 1997년의 논 면적은 1,163천ha로 이는 1988년에 비해 195천ha가 감소한 것이다. 지난 9년간 연평균 약 22천ha씩 감소한 셈이다.

이처럼 제한된 농경지를 많은 농가가 이용하고 있기 때문에 농가 호당 경지면적은 1997년 현재 1.34ha에 불과한 실정이다. 표 1-7에서 보는 바와 같이 농가 호당 경지면적은 농가호수가 지난 27년 동안 1,043천호가 감소함에 따라 호당 평균 0.42ha가 증가되었다. 그러나 아직도 1.34ha라는

〈표 1-7〉 농경지 이용상황

연도	경지면적 (천ha)	이용면적(천ha)		농가호수 (천호)	농가호당 경지면적 (ha)	국민1인당 경지면적 (a)
			이용률 (%)			
1970	2,298	3,264	142.1	2,483	0.92	7.31
1975	2,240	3,144	140.4	2,379	0.94	6.46
1980	2,196	2,765	125.3	2,155	1.02	5.76
1985	2,144	2,592	120.4	1,926	1.11	5.29
1990	2,109	2,409	113.3	1,767	1.19	4.92
1995	1,985	2,197	108.1	1,501	1.32	4.45
1997	1,924	2,098	107.8	1,440	1.34	4.18

자료 : 농림부, 농림업주요통계 1998

매우 영세한 상태에 있기 때문에 농업경영의 합리화를 제약하는 요인이 되고 있다.

국민 1인당 경지면적을 보면 인구 증가로 인해 그나마 얼마 되지 않은 형편에서 지난 27년간 43%나 줄어들어 1997년 현재 4.18a, 즉 125평 정도에 불과하게 되었다. 이처럼 좁은 경지에서 국민소득의 증가에 따라 나날이 늘어나는 농산물의 소비 수요를 전량 국산으로 자급한다는 것은 애초부터 불가능한 일이다. 또한 이처럼 영세한 호당 경지면적을 가지고 농업소득만으로 계속 증가하고 있는 다른 산업 종사자의 소득수준과 대등한 농가소득을 올린다는 것이 얼마나 어려운 일인가를 짐작하게 한다.

더 더욱 문제가 되고 있는 것은 그나마 좁은 농경지의 이용률이 계속 낮아지고 있다는 점이다. 1970년대까지만 해도 보리재배가 전국적으로 이루어졌기 때문에 경지이용률이 1970년에 142.1%였으나, 1970년대 후반부터 답리작의 보리재배가 급격히 줄어들면서 경지이용률이 크게 낮아졌다.

더욱이 1980년대 말부터는 농업인력의 부족으로 인해 경지이용률이 더욱 낮아져 1997년 현재 107.8%에 불과하여 심각한 문제가 아닐 수 없다. 이는 지력의 수탈 정도를 적게 하여 환경보전형의 지속가능한 농업(sustainable agriculture)이라는 면에서는 다소 긍정적인 측면도 없지 않다고 하겠으나, 농업경영 요소의 활용이라는 측면이나 전체적인 토지이용 효율 측면에서는 크게 바람직하지 못한 현상이라 아니할 수 없다.

한편 작물별 경지 이용면적을 보면 식량작물의 비중이 아직도 절대적이다. 표 1-8을 보면 식량작물의 비중이 1970년의 82.9%에서 1997년에는 62.6%로 낮아지기는 했지만 여전히 절반이 넘는 높은 비율을 점하고 있다. 특히 이 중에서 맥류의 비중이 25.6%에서 3.3%로 급격히 감소한 반면 쌀의 비중은 36.8%에서 50.1%로 엄청나게 늘어나 그동안 우리 농업이 얼마나 쌀에 편중해 왔는가를 단적으로 나타내고 있다. 두류와 서류·잡곡의 비중도 상대적으로 많이 줄어들었고, 대신에 채소와 과수, 특용작

〈표 1-8〉 작물별 경지 이용상황

(단위:천ha)

연도	식량작물					채소	과실	특용작물	기타	합계
	소계	쌀	맥류	두류	서류잡곡					
1970	2,706 (82.9)*	1,203 (36.8)	834 (25.6)	365 (11.2)	304 (9.3)	254 (7.8)	60 (1.8)	89 (2.7)	155 (4.8)	3,264 (100.0)
1975	2,522 (80.2)	1,218 (38.7)	761 (24.2)	324 (10.3)	219 (7.3)	244 (7.8)	74 (2.4)	118 (3.8)	186 (5.8)	3,144 (100.0)
1980	1,982 (71.7)	1,233 (44.6)	360 (13.0)	244 (8.9)	145 (5.2)	359 (13.0)	99 (3.6)	118 (4.3)	207 (7.4)	2,765 (100.0)
1985	1,780 (68.7)	1,237 (47.7)	242 (9.3)	196 (7.6)	105 (4.1)	337 (13.0)	109 (4.2)	133 (5.1)	233 (9.0)	2,592 (100.0)
1990	1,669 (69.3)	1,244 (51.6)	160 (6.7)	188 (7.8)	77 (3.2)	277 (11.5)	132 (5.5)	130 (5.4)	203 (8.3)	2,409 (100.0)
1995	1,346 (61.3)	1,056 (48.1)	90 (4.1)	132 (6.0)	68 (3.1)	322 (14.7)	172 (7.8)	122 (5.5)	235 (10.7)	2,197 (100.0)
1997	1,314 (62.6)	1,052 (50.1)	70 (3.3)	122 (5.9)	70 (3.3)	285 (13.6)	174 (8.3)	108 (5.1)	217 (10.4)	2,098 (100.0)

*( )안의 숫자는 구성비(%). 자료 : 농림부, 농림업주요통계 1998

물, 기타 작물의 비중이 현저히 증가하였음을 볼 수 있다.

특히 과수와 특용작물의 비중은 꾸준히 증가하고 있다. 채소와 기타 작물은 1980년대 후반의 가격 불안정과 일손부족으로 인해 단기적으로 줄어든 현상을 보이고 있으나, 채소 면적이 1997년에는 285천ha로 경지이용 총면적의 13.6%를 차지하고 있다. 초지는 이 표에 나타나 있지 않으나 농림부 통계에 의하면 초지로 조성되어 관리되고 있는 면적이 약 59천ha로 나와 있어 서류·잡곡의 재배 면적보다는 조금 많고 과실 재배 면적보다는 상당히 적은 수준임을 나타내고 있다.

4 — 자본재

농업 생산요소로서 자본재는 경영의 목적을 효과적으로 달성하기 위한 보조수단이다. 이러한 수단은 자연의 소재에 노동력이 가해져서 생산된 것이며, 후일의 생산수단으로 이용되는 까닭에 자본재라고 한다. 자본재는 각기 특유의 용도를 가지고 있으므로 농업경영에서 이용되는 자본재의 내용과 종류는 서로 다르다. 대개 농업이 발전함에 따라 경영요소로서 자본재의 비중이 커지는 일반적인 경향이 있기 때문에 어느 나라의 농업 발달 정도를 파악하고자 할 때 하나의 지표로 쓰여지기도 한다. 자본재를 그 기능에 따라서 농지에 부수된 수리시설, 경지정리 등 여러 가지 농지기반 투자시설과 노동의 보조수단인 농기계와 시설 장비 및 생산의 소재인 원료와 재료 등 세 가지로 크게 구분하여 설명하기로 한다.

1. 농지기반 투자시설

생산의 기본조건인 여러 가지 설비 중에서 농지기반 투자시설이 그 기본이 된다. 농지기반 투자시설이란 농경에 부수된 농업상의 이용가치를 유지 또는 증진하기 위하여 농지에 대하여 행하여지는 일체의 설비를 말하는 것이다. 우리나라에 있어서의 농지기반 투자사업은 쌀의 생산력 제고에 그 주목표가 있었기 때문에 논 중심의 농지기반 투자가 일찍부터 시행되어 왔다. 생산력 제고를 위한 품종개량, 시비 등의 기술은 관개, 배수 등의 수리시설과 경지정리 등의 농지기반이 정비되어야만 그 효과를 한층 더 발휘할 수 있게 되는 것이다. 지난날의 생산력 증가는 주로 이러한 농지기반투자에 힘입은 바 컸는데, 대표적인 사례로 1996년 현재 약 889천만ha의 논이 수리논으로 되어 있고, 이는 총 논면적의 76%에 달하는 것을 들 수 있다.

(단위 : 천ha)

〈표 1-9〉 수리시설별 논면적

연 도	총 논면적	수 리 논			수리논율(%)
		농조논	일반논	계	
1970	1,284	317	428	745	58
1980	1,307	424	469	893	68
1990	1,345	512	475	987	73
1996	1,176	500	389	889	76

자료 : 농림부, 농림업주요통계 1998

이를 뒷받침하기 위한 수리시설은 1997년 말 현재 저수지 18,095개소, 양수장과 배수장이 5,680개소, 보(洑)와 집수암거가 22,263개소, 관정 15,156개소를 보유하고 있다. 또한 논에 대한 경지정리는 1997년까지 741천ha를 실시하여 63%의 경지정리율을 보이고 있으며, 배수개선 시설도 1997년까지 85천ha에 대해 실시하여 41%의 개선율을 보이고 있는 등 꾸준히 투자를 계속해 왔다.

그러나 농지기반 투자시설에 대한 투자가 아직까지 충분한 수준이라고 보기는 어려우며, 미국이나 유럽, 일본, 호주 등 농업 선진국들에 비해서는 현저히 낮은 수준에 있다. 특히 그동안의 농지기반 투자가 논에 편중되어 왔기 때문에 밭에 대한 수리시설과 경지정리 등의 기반투자는 거의 이루어지지 못하였다. 따라서 밭의 생산성이 충분히 증가되지 않아 밭작물의 경쟁력을 제고시키는 데 제약요인이 되고 있다. 이런 의미에서 농지기반 투자시설은 논밭의 생산력 증진과 생산성 향상 및 생산비 절감을 위해 가장 중요한 자본재로서의 의미를 가지고 있다. 특히 경지정리와 포장(圃場)정비는 기계화와 시설자동화의 선결요건으로서 근래에 그 중요성이 한층 더 커지고 있다.

2. 농기계와 시설장비

근대적인 자본주의 경영의 발달은 생산수단인 노동 보조도구와 기계류의 개량에 따르는 것이다. 그러나 농기계의 진보는 공업에 있어서의 기계류에 비하여 상대적으로 늦어서 우리나라에 있어서는 1970년대 후반부터 본격적으로 농업기계화가 진전되기 시작하였다. 1980년대에는 동력경운기와 분무기, 양수기, 탈곡기 등의 보급이 대량으로 이루어졌다. 1980년대 후반부터는 트랙터와 동력이앙기, 콤바인과 바인더 등 수확기, 밭농사에 필요한 관리기 등이 집중적으로 보급되었다. 최근에는 건조기와 시설영농에 필요한 난방기, 환풍기 등이 보급되고 있으며, 정치식(定置式) 배관과 스프링클러 등의 관수 시설장비의 보급도 크게 늘어나고 있다. 특히 농기계에 있어서는 대형 농기계와 값이 비싸지만 조작이 비교적 간편하고 기계를 타고 일할 수 있는 승용 농기계의 수요가 크게 늘어나고 있으며, 시설장비에 있어서도 더욱 편리하고 손쉬운 자동화 설비와 장치가 많은 각광을 받고 있다.

1— 농기계 이용의 경제적 효과

동력농기계 이용의 효과는 노동단위당 생산능률을 향상시키기 때문에 인간 노동력을 절약할 수 있다는 점이다. 우리나라의 농업경영은 노동력 수요의 계절적인 차이가 심하여 농번기에는 고용 노동력을 이용하는 농가가 많다. 이때 성능 좋은 기계를 사용함으로써 적기에 필요한 작업을 가족 노동력으로써 가능하게 할 뿐만 아니라 심경이 가능하므로 토양의 물리적 구조를 변화시켜 토지의 생산력을 향상시킬 수 있다는 점에도 그 효과가 크다.

뿐만 아니라 동력농기계는 인력이나 축력에 비하여 작업능률이 월등하게 높으며 계속해서 작업할 수 있기 때문에 같은 시간에 엄청나게 많은 작업을 할 수 있다. 또한 가축의 경우에는 일을 시키지 않을 때에도 사료를 주어야 하는 유지비용의 문제가 있는데 비해 농기계의 경우에는 그럴 필요가 없기 때문에 유지비용이 덜 드는 이점이 있으나, 농기계의 고장 수리 등 사후관리와 보관 비용이 추가로 들기 때문에 이 부분은 별도로 고려해야 할 것이다.

다만 자가 노동력으로 충분한 경영규모를 가진 농가가 농기계에 의해 절감한 노동력을 다른 분야에 취업하거나 임노동(賃勞動) 등으로 활용하지 못할 때에는 농기계 이용에 따른 노동력 절약이 별 의미가 없게 될 것이다. 이러한 점에서 농기계 이용의 유리성은 농업경영 내부에서 필요한 노동력의 연간 배분, 즉 작물의 선택과 경영조직 여하에 따라서 다르게 나타난다고 하겠다.

2 — 농업기계화의 제약요인

농업기계화에는 위에서 말한 생산력 향상의 효과가 있는 반면 우리나라와 같이 영세한 농업경영구조를 가지고 있는 경우에는 농업의 기계화를 제약하는 여러 가지 요인이 있다. 예를 들면 농가 호당 평균 1.3ha에 불과한 경지마저 여러 곳에 분산되어 있는가 하면 여러 개의 필지로 나누어져 있다. 농가와의 거리도 먼 곳이 있어 기계의 이동에 많은 시간이 소요되므로 실질적인 작업능률이 낮아지며, 또한 농지가 경사지거나 기복이 심한 경우가 많고 농로가 좁고 제대로 정비되어 있지 못하기 때문에 농기계의 고장이 잦고 따라서 수리비와 유지관리비를 상승시키기 쉽다.

더욱이 농업인들의 농기계 사용에 관한 기술이 부족하여 고장이 많고 제때 수리가 되지 않기 때문에 농번기에 농기계를 놀리는 경우도 있다. 그 밖에도 농작물의 재배기간이 계절적으로 한정되어 있고 경영규모가 영세하기 때문에 비싼 농기계의 가동시간이 너무 적다는 근본문제가 있다. 이 때문에 농가의 농기계 부담이 커지고 경제성이 맞지 않는 경우가 많이 생기며, 또한 영세규모의 농가로서는 처음부터 기계구입에 필요한 자금조달이 곤란하다는 등의 어려운 사정이 많다. 따라서 농업기계화에 의한 효과를 얻기 위해서는 근본적으로 영세한 농업경영 규모를 농장단위까지 키우는 노력이 선행되어야 한다. 또한 농가가 가지고 있는 농경지의 교환·분합, 경지정리와 농로의 정비 포장, 수리시설의 완비 등이 선결요건이다.

여기서 생각되는 것이 동력기계의 공동이용이다. 경영규모가 작아서 경제성이 낮고 따라서 활용이 어려운 농기계를 공동으로 이용한다면 농기계의 가동률을 높여 경제적인 이용을 할 수 있을 뿐만 아니라 농업경영의 합리화를 기할 수 있다는 이론이 생긴다. 그러나 현실적으로는 이론과 같은 효과를 얻기가 어렵다. 왜냐하면 공동이용을 하는 농가들이 그 경영규모와 재배작물, 농경지의 조건 등이 각각 서로 다를 뿐만 아니라, 농기계 이용의 시기 또는 순서나 비용부담 등에 있어서의 이해관계가 서로 일치되지 않는 경우가 많고, 또한 농기계 조작 기술에도 차이가 있기 때문이다. 이러한 것들이 합리적인 농기계의 공동이용을 어렵게 만드는 요인이 되는 것이다.

3 — 우리나라 농기계 보급 이용현황

1970년대 중반까지만 해도 농기계 이용이 일반화되지 못했던 우리나라는 농가의 경제가 호전되고 농기계의 수요가 증가하면서 정부의 적극적인 농업기계화 시책에 힘입어 1970년대 후반부터 급속도로 농업기계화가 진전되었다.

표 1-10에서 보는 바와 같이 1997년 현재 주요 농기계의 보유대수는 경운기가 946천대, 트랙터 131천대, 이앙기 303천대, 콤바인과 바인더가 143천대, 동력방제기가 660천대, 양수기 397천대, 건조기 180천대, 관리기 316천대 등으로 나타나 있다.

농업 노동력이 부족한 현상이 일반화되면서 농기계가 급속히 확산보급됨으로써 농작업의 기계화율이 전반적으로 크게 높아지고 있다. 표 1-11에서 보는 바와 같이 1997년 현재 벼농사의 경우 경운·정지작업은 전국 평균

(단위:천대)

〈표 1-10〉 주요 농기계 보유대수

기종 / 연도	경운기	트랙터	이앙기	콤바인 바인더	동력 방제기	양수기	건조기	관리기	기타
1970	12	0.1	-	-	45	54	-	-	42
1975	86	0.6	-	0.1	138	66	0.7	-	127
1980	290	2.7	11	15	331	194	1.6	-	223
1985	589	12	42	37	517	286	5	-	331
1990	751	41	138	99	680	342	77	51	291
1995	869	100	248	139	683	385	146	239	163
1997	946	131	303	143	660	397	180	316	143

자료 : 농림부, 농림업주요통계 1998

99%, 이앙 98%, 방제 98%, 수확 97%의 기계화율을 보이고 있으며, 건조작업은 아직 부진하여 36%에 머물러 있다. 참고로 우리나라와 농업경영 구조가 비슷한 일본과 대만의 경우에는 이미 대부분의 농작업이 거의 100% 기계화되어 있다고 한다.

지대별로 보면 도시근교와 평야지대의 벼농사 기계화율이 높은 반면 산간지대는 상대적으로 아직 낮은 수준에 있다. 농업기계화에 뒤따르는 농기계 사후봉사시설은 1997년 현재 농기계 종합 사후봉사 업소가 34개소, 부품센터가 52개소, 군단위 사후봉사 업소가 948개소, 면단위 사후봉사 업소

(1997년 현재, 단위:%)

〈표 1-11〉 벼농사 주요 농작업 기계화율

항 목	경운 · 정지	이 앙	방 제	수 확	건 조
전국평균	99	98	98	97	36
도시근교	99	99	97	97	20
평야지대	99	99	98	99	55
중산간지대	99	97	98	98	29
산간지대	96	96	96	88	18

자료 : 농림부, 농림업주요통계 1998

가 2,099개소 설치되어 있다. 농기계 공동이용을 위한 생산자단체 등 공동이용조직이 6,229개소 설립되어 있고, 최근에는 위탁영농이 급속히 확산됨에 따라 위탁영농회사가 크게 늘어나고 있다. 1980년대 후반부터는 고급채소와 과실류, 화훼류를 대상으로 시설영농이 진전되고 있어 이에 따른 시설영농 기계장치와 설비의 보급이 최근에 크게 증가하는 현상을 보이고 있다.

3. 원료와 재료

원료란 경영에 이용되면 원형은 상실되지만 성분과 구성물질은 생산물의 성분으로 이행되어 그 가치나 효용이 높아지는 것을 말한다. 농업경영에 활용되는 원료의 예로서는 비료, 농약, 사료, 종묘, 종축, 동물약품 등이 있다. 재료란 생산과정에 물질 그 자체가 이행하는 것이 아니라 열량, 동력 등을 발생시키는 원천이 되는 것을 말하며, 광열재료와 포장재료 등이 그 예가 된다.

우리나라 농업경영에서 가장 중요한 원료는 비료이다. 그 이유는 첫째 우리 농업이 식량작물 위주로 영위되고 있으며, 그 중에서도 특히 벼농사가 농업경영의 대종을 이루고 있기 때문이다. 같은 농경지에 화본과(禾本科) 작물이 연작(連作)될 뿐 사료작물이나 녹비작물 등 지력증진을 위한 작물이 농업경영에 도입되지 못하고 있기 때문에 지력의 유지를 위해서 화학비료를 많이 사용하지 않을 수 없다는 것이다. 유기질 비료는 과거에 퇴비와 구비(廐肥)의 형태로 상당히 활용되어 왔으나, 근래에는 농촌인력의 부족현상이 심화되어 퇴비와 구비를 생산 활용하기가 어려워지고 있어 화학비료의 비중이 더욱 커지게 된 것이다.

그러나 최근 화학비료와 농약을 적게 투입하는 지속 가능한 농업(LISA, low input sustainable agriculture)이 환경보전적 측면에서 국제적인 관심사로 대두되고 있어서 유기질 비료와 생물학적 농약이나 천적에 의한 해충구제 등이 새로이 각광을 받고 있다. 아울러 화학비료와 농약을 덜 쓰는 무공해 또는 저공해 유기농업에 대한 생산자와 소비자의 관심이 높아지고 있다. 우리나라의 화학비료 소비량은 표 1-12에서 보는 바와 같이 계속 꾸준히 늘어나서 1990년에 총소비량과 단위면적당 소비량이 최고치를 기록하였다. 이후 조금씩 줄어들었으나 아직까지 비료소비량은 1997년 현재 농경지 1ha당 421kg으로서 세계최고인 일본에 육박하는 수준이다. 비료의 국내 생산은 질소·인산질은 1970년대 초부터 이미 100% 자급을 하고 남는 물량을 수출해 왔으며, 칼리질은 1980년대 초부터 100% 자급하고 여유물량을 수출하고 있다.

〈표 1-12〉 우리나라 화학비료 소비량

(단위:천M/T, 성분량 기준)

연 도	합계		질 소	인 산	칼 리
		kg/ha			
1970	563	162	356	124	83
1980	828	285	448	196	184
1990	1,104	458	562	256	286
1995	954	434	472	223	259
1997	882	421	446	199	237

자료 : 농림부, 농림업주요통계 1998

다음으로 중요한 원료는 농약이다. 농약은 살균제와 살충제, 제초제, 살균·살충제로 구분할 수 있다. 1997년 현재 우리나라에 등록 고시된 농약 품목수는 벼농사용 살균제가 28개 주성분에 60개 품목, 살충제가 23개 주성분에 67개 품목, 원예용 살균제가 72개 주성분에 176개 품목, 살충제가 101개 주성분에 221개 품목, 제초제가 160개 품목, 살균·살충제 18개 품목, 기타 32개 품목으로 총 341개 주성분에 734개 품목에 이르고 있다.

다음으로 축산경영의 주원료인 사료를 보면 전체적으로 가축사육 규모가

〈표 1-13〉
가축 사육 두수와
사료 공급량

연도	가축 사육 두수 (천두, 천수)				사료 공급량 (천M/T)				
	소	젖소	돼지	닭	조사료	농후사료			합계
							배합사료	자급사료	
1970	1,286	24	1,126	23,633	2,550	913	508	405	3,463
1980	1,361	180	1,784	40,130	3,565	3,996	3,464	532	7,561
1985	2,553	390	2,853	51,081	5,928	7,322	6,467	855	13,250
1990	1,622	504	4,528	74,463	5,943	10,529	10,529	644	17,116
1995	2,594	553	6,461	85,800	7,602	15,700	14,856	844	23,302
1997	2,735	544	7,096	88,251	4,878	16,515	16,000	515	21,393

자료 : 농림부, 농림업주요통계 1998

엄청나게 증가하였기 때문에 사료의 사용량도 비약적으로 늘어났음을 볼 수 있다. 표 1-13에서 보는 바와 같이 특히 젖소와 돼지, 닭의 사육규모가 엄청나게 커져서 1997년 말 현재 소 2,735천두, 젖소 544천두, 돼지 7,096천두, 닭 88백만수를 사육하고 있다. 소는 1980년대 중반에 공급 과잉이 되어 가격파동을 겪은 후 1985년의 2,553천두를 최고치로 1989년의 1,536천두까지 급격히 줄어들었다가 최근에 다시 조금씩 늘어나 1990년에는 1,622천두, 1997년에는 2,735천두로 증가되었다.

이에 따라 사료 공급량도 엄청나게 증가하여 총량 기준으로 지난 27년간 약 6배로 늘어났다. 특히 농후사료의 공급량이 18배 증가하였고, 그 중에서 배합사료의 공급량은 32배 증가되었다. 1997년 현재 사료 공급 총량은 21,393천M/T으로서 이 중에서 조사료가 4,878천M/T, 농후사료가 16,515천M/T이며, 그 중 배합사료는 16,000천M/T이나 농가 자급사료는 515천M/T에 불과한 실정이다.

다음으로 종묘와 종축, 동물약품 등도 중요한 원료로서 근래 우리 농업경영에서 차지하는 비중이 나날이 커지고 있다. 농업용 유류와 전기가 광열재료로 이용되는 양이 급속히 증가하고 있고, 골판지, 나무상자, 스티로폴, 대나무, 비닐, PE필름, PET, FRP, 유리, 파이프 등의 각종 자재가 포장재료와 시설자재 등으로 사용되는 양도 근래에 크게 늘어나고 있는 추세이다.

5 — 기술과 정보

농업경영의 전통적 3요소는 앞에서 설명한 노동력과 토지, 자본재이나 근래에 와서 기술과 정보의 중요성이 점차 크게 부각되고 있다. 최근에는 경영자의 경영능력이나 경영기법도 경영요소 중의 하나로 인식되는 경향이 대두되고 있는 것이 현실이다. 기술과 정보는 유형(有形)의 자본재(hardware)에 대칭되는 무형(無形)의 자본재(software)로서 이미 그 가치가 날로 중요해지고 있으며, 지적재산권(intellectual property)으로서 국제적으로도 보호받아야 한다는 주장이 일반화되고 있다. 최근에 우리나라에서도 기술과 정보를 제공하고 수수료를 받는 새로운 서비스업이 차츰 늘어나고 있다. 경영자의 경영능력이나 경영기법도 단순한 노동력의 차원을 넘어선 인간자본(human capital)의 형태로 그 중요성이 크게 인식되고 있으며, 최근에는 인간재(humanware)라는 용어까지 등장하고 있는 실정이다.

3
농업경영 조직

1 — 농업경영 방식의 변천

농업경영에서의 토지이용과 작물재배 방식은 역사적으로 극히 조방적(粗放的)인 경작으로부터 점차 집약적(集約的)인 방식으로 변화되어 왔다. 작물재배 방식이란 여러 가지 작물과 토지와의 결합을 나타내는 것이므로 일정한 토지에 있어서 전작(前作), 후작(後作)과 같이 시간적인 전후관계를 말하는 작물재배의 순서인 동시에 일정한 시점에 있어서의 작물재배의 비율을 뜻한다.

농업의 발달에 따라 생산목적에 대한 농업경영의 적응 유형은 그 사회의 토지와 노동력의 조건에 따라 지목의 전환과 작목의 변화로 끊임없이 변천되어 왔다. 애레보(Aereboe)는 이를 방목식, 소전식, 곡초식, 삼포식, 윤재식, 자유식 등으로 구분하여 설명하고 있다. 이는 독일의 산악지방에 있어서의 방목지 농업을 대상으로 경영방식을 논하고 있는 것으로 보아 특히 전업적인 축산농업의 발달에 많은 관심을 둔 것으로 보인다.

역사적으로 농업경영의 발전단계를 보면 고대에는 인구가 적은 반면 토지는 많았다는 경제적 기초 위에서 지극히 유치한 원시적 농업기술로 농업경영을 유지할 수 있는 방목식 혹은 소전식이 널리 행해진 경영방식이었다. 그후 농업기술이 향상되고 생산력이 증진됨에 따라 곡초식 경영으로 발전하였고, 중세 봉건시대에 와서 주곡식과 개량삼포식 경영방식이 정착되었다.

근대에 들어와서 농업기술의 진보, 농업생산력의 발전과 동시에 봉건사회가 해체되고 농업과 농업인이 봉건적 속박으로부터 해방됨에 따라 윤재식 경영방식으로 발전하였고, 도시의 성장과 교통의 발달에 따라 상업적 성격이 짙은 자유식이 오늘날의 경영방식으로 자리잡게 된 것이다. 오늘날에 있어서도 지역에 따라서 과거의 경영방식이 일부 남아 있는 것은 그 지역의 자연조건이나 사회 · 경제적 여건 때문이라고 할 수 있다. 따라서 농업경영 방식을 고찰하는 데 있어서는 그 지역의 자연적 · 경제적 조건과 아울러 농업기술과 농업생산력의 발달 단계를 함께 고려해야 하는 것이다.

2 — 농업경영 형태의 분류

농업경영 방식이 역사적으로 변천하여 온 과정을 보면 작물재배의 순서와 지력유지를 위해 농경지를 놀리는 방식이 변화한 것이 주내용이었다. 이러한 변천의 근본원인은 결국 농업의 자본주의화에 따라 상품생산의 비중이 커지면서 이에 대응하는 농업경영 방법이 변화한 데 있다. 오늘날 시장경제 체제에서 사회 · 경제적 여건변화에 농업경영이 대응하기 위해서는 단순히 작물재배 순서나 농경지의 이용방식을 변경하는 것만으로는 불충분하게 되었고, 이에 따라 여러 가지 경영형태(type of farming)와 경영조직(farm organization)이 분화되어 나타나게 되었다. 즉 한정된 토지와 자본과 노동력을 가지고 최대의 경영목적을 달성할 수 있는 경영부문 간의 결합관계가 무엇이겠는가에 대한 기본적이고 현실적인 과제를 해결하기 위해 경영형태 또는 경영조직이 달라지게 된 것이다.

일반적인 농업경영 형태의 분류기준은 농업 총수입에서 어떤 부문이 그 경영의 중심이 되어 있는가에 두고 있다. 예를 들면 벼농사가 그 경영에 있어서 무엇보다도 중요한 부문이 되어 있다면 이를 벼농사 경영이라고 하고, 밀농사가 경영의 중심적인 생산부문이라면 이를 밀농사 경영이라고 한다. 곡물재배가 아니고 우유생산이 무엇보다도 중요한 생산부문의 위치를 차지하고 있을 때에는 이를 낙농경영이라고 하는 것이다. 그러나 실제의 농업경영에 있어서는 단순히 곡물재배나 축산만을 전적으로 하고 있는 경우는 드물고, 오히려 각각의 입지조건에 따라서 여러 가지 경영부문이 유기적으로 결합되어 있는 경우가 많기 때문에 이런 경우에 농업경영 형태를 엄격하게 구분한다는 것은 쉬운 일이 아니다. 따라서 농업경영의 형태를 분류하는 방법도 나라에 따라서 또는 학자에 따라서 각각 달라지게 되고, 이에 대한 이론도 구구하게 된 것이다.

1. 농업경영상의 작목 분류

농업경영 형태의 분류에 앞서서 먼저 농업경영에서 채택되고 있는 작목들을 분류해 볼 필요가 있는데, 이러한 작목의 분류방식은 대체로 네 가지 유형으로 나누어 볼 수 있다. 첫째는 생산부문별 분류방식인데, 이는 농업경영의 세 가지 부문인 경종, 축잠, 농산가공에다가 중간이용 생산부문을 추가하여 작목별로 세분류(細分類)하는 방법으로서, 그 분류표는 다음과 같다. 물론 분류자의 시각과 방법에 따라 얼마든지 변형이 가능하다는 점을 유의해야 한다.

〈농업생산부문별 작목 분류표〉[1]

1. 경종부문 (토지 이용)

가. 식량작물 (사료작물 포함)

① 주곡류 (쌀, 보리, 밀 등)

② 잡곡류 (옥수수, 귀리, 조, 수수 등)

③ 콩류 (콩, 팥, 녹두 등)

④ 감자류 (감자, 고구마, 카사바 등)

⑤ 사료작물류 (호밀, 알팔파, 목초 등)

나. 특용작물

① 기호작물류 (담배, 사탕수수, 사탕무, 차, 커피, 겨자, 와사비, 박하 등)

② 섬유작물류 (면화, 삼, 모시, 황마 등)

③ 유지(油脂)작물류 (참깨, 들깨, 유채, 해바라기씨 등. 콩이 유지작물류로 분류되는 경우도 있음)

④ 약용작물류 (인삼, 당귀, 감초, 생약재 등)

⑤ 버섯류 (양송이, 송이버섯, 느타리버섯, 표고버섯 등)

다. 채소류

① 엽채류 (배추, 상치, 시금치, 파 등)

② 근채류 (무, 당근, 마늘, 양파 등)

③ 과채류 (토마토, 오이, 고추, 가지, 호박 등)

라. 과실류

① 핵과(核果)류 (사과, 배, 복숭아, 감, 단감 등)

② 견과(堅果)류 (밤, 잣, 호두 등)

③ 과채류 (수박, 참외, 멜론 등)

④ 감귤류 (밀감, 오렌지, 레몬, 그레이프후루츠 등)

⑤ 기타 (포도, 바나나, 유자, 대추, 참다래 등)

마. 화훼류

① 절화(切花)류 (장미, 카네이션 등)

② 구근(球根)류 (국화, 백합, 다알리아, 튤립 등)

---

1) 渡邊兵力著, 鄭容福 編譯 :앞의 책, pp.49~56

③ 관상(觀賞)식물 (행운목, 고무나무 등)

④ 난(蘭)류 (서양란, 동양란, 한란, 풍란 등)

⑤ 분재(盆栽)류

2. 축잠(畜蠶)부문 (토지생산물 이용)

가. 대가축 (소, 젖소, 말 등)

나. 중가축 (돼지, 양, 염소, 토끼 등)

다. 가금(家禽)류 (닭, 오리, 칠면조, 꿩 등)

라. 양잠부문 (뽕나무, 누에)

마. 기타 (관상조류, 꿀벌 등)

3. 가공부문 (생산물 이용)

가. 농산가공 (농산물 1차가공, 볏짚가공, 경종부산물 가공 등)

나. 축잠가공 (버터, 치즈, 생사 등)

다. 임산가공 (숯가공, 목재가공 등)

4. 중간이용생산부문 (생산수단 이용)

가. 중간생산물 생산 (자가채종, 자급비료, 사료, 기타 재료 등)

나. 농용림(農用林) 조성 (나뭇잎 활용, 연료림, 용재림 조성 등)

다. 채집 (산나물, 풀 채취 등)

두 번째는 생산목적에 따른 분류방식인데 이는 우선 상품화 또는 환금(換金)작목과 자급 또는 현물(現物)작목으로 나눌 수 있다. 상품화작목은 100% 판매하는 상품작목과, 판매목적으로 생산하여 남는 것을 자가소비하거나 농업경영체 내부에서 자급하는 반(半)상품작목, 시장사정에 따라 팔고 보통은 자가소비 또는 자급 경영하는 준(準)상품작목으로 나눌 수 있다. 자급작목은 자가 소비를 목적으로 생산해서 남는 것을 판매하는 반자급작목과 가계의 자가소비를 목적으로 생산하는 자가소비작목, 농업경영체 내부에서 생산수난으로 자급이용할 목적으로 생산하는 자급작목으로 나눌 수 있다.

또한 생산목적은 생산물의 용도와 관련이 깊으므로 많은 작목이 동시에 주생산물과 부산물을 생산하는 점을 감안하여 직접적 용도와 간접적 용도로 작목을 구분하기도 하며, 생산물의 용도가 단순 생식용(生食用)인지 가공용인지에 따라서 단순용도와 복합용도로 구분하기도 한다.

세 번째는 농업경영 요소 투입의 집약도에 따라서 조방작목과 노동집약작목, 기술·자본집약 작목 등으로 분류하기도 한다. 단위면적당 생산비가 상대적으로 싼 경우가 조방작목, 비싼 경우가 집약작목으로 구분된다. 집약작목 중에서 단위면적당 노력비의 비중이 상대적으로 높은 작목을 노동집약 작목, 비료·농약·사료 등의 재료비와 농기계와 시설자재비의 비중이 높은 작목을 기술·자본집약 작목이라 한다.

네 번째는 소득성 또는 수익성에 따른 분류를 들 수 있다. 각 작목의 단위면적당 소득과 재배면적 규모와의 관계를 기준으로 해서 단위면적당 소득은 크지만 넓은 면적에 재배되지 않는 작목, 단위면적당 소득은 적지만 넓은 면적에서 재배되는 작목, 단보당 소득이 높으면서 상당히 넓은 면적에서 재배되는 작목, 단보당 소득액이나 재배면적 규모가 중간 정도 되는 작목으로 분류하기도 한다.

2. 농업경영 형태의 분류 유형

농업경영 형태의 분류기준으로 총수입의 몇 퍼센트 이상을 기준으로 하느냐 하는 것은 나라와 학자에 따라서 각각 다르다. 미국에서 처음으로 농업경영 형태에 대한 센서스(census)가 행하여진 것은 1930년인데, 이 센서스의 분류기준은 농장 총수입 중 어떤 부문이 40% 이상을 차지하고 있는가였다. 예를 들어 어떤 농장에서 사과 판매 수입이 총수입의 40% 이상을 차지하고 있다면 그 농장은 과수경영으로 분류되는 것이다. 양돈 수입이 총수입의 40%, 육우의 사육에서 생기는 수입이 총수입의 30%가 되는 경우에는 두 부문을 합해서 축산경영으로 분류하였다. 오늘날의 농업경영 형태는 매우 다양하다. 미국의 센서스에서 조사된 농업경영 형태만도 약 900가지에 달하였고, 이들을 그대로 분류한다면 별다른 의미가 없을 것이므로 그 특질에 따라서 편의상 다음의 몇 가지 유형으로 구분하였다.

1. 겸업 영농 (part-time farming)
2. 자급 영농 (self-sufficing farming)
3. 일반적 영농 (generalized farming)
4. 채소 상품 영농 (truck farming)
5. 과수 영농 (fruit farming)
6. 밀 영농 (wheat farming)
7. 환금(換金)곡물 농장 (cash-grain farms)
8. 면화 농장 (cotton farms)
9. 특용작물 영농 (crop-specialty farming)
10. 일반 축산 영농 (general livestock farming)
11. 낙농 (dairy farming)
12. 육우사육 영농 (beef-cattle raising)
13. 가금사육 영농 (poultry farming)

이 밖에 독일의 휀쉬(H. C. Fensch)는 독일 농업경영 형태의 대표적 유형으로 사탕무 영농, 감자 영농, 곡물 영농, 사료작물 영농, 소주 제조 경영, 목축 경영의 여섯 가지를 들고 있다.

3. 우리나라 농업경영 형태의 분류

앞에서 설명한 미국과 독일의 축산과 밭농사 위주의 영농형태에 비하여 우리나라는 벼농사 위주의 영농형태를 오랫동안 지속해 왔다. 따라서 밭농사의 발전이 늦고 축산도 최근까지 거의 미미한 상태에 있었던 것이다. 같은 농경지에 화본과 작물인 벼와 보리를 연작하는 영농방식을 취하고 있기 때문에 주곡식 농업경영 방식에 포함시키기도 하지만 이는 유럽의 주곡식과는 근본적으로 다른 것이다. 곡물영농에 편중하는 경영방식을 취하고 있으므로 대상작목에 콩과〔豆科〕 작물이나 근채류 등의 사료작물이 포함되지 않아서 곡물과 사료작물의 윤작으로 토양조건을 합리화하는 유럽식 영농방식과는 다르다. 집약적으로 작물재배를 많이 하는 데 관심이 크기 때문에 유럽의 영농방식처럼 일정한 윤작체계가 없이 불규칙한 점이 많아서 자유식 영농이라고 볼 수도 있다.

표 1-14에는 1995년도 농업센서스 결과에 따른 우리나라의 영농형태별 농가분포가 잘 나타나 있다. 1,558천호의 총 농가 중에서 58.4%인 910천호가 벼농사 영농으로 분류되었고, 밭농사 영농 52%, 과수 영농 8.5%, 채소 영농 15.4%, 특용작물 3.4%, 화훼 0.7%, 축산 8.3%, 기타 0.1%의 분포를 보이고 있다.

경지규모별로 보면 1ha 미만에서는 벼농사, 축산, 기타 영농의 비율이 전체 비율에 비해 조금씩 높은 반면에 밭농사, 과수, 채소, 특용작물 화훼, 기타 영농의 비율이 상대적으로 낮은 것으로 나타나 있다. 2ha 이상의 비교적 대농에 속하는 계층에서는 밭농사와 채소 영농의 비율이 두드러지고 있다. 전 · 겸업별로 보면 전체적으로 51.9%의 농가가 농업을 전업으로 경영하고 있는 가운데 특용작물 영농의 전업비율이 64.4%로 가장 높았고, 채소 56.4%, 축산 52.9%로서 비교적 전업형태의 비율이 높은 편이었다. 벼농사는 50.4%로 전국 평균보다 약간 낮은 수준이었고, 밭농사와 기타 영농은 상대적으로 전업비율이 낮은 것으로 나타났다.

표 1-15에서 지역별 영농형태 분포를 보면 벼농사 영농의 비율은 전북이 70.9%로 가장 높고 전남, 충남, 경기, 경남 순으로 비교적 높은 비율을 보이고 있다. 충북, 경북, 강원도의 벼농사 비율은 상대적으로 낮고 제주도는 벼농사가 거의 없는 것으로 나타났다. 밭농사 영농형태는 제주, 강원, 전남이 비교적 높았고, 과수는 제주와 경북에서 특히 비율이 높았으며, 특용작물은 충북에서 특별히 높은 비율을 보이고 있다. 화훼는 경기, 경남, 제주에서 비율이 높았고, 축산은 경기, 강원에서 전국 평균보다 특별히 높은 비

〈표 1-14〉 영농형태별 농가분포

(1995년 농업센서스 결과, 단위:천호)

항 목	벼농사	밭농사	과수	채소	특용작물	화훼	축산	기타	합계
전국	910 (58.4)*	81 (5.2)	133 (8.5)	240 (15.4)	52 (3.4)	11 (0.7)	129 (8.3)	2 (0.1)	1,558 (100.0)

〈경지 규모별〉

1ha 미만	655 (59.8)	49 (4.5)	92 (8.4)	164 (15.0)	27 (2.5)	7 (0.6)	99 (9.0)	2 (0.2)	1,095 (100.0)
1-2ha	127 (62.9)	4 (2.0)	21 (10.4)	25 (12.4)	12 (5.9)	1 (0.5)	12 (5.9)	- (0.0)	202 (100.0)
2ha 이상	128 (49.0)	28 (10.7)	20 (7.7)	51 (19.5)	13 (5.0)	3 (1.2)	18 (6.9)	- (0.0)	261 (100.0)

〈전 · 겸업별〉

전업	528 (50.4)	41 (46.1)	82 (51.6)	154 (56.4)	38 (64.4)	6 (46.2)	81 (52.9)	1 (50.0)	931 (51.9)
겸업	519 (49.6)	48 (53.9)	77 (48.4)	119 (43.6)	21 (35.6)	7 (53.8)	72 (47.1)	1 (50.0)	864 (48.1)
(제1종)	382 (36.5)	40 (44.9)	51 (32.1)	86 (31.5)	14 (23.7)	5 (38.5)	48 (31.4)	1 (50.0)	627 (34.9)
(제2종)	137 (13.1)	8 (9.0)	26 (16.3)	33 (12.1)	7 (11.9)	2 (15.3)	24 (15.7)	0 (0.0)	237 (13.2)

*( ) 안의 숫자는 구성비(%), 제1종 겸업 : 농업수입>겸업수입 . 제2종 겸업 : 겸업수입>농업수입

자료 : 농림부

율을 나타냈다.

벼는 1997년 기준으로 우리나라 농작물 총 재배면적의 54.1%를 차지하고 있으며 1997년도 농가의 농업조수입 중에서도 42.6%를 차지하고 있으므로 아직도 벼농사가 우리나라 농업경영의 주종을 이루고 있다. 벼농사의

(1995년 농업센서스 결과, 단위:%)

〈표 1-15〉 지역별 영농형태별 농가분포 비율

항목	벼농사	밭농사	과수	채소	특용작물	화훼	축산	합 계
전국	58.4	5.1	8.5	15.5	3.4	0.7	8.5	100.0
경기	59.3	2.7	3.8	12.7	2.2	3.7	16.5	100.0
강원	48.9	14.8	1.1	18.2	5.7	0.0	11.3	100.0
충북	51.5	3.9	8.7	15.5	12.6	0.0	7.8	100.0
충남	68.7	2.5	3.0	12.1	4.1	0.5	9.1	100.0
전북	70.9	2.4	1.8	14.0	3.6	0.0	7.3	100.0
전남	69.7	9.2	3.1	13.0	0.4	0.0	4.6	100.0
경북	47.6	3.0	21.0	16.6	5.2	0.0	6.6	100.0
경남	57.7	4.3	6.7	20.2	1.0	1.0	9.1	100.0
제주	0.0	20.0	57.5	17.5	0.0	2.5	2.5	100.0

자료 : 농림부

수익성이 일반적인 여름 밭작물에 비하여 높기 때문에 계속해서 논에서는 벼를 심기 마련이다. 겨울철에는 기후조건상 중부 이남에서 벼농사 이후에 보리나 마늘, 양파 등의 월동작물을 재배하고 있고, 남부해안지대를 중심으로 겨울철에 비닐하우스로 시설채소 영농을 하고 있는 경우도 근래에 크게 늘어나고 있다. 1970년대 중반까지는 중부 이남의 논에서 겨울철 보리재배가 일반화되어 있었으므로 논의 이모작(二毛作) 비율이 상당히 높았으나, 1980년대 이후 보리쌀 수요의 감소에 따라 보리재배가 급격히 줄어들면서 농촌 노동력 부족현상이 심화되어 논의 이모작 비율도 현저히 낮아졌다.

이에 비해 밭은 재배 가능한 작물의 종류가 많기 때문에 그 이용형태가 매우 다양하고 복잡하다. 일부 지역에서는 작물재배의 순서에 체계가 있어서 일정한 주기를 가지고 반복해서 재배하는 경우도 있고, 그때 그때 임의로 작목을 선택하여 재배하는 경우도 많다. 밭에 있어서는 과수, 뽕나무, 다년생

약초 등을 제외하고는 대개 이모작 이상을 하고 있으나, 작물결합의 전후관계는 농가의 기술적·경제적 차이와 자가소비의 관계도 있어 같은 지방이라 할지라도 농가 간에 차이가 많이 나는 것이 보통이다.

3 — 농업경영 형태의 결정요인에 관한 이론

농업경영 형태는 기본적으로 주위의 자연적·경제적·사회적 환경과 토지·노동력·자본재 등 농업경영 요소의 부존상태와 성질에 따라 달라진다. 또한 농업경영자의 능력과 성격, 취향에 따라서 농업경영 형태의 선택이 달라질 수 있으며, 그 외에도 무수히 많은 변수와 요인에 의해 영향을 받게 된다.

이러한 요인들은 대체로 인적 요인, 물적 요인, 지리적 요인, 생물학적 요인, 역사적(제도적) 요인의 다섯 가지로 나누어 설명하거나, 인간적 요인, 자연적 요인, 경제적 요인의 세 가지로 나누어 설명하기도 한다. 말하자면 농업경영 형태는 이러한 여러 가지 요인들의 다원(多元)함수와 같은 것이다. 물론 이러한 여러 요인이 다 같은 비중으로 작용한다고 볼 수는 없다. 그 중에는 중요한 요인과 부차적(副次的)인 요인이 있을 수 있으며, 때와 장소에 따라서 그 영향의 정도가 달라질 수도 있기 때문에 농업경영 형태의 결정요인에 관하여 각각의 요인들의 비중을 통일적으로 파악할 필요가 있는 것이다. 이 분야에서는 독일의 유명한 농업경영학자인 폰 튀넨(J. H. von Thünen)의 농업입지 이론과 영국의 리카르도(D. Ricardo)의 비교우위 이론, 브링크만(T. Brinkmann)의 경영집약도 이론이 잘 알려져 있어 여기에 소개하고자 한다.

1. 폰 튀넨의 농업입지(農業立地) 이론

폰 튀넨(1783~1850)은 그 자신이 경영하는 농장에서 얻어진 자료로써 자유식, 윤재식, 곡초식 등의 농업경영 형태가 어떻게 분포되는가를 결정하는 이론을 전개하였다. 그의 저서인 『고립국(1826)』은 100년이 지난 오늘날까지도 고전으로 높이 평가된다. 그는 다른 세계와 격리된 한 나라를 가정하고, 비옥한 평야지대와 그 중심부에 하나의 대도시가 위치해 있음을 전제로 해서 논리를 전개하고 있다. 그 평야에는 하천이나 운하가 없고, 도로 이외에는 교통이나 수송의 수단이 없으며, 경작 가능한 평야지대의 기후와 토질은 모두 같다고 가정한다.

공산품은 전부 이 도시로부터 전국에 공급되고 반대로 주위의 평야에서 도시민의 생활필수품을 이 도시에 공급하는 까닭에 이 중앙도시는 농산물의 유일한 시장이며, 동시에 농업생산자재의 유일한 공급원이다. 따라서 이 도시에서 결정된 농산물과 영농자재의 가격이 전국의 가격을 지배하게 된다. 물론 각 지역의 도시까지의 거리와 수송비에 차이가 있기 때문에 가격이 전국적으로 동일하지는 않게 된다. 폰 튀넨은 이 가격의 차이가 각 지역의 지대(地代)에 차이를 발생시키게 되고, 이에 따라 지역적으로 지대에 상응하는 농업경영 형태가 결정된다고 하여 다음과 같은 결론을 도출하였다.

즉 중앙도시로부터의 거리를 농업경영 형태의 가장 중요한 결정요인으로 보고, 도시에 가까울수록 운송비가 적게 들기 때문에 가격에 비해 부피와 무게가 많이 나가고 부패성이 상대적으로 큰 신선채소류 등이 유리해지는 반면, 도시에서 멀어질수록 가능한 한 단위수송비가 적게 먹히는 곡물류가 상대적으로 유리해진다는 것이다. 또한 영농에 필요한 생산자재의 구입가격도 도시로부터의 수송비에 차이가 나기 때문에 도시에 가까울수록 자본집약적인 영농형태가 상대적으로 유리해지고, 도시에서 멀어질수록 생산자재를 덜 쓰는 영농형태가 유리할 것이라는 점도 고려해야 한다고 하였다.

『고립국』의 동심원적 농업경영 형태 분포이론은 처음부터 도시로부터의 거리 이외에는 모든 조건이 같다는 가정하에서 전개된 것이다. 특히 농업경영이 언제나 합리적으로 이루어지며, 지력이 언제나 동일하게 유지되어 전체적으로 비옥도가 같다는 전제는 애초부터 무리한 가정이라고 하지 않을 수 없다. 또한 도로 이외의 다른 수송수단을 배제한 가정도 수송비의 비중을 지나치게 과대평가하는 결과를 가져온 만큼 비현실적인 전제라고 하겠다.

오늘날의 농업에 있어서도 도시의 시장가격과 농가의 수취가격 간에는 차이가 있기 마련이며, 영농자재의 가격도 지역과 거리에 따라 차이가 있을 수 있으나, 수송비가 그 차이를 결정하는 유일한 요인이라고 보기는 어렵다. 또한 농업기술의 발전 정도와 지력과 지형, 기후조건 등에 따라 농작물의 생산비가 달라지게 되므로, 농업경영 형태의 분포가 단순히 수송비에 기초하여 중심 시장으로부터의 거리에 좌우된다고 하는 『고립국』의 이론은 현실에 맞지 않는 이론이라고 하겠다. 다만 그가 취한 연구방법과 그 결론으로서의 농업입지론이 후세의 농업경영학 발전에 끼친 영향은 매우 컸고, 합리적인 농업경영 형태 결정이론의 효시로서 높이 평가되고 있다는 점은 인정해야 할 것이다.

2. 리카르도의 비교우위(比較優位) 이론

폰 튀넨의 농업입지 이론이 시사하고 있는 점은 농업경영 형태를 결정하는 중요한 요인이 생산비와 유통비용에 기초한 유리한 작목의 선택이라는 것이다. 다시 말하면 지역이나 농가 사이에 영농 형태가 다르게 나타나는 이유는 리카르도가 국제무역에 있어서 전개한 비교생산비 이론과 비슷하게 각각의 작목의 상대적인 유리성에 있다는 것이다.

리카르도는 국제무역이 행하여지는 원인이 생산비의 절대적 차이가 아니고 생산비의 비교우위에 있다고 하였다. 리카르도의 비교우위 이론을 한마디로 설명하면 어느 지역이나 나라가 어느 상품을 유리하게 생산할 수 있는

가에 따라서 생산할 상품의 선택이 이루어지고, 각각의 유리한 상품을 서로 교역함으로써 상호 이익을 도모할 수 있게 된다는 것이다. 또한 그 근본적인 이유는 나라나 지역간에 자본과 노동력의 이동이 쉽게 이루어지지 않는데 기인한다는 것이다.

이 이론은 농산물의 수요가 증가하고 가격이 상승하면 이에 따라 한계농지가 개발 경작되고, 한계농지보다 생산성이 높은 농지에서 그 생산비와 수취가격의 차이 또는 한계농지와의 생산비의 차이만큼 차액지대(差額地代)가 발생하게 된다는 그의 차액지대 이론과 함께 근대 경제학에 큰 영향을 미쳤다. 또한 인구증가와 경제성장에 따라 자원과 노동력이 농업에서 비농업으로 이동함에 반해 농업기술의 발전이 정체되어 농업생산성이 향상되지 못한다면 농업생산력이 상대적으로 낮아져서 농산물 가격이 올라가게 되며, 그 결과 식품가격에 크게 좌우되는 근로자의 임금 또한 올라가지 않을 수 없게 되고, 따라서 산업의 경쟁력이 떨어져 경제성장이 정지된다고 하는 리카르도의 식품가격 딜레마(food price dilemma) 또는 식품가격 장애요인(Ricardian food bottleneck) 이론도 후세의 경제발전론과 분배이론에 심대한 영향을 미쳤다.

리카르도의 이론들은 현상을 정태적으로만 분석하여 동태적인 사회・경제 여건의 변화, 특히 기술의 발전을 고려하지 않았다는 비판을 받고 있어 오늘날 반드시 현실에 일치하는 것은 아니다. 그러나 농업이나 비농업이나를 막론하고 비교생산비가 경영형태를 결정하는 가장 중요한 요인 중의 하나라고 하는 점을 부각시켰다는 것은 높이 평가받을 가치가 있다고 생각된다.

3. 브링크만의 경영집약도(經營集約度) 이론

폰 튀넨의 이론을 발전시킨 브링크만은 여러 가지 다양한 농업경영 형태를 단위면적당 노동 및 자본비용으로 표시되는 경영집약도로 설명하고 있다. 그에 의하면 농업경영자의 입장에서는 어느 한계까지는 경영집약도를 높이는 것이 생산력과 생산성을 크게 하기 때문에 유리하다고 한다. 생산함수 이론상 수확체감의 법칙이 적용되어 추가투자가 오히려 수익의 감소를 가져오기 전까지는 한계수익과 한계비용이 일치하는 점에서 이익의 극대화를 추구하게 된다고 전제하고, 그 한계를 결정짓는 요인으로서 교통상의 위치와 토지의 자연적 조건, 국민경제의 발전단계, 경영자의 개인사정 등 네 가지를 들고 있다. 이 중에서 가장 중요한 것으로서 교통상의 위치를 들고 있는데, 그 이유는 교통상의 위치에 따라서 시장과의 거리에 기초한 수송비의 차이가 나기 때문에 농산물의 판매나 농업자재의 구입에 있어서 가격상의 이득이 커지고, 이 이득으로 경영집약도를 높일 수 있는 여지가 커지게 되므로, 교통사정이 유리할수록 집약경영을 하게 되고 반대의 경우에는 조방적인 경영형태를 취하게 된다는 것이다. 이 이론도 폰 튀넨과 마찬가지로 수송비의 비중을 지나치게 과대평가하여 오늘날처럼 교통 수단이 다양하게 발달한 현실에는 잘 맞지 않는다는 비판을 받고 있다. 그러나 전체적으로 경영집약도를 지표로 설정하여 농업경영 형태의 결정요인을 설명하려고 한 것과 수송비와 교통사정의 중요성을 부각시킨 점 등은 인정된다.

요컨대 오늘날의 농업경영 형태를 결정하는 요인을 설명함에 있어서도 위에서 소개한 농업입지 이론과 비교우위 이론, 경영집약도 이론이 어느 정도 한계는 있지만 아직도 상당한 설득력을 가지고 있으며, 그 기본 요인이 토지의 생산력과 위치(시장과의 거리)에 달려 있다는 것은 명백한 진리라고 하지 않을 수 없다. 만약 농업에 있어서도 다른 산업, 특히 제조업과 마찬가지로 생산요소의 이동이 쉽게 이루어질 수 있다면, 생산요소와 경영자원이 생산비가 높은 경영체로부터 낮은 경영체로, 또는 생산비가 높은 지대로부터 낮은 지대로 이동하게 될 것이며, 이에 따라 생산비가 높은 경영체나 농업 지대는 차츰 도태되어 갈 것이다. 그러나 토지를 기본적인 생산 요소로 하고 있는 농업에 있어서는 경영 자원의 이동이 쉽게 이루어지지 못하게 되어 있기 때문에 궁극적으로는 토지의 자연적 · 경제적 조건이 농업경영 형태를 결정하는 가장 중요한 요인이 된다고 보아야 한다.

4 — 농업경영 조직의 선택

농업경영 조직의 정의는 사람에 따라 조금씩 다르다. 예를 들면 미국의 홈즈(C. L. Holmes)는 농기업에서 사용되는 생산의 제 요소와 생산의 방향 및 농장에서의 일반적 경영방법 등에 맞추어 취해지는 형태라고 했으며, 애레보(Aereboe)는 농업경영 수단의 합목적 관계라고 정의하였다. 이를 종합해보면 농업경영 조직이란 농업경영의 요소와 인적 · 물적 자원을 어떻게 결합하여 농업경영의 목적을 달성할 수 있도록 조직할 것인가의 상호 관계를 의미한다.

농업경영은 농산물의 조직적인 생산단위이므로 경영의 목적을 달성하기 위해서는 주어진 경영조건에 가장 알맞는 내부조직의 합리적인 구성이 필요하다. 이를 위해서는 기초적인 경영요소 즉 토지, 건물 등을 비롯하여 노동력 구성과 경영자본, 신용상태 등 경영여건을 감안하여야 한다. 또한 경영 내의 자본순환과 노동력 배분 및 설비이용 등을 합리화하기 위해서는 가급적 각 부문 간의 경합관계를 피하여 될 수 있는대로 보합관계로 조직하는 것이 바람직하다. 경영수익을 늘리기 위해 경영조직을 합리화한다는 것은 생산된 농산물의 시장가격의 변동에 따라 달라지기 때문에 절대적인 의미에서 가장 합리적인 경영조직이란 있을 수 없고, 어디까지나 상대적으로 규정되는 것이다.

경영조직이란 경영방식이나 경영형태보다 훨씬 광범하고 구체적인 것으로서, 내부적인 기술 관계라기보다는 경영에 기여하는 노동과 자본의 조직을 중심으로 각각의 농업기술과 논 · 밭 · 과수원 · 초지 등의 지목별 토지 및 작목들을 어떻게 조직하는 것이 경영수익을 최대로 올릴 수 있는가에 초점을 두게 된다. 이런 의미에서 농업경영 조직의 선택은 어디까지나 경영수익을 최대로 올리는 등 농업경영의 목적을 달성하기 위해 가능한 인적, 물적, 기술적, 제도적 수단과 요소들을 가장 효율적으로 결합하는 방법이 무엇인가에 기초하여 이루어져야 하는 것이다.

1. 농업경영 조직의 발전

자급경제 단계에서의 농업경영은 자연조건의 제약을 받는 가운데에서 자급의 필요에 따라 다양한 작목의 영농을 하게 되지만, 경제가 발달함에 따라 상품생산이 발전되고 이로 인해 경영조직에 많은 변화가 일어난다. 그 변화의 중요한 세 가지 흐름은 생산하는 농산물의 종류의 변화와 농업 생산의 수직적, 수평적 분화 또는 결합으로 요약된다.[1)]

1 — 농산물의 종류의 변화

경제, 사회의 여건 변화에 따라서 농업경영이 선택하는 농산물의 종류도 다양하게 변화하기 마련이다. 개개의 농작물은 각각의 경영적 성질을 가지고 있는데 이는 크게 나누어 기술적 성질과 경제적 성질로 설명할 수 있다.[2)] 농작물의 기술적 성질이란 그 작목의 기술적 생산 과정의 양상을 규정하는 작목 고유의 성질로서 주로 그 작목이 동식물로서 생육 환경에 적응하는 생리적 기능에 근거를 두고 있다. 이와 같은 농작물의 기술적 성질은 대체로 다음의 일곱 가지로 나누어 설명할 수 있다.

첫째는 적지성(適地性)으로서 재배 또는 사육 기간 중의 기상・토양 조건과 발아・개화・성숙의 한계 등 자연 조건에의 적응능력, 둘째는 지력과의

1) 磯邊秀俊:「農業經營學」養賢堂, 1989, pp. 112~114
2) 鄭容福 編譯: 앞의 책, pp. 59~65

관계로서 작물의 주요 성분과 경작으로 인한 지력 수탈의 정도 등을 말한다. 셋째는 비료나 사료의 이용에 대응하는 특성으로서 표준 시비량이나 표준 사료 요구량, 내비성(耐肥性)이나 사료 효율 등이 그 지표가 되며, 넷째는 토양 수분에 대응하는 특성으로서 급수(給水) 요구량이나 관수(灌水)효과, 배수효과 등이 그 지표가 된다. 다섯째는 생육 기간에 대한 생리적 성질로서의 계절성인데, 이는 재배 기간이나 주요 작업 기간, 육성·번식 기간 등과 생식능력의 변화 정도가 지표가 되고 있다. 여섯째는 각종 재해에 대한 위험의 정도인데, 홍수와 가뭄, 풍해, 냉해, 동해, 병충해에 대한 저항성과 생산의 안정도가 지표가 되며, 일곱째는 생산기술의 요체가 되는 기능성(機能性)으로서 재배나 사양 관리 중에서 가장 중요한 시기와 방법 등이 그 지표가 된다.

농작물의 경제적 성질은 다음의 여섯 가지로 나누어 설명할 수 있다. 첫째는 경제적 입지에 관한 산지성(産地性)으로서 생산물의 운반 성능과 상품성, 시장성, 특산지 형성 등이 주요 지표가 된다. 둘째는 토지이용성으로서 작물 재배의 형태와 체계, 필요한 지목과 소요 면적 등이 주요 지표가 되며, 셋째는 생산에 필요한 노동력과 기타 생산수단에 대응하는 경영수단 이용성으로서 경영요소의 집약도와 생산수단의 소요량 등이 주요 지표가 된다. 넷째는 생산성과 생산비에 관한 경제적 성질로서의 수익성인데 단위 면적당 수확량과 생산비, 비목의 구성 내용, 수익성 등이 그 주요 지표가 되며, 다섯째는 생산물의 용도에 관한 용도성으로서 주산물과 부산물의 용도와 가공도, 저장성 등이 주요 지표가 된다. 여섯째는 생산물의 가격과 수요에 대한 여러 가지 성질인데 가격변동의 진폭과 주기, 수요의 가격 및 소득 탄력성 등이 주요 지표가 된다.

이상에서 설명한 농작물의 기술적, 경제적 성질을 고려하여 사회·경제적 여건 변화에 대응하여 농업경영이 선택하는 농산물의 종류가 변화한다는 것이다. 대체로 경제발전 초기에는 자가 식량을 위한 농작물이 위주가 되고, 생산량이 많고 손쉽게 생산할 수 있는 값싼 농산물의 생산이 더 많이 요구되는 것이 일반적이다. 그러나 경제가 성장 발전함에 따라 국민소득과 생활수준이 향상되면서 양보다 질을 중시하는 경향이 커지게 되고, 이에 따라 다양한 고급 농산물로 농업경영의 대상이 바뀌게 된다. 신선채소와 고급 과실류, 축산물의 생산이 급격히 늘어나고, 그 생산도 기술적으로 어렵고 까다로와 비용이 상대적으로 많이 드는 농작물의 생산 쪽으로 농업경영의 대상이 이행하는 경향을 보이는 것이 선진국에서 일반적으로 나타나는 현상이다.

2 — 농업 생산·경영의 수직적 분화와 결합

자급경제의 성격이 강했던 시대에는 원료 농산물의 생산에서부터 가공과정을 거쳐 최종 소비재까지의 전 과정이 농가라는 하나의 경영체 안에서 완료되었다. 그러나 경제가 발전하고 제조업이 성장함에 따라 가공과정이 독립된 제조업 경영체로 분리되어 나가고, 농업경영은 원료 농산물의 생산에만 전념하는 경향이 차츰 일반화되었다. 이를 농업 생산·경영의 수직적 분화(vertical differentiation)라고 한다. 예를 들면 한 농가가 뽕나무를 심어서 누에를 치고, 고치에서 생사를 뽑아 비단을 짜고, 이것으로 비단옷까지 만들던 시대에서 상묘(桑苗)의 생산과 뽕나무 관리, 양잠, 제사(製絲), 견직 등으로 생산과정이 분화되는 것을 말한다.

한편 경제성장에 따라 국민소득이 증가하고 가공식품의 소비가 늘어나면서 시장경쟁이 치열해지고 농업과 가공분야에서 기술혁신이 진전되고 있다. 이에 따라 식품 가공업을 비롯하여 농산물 가공산업의 규모 확대가 촉진되고, 현대 기업의 새로운 특성의 하나로 대두되기 시작한 각 생산관계의 결합이 농업과 가공산업 분야에서도 필요한 단계로 이행하게 된다. 즉 원료 농산물의 생산에서부터 최종 소비재 생산과 판매까지에 이르는 경영과정의 각 단계가 여러 가지 형태로 재결합하는 양상을 보이게 되는데 이를 농업 생산 · 경영의 수직적 결합(vertical integration)이라 한다.

이는 최종 소비재를 생산 판매하는 제조업체가 원료 농산물 재배농가와 장기 공급 계약을 맺는 계약재배(contract farming)의 형태를 취하거나, 재배농가를 그 기업체의 고용 노동자로 취업시키거나 경영에 직접 참여시키는 형태, 또는 아예 재배농가의 농업경영체를 사서 제조업체가 흡수해 버리는 형태 등으로 나타난다. 반대로 대규모 재배농가 또는 농업인 단체가 관련된 전 · 후방 농업관련 산업의 생산 · 경영 단계로 진출하여 그 경영 분야를 확대해 나가는 방향으로 진행되기도 한다. 이는 각 경영 단계의 위험을 분산시키고, 장기적인 경영의 안정을 도모하는 동시에 각 경영 과정에서 불필요하게 중복되는 비용을 최대한으로 줄임으로써 전체적인 경영비의 절감을 꾀하려는 의도에서 최근에 기업경영의 여러 분야에서 나타나고 있는 큰 흐름의 하나이다. 이러한 농업 생산 · 경영의 수직적 결합은 결국 원료 농산물의 생산자인 농가가 가공을 주로 하는 농기업이나 농업인 단체에 종속되는 결과를 가져 오기도 하는 문제점과, 장기적으로 안정적인 판로를 농가에게 보장해 주는 긍정적 측면을 동시에 가지고 있음을 지적해 두고자 한다.

3 — 농업 생산 · 경영의 수평적 분화와 주산지의 형성

농업경영이 차츰 상품생산 단계로 발전하면서 시장에서의 경쟁을 강하게 인식하는 경영기법이 확산 정착되기 마련이다. 이때 농업경영자는 가장 유리한 작물을 선택해서 생산하는 방향으로 개별 경영을 발전시키게 된다. 그 결과 특정 품목의 생산이 어느 지역이나 나라의 자연적 · 경제적 조건과 기술수준 등에 가장 적합한 경우에 특별히 집중적으로 발달하게 되어 농산물의 지역적 분화의 경향이 나타나게 되는데, 이를 농업 생산 · 경영의 수평적 분화(horizontal differentiation), 또는 지역적 분화라고 한다.

예를 들면 우리나라의 경우 전남북 지방이 벼농사를 주로 하고, 남부 해안 지방에서 보리를 재배하며, 감귤은 제주도, 축산은 강원도 지방에서 많이 발전하는 것이 그 예이다. 이에 따라 최근에는 대도시의 소비 중심지를 겨냥하여 채소류와 과실류 등의 주산지역이 자연적·경제적 여건에 따라 형성되게 된다. 우리나라의 대표적인 주산지는 양파의 경우 경북 영천, 경남 창녕, 전남 무안, 함평 등지에서 전국 생산량의 80% 정도를 생산하는 경우를 들 수 있다. 이러한 주산지에는 그 지역 특산물의 생산에서부터 가공에 이르는 관련시설과 연관산업들이 유치되어 지역적으로 수직적인 결합을 촉진하는 경우도 흔히 나타나게 된다.

2. 농업경영 조직의 목표

앞에서 여러 차례 강조한 바 있거니와 판매를 목적으로 하는 상업적 농업경영 조직의 기본 목표는 다른 기업의 경영과 마찬가지로 순수익을 최대로 하는 데 있다.

순수익은 조수익과 경영비의 차액이므로 순수익을 최대로 한다는 것은 조수익을 최대로 하는 동시에 경영비를 최소로 하는 것이 된다. 먼저 농업경영의 조수익을 최대로 올리기 위해서는 생산량을 최대로 하는 동시에 생산물의 가격을 가장 높게 하여야 한다. 생산량은 경작면적, 사육 두수 등의 생산규모와 단위당 수확량 즉 생산성(productivity)에 달려 있기 때문에 생산량을 최대로 하기 위해서는 생산규모와 생산성을 최대로 하지 않으면 안 된다.

생산물의 가격을 최대로 높게 받기 위해서는 품질을 높여 부가가치를 최대로 하는 부분과 가격에 관한 시장정보를 잘 활용하여 가장 가격이 높은 시기에, 가장 가격이 높은 곳에(시장 출하, 대량 수요처 또는 소비자 직판) 생산물을 처분 또는 판매하는 부분이 함께 어울려져야 한다. 이를 위해서는 적절한 판매촉진 활동이 수반되어야 한다. 뿐만 아니라 한 때만 가격이 높은 것은 의미가 없고 연중 계속해서 또는 평균 수취가격이 가장 높아야 하기 때문에 안정적인 판로의 보장과 출하가격의 안정이 또한 중요하게 된다.

다음으로 농업경영비를 최소로 하기 위해서는 생산에서 판매에 이르기까지의 모든 비용의 지출을 최소로 하는 것이 필요하다. 이때에는 무조건 비용을 줄이는 것이 중요한 것이 아니고 비용의 생산성(수익성), 또는 투자효과를 극대화시키는 쪽으로 생각하는 것이 더욱 중요하다. 이 부분은 제4장과 제2편에서 상세하게 설명할 것이지만 개략적으로 우선 설명하자면 생산에 필요한 비용 중에서 중요한 항목이 토지 임차료(또는 토지 용역비)와 노력비, 농기구비, 재료비 등이므로 이들을 최소로 줄이려는 노력을 하지 않으면 안 된다. 토지 용역비를 최소화하기 위해서는 토지를 최대로 절약하는 기술과 경영 기법이 도입되어야 하고, 토지의 생산성과 경제적 위치에 비해 토지의 가격과 실제 임차료가 가장 싼 곳을 선택해야 한다.

노력비를 줄이기 위해서는 벼농사의 경우 직파(直播)재배 등 생력(省力) 영농 기술과 인력을 절감하는 경영기법이 최대한으로 동원되어야 한다. 한편으로 노동력을 최대한으로 대체할 수 있는 고성능 농기계와 자동화 시설장비가 도입될 필요가 있다. 아울러 단위 시간당 노동생산성을 최대로 높이기 위한 노동능률의 향상이 필요하며, 이를 위해서는 노동력의 질을 높이고 숙련도와 기술을 향상시키려는 노력과 노동력의 사기와 책임성을 높이려는 노력이 뒤따라야 한다.

그 밖에 시설이나 건물, 장비 등의 고정비용을 줄이기 위해서는 신규로 구입하거나 설치 또는 건축할 때의 비용을 최소화하려는 노력과 함께, 아껴 쓰고 유지·관리·보수에 힘써 내구연한(耐久年限)을 늘림으로써 감가상각비를 줄이려는 노력을 동시에 하지 않으면 안 된다. 또한 시설과 장비, 건물과 농기계 등의 운전비용을 줄이기 위해서는 가동시간과 가동률을 최대로 올리려는 노력과 함께 연료의 절약과 부대비용을 줄이려는 노력을 해야 한다. 이를 위해서는 고장을 최소화하고 경영 규모를 확대하거나 공동이용을 시도하는 등의 노력도 필요하게 된다.

뿐만 아니라 재료비를 최소화하기 위해서는 비용에 비해 성능과 효율이 가장 높은 종자, 종묘, 종축과 비료, 농약, 사료, 기타 영농자재 및 연료 등을 잘 선택해서 써야 한다. 또한 이를 최대한 아껴 쓰는 동시에 기술적으로 각각의 재료들이 최대의 생산성을 발휘하도록 하는 노력이 수반되어야 한다. 이외에 생산물을 처리, 가공하거나 저장, 수송, 판매하는 모든 유통과정에서도 비용을 최소화하려는 노력이 당연히 필요한데 여기서는 구체적인 설명을 생략하기로 한다.

이외에도 농업경영조직의 목표는 농업경영체의 지속적인 성장 발전과 농업경영의 안정과 위험의 방지, 경지이용의 효율화와 지력의 유지 및 환경보전과 지속 가능한 농업의 정착, 소비자의 욕구와 기호를 충족시키면서 국민건강에 기여하는 과제, 발전지향적이고 미래지향적인 국민경제의 건전한 성장 발전에 동참 또는 공헌하는 과제 등 다양하고 광범하게 있을 수 있다.

농업경영체의 지속적인 성장 발전을 위해서는 끊임없는 기술 혁신과 경영의 쇄신을 위한 재투자와 노력이 있어야 할 뿐만 아니라 후계 인력의 확보와 양성에도 힘써야 하며, 경영 규모의 확대와 생산·경영 분야의 확산에도 적극적이고 능동적인 노력이 필요하다. 한편 농업경영의 안정과 위험의 방지를 위해서는 투기적인 행위를 가급적 억제해야 할 뿐 아니라, 장기적으로 안정된 판로를 확보하고 수취가격을 안정적으로 보장받을 수 있는 노력을 게을리하지 말아야 한다. 또한 여러 가지 재해에 대비하는 기술적인 노력과 아울러 경영적 측면에서 보험의 활용 등 보다 적극적인 대비책을 강구해야 한다. 시장의 불안정과 재해에 의한 위험의 분산을 위해 경영을 다각화하거나 복합경영을 도입하는 방법도 신중히 고려해야 할 것이다.

경지이용을 효율화하기 위해서는 간작(間作)이나 윤작 등의 기술적 방법을 최대로 활용하면서 자연적, 경제적 조건에 가장 적합한 작목을 선택하여 이를 잘 배열 또는 결합하는 노력이 뒤따라야 한다. 한편으로 지속 가능한 농업을 위해서 지력의 유지와 환경 보전에도 보다 적극적인 노력을 기울여야 한다. 이를 위해서는 지나치게 지력을 수탈하거나 토양·수질 등의 환경을 오염시킬 우려가 있는 영농방식과 화학적 영농자재의 과용을 가급적 억제하고 유기물을 최대한으로 이용한 생물학적 기술을 많이 도입해야 할 것이다.

소비자의 기호와 욕구를 충족시키면서 동시에 국민 건강에 기여하려면 끊임없이 소비자의 행태 변화를 추적하여 아이디어 상품을 개발하고, 품질을 고급화, 다양화시키면서 이에 반드시 뒤따라야 할 여러 가지 부대(附帶) 서비스의 질을 높이고, 이를 확충시키려는 노력이 좀더 적극적으로 강구되어야 한다. 또한 농산물의 맛과 영양, 신선도와 안전도에 관한 깊은 관심과 세심한 배려가 아울러 있어야 국민 건강에 기여하면서 동시에 소비자의 호응과 신뢰를 확보할 수 있게 될 것이다.

끝으로 국민 경제의 건전한 성장 발전에 동참하기 위해서는 농업경영도 우리나라 산업의 중요한 한 분야로서, 특히 국민의 생명과 국토 환경을 지키는 필수산업이라는 긍지와 자부심을 가져야 한다. 그리하여 다른 산업과 소비자, 정부와 납세자 등 국민경제의 여타 분야에 불필요하거나 무리한 부담을 과중하게 지우지 않으면서, 적극적으로 끊임없는 기술혁신과 경영의 쇄신을 통해 생산성을 높이고 비용을 줄이며 자원의 활용도를 극대화하는 노력을 지속해 나가야 한다.

3. 농업경영 조직의 종류와 선택

농업경영 조직의 분류 방법으로는 먼저 농업경영체가 선택하는 작목의 배열이나 조합에 따른 분류가 있으며, 그 작목이 단일이냐 복합이냐에 따라 단작경영과 복합경영으로 구분한다. 유형에 따라 개인경영, 가족경영, 기업경영(기업농), 경영 참가자의 공동경영, 협업경영(협업농) 등으로 나누어지고, 경영의 규모나 집약도에 따라 조방적경영과 집약적경영, 다른 산업과의 겸업 여부에 따라서 전업과 겸업으로 나눌 수 있다. 또한 경영자원의 소유 또는 임대차 관계에 따라 자가경영(자작농), 임차경영(임차농), 위탁경영(위탁농) 등으로 구분된다.

농산물과 농업생산의 특성으로 인해 농업생산이나 경영에 있어서는 자본주의적인 기업경영보다는 자급자족적 생계영농의 성격이 강한 가족경영이나 공동경영의 색채가 비교적 농후하게 남아 있기 쉽다. 특히 우리나라와 같이 영세한 영농 규모를 가지고 농가의 가계와 농업경영이 완전히 분리되지 못한 상태에서는 자가 노동력과 자기 토지를 기반으로 하는 가족경영이 대부분이다. 미국이나 유럽과 같이 농업 규모가 큰 선진국의 경우에도 가족경영의 전통이 아직까지 강하게 남아 있다.

일반적으로 가족경영은 순수익보다는 농업소득에 경영목표를 두기 쉬우며 자가 노동력에 대한 보수와 자기 토지에 대한 임차료가 직접적인 경영비로 지출되지 않는 이점이 있다. 또한 자가경영에 대한 애착이 커서 노동의 질이 비교적 높은 특징이 있고, 유휴자원을 최대로 이용할 수 있는 장점도 있다. 그러나 경제가 성장 발전함에 따라 상업화 영농이 급속히 진전되면서 전통적인 가족영농(family farm)체제가 점점 전문적인 기업경영 체제로 바뀌어지는 추세에 있으며, 이에 대응하여 공동경영과 협업경영의 필요성이 여러 측면에서 많이 제기되고 있다.

이러한 점을 감안하여 농업경영 조직을 분류하면 단독소유의 개인농장(sole proprietorship)과 2인 이상의 공동투자에 의한 동업농장(partnership), 농업회사법인(corporation)과 영농조합법인(cooperatives) 등으로 나눌 수 있다.

동업농장의 경우는 2인 이상이 공동 투자하되 철저한 공동경영을 통해 공동으로 손익을 분담하고 무한책임을 지는 일반동업(general partnership)과, 소유와 경영을 분리하여 손익과 책임을 유한(有限)으로 하는 유한동업(limited partnership)으로 다시 나눌 수 있다.

개인소유와 공동소유의 장단점을 비교해 본다면 개인소유의 경우에는 독립적 의사결정과 통제가 가능하고 유사시 조직의 해산이 쉬운 장점이 있는 반면, 무한 책임성과 가족과 친지의 경영참여가 불가능한 점, 자본 유입의 한계, 그리고 소유주가 사망이나 은퇴시 후계자가 없는 경우 농업경영의 지속성이 없다는 단점이 있다.

공동소유의 경우에는 경영관리의 전문성을 기할 수 있고 자본유입을 통해 규모 확대가 가능해지며 동업자 사이에는 소유권 이전이 쉽다는 장점이 있으나, 한편으로는 무한 책임성과 의사 결정이나 통제가 독립적으로 기민하게 이루어지기 힘든 점, 동업자를 구하기가 어렵고 동업자 사이의 의견충돌 가능성이 있는 점, 출자자의 자본회수가 어렵고 소유주의 사망시 경영의 지속이 힘들게 되는 등의 단점이 있다.

한편 회사법인 경영체의 장점으로는 유한 책임성과 경영의 지속성, 주식과 채권을 통해 자본을 확보하기가 비교적 쉽고 주식이나 출자지분의 이전이 용이하다는 점 등의 장점이 있다. 반면에 단점으로는 설립에 따르는 법적인 사무처리가 복잡하고, 법적 처리비용이 추가로 소요되며, 경영의 통제권이 주식이나 출자지분의 소유권에 의존하기 때문에 의사결정이 독립적으로 기민하게 이루어지기 어려운 점 등이 있다.

공동경영 또는 협업경영 등이 과연 바람직한 것인가에 대해서는 시각(視角)에 따라서 논란이 많이 있겠지만 여기서는 그에 대한 논의를 하지 않기로 한다. 다만 농업 생산·경영 부문 간의 기본적인 상호관계를 설명하고, 작목이나 생산부문의 결합여부에 따른 단작(單作)경영과 복합경영의 장단점을 살펴본 다음, 일반적인 농업경영 조직의 선택기준에 대해서 개략적인 설명을 덧붙이고자 한다.

1— 농업 생산·경영 부문 간의 기본적인 상호 관계

농업경영 내부의 생산부문 또는 경영부문 사이에는 기본적으로 경합, 보합, 보완, 결합생산물 등 네 가지의 상호 관계가 존재한다.

첫째로 두 개 이상의 생산부문이나 작목이 경영자원이나 생산수단의 이용 면에서 경합되는 경우를 경합(競合, competitive)관계라고 한다. 예를 들면 같은 여름 작물인 고추와 담배, 겨울 작물인 양파와 마늘 등은 토지나 노동력의 이용 면에서 서로 경합되고 있는 것이다. 이들은 다른 한편에서 보면 두 가지를 서로 대체할 수 있기 때문에 서로 대체(代替, substitutionary)관계에 있다고도 한다. 이 경우에 어느 쪽을 선택하느냐 하는 기준은 원칙적으로 비교 유리성에 입각하여 양쪽을 비교 계산하는 것이다.

둘째로는 경합관계와는 달리 둘 이상의 생산부문이나 작목이 경영자원이나 생산수단을 공동으로 이용할 수 있는 결합관계가 있는데, 이를 보합(補合, supplementary)관계라고 한다. 예를 들면 과수원의 간작으로 채소를 심는다든가, 몇 가지 작물을 혼작(混作)한다든가 하는 것은 공간적 보합관계이다. 또한 벼농사 이후의 논에 보리 재배를 하거나, 일반 식량 작물과 콩과〔豆科〕 작물 또는 사료 녹비 작물 등을 윤작하는 것은 시간적 보합관계이다. 이 경우에는 보합의 결속력이 강하고 다른 경영 부문에 마이너스 영향을 덜 미치는 방향으로 주작목과 부작목을 선정하여 결합시키는 것이 경영에 도움이 된다.

셋째로는 경영 내부에서 어느 생산부문이나 작목이 다른 부문이나 작목의 생산을 돕는 역할을 할 경우에 이를 보완(補完, complementary)관계에 있다고 한다. 예를 들면 농작물의 생산과 가공부문은 당연히 보완관계에 있으며, 축산과 사료작물의 재배, 축산에 의한 퇴비나 구비의 생산과 식량작물의 재배 등도 상호 보완관계에 있다. 이 경우에는 이러한 보완관계를 경영에 최대한으로 활용할 수 있는 방향으로 경영을 설계하는 것이 바람직하다.

넷째로는 작목이나 생산부문의 상호 관계라기보다는 생산물의 상호 관계로 볼 수 있는 결합생산물(joint product)의 관계가 있다. 예를 들면 양고기와 양털, 쌀과 볏짚, 우유와 젖소고기 등 한 가지 작목이나 생산부문에서 둘 이상의 생산물이 산출되는 경우를 말한다. 이 경우에는 어느 것을 주산물로 하고 어느 것을 부산물로 설정하느냐에 따라 경영의 조직이 달라지게 되는데, 가급적 양쪽을 가장 효율적으로 활용할 수 있는 방향으로 경영을 조직하는 것이 바람직할 것이다.

2 — 단작경영과 복합경영

벼농사처럼 한 종류의 작물이나 가축만을 대상으로 하는 단작경영의 경우도 있지만, 현실의 농업경영에서는 대체로 주된 작목 이외에 약간의 다른 작물이나 가축 또는 농산가공 등을 결합한 복합경영이 많다. 단작경영과 복합경영은 각각 장단점이 있다. 먼저 하나의 경영체에서 하나의 작목을 생산하는 단작경영은 상업영농의 진전에 따라 과수, 채소, 양계, 양돈 등으로 전문화(specialization)되는 경향에 맞추어 나타난다. 고도로 전문화된 단작경영이라고 하더라도 위험 분산의 필요성과 경영 자원의 이용률 제고를 위해 대부분 몇 가지 비슷한 종류의 작목을 함께 생산하는 부류별 단작경영 형태나, 직접 판매를 목적으로 하는 주작목 생산에 필요한 부작목을 함께 생산하는 준(準) 단작경영 형태를 취하기 쉽다.

단작경영이 유리한 경우는 경지면적이 광대한 농장에서 작목을 단순화함으로써 경영의 규모와 작업의 단위를 키워 규모의 경제라는 이점을 살려 축력이나 농기계의 이용도를 높일 수 있고 따라서 경영비용을 크게 절감할 수 있을 때이다. 또한 단일 생산물을 대량 생산함으로써 품질이 통일되고 판매수량이 많아 거래상의 이익이 클 경우도 해당된다.

그러나 일반적으로 토지와 노동력 및 자본재 등의 생산수단을 효율적으로 이용하면서 시장여건이나 자연재해에 따른 위험부담을 감안해 볼 때 단작경영이 유리한 경우는 상당히 제한적이라 하지 않을 수 없다.

이에 반해 하나의 경영체에서 여러 부문을 결합하여 복합화 또는 다각화(多角化, diversification)하는 경우를 복합경영이라고 한다. 일반적으로 복합경영의 장점으로는 첫째 경지의 모든 부분이 어떤 특수한 작물에만 적합한 상태로 되어 있는 일은 매우 드물기 때문에 몇 가지 작물을 시간적·공간적으로 결합 또는 혼합하는 것이 토지의 이용도를 높이는 방법이 된다는 점을 들 수 있다. 또한 해당 토지가 어떤 작물의 재배에 적합한 경우에도 그 작물만을 계속적으로 재배하면 연작의 피해가 나타나는 경우가 많기 때문에 적절하게 몇 가지 작물을 윤작하는 것이 기술적으로 요청되는 때가 많다는 점도 유의해야 한다.

다음으로 농업생산은 동식물의 생장과 번식이란 생리기능에 의존하고 있으므로 노동수요의 계절적인 번한(繁閑)의 차가 심하기 때문에 한 종류의 작물재배만으로는 가족 노동력을 연중 계속 생산활동에 활용하기가 어렵고, 따라서 몇 가지 다른 작물을 함께 경영에 도입하는 것이 가족 노동력의 활용 뿐만 아니라 다른 경영자원의 활용도를 전체적으로 높일 수 있는 방법이 된다. 뿐만 아니라 고정자본재 중에는 여러 부문의 생산에 공통으로 사용할 수 있는 것이 많은데, 복합경영에서는 이들의 연중 이용횟수를 많게 하여 개개의 생산물에 대한 평균 고정비를 적게 하는 이점도 있다.

다음으로 농업생산은 뜻하지 않은 자연적 재해나 시장의 불안정으로 인해 예상수익을 얻지 못할 위험성이 크기 때문에 경영을 복합화 또는 다각화 함으로써 단작경영의 위험을 분산시켜 경영 전체의 손실을 경감할 수 있게 된다. 끝으로 농업생산은 다분히 계절성이 있어서 한 종류의 작물이나 가축만으로는 현금수입이 계절적으로 편중되기 때문에 자금회전의 속도가 늦어지고, 따라서 차입자금의 사용기간이 길어져 이자 지불의 비용이 증가되는 경우가 많지만, 몇 개의 경영부문을 적당히 결합한다면 경영 전체로서의 자금회전을 원활히 하여 금융비용을 절약할 수 있는 이점이 있다.

복합경영은 이상과 같은 장점을 가지고 있으므로 우리나라와 같은 식량작물 위주의 영세한 농업경영에 있어서는 특수한 경우를 제외하고는 하나의 부문에 전문화하는 단작경영보다 여러 부문을 함께 하는 복합경영이 일반적으로 유리하다. 그러나 생산이 지나치게 다양화될 경우에는 경영자의 전문적인 기술 향상을 저해하고, 고성능 농기계나 고능률 시설장비의 이용이 어려워 노동생산성이 낮아지기 쉽다. 뿐만 아니라 경우에 따라서는 노동의 경합을 가져올 수도 있고, 또한 각종의 농산물이 생산된 결과 개개의 농산물에 대한 거래상의 불리함을 면하지 못하는 경우도 있다.

3 — 농업경영 조직의 선택기준

농업경영 조직을 선택하는 기준은 첫째 비교 유리성의 원칙이다. 이는 농업경영체가 이용할 수 있는 토지와 노동력 및 자본재 등의 경영 자원을 가지고 가장 유리하게 경영 목적을 달성할 수 있는 작목이나 생산부문을 비교 선택한다는 원칙이다. 일반적으로 동일한 작목이나 생산물에 대하여 어느 지역 또는 어떤 경영형태가 가장 유리할 것인가 하는 문제와, 같은 농업경영체에 있어서 어느 작목 또는 어느 생산부문이 가장 유리할 것인가 하는 문제를 동시에 검토 판단하게 되는 것이다.

또한 기간(基幹) 작목이나 경영조직을 선택하는 기준으로서는 자연적 조건과 사회 경제적 조건, 그리고 개인적 사정을 들 수 있다. 먼저 자연적 조건으로는 대체로 온도, 일조, 강수, 바람 등의 기상조건과 토양, 수리, 지형 등 토지조건, 자연재해에 관한 여러 가지 조건 등에 따라 작목이나 품종의 선택과 경영 형태의 선택이 달라지게 된다. 다음으로 사회 경제적 조건으로는 생산물의 가격조건과 생산물의 시장 및 영농자재 공급선과의 거리와 수송 수단 및 비용, 인구와 산업 배치 등 인문지리적 조건, 기술과 정보의 발달 및 확산 정도 등이 중요한 영향을 미친다. 끝으로 개인적 사정으로는 경영자의 여건과 가족 사정, 자본 조달의 가능성, 경영자의 경영능력과 취향 등이 경영 조직을 선택하는 중요한 기준이 된다.

제2편

농업경영관리와 생산경제학

1
경영관리의 기초이론

1 — 기업과 조직

아무리 소농이라 하더라도 농업경영체인 만큼 기업(business)의 범위에서 벗어날 수 없다. 더욱이 상업영농의 경향이 짙어져 가는 현대 농업경영에 있어서 기업적 성격을 도외시하고는 농업경영의 목적을 제대로 달성할 수 없는 것이다. 따라서 기업의 기본적 성격과 그 조직 원리에 대한 기초 이론이 농업경영관리에 있어서도 기초적 이론으로 적용된다고 봐서 이를 개략적으로 서술하고자 한다.

1. 기업의 기본적 성격

오늘날 기업의 사회적 책임이 더욱 활발히 논의되고는 있으나 원래 기업의 목적이란 이윤(利潤, profit)을 얻는 데 있다는 점을 부정할 수 없다. 공기업의 경우에는 기업이윤 자체보다 공공재(公共財, public goods)를 가장 효율적으로 생산 · 공급하는데 더 큰 목적을 둘 수도 있다. 그러나 그 기업 자체가 수지가 맞지 않아서 적자를 계속한다면 기업을 그대로 유지할 수가 없게 되는 만큼 최소한의 이윤은 불가피한 것이다. 크게 보면 기업의 사회적 책임이 강조되는 것도 그 기업이윤을 유지하고 장기적으로 더욱 증가시키기 위해 사회로부터 그 기업의 역할에 대한 인정을 받고자 하는 것이 감추어진 원초적 목적인 것이다.

우리나라와 같이 자유주의 시장경제 하에서 자유로운 기업활동이 보장되고 있는 체제에 있어서는 어떤 기업이든 법률에 따르는 한 창립과 해산이 자유로우며, 어떤 방법이든지 자유롭게 경쟁에 참여할 수가 있다. 경쟁에서 성공하면 이윤을 얻고 계속 존립을 유지할 수 있을 것이나, 실패하면 손실을 입고 기업의 문을 닫을 수밖에 없을 것이다. 따라서 이러한 경제체제와 기업활동에 있어서 가장 핵심적인 열쇠는 바로 경쟁(competition) 또는 경쟁력(competitiveness)에 있다.

자유 시장경제 체제 하에서는 기업이 무엇을 생산할 것인지에 대해 정부의 계획이나 통제가 없고 소비자들이 원하는 것을 스스로 결정하게 되어 있으므로 기업의 성공을 좌우하는 것은 소비자들이 기업의 생산물을 사주고 안 사주는 데 달려 있다. 만약 기업이 소비자나 고객이 원하는 것을 충족시켜 주지 못한다면 그 기업은 실패할 수밖에 없을 것이다. 기업이 성공하고 존속하기 위해서는 이윤이 있어야 하며, 기업이윤이란 기업 전체의 조수익에서 총비용을 뺀 순수익 개념과 같다. 이 이윤이야말로 기업활동의 근본적인 유인(誘因, incentive)이며, 이 이윤에 의해서만 기업이 성장하고 확대될 수 있는 것이다. 기업의 이윤 동기를 사적(私的)으로만 판단하면 이기적이라고 할 수 있으나, 사실은 이러한 사적이고 이기적인 이윤 동기가 국민경제의 성장 발전과 사회 전체의 복지 향상의 출발점이 되는 것이므로 기업의 이기적 이윤 동기야말로 오늘날의 경제사회를 움직이는 핵심 동력으로서의 '빛나는 이기심(enlightened selfishness)' 이라 하겠다.

다만 기업이 사회의 모든 문제를 담당하거나 해결하는 것은 물론 아니다. 기업은 사회 전체의 일부를 구성하고 있는 한 부분으로서 그 외의 사회조직, 즉 정부나 협회, 생산자단체, 소비자단체, 교육기관, 종교단체, 노동조합, 기타 등등의 사회단체들과 서로 맞물리기도 하고 함께 작용하기도 함으로써 사회 전체의 수요를 충족시키면서 새로운 변화에 능동적으로 기여하고 있는 것이다.

2. 기업의 경영관리

기업이 그 목적을 달성하기 위해서는 효율적인 경영관리를 필요로 한다. 환경의 변화에 잘 적응하여 기업의 자원을 가장 효율적으로 활용하는 것이 경영관리의 핵심이므로 경영의 첫 번째 항목은 현재와 미래에 있어서의 사회 전체의 변화와 기업환경의 변화 추세를 통찰하고 그 변화에 미리 적절한 대응책을 세우는 것이다.

변화에 적응하지 못하는 기업은 살아남을 수 없는 것이다. 특히 유의해야 할 사회적 변화로는 인구 구성의 변화, 사람들의 태도와 관습 및 기호의 변화가 있다. 이는 사회 전체의 수요가 어떻게 변화할 것인가를 예측하게 해주는 중요한 척도가 되므로 기업의 생산물을 결정하는 데 필수적인 것이다. 예를 들면 사람들이 힘든 일을 피하고 여가를 더욱 선호하는 경향을 보이고 있기 때문에 공장자동화나 승용(乘用) 농기계의 수요가 증가할 것이며, 노동시간을 절약하여 여가시간을 창조하는(time-creating) 상품 및 서비스와 아울러 창조된 시간을 소비하는(time-consuming) 여가활용에 관련된 스포츠, 레저 상품 등의 수요가 늘어날 것을 예측하고 그 대응책을 미리 세울 수 있어야 한다는 것이다.

또한 사회 전체의 민주화 추세에 따라 개방화와 사율화, 시방화가 빨라지고 국제화, 세계화의 대조류가 눈앞에 닥치고 있는 현실의 변화가 미칠 영향에 대해서도 빨리 적응하도록 미리 대처하는 노력이 있어야 한다. 전반적인 교육수준이 올라가면서 수출입 개방이 가속화되어 국내외로부터 경쟁이 더욱 심해질 뿐만 아니라 소비자의 기호는 더욱 빨리 변화하고 다양해진다는 등이 그 변화의 대표적 예이다. 이와 같이 오늘날 기업경영이 당면한 도전은 거대하고도 다양할 뿐 아니라 신속한 응전을 요구하고 있다. 이러한 도전에 직면하여 슬기롭게 대처하고 위기를 기회로 바꿀 수 있는 능력이 바로 경영 관리자가 갖추어야 할 첫 번째 자질인 것이다.

다음으로 기업의 자원을 효율적으로 활용하기 위해서는 먼저 기업이 가지고 있는 자원의 가치를 정확하게 파악하는 일부터 시작해서, 그 자원을 어떻게 결합하고 이용해서 어떤 생산물을 만들어 낼 것인가의 몇 가지 대안 중에서 가장 효율적인 방안을 찾아내도록 해야 한다. 이에 따라 기업의 목적에 합당하게 활동 계획을 수립하고(기획), 필요한 자원을 동원하거나 조달하여(조직), 실제 행동을 통해 결과를 얻어내고(행동), 그 결과를 분석 평가하여 피드백하는(평가) 4단계로 경영관리의 기능이 나누어지는 것이다.

3. 경영조직의 목표

기업경영을 위해서는 아무리 간단한 형태라도 조직이 필요하게 된다. 조직을 형성하는 데는 두 가지 요소가 필수적이다. 그 첫째는 혼자서는 성취할 수 없는 조직의 목표(goal) 또는 필요(needs)가 있어야 하고, 둘째로는 조직원이 무엇인가 그 조직을 위해 기여(contribution)할 수 있어야 한다는 것이다.

먼저 경영조직의 목표는 첫째로 고객이나 소비자에게 상품이나 용역을 제공하는 것이다. 조직을 통하면 혼자서 이러한 일을 하는 것보다 훨씬 효율이 높아진다. 왜냐하면 조직은 많은 사람들의 특별한 능력을 적절히 결합시켜 전문성과 분업 효과를 발휘케 하므로 각각의 능력을 최대로 또 최고로 활용할 수 있으며, 동시에 필요한 시간을 최소로 단축시키고 비용을 최소로 줄일 수 있기 때문이다. 또한 각각의 지식과 정보를 한데 모으고 오랫동안 축적하여 새로운 지식과 정보를 쌓아 나갈 수 있다는 점과 고객이나 소비자가 무엇을 원하는지에 대해서도 훨씬 빨리 광범하게 알 수 있다는 점 등이 조직의 장점이다.

조직의 목표로서 둘째로 들 수 있는 것은 조직 구성원 모두에게 무엇인가 보수 또는 대가를 주어야 한다는 것이다. 아무것도 조직으로부터 얻는 것이 없다면 그 조직은 유지될 수 없다. 보수 또는 대가(代價)에는 금전적인 것과 그렇지 않은 것이 있다. 금전적인 것에는 주식 배당, 임금, 봉급, 상여금, 수당, 격려금, 연금 등이 있고, 그렇지 않은 것에는 타인으로부터의 존경과 존중, 승진 기회, 일에 대한 도전과 성취감 등이 있다. 조직 구성원이 바라는 이러한 보수와 대가를 최대한으로 확보하고 이를 공정하게 분배하는 것이 바로 조직의 목표가 되는 것이다.

다음으로는 사회 전체의 기대에 부응하여 사회적 책임을 다하는 것이 조직의 목표가 된다. 적극적으로 사회가 요구하는 여러 가지 목표를 조직의 목표로 수용할 수도 있고, 아니면 최소한의 사회적 책임을 다하는 것만으로 조직의 목표를 삼을 수도 있는 것이다.

경영조직의 목표는 차원에 따라서 다르고 조직의 구성원 각자에 따라서 인식하는 바가 다를 수 있다. 또한 목표가 항상 고정되어 있는 것이 아니라 상황과 여건에 따라 변화하는 것이다. 생산물의 수요, 경제적 여건, 정부의 규제, 인력 수요, 사회 관습 등 여러 가지 면에서 경영조직의 환경은 늘 변화하기 마련이기 때문에 조직의 목표도 이에 맞추어 적절히 변화하여야만 그 조직이 언제나 활력을 가지고 성장 발전할 수 있는 것이다.

2— 경영관리와 의사결정

기업체 또는 경영조직체는 한 마디로 말해서 의사결정 단위(decision-making unit)라고 할 수 있다. 기업활동이라 함은 투입요소(inputs) 또는 경영자원(resources)이라고 불리는 생산요소들이 산출결과(outputs) 또는 생산물(products)이라고 불리는 재화 또는 용역으로 바뀌어지는 과정을 총괄하는 것이다. 따라서 그 전과정에서 일어나는 의사결정의 연속적 집합이 경영관리이다. 농업경영체도 농업자원을 결합하여 농산물을 생산하는 하나의 기업체이기 때문에 농업경영에 있어서도 당연히 자원을 구입하거나 조달하는 의사결정에서부터 생산물을 처분·판매하는 의사결정에 이르기까지의 경영관리에 관한 모든 의사결정이 단독 혹은 연속적으로, 또는 결합적으로 존재하게 마련인 것이다.

1. 의사결정의 분류

기업경영에 있어서의 의사결정은 몇 가지로 분류할 수 있다. 의사결정의 범위에 따라서는 전략적 의사결정과 전술적 의사결정이 있고, 의사결정의 대상에 따라서, 또는 의사결정의 성격에 따라서 여러 가지로 분류할 수 있다.

1 — 의사결정의 범위에 따른 분류

전략적 의사결정(strategic decisions)은 장기적이고 포괄적인 관점의 경영전반에 대한 중요하고 기본적인 의사결정을 말한다. 이러한 의사결정은 빈도는 낮지만 기업의 경영목표나 수단 등 경영과정 전반에 장기적으로 큰 영향을 미치며, 쉽게 번복해서 바꾸기 어렵다. 주로 경영진의 고위 간부층에서 의사결정을 담당하게 된다.

이에 비해 전술적 의사결정(tactic decisions)은 전략적 의사결정보다 좁은 영역의 특별한 과제에 대한 의사결정이다. 이는 주어진 목표를 달성하기 위해 최선의 대안을 찾아내는 의사결정이기 때문에 시간적으로 적시성

(適時性)이 대단히 중요하다. 이러한 의사결정은 빈번하게 발생하지만 상황변화에 따라 비교적 쉽게 의사결정을 번복할 수 있으며, 기업의 경영 목표나 수단에 장기적으로 크게 영향을 미치지는 않고 단기적인 영향을 주는데 그치는 경우가 많다.

2 — 의사결정의 대상에 따른 분류

기술적 의사결정은 새로운 생산수단의 도입이나 새로운 생산품목의 채택 등 기술에 관련된 의사결정이며, 가격 의사결정은 생산물과 생산요소의 시장가격이 변화할 때 기업경영의 일부 또는 전부를 전환할 것인가의 결정에 관한 것이다.

제도 의사결정은 토지제도나 경제관련 법률과 정책 등의 변화에 따라 기업경영의 주요한 사항들을 바꿀 필요가 있는지 여부를 검토 결정하는 것이며, 인사 의사결정은 기업의 경영에 참여하는 인적자원의 인사에 관한 의사결정을 말한다.

3 — 의사결정의 성격

의사결정의 중요도는 기업의 손익에 미치는 영향의 정도에 따라 결정되며 의사결정의 빈도는 얼마나 자주 비슷한 내용의 의사결정을 하느냐를 말한다. 의사결정의 긴박성은 어떤 의사결정이 필요한 상황의 급박 여부에 따라 긴급한 의사결정과 그렇지 않고 천천히 신중하게 결정해도 괜찮은 의사결정으로 분류할 수 있다.

의사결정의 재고(再考)성은 일단 결정된 의사를 쉽게 바꿀 수 있는지의 정도에 따라 결정된다. 일기 등 상황변화에 따라 일상적으로 변경할 수 있는 경미한 의사결정이 있는 반면에 경영간부의 인사에 관한 결정과 같이 한번 결정하면 상당기간 동안 쉽게 바꾸기 어려운 의사결정이 있는 것이다.

의사결정의 선택성은 선택할 수 있는 대안이 얼마나 많은가에 따라 결정된다. 상황변수상 선택의 여지가 없는 불가피한 의사결정이 있을 수 있고 반대로 선택할 수 있는 대안이 무제한으로 많은 경우도 있을 수 있다.

2. 기업경영의 의사결정 항목

기업경영의 목적이 기업이윤 또는 경영수익을 증대시키는 데 있는 만큼 우선 무엇을, 어떻게, 얼마만큼 생산하여 수익을 얻을 것인가를 결정해야 한다. 어떻게 하는 것이 경영자원을 가장 잘 활용하여 생산비용을 줄이는 길인지, 어떻게 하는 것이 생산물을 가장 잘 처분하여 부가가치를 최대로 늘리는 길인지에 대한 구체적인 의사결정을 해야 한다는 말이다. 생산자로서의 기업경영에 있어서는 다음 여섯 가지 사항이 가장 중요한 의사결정 항목이 된다.

1 — 무엇을 생산할 것인가

자원이 제한되어 있기 때문에 생산할 수 있는 생산물도 제한될 수밖에 없고, 따라서 경영자는 먼저 많은 품목 중에서 무엇을 생산할 것인가를 결정하지 않으면 안 된다. 이때 반드시 고려해야 할 두 가지 사항은 제한된 자원을 가장 잘 이용할 수 있는 품목을 생산하는 것이 경영에 가장 도움이 된다는 점과, 생산된 물건은 소비를 전제로 하기 때문에 소비자가 원하는 상품을 생산하지 않으면 처분을 할 수가 없다는 점이다. 또한 기업이 생산할 상품을 선정한다는 것 자체가 기업이윤이나 소득 또는 순수익에 직접적인 영향을 미친다는 점을 잊지 말아야 한다.

2 — 어떤 생산 방법을 사용할 것인가

생산할 수 있는 품목이 여러 가지가 있듯이 같은 품목이라 하더라도 생산방법이 여러 가지로 다를 수 있다. 따라서 여러 가지 생산방법 중에서 비용이 가장 적게 드는 생산방법을 찾아내는 것이 경영자가 다음으로 결정해야 할 사항이다. 생산물을 선정하는 결정과 생산방법을 선택하는 결정은 따로따로라기보다는 밀접하게 연계되어 있는 것이다. 순수익이나 소득을 가장 높이는 상품을 생산하는 것과 그 생산비용을 가장 적게 들도록 하는 생산방법을 찾아내는 것은 논리적으로는 따로 떼어내어 생각할 수 있겠지만, 실제 결정 과정에서는 거의 동시에 복합적으로 일어나는 경우가 대부분이기 때문이다.

3 — 얼마나 생산할 것인가

다음으로 경영자가 결정해야 할 사항은 어떤 품목을 얼마나 생산할 것인가이다. 기업경영에 있어서 중요한 것은 판매 또는 처분을 전제로 해서 생산하는 것이기 때문에 판매 또는 처분할 수 있는 양을 초과해서 생산하는 것은 어리석은 짓이다. 또는 기업의 총이윤 또는 총소득을 가장 많이 얻을 수 있는 수준까지 생산량을 늘리는 것이 기업경영자가 바라는 바이다. 마찬가지로 생산량을 결정하는 것은 생산방법을 결정하는 것과 무관하지 않으며, 대부분 두 가지 사항의 결정이 거의 동시에 복합적으로 일어난다. 다시 말하면 생산할 품목과 생산방법 및 생산량을 결정하는 세 가지 결정과정이 서로 밀접하게 연관되어 거의 동시에 복합적으로 이루어지기 쉽다는 것이다.

4 — 언제 사고 팔 것인가

상품의 판매가격은 흔히 언제 팔고 사느냐에 달려 있는 수가 많다. 뿐만 아니라 생산물의 양과 품질은 생산판매 시기에 따라 달라지기 쉽다. 특히 농업경영에 있어서는 자연조건과 계절적 요인의 영향을 많이 받기 때문에 생산판매의 시기에 따라 생산량과 품질이 크게 달라지는 경우가 많고 따라서 판매 또는 수취 가격이 달라질 수 있는 것이다. 뿐만 아니라 생산요소로서의 재료, 원료나 시설, 기자재, 장비 및 노동력, 심지어 토지, 건물 등의 부동산까지도 구입 시기에 따라 그 가격이 엄청나게 달라질 수 있기 때문에 구입 시기의 선택이 생산비용을 결정하는 중요한 요인이 되는 것이다. 그러므로 생산요소를 언제 사고 생산물을 언제 팔 것인가 하는 문제는 구입가격과 구입량 및 구입하는 생산요소의 품질을 결정하는 인자로서 궁극적으로 생산비용의 수준을 결정하는 것이다. 또한 동시에 판매가격과 판매량 및 판매할 상품의 품질을 결정하고, 따라서 판매가격과 소득 또는 총수익을 결정하는 요인이 된다.

5 — 어디에서 사고 어디에 팔 것인가

생산요소를 어디에서, 또는 누구로부터 구입할 것인가의 경우에나 생산물을 어느 시장에, 또는 누구에게 판매할 것인가의 경우에도 여러 가지 대안들이 있을 수 있다. 물론 그 구입가격이나 판매가격은 각각의 대안에 따라 현저히 달라질 수 있다. 또한 시장의 위치에 따라 수송비용에 차이가 날 수 있기 때문에 어디에서 사고 어디에 팔 것인가를 결정하는 것이 기업경영에 있어서 또 하나의 중요한 의사결정의 항목이 되는 것이다.

6 — 기업의 규모는 어느 정도로 할 것인가

장기적인 관점에서 기업의 경영규모를 결정하는 문제이다. 자산의 규모와 생산의 효율성, 시장의 변화에 대한 예측을 전제로 해서 기업의 수익성과 안전성을 고려하여 결정하게 된다.

3. 합리적 의사결정 방식

어떤 의사결정이든지 아무렇게나 이루어지는 법은 없다. 오히려 경영자가 의사결정을 함에 있어서는 대부분 일정한 관행이 있기 마련이다. 이러한 의사결정의 관행은 여러 가지로 구분될 수 있겠지만 현대적 경영관리에 있어서의 의사결정의 관행은 한 마디로 합리적(rational) 의사결정이다. 합리적 의사결정이라 함은 의사결정의 목적을 달성하기 위해 필요한 많은 가능성 있는 대안(代案, alternatives)을 비교, 평가, 분석하여 최선의 대안을 선택하는 것을 의미한다.

특히 경제적 문제를 다루는 기업의 경영관리에 있어서는 경제적 합리성이 의사결정의 기준이 되는 경우가 많다. 경제적 합리성이라 함은 제한된 자원을 가지고 있을 수 있는 모든 대안 중에서 최대의 가치를 실현할 수 있는 대안을 찾아내는 것, 또는 한정된 경영요소를 가장 효율적으로 동원하여 목표를 극대화할 수 있는 방법을 선택하는 것이다. 이때의 목표는 기업경영의 경우 대부분 이윤의 극대화(profit maximization)에 있으며, 이윤은 대체로 매출액과 비용의 차이를 뜻하므로 매출액을 최대화하고 비용을 최소화하는 것이 현대 기업경영에 있어서의 경제적 합리성에 입각한 의사결정의 관행인 것이다.

따라서 합리적 의사결정에는 4가지의 기본요소가 필요하게 된다. 첫째는 의사결정의 주체로서의 결정자(decision-maker)와 결정의 절차(decision procedure)가 있어야 하고, 둘째는 의사결정의 목적(objectives) 또는 목표(goal)가 있어야 하며, 셋째로는 의사결정이 이루어지는 상황(situation), 여건(conditions) 또는 환경(environment)요인이 존재하고, 넷째로는 목적을 달성하기 위한 최적(最適, optimal)의 대안을 선택하는 평가기준(evaluation criteria) 또는 비교 평가의 척도(尺度, measuring stick)가 있어야 한다는 것이다.

1 — 의사결정자와 결정 절차

의사결정에 있어서 누군가가 많은 대안들을 평가하고 그 중에서 최선의 방안을 선택하는 책임을 지지 않으면 안 된다. 기업 경영에 있어서 그 책임을 지는 사람을 경영자 또는 기업가라고 한다. 그는 그가 알고 있는 모든 지식과 정보를 통하여 기업경영의 목적을 확인하고(goal identification), 경영관리의 자원을 동원하며(resource mobilization), 많은 대안을 비교·평가하여(alternatives evaluation), 어떤 방안이 가장 적합한가를 선택하게 되는 것이다.

대부분의 농업경영에서 보는 바와 같이 소유와 경영이 분리되지 않은 기업 경영의 경우에는 의사결정을 행하는 경영자 자신이 바로 그 결과에 대해 직접적인 책임을 지지 않으면 안 된다. 그가 선택한 방법이 유익한 것이었다면 그 보답을 받을 것이지만, 반대로 그가 선택한 방안이 잘못된 것이었다면 그로 인한 손실의 위험을 감수하지 않을 수 없는 것이다. 의사결정을 경영자가 단독으로 할 경우에도 경영의 목적을 확인하고 기업이 처한 상황과 경영 관리의 여건을 파악하며, 모든 가능한 대안을 제시하고 각각의 대안을 선택의 기준에 입각하여 비교 평가하는 과정이 필요한 것이다. 이 과정에서 측근이나 가족의 충고와 조언을 듣기도 하고, 전문가의 견해를 구하기도 하며, 전문기관의 경영상담을 하기도 하지만, 궁극적으로는 본인의 책임 하에 최종 결정을 하게 되는 것이다. 최근에 선진국에서 많이 이용되고 있는 농업경영의 의사결정 지원체계(DSS, decision support system)는 이러한 과정을 컴퓨터에 의해 체계화해 놓은 것으로서, 경영자의 의사결정을 간편하고 신속히 하되 가능한 모든 정보를 최대로 활용할 수 있도록 도와주는 기능을 한다.

소유와 경영이 분리되어 있는 대기업 경영의 의사결정은 매우 복잡한 절차에 의해 이루어진다. 그 조직과 책임 한계, 과정별 의사결정 체계는 각 기업마다 서로 다를 수 있고 워낙 다양하고 복잡하기 때문에 설명을 피하기로 한다. 다만, 이와 같이 단독 의사결정이 아닌 경우에는 여러 사람의 의사를 모으는 과정과 법칙이 필요하게 된다는 점만 덧붙이고자 한다. 이를 가리켜 의사결정 규칙(decision rules)이라고 하는데, 과거에는 대체로 권

위주의적인 형태를 취했으나 현대에 가까워질수록 민주주의적인 방식으로 변해왔다. 자유토론과 투표에 의한 다수결이 민주주의적 방식의 대표적인 예이다.

기업경영의 목적이 이윤의 극대화에 있는 경우가 많다고 앞에서 설명한 바 있으나, 모든 경영자에게 다 그런 것은 아니다. 어떤 경영자는 오히려 기업 이윤보다는 일에서의 만족이나 사회에의 봉사에 더 큰 의의를 두는 수도 있고, 이윤의 극대화보다 이윤의 안정적 확보 또는 기업 경영의 안정적 성장이나 사회적 안정을 더 큰 목적으로 삼고 있는 경우도 있기 때문이다. 사이몬(H. A. Simon)은 이를 가리켜 경제적 합리성(rationality)의 근거로서의 이윤 또는 효용의 극대화(maximization of profit or utility)보다 인간적 합리성의 근거로서의 만족(satisfying, maximization of satisfaction)을 더욱 중요시한 바 있다.

최근 경영자의 합리성에 의문을 제기하는 이론들이 많이 제시되고 있다. 기업의 경영자는 물론이거니와 경제 활동에 참여하는 모든 경제인(homo economicus)들이 기본적으로 합리적이기보다는 기회주의적(opportunistic)이기 쉬우며, 그들의 합리성이라는 것도 제약된 합리성(bounded rationality)에 불과하다는 지적이 그 대표적인 예이다. 윌리암슨(O. E. Williamson)에 의하면 기업 경영자 뿐 아니라 가계와 정부를 포함한 모든 경제단위의 의사 결정자는 필요한 모든 정보를 완벽하게 갖고 있지도 못하고, 또 갖고 있는 정보라 할지라도 이를 완벽하게 활용할 수 있는 능력을 갖추고 있지 못하기 때문에 그 합리성이라는 것은 어디까지나 제약될 수밖에 없고, 어떤 선입관이나 오해 또는 착오로 인해 왜곡될 위험을 항상 시니고 있다고 한다.

뿐만 아니라 그 경제 활동의 기본 형태도 합리적이기보다는 기회주의적이기 쉽다. 이는 사람들이 원래 도덕적으로 완벽하게 선량하지 못하기 때문에 보험이론에서 많이 거론되는 도덕적 위험(moral hazard, 예: 의료보험 가입자가 반드시 병원치료를 필요로 하지 않는 경우에도 기왕에 보험료를 내고 있기 때문에 일부러 또는 억지로 병원치료를 받고자 하는 경우)과 역선택(逆選擇, adverse selection, 예 : 질병 또는 재해의 확률이 높은 사람은 보험에 가입하려 하고, 이 경우 자기의 상태나 재해 위험도에 대해 사실과 다른 진술을 하기 쉬우므로 보험가입자의 부담과 수혜가 달라질 수 있음)의 경우가 다른 모든 경제활동 분야와 경영관리에 있어서 의사결정자에게 흔히 나타난다는 것을 의미한다.

2 — 의사결정의 목적

무엇을 위해 의사결정을 해야 하는가 하는 부분이다. 기업경영에 있어서나 행정관리에 있어서나 목적함수(objective function)가 가장 중요한 것이다. 무엇을 하고 싶은가와 무엇을 해야 하는가가 복합된 것이 목적함수이다. 전자는 주로 의사결정에 참여하는 사람들이 바라는 물질적 만족이나 인간적 행복을 극대화하는 데 있고, 후자는 사회정의나 도덕적 규범에 입각하여 바람직한 방향이 무엇인가를 추구하는 데 있다.

예를 들면 기업의 순수익을 최대로 늘리는 것이 기업경영에 참여하는 사람들의 소득을 늘려주고, 그 기업이 속해 있는 사회 전체의 부가가치나 소득을 높여주므로 개인적 만족과 사회적 희망을 동시에 충족시켜 주는 의사결정의 목적이 된다는 것이다. 이때 기업의 순수익을 늘리는 것은 개인적 만족과 사회적 희망을 충족시키는 데 대해서는 수단적인 의미를 가지게 된다. 그러나 이러한 상위의 목표를 달성하기 위한 수단이 반드시 순수익의 증가 뿐인 것은 아니고, 다른 여러 가지 수단들이 있을 수 있기 때문에 경영관리에 있어서 의사결정의 목적이 얼마든지 달라질 수 있다. 이는 의사결정자의 소원, 희망, 선호, 기호, 평소의 취향이나 성격, 철학이나 사상적 배경, 사회적 관습과 전통 등이 종합적으로 작용한 결과에 의해 나타나게 되는 것이다.

3 — 의사결정의 환경조건

모든 목적이 언제나 완벽하게 달성되는 것은 물론 아니다. 왜냐하면 애초부터 활용 가능한 자원이 제한되어 있기 때문이다. 이렇게 제한된 자원과 여러 가지로 규제 또는 제약된 환경조건은 의사결정자에게 부여된 제약요인(constraints)으로 작용한다. 또한 모든 의사결정은 반드시 어떤 상황하에서 이루어지게 마련이다. 어떤 환경조건은 의사결정자의 행위에 의해 변경될 수도 있지만 그렇지 못한 경우도 많다.

이러한 상황은 어떤 시점과 공간적 위치를 기본요소로 하거니와 여기에는 동원 또는 활용 가능한 인적 · 물적 경영관리의 자원(resources)과 정보(information), 기술 수준(technology), 사회 구성원들의 기호(tastes)와 선호(preference), 소득 수준, 가격 수준, 그리고 여러 가지 법적, 정치적, 사회경제적 제도(institutions)가 기초 요건이 된다. 그 외에도 그 사회의 정치적 상황과 지리적 조건과 기후 · 풍토 등의 자연조건, 역사적 · 문화적 배경, 사회 구성원들의 행동 양태(behavior) 등이 모두 직접, 간접으로 의사결정에 영향을 미치는 환경조건으로 작용하게 된다.

의사결정의 결과가 환경조건에 미치는 영향에 대해서는 부분적으로 수긍할 수 있다. 예를 들면 특정한 생산요소의 구입이나 생산물의 판매가 그 생산요소나 생산물의 가격수준을 변동시킬 수 있는 경우가 그것이다. 이외에도 어떤 기업의 기술투자는 기술수준을 변화시킬 수 있으며, 광고나 판매촉진 전략 등은 소비자의 기호를 변화시킬 수 있다. 어떤 한 기업이나 그에 준하는 의사결정 단위의 영향력은 전체 시장규모에 비해서는 상대적으로 미미한 경우가 많기 때문에 단독의 의사결정이 환경조건에 영향을 미치기는 어렵다. 그러나 시장점유율이 높은 대기업이나 거대한 다국적 기업의 의사결정의 경우에는 관련 품목이나 생산요소의 시장가격과 기술수준, 소비자의 수요행태 등에 현실적으로 상당한 영향을 미치고 있다.

뿐만 아니라 법적 · 정치적 · 사회경제적 제도를 만드는 것은 정치과정이나 입법과정의 기능이지만, 어느 사회의 의사결정 단위가 이러한 제도의 형성이나 변화에 직접 · 간접으로 영향력을 행사하는 것은 그 정도의 크고 작음은 있겠지만 언제나 현실적으로 가능한 것이다. 이를 체계분석이론(systems analysis)에서는 의사결정 결과의 환경조건에 대한 반영(feed back), 또는 의사결정과 환경조건과의 상호 영향작용(mutual influence)이라고 한다.

특히 한 의사결정은 그 다음에 일어나는 의사결정에 대해서는 이미 이루어진 환경조건의 하나로 작용한다는 점을 유의하여야 한다. 이미 투자된 비용이 그 이후의 투자방향에 큰 영향을 미치는 것이 좋은 예이다. 농업경영에 있어서는 이미 투입된 비용(sunk costs)이나 자산의 특화(特化, asset specificity)가 여타의 의사결정에 결정적 영향을 미치고, 선택의 폭을 좁게 하는 경우가 많다. 따라서 한 가지 의사결정을 할 때에는 그 뒤에 연속될 의사결정을 함께 고려하여 신중하게 판단하지 않으면 안 된다.

또한 의사결정자가 가진 환경조건에 관한 정보의 정확성과 신속성, 다양성과 광범성 등이 매우 중요한 문제가 된다. 요컨대 정보의 질이 낮을 때와 불완전하고 불확실한 정보, 또는 틀리거나 잘못된 정보 등에 의존하는 경우에는 올바른 선택이나 현명한 의사결정이 이루어질 수 없다. 따라서 같은 목적을 가진 경우에도 의사 결정자가 가진 정보의 질에 따라서 의사결정의 양상은 엄청나게 달라진다는 점을 각별히 유의해야 한다.

4 — 의사결정의 판단 기준

네 번째 의사결정의 요소는 판단 기준이다. 많은 대안 중에서 최선의 방안을 선택하는 기준은 여러 가지가 있다. 이 기준이 의사결정자가 활용 가능한 자원을 이용하는 각각의 대안들을 비교 평가하는 지침이나 표준 또는 측정의 척도가 되는 것이다. 이 판단 기준은 궁극적으로 좋고 나쁜가의 가치 판단의 문제이기 때문에 의사결정자의 주관적 시각이 개입되기 쉽다. 이러한 주관적 판단 기준은 사람마다 다르고 같은 사람이라 하더라도 때와 장소에 따라 달라질 수 있는 것이기 때문에 일관성을 유지하기 어려운 법이다. 그러나 의사결정의 일관성이 유지되지 않으면 경영관리 자체가 혼란에 빠지기 쉬우며, 결과적으로 실패하게 되기 마련이므로 의사결정의 판단 기준이 최대한 객관성을 유지하는 것이 바람직한 것이다.

판단 기준으로는 최소한 일곱 가지 사항이 고려되는 것이 일반적이다. 첫째는 목적이나 목표 자체가 중요한 판단 기준이 된다는 것이다. 목표와 실제 결과가 크게 달라져서는 곤란하기 때문이다.

둘째는 실현가능성(feasibility)이다. 실현 불가능한 목표도 문제이겠지만, 목표를 달성하고자 하는 방법이 현실적으로 불가능한 것이라면 대안으로 선택할 수 없는 것은 당연하다.

셋째는 효율성(efficiency)인데, 이것이 의사결정의 판단 기준으로 가장 많이 쓰이는 것이다. 한마디로 말해서 수익(benefit)과 비용(cost)의 비교효율을 말한다. 같은 비용으로 최대의 수익을 올리거나 같은 수익을 올리는 데 최소의 비용을 들이거나 하는 경우를 경제적으로 효율이 극대화된다고 보는 것이다. 흔히 생산성(productivity)이나 이윤(profits), 또는 경쟁력(competitiveness)의 개념도 원초적으로는 이 효율성에서 비롯된 것이다. 대안의 비교 분석 방법에 있어서도 수익/비용 분석(B/C benefit/cost analysis)이 많이 활용되고 있다.

넷째는 공정성(equity)이다. 의사결정은 가급적 공정하고 신뢰성이 있어야 한다. 형평에 맞아야 하며, 사회 정의에 어긋나지 않아야 한다. 또한 의사결정의 일관성이 유지되어야 하며, 계약이나 약속을 충실히 이행하는 것이어야 한다.

다섯째는 안정성(security, stability)이다. 기업의 도산을 초래해서는 안 되며, 의사결정 단위의 불안정이나 교란 상태가 야기되어도 곤란하다. 종사자의 취업과 안정된 소득이 보장되어야 하며, 제품의 품질이나 공급량과 가격이 안정되어야 한다. 기업의 전통이나 조직의 질서가 안정적으로 유지되어야 하며, 이러한 안정성이 외부의 도움에 의해 확보되는 것이 아니라, 자체의 역량에 의해 유지될 수 있도록 자생력(自生力, sustainability)을 확보하는 것이 매우 중요한 일이다.

여섯째는 진취성(progressiveness)이다. 모든 의사결정은 가급적 미래 지향적이고 발전 지향적일 필요가 있다. 넓은 의미에서 생산품의 성격이나 의사결정에 참여하는 사람들의 합리성이 건설적이고 생산적인 분위기 속에서 창조성(creativity)을 살리는 방향에 맞추어져 나가야 한다. 미래의 변화를 정확하고 신속하게 예측하고, 그에 적합한 의사결정을 내리는 것이 중요하다.

일곱째는 외부 효과(external effects)를 고려해야 한다. 어떤 의사결정이든지 내부적인 효과 이외에 반드시 외부에 미치는 영향이 있기 마련이다. 공해나 환경오염 등의 부정적인 외부비경제(外部非經濟, negative externality) 효과도 있고, 반면에 발명 · 발견을 통한 기술 수준의 향상이나 정보의 축적 등 긍정적인 외부경제(positive externality)효과도 있다. 따라서 의사결정의 판단 기준으로는 외부 비경제 효과를 유발할 수 있는 대안은 가급적 선택하지 않아야 하며, 외부 경제 효과를 촉진할 수 있는 대안을 선택하는 것이 바람직한 것이다.

끝으로 한 가지 덧붙일 것은 이러한 각각의 판단 기준은 서로 연관되거나 경우에 따라서는 상충될 가능성이 있기 때문에 그 상관 관계나 각각의 비중에도 유의해야 한다는 점이다. 예를 들어 효율성은 높지만 공정성이 낮은 대안이 있는 경우에 이를 어떻게 고려하느냐 하는 문제이다. 결국 이 문제는 의사결정자의 최종 선택에 있어서 어느 쪽을 더 고려하느냐에 달려 있다. 다만, 반드시 유의해야 할 것은 어느 판단 기준이 다른 판단 기준 때문에 고려가 덜 되었을 경우에는 그에 따른 보완 내지 보전(補塡, compensation)대책이 불가피하게 강구되어야 한다는 점이다.

3 — 경영관리 자원

기업의 경영관리를 위해 동원 가능한 모든 인적 · 물적 자원을 경영관리 자원이라 한다.

1. 인적 자원

인적 자원은 편의상 기업의 경영관리를 직접 담당하는 경영인력과 경영관리를 위해 고용되어 있는 고용인력, 그리고 기업의 경영관리를 위한 자문에 응하거나 특별한 용역을 제공해 주는 주변인력으로 나누어진다. 가족농장의 경영과 같이 소유와 경영이 분리되어 있지 않은 단순 경영의 경우에는 경영자가 1인 내지 소수이며, 경영관리에 관한 권한과 책임이 분명히 구분되어 있지 않은 경우가 많다. 그러나 대기업과 같은 복잡한 경영조직의 경우에는 경영인력의 수가 많을 뿐 아니라 권한과 책임의 정도에 따라 최고관리자, 중간관리자, 초급관리자 등으로 나누어지고, 경영관리에 대한 각각의 권한과 책임이 경영조직의 규칙에 명시되어 있다. 경영이 복잡해 질수록 경영인력의 수요도 커지고, 그 조직과 권한과 책임에 관한 규칙도 더욱 복잡해지게 되는 것이다.

1 — 경영인력

경영인력에게 요구되는 것은 단순한 노동력의 제공 뿐이 아니고, 기업의 경영목표를 정하고 자원을 합리적으로 동원하여 이를 적절하게 결합시켜 효율적으로 활용함으로써 목표를 가장 잘 성취할 수 있도록 하는 경영능력이다. 경영능력은 기업 경영관리의 환경과 자원에 관한 정보를 최대한으로 수집 · 이용할 수 있어야 할 뿐 아니라, 자원의 최적 결합에 관한 방법을 잘 알고 이를 훌륭히 집행해야 하며, 그 결과에 대한 평가와 개선점의 발견을 통해 기업체와 경영관리의 발전을 전체적으로 수행할 수 있는 능력을 말한다. 그 위에 기업의 경영자는 경영관리와 기업의 사회적 책임을 원만하게 연결시킬 줄 아는 사람이어야 한다. 아울러 기업과 사회의 앞날에 관해 나름대로 창조적이고 발전 지향적인 미래상(vision)을 가지고 이를 향해 모든 어려움을 이겨내고 꾸준히 나아가는 의지를 갖추어야 한다. 또한 기업에 관련된 모든 사람들의 욕구를 적절히 조정하고 원만하게 충족시켜 인화(人和)와 창의를 북돋울 수 있는 능력도 중요한 부분이다.

요컨대 경영인력은 경영관리에 필요한 기본적 자질로서 건강과 성실성 및 필요한 지식과 정보를 충분히 지니고 이를 이용할 줄 알아야 한다. 그 밖에 용의주도한 통찰력과 예리하고도 때를 잃지 않는 판단력, 원만한 인격과 친화력, 철학적 사색에 입각한 창조력과 함께 역경에 굴하지 않는 투지와 다른 사람으로부터의 신뢰 등을 골고루 갖추어야 한다. 또한 어떤 기업이거나 한 사람의 당대에 그치는 것이 아니라 무궁한 발전을 목표로 하는 것이라면 경영인력의 후계체제에 각별히 신경을 쓰지 않으면 안 된다. 후계 경영자의 양성·확보와 이들의 교육·훈련은 따라서 기업경영의 필수 분야인 것이다.

농업경영에서의 경영인력의 특수성은 농업경영자가 경영자인 동시에 근로자라는 사실에 있다. 따라서 농업경영의 책임자와 그 가족이 기본적인 노동력의 원천이 되며, 이를 자가 노동력이라 하여 고용 노동력과 구분하되 생산비를 계산할 때 이를 포함시키고 있는 것이다.

2 — 고용인력

다음으로 고용인력은 기업의 경영관리상 필요한 노동력을 제공하기 위해 고용되는 인력을 말한다. 그 크기는 임금 수준과 노동력의 고용에 사용되는 자본의 크기에 달려 있으며, 임금 수준은 기본적으로 노동력 시장에서의 노동력 공급과 노동 수요에 따라 결정되나, 노동조합이나 최저임금제 등 여러 가지 제도적 요인의 영향을 받는다. 노동력의 공급은 연령별, 성별 인구 구조와 소득 수준 및 사회적 여건에 따라 달라진다. 노동 수요는 노동생산성과 생산물의 가격 수준에 의해 결정되지만, 계절적, 환경적, 제도적 요인의 영향을 받는 경우가 많다. 특히 농업생산에 있어서 계절적인 노동 수요의 변화는 매우 중요하게 고려되어야 할 요인이다.

노동생산성은 근로자의 연령과 성별, 건강 상태, 교육 수준, 기술 습득 정도, 훈련 여부(숙련도), 성실성 등에 따라 달라지지만, 특히 근로자의 사기(士氣)와 동기부여(motivation)에 크게 영향을 받는다. 건강하고 성실한 고용인력을 확보하고, 이들을 적절하게 교육·훈련하여 숙련도를 높일 뿐 아니라, 자신의 최선을 다 발휘하게끔 사기를 높이고 동기를 부여하는 것이 현대 기업 경영의 중요한 분야인 노무관리(labor management)의 핵심이다. 농업경영에서도 기업적 성격이 짙어질수록 이러한 고용 노동력의 관리가 중요한 과제로 대두되는 것이다.

3 — 주변인력

끝으로 기업의 경영관리를 위한 자문에 응하거나 특별한 용역을 제공해 주는 주변인력은 주로 계약 관계 또는 특정한 물적 자원의 구매 또는 생산물의 판매에 부수적으로 따르거나 공공적인 서비스에 의존하는 경우가 많다. 농업경영에 있어서의 사례를 들어보면 기술이나 경영의 지도 또는 자문은 공공적인 지도기관(농촌지도소, 농·축·수협 등)에서 공공적으로 제공되는 경우가 많다. 그 외에 비료, 농약, 종자, 농기계, 사료 등의 물적 자원을 구매할 때나 생산물을 판매할 때 부수적으로 따르는 서비스에 의존하는 사례도 상업농화 경향이 진행될수록 많이 나타난다. 농업도 보다 전문화된 단계에 이르면 기술 용역이나 전문적인 정보의 제공(기술정보, 경영정보, 유통정보 등)을 전담하는 계약 용역업체도 출현하게 된다. 어떻든 이러한 주변인력은 매우 전문화된 고급인력을 필요로 하는 것이 특징이며, 공공적인 서비스는 일종의 비용 보조로 간주될 수 있는 것이다.

2. 물적 자원

경영관리 자원으로서의 물적 자원은 인적 자원 이외의 이용 가능한 모든 자원을 총칭하는 것이다. 이는 유형, 무형 자원으로 구분하거나 금전적, 비금전적 자원으로 구분한다. 먼저 유형, 무형으로 구분하면 물과 공기, 기후, 풍토 등의 자연 자원과 광물, 산림, 수산자원 등의 천연자원, 땅이나 건물, 시설·기계장비 등의 자본재, 에너지 자원, 각종 원자재와 보조 재료(농업경영의 경우 비료, 농약 등), 그리고 현금, 예금, 차입금 등의 금융자산 등은 유형 자원에 속하고 기술과 기법, 지식과 정보, 허가·인가를 받거나 등록·신고를 마친 제도적 활동이 보장된 상태, 상표권과 저작권 및 특허권, 타인으로부터의 신용과 명성, 관습과 사회제도 등은 무형 자원에 속한다.

다음으로 금전적, 비금전적으로 구분하면 도저히 금전적으로 표시하기 어려운 물적 자원(기후 풍토나 관습과 사회제도 등)을 제외하면 기본적으로 모든 물적 자원은 금전적으로 표시할 수 있는 것이다. 자원 시장이나 요소 시장에서 가격이 결정되기 어려운 경우(물과 공기, 천연자원, 기술과 기법, 지식과 정보, 신용과 명성 등)에는 그 자원을 얻거나 지키는데 필요한 개발 비용 또는 보전(保全) 비용을 금전적으로 표시할 수 있는 것이다. 예를 들면 물의 경우 수자원 개발 비용 또는 수질 오염 방지를 위한 비용 등이 금전적으로 표시될 수 있다는 뜻이다.

가격은 수요와 공급에 의해 결정되는 것이며, 공급은 앞서 말한 비용을 반영하는 것이므로 시장의 결함(market failure)에 의한 공공재(public goods), 외부 경제(externality) 등의 경우를 포함하여 모든 물적 자원은 일단 금전적으로 표시할 수 있으며, 이것은 경영 계획이나 비용 · 수익 분석 등을 위한 기초적 자료에 해당하는 것이다.

4— 경영관리의 과정

앞서 언급한 바와 같이 경영관리는 경영 목표를 수립하고 이를 성취하는 전체 과정에서 일어나는 모든 행위의 총체적 결합체이다. 이를 대체로 기획, 조직, 행동, 평가와 피드 백의 4단계 과정으로 나누어 파악해 볼 수 있다.

1. 기획(planning)

경영관리의 과정은 문제해결(problem-solving)를 위한 의사결정(decision-making) 과정이기도 하므로 경영 목표의 수립 또는 해결하고자 하는 문제의 확인을 주로 하는 기획 과정이 가장 먼저 필요하다. 이 과정에는 기업이나 행정의 경영관리 목표를 설정하고, 목표가 여러 가지일 때에는 그 우선순위(priority)를 정하는 것이 필수적으로 포함되며, 특정한 문제 해결의 경우에는 그 문제의 정체가 무엇인지, 문제의 본질을 파악하고 규정하는 것이 요구되는 것이다.

기획 과정에는 이러한 목표 설정, 또는 문제의 규정에 따르는 여러 가지 정보와 자료(data)를 수집 · 분석하는 과정이 반드시 수반된다. 이러한 자료와 정보(information)에는 기업의 설립 동기나 환경 여건, 동원 가능한 자원과 이들의 최적 결합을 위한 가능한 모든 대안들에 관한 것들이 포함된다. 또한 이러한 자료와 정보는 여러 가지 경로를 거쳐서 수집되고 여러 가지 방법으로 분석되어 앞서 언급한 바 최선의 대안을 찾아내는 의사결정 과정을 거치게 되는 것이다.

이 기획 과정이야말로 경영관리의 핵심이다. 일반적인 기업의 경영 뿐만 아니라 농업경영의 경우에도 무엇을, 얼마나, 어떻게 생산하여 어떻게 처분할 것인가 등등의 중요한 의사결정은 이 기획 과정에서 대부분 결정되는 것이기 때문이다. 이 기획 과정이 잘 되고 못 되고에 경영관리의 성패가 달려 있다고 해도 지나친 말이 아니다. 이 기획 과정의 성패는 필요한 자료와 정보가 얼마만큼 정확하고 광범하게 수집되고 얼마나 합리적이고 과학적인 방법으로 분석되었는가에 달려 있다.

2. 조직(organization)

기획의 다음 단계는 동원 가능한 인적·물적 자원을 조직 또는 결합하는 과정이다. 이 과정은 경영관리의 기구를 만드는, 일반적으로 "조직(organization)"이라고 부르는 것을 포함하여 인사(personnel or staffing)와 예산(budgeting) 및 조직의 규율(rules) 또는 경영관리의 방침(directions)을 정하는 과정을 총칭하는 것이다. 거대 기업이 될수록 이 부서와 기구의 조직은 방대해지고 그 기능과 역할도 매우 복잡하게 세분화되고 전문화되며 여러 경로로 연결된다. 부서와 기구의 조직이 이루어지면 각각의 부서와 기구를 담당할 사람을 채용, 임명, 충원, 배치하고 이들을 교육, 훈련하며 이들에게 동기를 부여하고 사기를 올려주는 인사가 따르게 된다. 이 인사가 잘 되고 못 되고에 따라 그 조직의 성패가 좌우되는 것이다. 필요한 인적 자원의 최적 결합이 인사의 목표라고 할 수 있다.

다음으로는 동원 가능한 물적 자원을 최적 결합하기 위한 예산 과정이 중요하다. 그때 그때 아무렇게나 자원을 사용하는 것은 낭비와 무모한 지출로 연결되기 쉬우므로 한정된 자원을 최대한 효율적으로 활용하기 위해서는 미리 동원 가능한 물적 자원의 결합과 이용 방안을 계획적으로 짜두는 예산 과정이 반드시 필요하게 된다. 이 예산 과정과 다음에 설명할 규율의 제정

과정은 흔히 기획 과정에 포함시키는 경우도 많이 있다. 여기서는 기획 과정이 보다 기본적인 목표 설정과 정보의 수집·분석 과정이라고 파악하였기 때문에 좀 더 구체적인 사항을 다루는 예산과 법규를 조직 과정에 포함시켰다는 점을 밝혀 둔다.

그 다음으로 조직과 인사, 예산과 그 운영에 관한 기본적인 규율과 경영관리의 방침 또는 지침을 설정하는 과정이 반드시 필요하게 된다. 단순한 소농 경영의 경우는 대개 불문율과 관례에 따르기 마련이지만, 복잡하고 방대한 기업 경영의 경우에는 국가의 법령과 같은 기업체 내부의 정관과 규칙이 필요하고, 사훈(社訓)이라든지 기업 경영 방침이 공식적·비공식적으로 채택되어 경영관리의 원칙으로 통용되는 경우가 많아지게 된다.

3. 행동(action, execution)

조직 다음의 과정은 실제 행동 또는 집행(implementation) 과정이다. 노동력을 고용하여 작업을 한다든가, 자가 노동력으로 직접 작업을 한다든가 하는 실제 행동을 말한다. 여기에는 토지나 건물, 기계 장비의 구입 또는 임차 등의 투자 행위와 종자, 비료, 사료, 농기구, 농약 등 필요한 물품을 구입하고 이를 사용하는 행위도 포함되며, 무엇을 얼마나 생산하여 어디에 어떻게 어느 정도의 가격으로 처분할 것인가 하는 구체적인 의사결정과 이를 실제로 집행하는 행위도 다 포함된다. 뿐만 아니라 조직된 기구에 맞추어 사람을 채용, 임명, 교육, 훈련, 이동, 면직하는 행위도 포함되며, 편성된 예산에 맞추어 해당 예산을 집행하는 행위도 다 포함된다. 자금을 빌리는 행위와 이를 갚는 행위, 회계를 운영하는 행위, 기업 내부의 규칙을 집행하는 행위 등도 모두 이에 해당하는 것이다.

4. 평가(evaluation)와 피드 백(feed back)

행동의 다음 단계는 그 결과에 대한 분석 평가와 피드 백 단계이다. 분석 평가의 대상은 행동 단계에만 국한된 것이 아니라 기획, 조직 단계도 해당된다. 왜냐하면 평가의 대상은 전체적인 과정을 거친 행동의 결과이기 때문이다. 분석 평가의 기준은 여러 가지가 있겠으나 가장 중요한 기준은 앞서 의사결정의 기준을 설명하면서 언급한 바 있는 목표의 성취도이다. 경영관리의 목표에 비해 어느 정도의 성과를 얻었느냐 하는 것이 가장 중요한 평가 기준이라는 뜻이다. 목표가 이윤을 극대화하는 데 있었다면, 어느 정도의 이윤을 얻었고 더 이상의 이윤을 얻을 수 없었던가의 여부가 가장 중요한 평가 기준이 되는 것이다.

다음의 평가 기준은 효율성(efficiency)이다. 어느 정도의 비용을 들여서 어느 정도의 성과를 올렸는가 하는 것이 바로 효율성의 척도이므로, 비용/효과 분석(B/C analysis)이 중요한 평가 수단으로 활용되고 있다. 다음은 적합성(suitability)이다. 경영관리의 과정이 기업이나 행정 기구의 대내적 · 대외적 환경에 어느 정도로 적합하였고, 환경의 변화에 얼마나 잘 적응하였는가의 여부가 평가 기준이 된다. 또한 외부 경제효과(external effects)가 어떠했는가도 이 평가 기준에서 함께 분석된다. 다음의 평가 기준은 공정성(equity, fairness)이다. 기획에서 조직, 행동에 이르기까지의 전 과정이 공정하게 이루어졌는가, 또한 그 결과가 공정하고 정당한가의 여부가 또 하나의 중요한 평가 기준이 된다. 공정성은 기회균등(equal opportunity)과 형평(balance)을 의미하며, 또한 제도적 · 법적 적합성(legality)과 정당성(justness)을 포함하는 것이다.

다음은 경쟁력(competitiveness)과 발전 가능성의 잠재력(potentiality to further growth & development)에의 기여도(degree of contribution)이다. 기업체나 행정기구가 더욱 성장 발전하기 위해서는

먼저 안정성(stability)과 자생력(sustainability)을 갖추어야 하며, 이것이 경쟁력의 핵심을 이루는 것이다. 뿐만 아니라 계속적으로 성장 발전할 수 있는 잠재력의 원천으로서 생동성(生動性, vitality)과 창조성(creativity)을 어느 정도 확보·유지 또는 발전·증대시키느냐가 매우 중요한 의미를 가진다. 이러한 뜻에서 경쟁력과 잠재력에 어느 정도 기여하였는가 하는 것이 경영관리의 결과를 분석 평가하는 중요한 판단 기준이 된다.

이와 같이 분석 평가한 내용은 반드시 피드 백 되지 않으면 아무 의미가 없게 된다. 피드 백이란 평가에 따라서 잘못된 점을 고치고, 잘된 점은 더욱 북돋우며, 개선이 필요한 점은 개선 향상시키는 것을 의미한다. 이러한 피드 백은 목표 설정 단계로부터 실제 행동 단계에 이르기까지의 전 과정에 걸쳐 이루어져야 한다. 목표의 설정이나 우선 순위의 설정이 잘못되었다면 그것부터 시정해야 하며, 기획이 잘못되었거나 조직 또는 예산이 잘못되었다면 그 잘못된 부분을 고쳐야 하고, 행동이나 동기 부여가 잘못되었다면 이를 개선하여야 한다는 것이다.

2
농업경영관리

농업경영 분석에 있어서 가장 중요한 것은 경영관리이다. 경영관리는 대체로 세 단계로 나누어진다. 첫째 단계는 경영에 필요한 자원을 동원하고 이를 효율적으로 관리하여 목적에 맞게 잘 활용하는 과정이다. 이는 농업경영에 필요한 토지와 노동력 및 자본재 등을 구입하거나 임차 또는 고용하는 문제와 함께 이미 보유하고 있는 자원들을 어떻게 잘 이용하느냐 하는 문제들을 다루는 분야로서 흔히 자원관리(resource management)라고 한다. 다음 단계는 이러한 자원들을 잘 결합하여 정해진 시간 내에 바라는 농산물을 효율적으로 생산하는 과정이다. 이를 생산관리(production management)라고 하는데 여기서 가장 중요한 것은 낭비되는 자원이 없도록 하는 일과 정해진 시간과 일정을 맞추는 일, 그리고 생산물의 품질을 높이는 일과 생산성을 극대화하고 생산비를 최소화하는 일이다.

세 번째 단계는 생산된 농산물을 처분, 판매 또는 유통시키는 단계로서 일반기업에서는 이를 판매관리(sales management)라고 하거니와 농업경영에서는 그 범위를 다소 확대하여 유통관리(marketing management)라고 한다. 여기에는 생산물의 재고관리를 비롯하여 유통에 부수되는 저장 · 수송 등의 부대관리, 판매를 위한 선별 · 포장, 집출하관리와 판매촉진활동 등이 모두 포함된다. 이러한 세 단계의 농업경영관리 과정에 전반적으로 걸쳐 있는 중요한 경영관리의 과제가 자금관리(financial management)와 위험관리(risk management) 및 정보관리(information management)이다. 특히 농업경영이 기업화되고 판매를 위주로 하는 상업영농으로 발전하는 단계에서는 이 부분의 관리가 더욱 중요해지고 있다. 따라서 이 장에서는 자원관리와 생산관리, 유통관리의 세 과정과 함께 자금관리와 위험관리에 관한 기초이론과 관리기법을 소개하기로 한다.

1 — 자원관리

농업경영을 위한 자원관리는 토지관리(land control and use)와 노동력관리(labor management) 및 자본재관리(input management)로 나누어지며, 자본재관리에는 비료, 농약, 사료, 종자 등의 영농자재관리와 농기계 및 영농시설의 관리가 포함된다.

1. 토지관리

토지는 일반적으로 다른 자원과 다른 특성을 여러 가지 가지고 있다. 특히 농업경영에 있어서는 토지가 가장 중요한 경영요소로 인식되고 있기 때문에 토지의 경영요소로서의 특성은 농업경영관리상 매우 중요한 의미를 가지는 것이다. 첫째로 토지는 소모되거나 감가상각하지 않는 영구자원이다. 그러나 농업경영요소로서의 토지의 성격상 중요한 요소인 비옥도나 수리(水利) 및 경지의 조건 등은 토지관리를 어떻게 하느냐에 따라서 유지 향상될 수도 있고 지력이 떨어지거나 퇴락하여 황폐화될 수도 있다. 즉 농업생산성에 토지관리가 결정적인 영향을 미칠 수 있다는 것이다.

둘째로 토지는 면적과 공간, 위치 등이 중요한 의미를 가진다. 각각의 농장은 특정한 지번(地番)과 면적, 형태 등을 가지고 있다. 이는 토지의 불가이동성을 나타내며 각각의 토지가 개별적으로 특수한 속성을 가지고 있음을 의미한다. 따라서 노동력과 자본재 등의 다른 경영요소가 특정한 토지에 투입되어야 하며, 토양의 성질이나 기후조건, 기상재해의 위험도 등이 각각의 특정한 토지마다 달라진다는 점을 애초부터 유념하지 않으면 안 된다.

1 — 토지이용계획

토지자원이 개별적인 특성을 갖고 있기 때문에 농업경영의 첫 단계는 이용가능한 토지자원의 실태를 파악하는 데서 출발하지 않을 수 없다. 개별농장이 보유 또는 임차할 수 있는 토지의 토양과 비옥도, 기후조건, 경지로서의 여건 등 생산 가능성과 잠재력에 대한 평가가 선행되어야 한다는 것이다. 작물과 가축의 생산잠재력이나 수확량은 토지의 비옥도와 토지관리의 방법 여하에 직결되어 있기 때문이다. 다시 말하면 농업경영계획은 투입되는 고정자본의 투자수익률을 극대화하는 데 초점을 맞추어야 하므로 단기적으로 가장 중요한 고정자본인 토지가 농업경영계획의 중심이 되는 것이다. 대체로 생산가능성곡선(production possibility curve)의 위치와 모양을 결정하는 요인이 토지 등의 고정자본의 생산력이며, 동시에 다른 한편으로는 이들이 농업경영조직과 경영형태를 결정하는 요인이 되기도 하는 것이다.

흔히 토지이용을 결정하는 토지 생산성의 지역 간 차이가 비교우위의 원칙을 설명하는 기초가 되는 경우가 많다. 그러나 가장 수익성이 높은 토지이용은 생산물의 상대가격과 기술수준의 함수이기도 하므로 이들의 변동에 따라 토지이용에도 변화를 일으키게 된다. 특히 수리시설의 정비나 배수시설, 경지정리, 포장정비 등 경지기반에 대한 투자는 토지의 생산력과 생산의 안정성을 크게 높여주는 동시에 작물이나 가축의 선택범위를 확대해 주는 효과를 가지고 있다. 따라서 경지기반의 정비여부와 생산물의 가격수준과 새로운 기술의 도입여부, 기타 경제적 요소들이 지력의 배양을 위한 보전과 토지관리 노력과 함께 토지이용계획을 세울 때 충분히 고려되어야 하는 것이다.

2 — 토지이용형태 — 소유와 임차의 비교

농업경영에 있어서 어느 만큼의 토지를 이용할 것인가, 그 토지를 어떻게 구할 것인가는 경영을 시작하는 시점에서 결정해야 할 두 가지 중요한 의사결정 사항이다. 노동력이나 다른 경영요소의 동원가능성에 비해 토지면적이 지나치게 적으면 다른 경영요소를 충분히 활용하지 못하게 되어 수익이나 소득의 수준이 낮아질 수밖에 없게 된다. 반면에 지나치게 많은 토지를 이용하면 자금소요가 과다하게 되어 경영의 첫 단계에서 무리한 압박을 받게 되므로 실패할 위험이 커지게 된다.

경지이용은 반드시 소유에 의해서만이 가능한 것은 아니다. 소유와 임차의 두 가지 방법이 있는 것이다. 과거 우리나라의 대부분의 농업경영자들은 가능한 한 농지소유를 원하였으나 농지구입능력이 부족하여 부득이 고율의 임차료를 감수하면서 농지를 임차한 것이 흔한 사례였다. 그러나 최근에는 농업노동력이 부족해지고 전반적으로 농업소득이 다른 분야의 소득에 비해 상대적으로 낮은 상태를 면하지 못하고 있기 때문에 농지의 임차료가 급속히 떨어지고 있으며, 농지의 임차도 과거에 비해 상대적으로 쉬워지고 있다. 따라서 이제는 우리 농업경영자들도 경지이용을 반드시 자작 농지소유에만 의존하려는 종래의 관습적 태도를 버리고, 한정된 자본을 가지고 적절하게 소유와 임차를 결합하는 방법을 연구해야 할 것이다. 근래에 우리나라 농업경영체 중에서 완전 자작농과 완전 임차농의 비율이 점차 낮아지고 일부 자작, 일부 임차농의 비율이 높아지는 경향과 수위탁(受委託)영농이 빠르게 늘어나고 있는 현상은 이러한 의미에서 반드시 나쁘게만 볼 것이 아니라고 생각된다.

경지의 이용방법으로서 소유와 임차의 장단점을 비교해 보면 다음과 같다. 농지소유의 경우에는 경제적인 요인 이외에 농지를 소유하고 있다는 자부심과 만족감, 농지소유에서 오는 전통적인 일종의 특권 같은 비경제적인 요소가 있으며, 농업경영에 관련되는 요인 이외에 자손에게 물려줄 상속자산이 된다는 개인적인 요소가 존재한다. 그러나 단순히 농업경영에 관련되는 요소만 고려하더라도 농지를 소유하는 경우에는 네 가지 장점과 네 가지 단점이 있다. 그 장점은 첫째 경지이용의 안정성으로서 임차의 경우에 있을 수 있는 임차기간 연장 등의 불확실성으로 인해 뜻밖에 경영규모를 줄일 수밖에 없는 경우를 생각하지 않아도 된다는 것이다. 둘째로 자금을 융자 받고자 할 때 담보물로 활용할 수 있다는 점, 셋째로 농지를 이용하는 데 다른 누구와 상의해야 하거나 구속을 받지 않고 독자적으로 자유롭게 모든 결정을 할 수 있다는 점, 넷째로 물가상승시에 실물자산으로서 자산가치를 보존하는 데 유리하다는 점 등을 장점으로 들 수 있다.

반면에 농지소유의 단점은 첫째로 농지구입으로 인해 많은 자금을 차입했을 때 자금 압박을 받게 된다는 점이다. 그 원리금의 상환에 소요되는 현금수입의 확보가 농업경영에 큰 부담이 되지 않을 수 없는 것이다. 둘째로 자본이 한정되어 있을 경우 농지구입에 투자하는 것은 상대적으로 수익률이 낮은 투자를 하게 된다는 것과 같다. 지가상승을 고려하지 않을 경우 토지의 자본수익률이 다른 경영요소에 비해 일반적으로 낮은 것이 현실이기 때문이다. 셋째의 단점은 위의 단점들과 관련된 것으로서 농업경영에 필요한 운전자본이 부족해진다는 점이다. 따라서 농업경영에 상당한 부담이 되고 가능한 선택의 범위를 제약함으로써 수익성을 제한하는 결과가 되기 쉬운 것이다. 넷째로 완전히 자작농지만 경영하려면 결국 경영규모에 제한을 받지 않을 수가 없다. 개개의 농업경영체가 동원할 수 있는 자본에는 한정이 있기 때문이다. 경영규모가 제한된다는 것은 규모의 경제에 있어서 불리하므로 결과적으로 평균비용이 높아지고 수익이 적어지게 된다는 것을 의미하는 것이다.

이에 비하여 농지를 임차하는 경우에도 네 가지 장점과 네 가지 단점이 있다. 첫 번째 장점은 농업경영에 필요한 운전자금을 더 많이 확보할 수 있다는 점이다. 둘째는 농업경영을 시작하는 초보적 경영자에게는 농지소유자의 경험에 입각한 조언과 지원이 도움이 될 수 있다는 점이다. 셋째로 경영규모를 확대할 수 있는 융통성이 커진다는 점과 넷째로 임차료가 낮을 경우에 자금을 차입하여 농지를 구입한 경우보다 자금 압박을 덜 받는다는 점이다.

반면에 농지임차의 단점은 첫째 임대차 계약에 따라야 하기 때문에 장기적인 경지이용이 불확실하다는 점이다. 따라서 농업경영 전체의 장래가 불확실하게 되고 이로 인해 농업경영자의 경영의욕이 위축되기 쉬운 것이 문제가 된다. 둘째로는 농지소유자가 임대할 자기농지에 기반투자 등의 투자를 꺼리는 경우가 대부분이고 임차경영자가 자기 소유의 농지도 아닌데 그러한 기반투자를 하기는 현실적으로 어렵기 때문에 경지의 여건이 상대적으로 취약해지기 쉽다는 점이다. 셋째는 임차영농자는 임차기간 중에 최대의 수익을 얻고자 하므로 지력수탈이 상대적으로 커지기 쉽기 때문에 전반적으로 임차농지의 생산성이 장기적으로 저하될 가능성이 크다는 점도 지적되어야 한다. 넷째로는 지가상승의 경우에 임차는 자산의 증가에 연결되지 않으므로 경영자금의 차입능력에서 농지소유의 경우에 비해 상대적으로 유리하지 않은 점이다.

따라서 토지이용형태를 결정하고자 할 때에는 위에서 설명한 두 방법의 장단점을 충분히 고려하고, 동시에 동원가능한 노동력과 농기계, 운전자금의 여유 등 다른 경영여건과 입지조건 및 사회경제적 환경요인과 개인적 선호 등을 모두 종합적으로 감안하여 신중히 의사결정을 하여야 할 것이다.

2. 노동력관리

노동력은 농업과 경제의 성장 발전과정을 통해 투입량이 계속해서 점차 줄어들고 있는 농업경영요소의 하나이다. 그 이유는 노동력의 공급측면에서는 농업종사자의 숫자가 지속적으로 줄어들고 있으며, 동시에 노동력 수요측면에서도 영농의 기계화와 신기술의 도입으로 인해 농작업에 필요한 노동인력과 노동시간이 현저히 감소하고 있기 때문이다. 과거에는 인력이나 축력(畜力)으로 충당되었던 에너지가 이제는 전기와 기계의 힘으로 대체되고 있기 때문에 이제는 단순한 농작업보다는 농장시설의 운영이나 농기계의 운전, 시설장비의 점검, 농장운영의 감독 등에 더 많은 농업인력이 투입되는 단계에 와 있는 것이다. 이는 동시에 농업인력이 과거에 비해 노동력의 질이나 숙련도에 있어서 엄청나게 향상된 것을 의미하며, 또한 이러한 고급 노동력이 아니고는 농업경영에 있어서의 활용도가 점차 떨어진다는 것을 의미하는 것이다.

농업경영요소의 상호간의 대체는 기술적인 한계대체율의 변화와 함께, 또는 경영요소의 상대가격의 변화에 따라 이루어진다. 예를 들어 새로운 기술이 개발 보급됨으로 인해 노동력과 자본재의 기술적인 한계대체율이 변화할 경우에 둘 사이에 대체가 일어나며, 노동력의 가격인 노임과 자본재인 농기계나 기타 영농자재의 가격 및 전반적인 자본이자율의 상대가격 비율이 변화할 경우에도 대체가 일어난다. 지금까지의 농업과 경제의 성장 발전단계에서는 이 두 가지 형태가 거의 동시에 서로 관련을 맺고 이루어져 온 것이 현실이다.

신기술의 도입이 그에 대응한 동일생산곡선의 모양을 달라지게 하여 노동력이 영농자재와 기계·설비 등의 자본재로 차츰 대체되도록 하는 역할을 해 왔는데, 이에 대응하여 자본재의 가격이 상대적으로 낮아지고 노임의 상대가격 비율이 상승함에 따라 노동력이 자본재로 대체되는 현상을 촉진하는 결과를 가져왔다. 이에 따라 농업생산성이 급속히 증가하고, 특히 노동생산성이 더욱 크게 증가함으로써 노동력의 부족에 대처하면서 전체 생산력을 증대시켜 온 것이 농업과 경제의 성장 발전과정이라고 할 수 있는 것이다.

1 — 농업노동력의 특성

농업노동력의 관리를 위해서는 먼저 농업노동력의 특성과 그 특성이 농업경영에 있어서 어떤 의미를 가지는가를 파악해야 한다. 첫째로 노동력은 연속되는 경영요소라는 특성을 가지고 있다. 즉 노동력이 제공하는 용역은 시간과 날짜에 따라 연속적으로 행해진다는 것이다. 그것은 추후에 이용할 수 있도록 저장될 수 있는 것이 아니기 때문에 그때 그때 이용되지 않으면 안 된다. 다시 말하면 어느 달의 노동력이 남기 때문에 다음 달의 노동력 부족을 위해 절약해서 저장해 둘 수 없다는 말이다. 이러한 특성으로 인해 연속적인 노동력의 제공을 이점으로 하는 상시(常時)고용자와 영농에 전념하는 가족노동력이 연중 항상 적절하게 생산적 활동에 투입되도록 치밀하게 계획하고 관리하지 않으면 안 되는 것이다.

이러한 전업(專業)근로자(full-time worker)의 노동력은 분할해서 쓸 수 없는, 즉 통째로 이용할 수밖에 없는 특성도 갖고 있다. 부분근로자(part-time worker)나 시간노동이 흔히 농업경영에도 쓰이기는 하지만 역시 농업노동력의 주력은 연중 고용되는 전업근로자의 노동력이라고 하지 않을 수 없다. 따라서 이 상시 전업근로자가 많으냐 적으냐에 따라서 농업경영에 소요되는 노동력의 수급에 결정적인 영향을 미치게 된다. 다른 경영요소인 토지나 자본재에 비해 과다한 상시노동력을 보유하는 경우에는 일부 노동력이 유휴화되어 생산단위당 평균노임이 올라가는 결과가 되며, 반대로 과소한 경우에는 비싼 고용노동력을 보충해야 하므로 다른 의미에서 불리하게 되는 것이다. 그러므로 전체적인 농업경영규모를 감안하여 전업근로자의 숫자를 결정하고, 다른 경영요소들을 이 전업근로자의 노동력을 기준으로 융통성 있게 조정하는 방법이 일반적으로 많이 이용되고 있다.

다음으로 농업경영주와 그 가족이 제공하는 노동력이 농업경영에서 차지하는 비중은 일반적으로 매우 크고, 우리나라에서는 그것이 농업노동력의 전부인 농가도 많다. 이 가족노동력은 직접적인 현금노임을 받지 않기 때문에 과도히 평가되거나 무시되는 경우가 흔히 있다. 그러나 이 노동력도 다른 경영요소와 마찬가지로 언제나 기회비용(opportunity cost)을 계산하지 않으면 안 된다. 이 기회비용은 전체 농장의 경영계획 중 고정비용의 상당부분을 차지한다. 왜냐하면 경영주와 가족노동력은 간접적으로 가족의 생계비 지출이라는 명목 하에 고정비용으로 이미 상당액이 지출되기 때문이다.

또 하나 노동력의 특성으로 지적되어야 할 것은 다른 물적 경영요소와 다른 인적(人的)인 요소라는 점이다. 만약 노동력을 가진 개인이 단순한 물적인 대상으로 취급될 경우에는 사기가 떨어지고 그 결과 노동생산성이 낮아지게 된다. 희망과 두려움, 야심과 걱정, 좋아하는 것과 싫어하는 것 등의 감정과 개인적인 문제들을 가지고 있는 것이 농업경영주와 가족들을 포함한 농업노동력을 제공하는 인간이기 때문에 이 인간적 요소가 노동력 관리계획에서 반드시 고려되어야 한다. 농업노동력을 관리 감독하는 경영자는 심리학과 사회학, 개인관리 등의 훈련을 받아두는 것이 유용한 까닭이 여기에 있는 것이다.

2 — 농업노동력의 경제적 이용

노동력 이용의 중요한 원칙은 연중을 통해 모든 노동력을 완전히 생산적으로 활용한다는 것이다. 그러나 이를 농업경영에 그대로 적용한다는 것은 농업생산의 계절성이라는 특성 때문에 매우 어려운 일이 아닐 수 없다. 예를 들어 파종, 이앙, 수확 등의 농작업 수요가 많은 농번기에는 노동력 수요가 이용가능한 노동력을 초과하는 경우가 많고 이와 반대로 일이 없는 농한기에는 보유노동력이 놀고 있는 경우가 생기게 되는 것이다.

그림 2-1에서 보는 바와 같이 월별 노동력 수요와 농업경영주와 가족의 노동력, 그리고 여기에 고용노동력을 합친 노동력 공급을 비교해 보면 노동력의 이용과 관리 기법을 향상시키는 데 도움이 된다. 여기서의 노동력 수요는 84쪽의 표 1-4에서 1995년도의 월별 농업노동시간을 기준으로 한 것이고 이용가능한 노동력은 적당하게 가정한 것이다. 이 표에서 보는 바와

〈그림 2-1〉 노동력의 수요와 이용가능한 노동력의 월별 추이

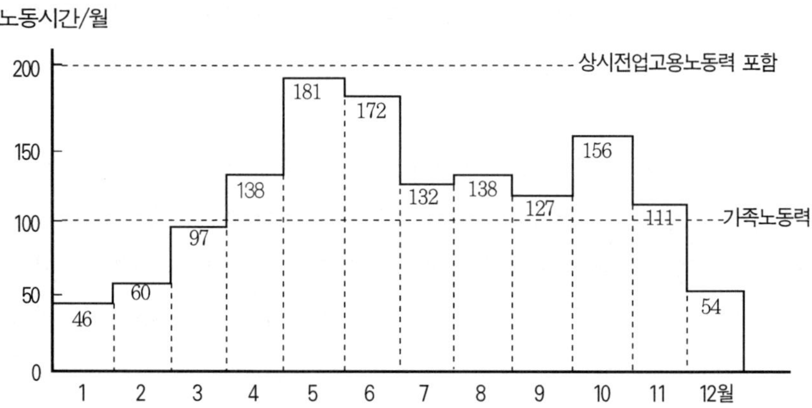

같이 몇 달 동안 노동력 수요가 농업경영주와 가족의 노동력을 초과하는 경우는 농업경영에서 매우 흔한 예이다. 그러나 여기에 상시 전업근로자를 고용할 경우에는 도리어 몇 달 동안 상당한 노동력이 놀고 있는 상태가 되어 낭비요인이 되므로 농업경영에 큰 부담을 주게 되는 것이다. 이렇게 상시 전업근로자를 고용하지 않을 경우에는 농번기의 노동력 수요를 일고(日雇)나 시간근로자를 고용하는 방법 또는 전통적인 품앗이나 두레 등의 방법에 의해 충족시키지 않으면 안 된다.

다른 하나의 대안은 농업경영의 작목 구성을 바꾸어 보는 것이다. 작목구

성을 바꾸어서 노동력의 수요를 연중 고르게 분산되도록 하면서 추가로 필요한 노동력을 가장 경제적으로 고용하는 방법인데, 이 경우 경영계획을 세울 때 추가로 예상되는 농업조수익이 추가로 소요되는 경영비 부담액보다 적어서는 애초부터 계획이 성립되지 않는다는 점을 유념해야 한다. 인근에 이용가능한 노동력이 충분하고 임시로 고용하는 노임이 비교적 쌀 때에는 상시 전업고용보다 농번기의 일고나 시간고용이 유리할 것이다. 그러나 최근 우리 농촌의 현실과 같이 이용가능한 노동력이 워낙 부족하고 노임이 엄청나게 비쌀 경우에는 농기계나 자동화 설비 등을 도입하거나 새로운 영농기술과 재배·사육방법을 적용하여 노동력 수요를 줄이거나 분산시키는 방법을 강구하는 것이 유리하다. 이도 저도 어려운 경우에는 일부 농작업 또는 농작업 전부를 위탁하는 것도 노동력 관리의 한 방법이 될 수 있다. 이때는 위탁작업의 수수료와 고용노임, 자가노동력의 기회비용 및 설비투자의 자본비용 등을 충분히 비교분석하여 가장 유리한 쪽을 선택하도록 해야 한다는 점을 덧붙이고자 한다.

3. 자본재관리

자본재에는 비료, 농약, 사료, 종자 등의 영농자재와 농기계, 온실 등의 영농시설 장비가 포함된다. 기본적으로는 뒤에서 설명할 투자분석과 자금관리의 원칙에 따라 이용가능한 자본의 범위 내에서 구입 또는 임차하여 사용하는 것이 바람직하다. 소모품은 사용된 비용액보다 이로 인해 생산될 생산물의 예상수익이 더 커야 할 것이며, 내구용 자본재는 설비투자에 소요된 자본의 금융비용과 원리금 상환관계, 감가상각액 그리고 수선·유지 및 운전에 필요한 비용이 모두 비용부문에 계산되어 이로 인한 다른 부문의 비용절감액(예 : 노동력 절감)과 생산증가로 인한 예상수익이 비용보다 더 커야 할 것이다.

1 — 영농자재 관리

이는 농업 경영규모와 예상생산량, 기술수준과 영농자재의 구입가격 등을 모두 고려하여 필요한 영농자재를 적절히 구입 사용하는 것을 핵심내용으로 한다. 특히 농작물의 생산시기와 생육단계별로 시기에 맞게 필요한 자재들이 적기(適期)에 적량(適量)이 확보되어야 한다. 그렇지 못할 경우에는 영농자재의 사용시기를 놓쳐서 생산효율을 떨어뜨리게 되거나 아예 생산을 불가능하게 만들 수도 있기 때문이다. 반대로 지나치게 많은 양을 미리 확보한 경우에는 이로 인한 재고비용이 과다하게 소요되므로 농업경영에 상당한 압박을 받게 되는 것이다. 따라서 농업경영의 대상이 되는 각 작목별로 생육시기에 따른 영농자재의 종류와 소요량을 미리 점검하여 필요한 시기에 적절하게 확보 사용하는 것이 중요하다는 점을 재삼 강조해 둔다.

한편으로 새로운 기술의 개발 보급에 따라 새로운 영농자재가 소개될 경우에는 첫 해에는 위험을 피하기 위해 일부를 재래품과 대체하여 사용해 본 다음 효과를 확인한 후 단계적으로 대체해 나가는 것이 바람직할 것이다. 비료나 농약의 경우에는 과다사용으로 인한 문제가 흔히 일어나기 때문에 적량 이상 초과해서 사용하지 않는 것이 좋다. 화학비료의 과다사용으로 인한 토양의 산성화와 토양오염이 지력을 떨어뜨리고 환경을 파괴하는 요인이 될 수 있으며, 과도한 성장 발육으로 작물이 잘 넘어지거나 쓰러지게 되고, 병충해의 침입을 더욱 유발할 가능성이 커지는 위험이 있는 것이다.

또한 농약의 과다사용은 단기적으로 약해(藥害)의 위험이 있고 토양과 수질 오염의 원인이 되며, 생산물의 안전도에도 심각한 위협이 되어 소비자로부터 외면당할 가능성이 크다는 점을 유념해야 한다. 사료의 경우에는 최소비용공식(least cost formula)에 따라서 소화섭취가 가능한 영양단위당의 단가가 가장 싼 사료의 배합을 연구할 필요가 있으며, 1일당 증체량이나 산유량(産乳量), 산란율(産卵率) 등의 지표와 함께 생산물의 판매가격과 이에 소요되는 사료의 원가비용을 면밀히 비교 분석하여 비용절감과 수익증대를 기하여야 한다. 끝으로 사용하고 난 뒤에 부득이 재고가 남는 경우에는 다음 해에 계속 쓸 수 있는 것은 잘 보관하여 효용가치가 떨어지지 않도록 하고, 다음 해까지 효용이 유지되기 어려운 것은 가급적 빨리 처분하여 비용손실을 최소화하도록 하는 것이 중요하다. 재고품의 보관관리나 처분도 중요한 자재관리의 항목이니만큼 소홀히 취급하지 않도록 하여야 한다.

2 — 농기계와 영농시설 · 장비의 관리

내구연한이 장기인 농기계와 영농시설 · 장비는 고정자본으로 분류되어 여기에 소요되는 비용은 고정비용이 된다. 고정비용은 단기적으로 그 이용률이나 가동률의 고저에 불구하고 생산성이나 생산량에 관계없이 일정하다는 것을 의미한다. 고정투자가 많아지면 상대적으로 운전자금에 압박을 받게 된다는 것은 토지의 경우와 같다. 따라서 이러한 고정투자를 결정할 때에는 동원가능한 자본의 범위 내에서 경영규모와 생산량, 예상수익, 경영자나 근로자의 기술과 기능수준 및 다른 경영요소에 소요되는 비용 등을 충분히 고려하여 신중하게 판단해야 한다. 또한 일단 고정투자가 이루어진 뒤에는 그 이용률과 가동률을 최대한으로 높이도록 최선을 다해야 한다. 왜냐하면 연료나 운전에 필요한 가변비용을 제외하면 이용률 또는 가동률이 바로 고정자본의 생산성 또는 투자수익률과 생산단위당 고정비용액을 결정하는 요인이기 때문이다.

다음으로 주의를 기울여야 할 것은 수선유지의 과제이다. 흔히 비싼 대형 농기계를 노천에 아무렇게나 방치한 채 겨울을 나는 농가나 논밭에서 흙이 묻은 채 아스팔트 길로 아무렇게나 이동시키는 농가를 볼 수 있는데, 이는 합리적인 농업경영자로서는 도저히 이해할 수 없는 행위이다. 비싼 고정투자를 한 농기계나 영농시설 · 장비를 수시로 또는 정기적으로 점검 정비하고 고장이 났을 때 바로 수리하는 것은 관리의 기본이며, 이들의 보관과 이동 및 운전에 있어서 항상 조심스럽고 깨끗하게, 최대한으로 주의를 기울이는 자세를 견지하는 것은 관리 이전의 기초 상식에 관한 사항인 것이다. 또한 간단한 고장은 스스로 수리할 수 있도록 기본적인 기술을 습득해 두어야 하며, 자주 고장나기 쉬운 부품도 미리 농가 자체에 확보해 두는 것이 좋다. 수선유지 비용을 최소화하고 고장을 적게 하는 것이 가동률을 높이는 것과 직결된다는 점을 유념하여 고장이 나지 않도록 평소에 주의하는 습관을 가져야 한다는 것을 다시 한번 강조해 둔다.

농기계나 영농시설 · 장비의 구입이나 설치시에는 그 크기나 규모와 시설능력이 고려되어야 하며, 경영자와 운전을 담당할 근로자의 기술수준과 기능능력에 맞아야 한다는 점을 반드시 유의해야 한다. 또한 기계나 시설 · 장비의 종류가 대상 작목과 작업에 적합해야 하며, 그 기계나 시설장비가 가장 많이 필요한 작업시기에도 합당하게 적기에 구입 또는 설치해야 한다. 또한 앞으로는 중고 농기계의 구입 사용방안이나 임차사용방안, 시설 · 장비의 리스(lease)방안 등도 보편화될 전망이므로 이 점에 대해서도 좀더 신경을 써서 가장 유리한 방안을 선택하도록 노력해야 할 것이다. 끝으로 감가상각에 관한 문제가 있는데 이는 뒤에서 농업회계를 설명할 때 상세히 설명하기로 하고 여기서는 구체적 설명을 생략하고자 한다. 다만, 고정자본재의 내용(耐用)연수를 가능한 한 최대로 늘리는 것이 매년의 감가상가액을 최소화하는 길이며, 농업경영에 실질적인 도움이 된다는 점을 감안하여 시설 · 장비의 유지관리에 최선을 다함으로써 되도록 오래 쓸 수 있도록 해야 한다는 점만 덧붙여 둔다.

2 — 생산관리

생산이란 생산물 또는 서비스를 창출하는 활동과 그 과정이라고 정의되며, 생산관리는 일반적으로 생산과정을 통해 일어나는 의사결정의 복합체로서 모든 분야의 기업이나 산업의 생산활동에 있어서 생산관리의 원칙이 전반적으로 적용되고 있다. 무엇보다도 생산관리는 노동력과 토지, 원재료, 자본재 등의 결합에 관한 의사결정인 동시에 비용과 품질의 통제에 관한 기능이자 농장과 생산시설·장비의 위치 및 설계에 관한 선택의 문제인 것이다.

1. 농업생산과정의 특성

모든 생산과정은 생산의 계속성 여부에 따라 크게 두 가지로 나눌 수 있다. 그 하나는 연속적 생산과정이고 다른 하나는 단속적(斷續的) 생산과정이다. 연속적 생산과정은 모든 투입재료와 시설장비 등의 자본재가 표준화된 시스템에 의해 일정한 생산물을 만들기 위해 연속적으로 움직이는 과정이다. 예를 들어 농약공장이나 오렌지주스공장에서 기계적인 작업대가 연속되면서 각 단계의 기능이 끊임없이 같은 동작을 반복하여 일정한 생산물을 만들어 내는 것이 그것이다. 이 경우에는 단기적으로 생산과정상의 변화는 거의 없으므로 생산과정에서의 창의성이 크게 중요시되지 않고 비교적 단순하고 간단한 운전조작에 의한 기능적 작업이 요구될 뿐이다.

이에 비해 단속적 생산과정은 생산물의 종류는 정해져 있지만 일정한 규격이나 표준에 딱 들어맞게 정형화된 생산물이 아니며, 생산과정과 원재료 및 시설·장비 등도 언제나 획일적으로 고정된 것이 아니고 융통성이 많은 생산과정이다. 예를 들면 낙농의 경우 생산물은 우유와 관련제품이지만 치즈, 버터, 아이스크림 등등 다양한 제품이 여러 가지 다른 생산단계와 작업활동을 통해서 다양한 원재료와 설비를 이용하여 만들어지는 것과 같다. 따라서 기계의 이용이나 근로자의 배치, 수송연결 등에 있어서 최대한의 융통성과 그때 그때의 창의성을 필요로 하는 것이며, 농장이나 설비의 위치와 설계, 수송·저장 및 작업일정 등에 있어서 수시로 변경 조정이 필요한 다양한 운영을 그 특징으로 하고 있는 것이다.

농업생산과정은 단속적 생산과정의 대표적 예이다. 거기다가 농산물은 부패 변질되기 쉬운 반면 신선도와 안전도가 품질의 핵심이며, 부피가 크고 무게가 무거워 포장이나 선별, 수송·저장 등 취급이 어렵고 단위당 비용이 상대적으로 크다는 특징을 동시에 가지고 있다. 이러한 특성으로 인해 농장과 관련설비의 위치와 설계, 수송 및 저장방법, 작업일정 등 전반적인 생산관리가 다른 산업분야에 비해 더욱 복잡하고 다양한 선택을 요구하게 된다. 또한 생산의 계절성과 생산물의 적지성(適地性), 생산물의 수확량과 품질 및 그에 따른 경제적 가치의 다양성과 변이도 등 농업생산이 가지는 특성으로 인해 겉으로 보기에는 단순하지만 실제로는 매우 복잡하고 어려운 생산관리를 필요로 하는 것이다.

2. 작목의 선택

생산관리의 첫 번째 과정은 작목의 선택이다. 이는 생산관리 이전의 농업경영의 시작에 해당하는 과정이라고도 할 수 있다. 작목의 선택은 농업경영조직이나 형태는 물론 농업경영자의 취향이나 경험, 지식과 기술과 정보의 수준에 크게 영향을 받는다. 뿐만 아니라 농업경영자가 동원할 수 있는 자원의 제약요인에 의해 한계지어질 수밖에 없는 것이기도 하다. 작목을 선택한 뒤에 입지(立地)를 선정하는 경우도 있으나, 농업경영자가 확보할 수 있는 토지(농지와 대지 등)의 위치에 따라 대상작목을 선택하는 경우가 많다. 이는 농업입지론이나 지대구분론(地帶區分論)에서 흔히 다루는 문제이나 여기서는 상세히 설명하지 않기로 한다. 다만, 여기서는 농업경영의 대상작목을 대분류하여 각각의 관리 특성을 간략히 언급하고 각각의 대상작목에 적합한 경영조직이 어떤 것인가에 대해 설명하고자 한다.

우선 농업경영의 대상작목을 관리 특성에 따라 분류해 보면 표 2-1과 같이 정리할 수 있다. 이 분류표는 절대적인 것은 아니고 하나의 예에 불과하다는 점을 덧붙여 둔다. 먼저 1년 이내에 생산이 완결되는 단년작목의 경우에는 당년의 기후 등 자연적 변동상황이 크게 영향을 미치게 마련이며, 생육기간이 매우 짧은 신선채소의 경우에는 연중 몇 차례의 수확 출하가 가능하므로 자연적 입지의 제약이 상대적으로 적은 반면 경제적 입지의 제약이 크다. 이러한 단년작목에는 비교적 저장 · 수송성이 큰 곡물과 콩류 등 식량작물을 비롯하여 부식으로의 단백질, 유지류, 당류 등 가공원료 작목과 저장성이 낮고 신선도가 중요한 채소류, 당년생 과실류, 화훼류 등이 모두 포함되며, 전체적으로 최종소비지와 생산공급지 사이의 수송거리가 중요한

〈표 2-1〉 농업경영 작목분류표[1]

구 분		대상 작목 예
①판매 목적의 작목		
〈생산재 작목〉		
- 단년(短年) 작목	근교(近郊)입지작목	신선채소(엽채류), 버섯류 등
	원교(遠郊)입지작목	가공원료작물 등
- 중년(中年)작목	낙엽성작목	사과, 포도, 배 등
	상록성작목	감귤, 차 등
	토지생산물이용대가축	소, 젖소 등
- 장년(長年)작목	임목	
- 시설작목	식물성작목	시설채소, 시설과수, 시설화훼 등
	사료이용중소가축	돼지, 닭 등
〈서비스재 작목〉		관광농원, 관광목장 등
②판매를 목적으로 하지 않는 작목, 자급용 작목		생략

1) 川口民生: 作目選擇管理, 與玉賀典 編 農業經營管理論, 農業經營學講座 vol.5, 地球社, 1980, p.102

문제가 된다. 특히 생산물의 중량과 중량단위당 상대가격은 수송과 저장의 비용구조의 결정요인이 되므로 수송거리와 저장성의 정도 및 저장비용 등이 작목선택의 판단기준이 되는 것이다.

농지의 위치와 지형, 지세 등 자연적 조건과 기온, 강수량, 일조시간, 습도, 바람의 방향과 속도 등 기후요소도 작목의 선택에 중요한 판단기준이 되며, 관개배수의 조건과 경지의 집단화 정도, 기계화 가능 정도와 시설·장비의 이용 가능성 등도 고려되어야 한다. 또한 인근 소비지의 소비성향과 소비자의 기호변화 추세, 비슷한 지역의 작목선택 유형과 재배동향 등도 빼놓을 수 없는 판단기준이 될 것이다.

다음으로 중년작목으로서는 과수, 차, 호프 등의 다년생 식물류와 토지생산물을 이용하는 대가축이 있는데, 단년작목이 당년의 계절적인 제약을 많이 받는 데 비해 중년작목은 몇 해 동안의 자연조건에 영향을 받으며, 단년작물보다 작목전환이 상대적으로 어려워서 입지에 따른 작목의 고정성이 크다. 또한 단년작목에 비해 대동물과 대식물 등 자산의 비중이 크고, 이는 고정자본의 성격을 가지고 있으므로 일정기간이 지나면 내구년한에 따라 감가상각을 해야 하는 특성을 고려해야 하며, 각각의 작물의 특성에 적합한 기후조건과 토양조건 등을 입지선택의 판단기준으로 삼아야 한다.

다음 시설작목은 시설 내 농지의 지력에 의존하기보다는 시설용지의 면적을 어떻게 효율적으로 이용하느냐에 더 큰 비중을 두어야 하므로 공업적 생산에 준하는 기술진보에 따라 양액(養液)재배, 수경(水耕)재배, 무창(無窓)자동화 계사(鷄舍), 케이지 돈사(豚舍) 등 여러 가지 경영수단을 충분히 고려하여 작목을 선택하여야 한다. 또한 이 경우에는 불가피하게 시설투자가 많이 소요되기 마련이므로 단위면적당 생산성이 어느 수준 이상으로 높아야 할 뿐 아니라 생산물의 가격도 상당 수준 이상이어야 하는, 소위 고부가가치 품목이어야 성공적인 경영이 가능할 것이다. 아울러 소비지와의 거리와 영농자재의 조달거리, 생산물의 저장성과 수송성 등을 함께 고려하여 비용과 수지 측면에서 충분히 수지가 맞는 작목을 신중히 선택하여야 한다.

끝으로 서비스재 작목을 선택할 때에는 가장 중요한 것이 위치이므로 입지에 따른 자연적 제약 요인을 우선적으로 고려해야 하며, 적합한 대상 작목 중에서 인근 주소비지 고객의 취향과 주변의 상업적 여건 등을 포함한 시장조사 결과 가장 상품성이 높은 작목을 선택해야 한다. 또한 부대시설 투자를 고려하여 소비자를 최대한 유치할 수 있도록 대상작목과 소재지의 자연적, 문화적, 역사적 특성을 잘 연계하여 경영계획을 수립하는 것이 바람직할 것이다.

3. 생산과정의 설계와 생산일정(日程)계획

먼저 생산물의 종류와 수량, 생산시기와 처분방법 등을 대체로 정해야 한다. 농장의 위치와 경영규모, 기술수준, 동원 가능한 노동력과 자본재의 부존상태, 생산물의 시장가격과 처분에 소요되는 비용 등을 충분히 감안하여, 어떤 농산물을 언제, 얼마나 생산하여, 어떤 방법으로, 어느 정도의 가격수준에 처분하느냐 하는 의사결정이 선행되어야 한다는 것이다. 농업생산 과정의 설계는 작목의 구성에서부터 경지의 배분, 영농자재의 소요판단과 구입 조달, 농기계와 시설 · 장비의 소요판단과 조달방법의 결정, 노동력의 시기별, 작목별, 작업별 수요 판단과 공급방법의 결정, 생육단계별 일정계획과 생산물의 예상 생산 및 출하시기 판단과 계획 등을 포함한다.

이러한 모든 의사결정을 전통적인 방식대로 머리 속에서 적당히 주먹구구식으로 해서는 합리적인 농업경영을 할 수 없다. 모든 것을 기록하고 신뢰도가 높은 정보를 바탕으로 해서 여러 가지 대안을 비교, 분석, 검토한 다음에 최선의 방법을 신중하게 선택하는 과정을 거치도록 훈련해야 한다. 농업생산이 앞서 지적한 것처럼 연속적인 과정이 아니기 때문에 일률적이고 획일적인 생산관리의 설계방법이 있을 수는 없다. 그 지역의 여건과 시기적 상황, 시장조건, 경영자의 취향과 경험 등에 따라 달라지는 것이 당연하기 때문에, 또한 의사결정의 대상과 내용이 워낙 다양하기 때문에 여기서 구체적으로 일일이 설명하기는 불가능하다. 다만, 원칙적으로 다시 한번 강조하고자 하는 것은 모든 의사결정에 있어서는 가능한 모든 대안이 다 검토되어야 한다는 것과, 그 중에서 가장 효율적이고 비용이 적게 드는 방안을 선택해야 한다는 것이다. 예를 들어 영농자재를 선택할 때에 생산할 작목에 적합한 가능한 영농자재를 모두 파악하여, 그 성능과 생산성 및 단가와 소요비용 등을 비교 분석한 다음 가장 생산성이 높고 비용이 적게 드는 것을 선택해야 한다는 말이다.

다음으로 생산 일정계획에 대해 간략한 설명을 덧붙이기로 한다. 일반적으로 일정계획을 수립 또는 작성하는 기본목적은 생산과정을 통해 모든 경영요소가 차질없이 원활하게 조달 투입되고 효율적으로 활용되도록 하는데 있으며, 계획된 생산물의 예상 생산 및 출하시기에 맞추어 생육단계별로 필요한 모든 작업이나 조치들이 적시(適時)에 이루어지도록 함으로써 당초 생산계획에 차질이 없도록 하려는 것이다. 이러한 일정계획은 대부분 분기별, 월별, 주별, 일별 시간표에 의해 작성되는 것이 상례이다. 먼저 연간 기본 일정계획을 수립한 다음 각 작목별, 부문별, 생육단계별, 시기별 일정계획을 작성하는 것이 일반적으로 쓰이는 방법이다. 일정계획은 생산물과 생산단계에 따라 달라질 수 있는데, 특히 농업생산과정과 같은 단속적 생산과정인 경우에는 연속적 생산과정에 비해 무척 복잡하게 된다.

원재료와 노동력의 공급이 일정계획의 중요한 부분이 된다. 따라서 시기별로 원재료와 노동력의 정확한 수요를 판단하는 것이 일정계획을 수립하는데 매우 중요한 기초자료가 되는 것이다. 끝으로 간단한 일정계획에는 시간표와 그림이 흔히 이용된다. 이들은 생산단계별로 여러 가지 일정을 시각적으로 표시하고 계획과 실적을 동시에 그림표에 나타낼 수 있기 때문에 보편적으로 많이 이용된다. 경영이 복잡해지고 규모가 커지면 좀더 복잡한 방법으로 수학적 공식과 분석에 의해 일정계획을 수립하게 되는데, 그 방법으로는 부문별 일정분석 계획법과 PERT, 선형계획법 등이 있으나 여기서는 구체적 설명을 생략하기로 한다.

4. 생산과정의 통제와 품질관리

생산과정에서 계획된 대로 실제로 집행이 이루어지는지를 점검하고, 감독 및 통제 조정하는 기능이 반드시 필요하며, 자연재해와 같이 예상하지 않은 일이 일어나거나 시장여건 등 환경조건에 예기치 못한 급격한 변화가 일어날 경우에 즉시 이에 대처하여 생산과정의 설계를 변경하고 일정계획을 수정 보완할 필요도 있게 된다. 이 생산과정의 통제기능에서 가장 중요하게 다루어져야 하는 것은 계획대로 잘 집행이 되고 있는가의 점검과 상황변화에 대처하는 임기응변의 융통성 뿐만 아니라, 집행과정에서 계획 자체의 잘못된 점을 발견하고 이를 즉시 시정하여 전체계획이 원만하게 집행되도록 해야 한다는 점이다.

특히 이 부분에서 강조되는 것이 전 생산과정을 통한 품질관리이다. 점점 치열해지는 경쟁 속에서 소비자의 신뢰와 인기를 얻기 위해서는 농산물의 경우에도 이제는 품질관리가 무엇보다 중요한 시점이 되었기 때문이다. 품질관리는 생산물 자체에 대한 관리가 직접적인 것이나 이는 대부분 마케팅에서 취급되기 때문에 설명을 미루기로 하고, 여기서는 생산과정에서 필요한 품질관리에 대해 설명하기로 한다. 우선 경지와 축사, 온실 등 생산시설・장비가 생산물의 품질향상을 위해 어느 정도로 정비되었는가를 점검하고 필요하다면 보완을 하는 것이 바람직하다. 특히 공해물질의 오염여부와 위생상태의 점검이 중요하다.

다음으로는 비료, 농약, 사료, 종자 등 영농자재가 생산물의 품질향상이라는 목표에 합당하게 선택되고 조달되어 적절하게 사용되었는가를 점검하여야 한다. 특히 사료와 농약의 사용은 더욱 신중하게 하여야 생산물의 안전도와 영양가를 높여 소비자로부터 좋은 반응을 얻을 수 있는 것이다. 앞에서도 설명한 바와 같이 비료의 경우에도 반드시 적당량을 사용하는 것이 병충해를 덜 입게 하고 균형된 성장을 기할 수 있게 하는 중요한 요소라는 점을 유의해야 한다.

끝으로 생산물의 품질향상에 적합하지 않은 재배방법이나 사육방법 등의 생산기술은 가능한 한 빨리 바꾸어야 한다. 독성이 강한 농약이나 화학비료, 항생제와 첨가제 등에 지나치게 많이 의존하는 생산기법은 이제 소비자로부터 외면받을 가능성이 커지고 있기 때문에 종전보다 독성이 덜한 농약을 쓰되 생산물을 출하하기 얼마 전부터는 쓰지 않는다든가, 병충해에 강한 품종과 종자를 선택한다든가, 가급적 인공적인 첨가제나 항생제 등을 피하고 재배환경이나 사육환경을 더욱 깨끗하게 유지하도록 노력하는데 더욱 중점을 둔다든가 하는 방법이 필요하다는 것이다. 근래에 유기농법(有機農法)에 관한 관심이 많이 일어나고 있는데, 실제로 100% 유기농법에 의한 농산물 생산이 현실적으로 어려울 뿐 아니라 단위생산성의 저하와 생산비 상승 등의 문제가 따르기 때문에 여러 가지 여건을 잘 감안하여 신중하게 도입해야 할 것이다. 다만, 이러한 관심들이 모두 생산물의 품질향상과 관련되어 있다는 점을 더욱 명심해서, 가능한 범위 내에서 채택할 수 있는 방법을 연구 검토하는 동시에 전 생산과정을 통해 소비자의 신뢰를 확보할 수 있도록 품질관리에 더욱 많은 노력을 기울여야 한다는 점을 다시 한번 강조해 두고자 한다.

3 — 유통 · 판매관리

유통(marketing)의 기능은 크게 상적(商的)인 유통기능과 물적(物的)인 유통기능 및 보조 · 촉진기능으로 나누어진다. 상적인 유통기능에는 구매와 판매가 있는데, 농업경영에서 중요한 부분은 생산물의 판매이다. 영농자재 등의 구매에 대해서는 자원관리와 생산관리에 해당되므로 유통・판매관리에는 관련이 없다. 물적인 유통기능에는 수송과 저장, 가공이 있다. 또한 근래에는 수집 또는 집하(集荷)와 출하(出荷), 또는 반출, 납품, 배송(配送) 등 상적 기능과 물적 기능이 함께 이루어지는 형태가 많아지고 있다. 유통 보조 내지 촉진기능으로는 시장정보, 위험부담, 선별 및 표준화, 유통금융 등의 기능이 있다. 여기서는 생산된 농산물을 처분하는 방법에 중점을 두고 생산물의 판매관리와 물적인 유통기능의 관리 등을 차례로 설명하기로 한다.

1. 생산물의 판매

생산된 농산물을 언제, 어디에, 어떤 방법으로, 어느 수준의 가격에 팔 것인가에 관한 문제이다. 이때의 목표는 당연히 가장 수익이 높은 것이며, 이미 생산된 농산물이므로 생산에 소요된 비용은 이미 결정된 상태이기 때문에 판매가격에서 유통・판매과정에서 소요되는 비용을 뺀 순수익이 최대로 되는 것이 선택의 기준이 된다. 다만, 한 가지 주의해야 할 점은 생산물의 일부를 높은 가격에 판매하는 것은 결정적인 의미가 없으며, 항상 전체 생산물을 대상으로 생각해야 하고, 평균가격과 평균비용을 언제나 기준으로 삼아야 한다는 것이다.

판매는 농장에서 상인(수집상 또는 반출상)에게 판매하는 방법과 위탁상, 또는 농협 등의 단체에 판매를 위탁하는 방법, 가공공장이나 대량수요자와 직접 거래하는 방법, 소비지에 직접 출하하여 도매시장에 상장하거나 직매장, 슈퍼마켓 등에 직공급하는 방법, 또는 실제로 소매단계까지 직접 나서서 판매하는 방법 등 갖가지 판매방법이 있을 수 있다.

첫 번째의 방법은 유통이나 판매에 소요되는 비용이 가장 적은 이점이 있는 대신 가격 결정을 위한 협상에서 상인의 입장에 비해 불리해지기 쉬운 단점이 있다. 물론 생산물이 희소하거나 소비자에게 특별히 인기가 있는 경우에는 상인들이 직접 농장에 와서 생산자가 부르는 대로 값을 치루고 모든 비용을 그들이 부담하면서 사가는 경우도 있기는 하다. 이런 경우는 매우 드물지만 농업경영자로서는 가장 이상적인 판매방법이라 하겠다.

두 번째로 흔히 택하는 방법이 판매를 상인이나 농업생산자단체 등에 위탁하는 것인데, 이 경우는 소요 비용을 생산자가 부담하고(판매가격에서 공제함), 거기다가 일정한 위탁수수료를 추가로 부담해야 하며, 그럼에도 불구하고 판매가격에 불만이 있을 수 있다는 여러 가지 단점이 있다. 그러나 현실적으로 여전히 이러한 판매방식을 선택하는 농가가 많은 이유는 우선 판매관리에 전혀 신경을 쓰지 않아 편하다는 점과 위탁상과의 오래된 인간관계, 출하선도금 형태로 농업경영에 필요한 운전자금을 손쉽게 빌려 쓸 수 있다는 등의 요인이 있기 때문이다.

소비지 도매시장의 거래형태가 법정시장에서의 공정거래로 정착되어 있고, 시장정보가 공개적으로 신속히 확산되고 있는 여건에서는 위탁상이 부당하게 판매가격을 조작하기 어려워지며, 위탁상 상호간이나 다른 판매업체와의 경쟁이 심해질수록 농업경영자가 이 방법을 선택하는 것이 유리해진다. 농협 등의 농업생산자단체가 이런 면에서 비교적 공정하고 수수료도 상대적으로 싸며, 그 중 상당부분은 출하자에게 도로 환급되는 유리성이 있음에도 불구하고, 농업인들이 상식적인 기대수준보다 이를 덜 선호하는 까닭은 이러한 단체들이 일반 위탁상들에 비해 지나치게 공식적이거나 관료적이어서 융통성이 없고, 기민하지 못하며, 실제 판매능력 면에서 뒤지거나 출하자에 대한 친절성 등의 서비스가 상대적으로 못하다는 데 있다.

다음으로 가공공장에 납품하거나 대량수요자와 직거래하는 방법인데, 대체로 이 경우는 생산시기 이전에 사전 장기계약에 의해 가격과 물량을 정하는 방법이 많이 채택된다. 이때에는 판매관리에 신경을 덜 써도 되는 편한 점과 판로확보의 안정성이라는 이점이 있고, 대부분의 경우 수요자측이 물적 유통비용을 부담하는 것이 일반적이기 때문에 비용면에서도 유리하다. 그러나 생산시기 이전에 가격과 수량이 정해지기 때문에 생산시기의 시장조건과는 어긋나는 경우가 발생하기 쉽고, 따라서 단기적으로 농업경영자에게 불리한 상황이 일어나는 경우가 있다. 예를 들어 흉작으로 수확량은 줄고 시장가격은 엄청나게 올랐는데 현실가격보다 훨씬 싼 값으로 계약량을 전량 납품해야 할 경우이다.

이런 이유로 우리나라에서는 농업인들이 심지어 군납계약까지도 이행하지 않는 경우도 있었다. 장기계약에 익숙하지 않은 우리 농업인들에게는 그럴 수 있는 일로 인정할 수도 있겠지만, 계약의 일방적인 부당한 파기는 신용경제사회의 기반을 파괴하는 비상식적인 행위이며, 결국 장기적으로 농업생산자의 신용을 떨어뜨려 수출이나 대량수요처의 안정된 판로를 잃게 만드는 원인이 된다는 점을 명심해야 한다. 이러한 문제를 해소하기 위해서 계약조건에 가격을 시가연동(時價連動)으로 한다든가, 특별한 경우에 수량의 초과 또는 미달을 인정한다든가 하는 내용을 포함시켜서 장기공급계약을 쌍방이 건전하게 계속 유지하려는 노력을 해야 하는 것이다.

다음으로 직접 소비지에 출하하는 방법이 있다. 도매시장에 상장하거나 직매장 또는 슈퍼마켓에 납품하는 방식이 위주이며, 근래 농업생산자들의 관심이 커지고 있는 방법이다. 이 방법은 판매가격을 결정하는데 생산자가 더 많은 영향력을 행사할 수 있고, 직접 판매를 관리하므로 상인에게 부당하게 이용당할 위험은 최소화된다는 이점이 있다. 반면에 개별적인 유통비용을 모두 생산자가 부담해야 하며, 심지어 판매비용까지 개별 생산자가 부담해야 하는데다가 판매에 따르는 위험부담도 끝까지 개별 생산자가 감당해야 한다는 단점이 있다. 이 방법은 단기적으로 시장조건이 좋을 때는 생산자에게 유리한 방법이 될 수 있으나, 장기적으로는 아무래도 대량유통에 비해 단위당 유통비용이 커지고, 판매기법 등에서 전문적인 상인과는 경쟁이 되지 않기 때문에 위험부담도 크고 수익도 상대적으로 떨어지는 경우가 많다. 얼른 생각하기에 유리한 것처럼 보이지만 실컷 해보니 고생만 하고 별로 남는 것이 없거나 오히려 전체적으로 손해를 보게 되는 경우가 많다는 점을 유의하여 신중히 판단해야 한다. 판매가격에서도 반드시 유리하다는 보장이 있는 것은 아니다.

끝으로 생산자가 생산물을 직접 소비자에게 소매하는 경우인데, 이는 소비자를 생산현장으로 오도록 유도하여 판매하는 방식과 생산자가 소비자에게 찾아가서 판매하는 방식으로 나눌 수 있다. 후자의 경우는 대도시의 소비중심지에 인접한 생산자가 예외적으로 택할 수 있는 방법이거나, 최근 농협 등의 판매단체가 아파트 등 인구밀집지역의 소비자를 대상으로 날짜와 시간을 정해 놓고 특정 농산물을 직접 판매하는 방법이 있을 수 있지만 이 역시 예외에 속하는 일이라 하겠다. 전자의 경우는 최근 도시와 농촌의 교류 확대와 도시민의 여가수요 증가에 발맞추어 상당히 빠른 속도로 늘어나고 있는 판매방식이다. 관광농원, 특산물 등의 형태로 생산현장에 도시 소비자들이 자발적으로 와서 여가를 즐기면서 직접 농산물을 구입 소비하도록 하는 방법으로서, 생산자의 입장에서는 유통비용을 최소화하면서 판매가격을 스스로 가장 유리하게 결정할 수 있다는 이점 이외에도 부대서비스의 판매까지 함께 함으로써 수익을 높일 수 있다는 장점이 있기 때문에 또 하나의 이상적인 판매방법이라 할 수 있다.

한 가지 덧붙여 설명하지 않을 수 없는 판매방식으로서 밭떼기라는 형태의 포전(圃田) 매매방식이 있다. 이는 생산출하기 이전에 특정 농산물이 재배되는 농지의 지상물(地上物) 이용권을 미리 양도하는 거래방식으로서, 애초에는 가계비 지출이 시급한 자금부족 농가가 불리함을 감수하고 부득이 선택한 입도선매(立稻先賣)와 같은 성격이 강하였으나, 근래에는 농가가 시장여건의 변화에 따른 위험부담을 상인에게 전가하면서, 유통비용은 물론 생산비의 일부까지 구매자에게 전가함으로써 자기의 부담을 최소화하고, 동시에 필요한 자금을 출하시기 이전에 앞당겨 얻을 수 있다는 이점 때문에 상당히 선호하는 판매방식의 하나로 정착되어 왔다. 그러나 반면에 시장여건의 변화에 따른 가격효과가 농업생산자에게는 전혀 미치지 못하고, 일반적으로 단위 판매가격이 낮은 수준에서 결정되기 쉽기 때문에 출하시기에 가서 농업인들의 강한 박탈감과 상실감을 일으키게 되고, 중간상인의 악덕이 실제 이상으로 과장되어 비난의 표적이 되는 등의 문제가 야기되고 있다.

이러한 판매방법은 실제로 외국에서는 이미 여러 가지 형태의 선물거래(先物去來) 시장의 형태로 정착되어 있는 것으로서, 자유시장경제 체제 하에서 얼마든지 있을 수 있는 지극히 당연한 판매방식의 하나로 인정되어야 한다. 대신에 이 방식을 선택하는 농업경영자나 생산농업인은 미리 이 방식의 장단점을 충분히 인식하여 신중히 판단함으로써 사후에 불만을 가지거나 말썽을 일으키는 일이 없도록 하여야 한다. 덧붙여서 우리나라에서도 이제는 일부 농산물의 경우 선물거래 시장을 제도적으로 도입할 시기가 되었다는 점을 지적해 두고자 한다. 물론 모든 거래제도와 시장정보, 규격화와 표준화, 금융지원체계 등의 선결과제가 많다는 점은 이해하지만, 농업경영의 발전을 촉진하기 위해서도 가급적 빠른 시일 내에 현실적으로 가능한 범위 내에서 이 제도가 도입되는 것이 바람직하다고 생각한다.

2. 물적 유통관리

물적 유통에는 수송(transportation), 저장(storage), 가공(processing) 등이 있고 판매를 위한 준비단계로서 세척(洗滌), 선별, 포장, 예냉(豫冷) 등의 과정도 물적 유통의 일부로 보고 여기서 간략히 설명하기로 한다. 먼저 생산물의 품질관리의 핵심이 되는 것이 신선도와 안전도, 균일성, 모양과 빛깔, 당도(糖度)와 영양가, 맛 등이므로 이러한 것들을 보존, 유지, 향상시키기 위한 여러 가지 물적 유통서비스가 유통과정에서 추가되어 소비자에게 판매되는데, 이 중에서 상당 부분은 농업경영자가 직접 할 수 있는 것들이다.

이들 기능을 농업경영자가 직접 담당하면 그 서비스에 해당하는 부가가치가 농업소득에 합산되는 장점이 있는 이외에도 가격협상에서 유리하며, 경영전반의 품질관리를 일관되게 할 수 있는 이점이 있다. 따라서 생산물을 수확한 뒤에 아무렇게나 출하할 것이 아니라, 최소한 농장 단위에서 씻고, 등급별로 선별(grading)하여 1차 포장(packing)을 한 뒤, 출하를 위한 예냉(pre-cooling)을 하는 것이 바람직하다. 최근에 산지 농축협의 이름이나 생산자의 이름까지 표시하고, 포장을 고급화하여 소비자의 신뢰도와 생산물의 부가가치를 동시에 높이려는 노력을 많이 기울이고 있는 것은 매우 바람직한 현상이다. 이러한 출하 전의 품질관리를 위한 유통기능만 하더라도 개별 영세농가로서는 단독으로 갖추기 어려운 상당한 시설과 장비를 필요로 하기 때문에 산지 농축협에서 이를 담당하든가, 몇 농가가 공동으로 시설을 설치 이용하는 방법, 전문용역업체에 위탁하는 방법 등을 강구할 수 있을 것이다. 이 경우 어느 방법이 가장 비용을 적게 들이는 방법인지의 비교 분석이 필요함은 물론이다.

다음으로 수송의 경우에는 농장내부의 수송과 품질관리를 위한 시설장비가 있는 장소까지의 이동은 당연히 농업경영자가 담당하여야 하며, 이를 위해 기본적인 수송수단이 필요하게 된다. 이때 어떤 수송수단을 선택하느냐 하는 것은 다른 경우와 마찬가지로 경영규모와 노동력, 자본의 동원가능성, 생산물의 수량과 가격 등 여러 가지 요소를 충분히 감안하여 결정해야 한다. 수송수단도 고정자본이므로 운전비용 이외에 상당한 고정비가 소요됨을 감안하여야 한다. 가동률이 떨어질 경우에 단위당 고정비율이 커져서 불리하게 된다는 원칙을 잊지 말아야 할 것이다. 출하준비가 끝난 시점부터의 수송은 누가 담당하느냐에 따라 농업경영의 내부관리에 포함될 수도 있고 아닐 수도 있다. 만약 직접 수송을 담당할 경우에는 소비지 또는 목적지까지의 수송거리와 시간, 수송대상이 될 농산물의 종류와 수량, 상태와 예상가격 등을 충분히 고려하여, 가장 비용이 싸면서 생산물의 품질을 그대로 유지할 수 있는 방법을 선택해야 한다. 전문 수송업체나 산지 농축협 등에 위탁하는 방법도 대안으로 고려되어야 하며, 개별 수송이 어렵고 단위 비용이 크다는 점을 감안하여 여러 농가의 생산물을 함께 수송하는 방법도 강구될 필요가 있다.

다음 저장기능에 있어서는 단기적인 재고관리를 위한 저장이나 시장조건이 불리할 때를 예상한 상당물량의 장기 저장시설을 농업경영체가 직접 가지고 운영하는 것이 필요한 경우가 많다. 특히 농가단위에서 장기 저장이 가능한 곡물 등 농산물의 경우에는 당연히 직접 저장하는 것이 그로 인한 부가가치의 추가수입은 물론 가격협상이나 시장조건의 변화에 대처하는데 유리하다는 점에서 바람직한 것이다. 장기 저장이 어려운 축산물이나 신선채소, 과일류 등은 특수한 저장시설을 설치하는데 상당한 투자가 소요되므로 단독으로 운영하기 어려운 경우가 많다. 일부 과일류와 과채류는 그 중에서 비교적 단위 비용이 싼 저장시설로도 장기저장이 가능한 경우가 있으므로 농가단위에서도 저온저장고 등을 설치하기도 하지만, 냉동·냉장 창고나 환경제어(CA)창고 같이 투자소요가 많은 경우에는 역시 산지 농축협 등이 이를 담당하든가, 몇 농가가 공동으로 투자 운영하는 방법을 강구할 필요가 있다. 어떤 경우이든 이때에도 마찬가지로 품질을 그대로 유지하면서 가장 비용이 적게 드는 저장방법을 선택하여야 하며, 경우에 따라서는 전문 저장업체에 위탁 저장하는 방안도 고려대상이 되어야 한다.

끝으로 가공에 있어서도 과잉생산으로 인한 재고처리의 방법으로 농장단위에서 1차 가공 후 저장하는 방법이 필요하게 되는 경우가 많고, 최근에는 도축(屠畜)처리나 도정(搗精), 양조(釀造) 등의 가공을 농장단위에서 직접 하거나, 전문용역업체 또는 시설을 임차·위탁 이용하는 경우가 늘어나고 있다. 청과물의 경우에도 농축액이나 주스, 페이스트 등으로 가공하거나,

채소류를 김치 등으로 가공하는 방법, 과실류의 잼이나 통조림, 과실주(果實酒) 등의 가공방법이 농장단위에서 개별적으로 시설을 투자 운영하기는 어렵기 때문에 산지농협이나 대농가가 지역적으로 어울러서 가공시설이나 공장을 운영하는 사례가 생기고 있다. 버터나 치즈, 포도주 등이 유럽이나 미국에서는 전통적인 농가단위의 가공산업으로 일찍부터 정착되어 있음을 감안하면 우리나라에서도 이러한 농촌지역의 농산물 가공산업을 하루빨리 지원 육성할 필요가 있다고 하겠다.

농산물 가공의 이점은 농촌의 산업으로서 고용기회와 소득원을 창출하는 효과 이외에도 산지 농가에게는 부가가치를 높여주고 판로를 안정적으로 확보해 주는 이점이 있다. 뿐만 아니라 과잉생산시의 재고처리를 쉽게 할 수 있게 되어 일시적인 가격폭락을 막을 수 있는 효과와, 다양한 가공제품의 생산으로 소비자의 수요를 촉진시키는 효과도 기대할 수 있다. 그러나 농산물 가공은 다른 공업제품의 생산에 비해 여러 가지로 불리한 요소를 많이 가지고 있기 때문에 경험이 적고 기업적 수완이 부족한 농가나 농축협 등의 농업인단체가 선불리 시작했다가는 오래가지 않아서 실패하는 사례가 많다는 점을 특히 유의해야 한다.

첫째로 농산물을 원료로 하는 가공산업은 원료 자체가 계절적으로 생산되기 때문에 원료의 재고관리가 엄청나게 어렵고 비용이 많이 들 뿐 아니라, 그나마 시기적으로 한정되어 있어서 가공시설의 연간 가동률이 일반적으로 낮아질 수밖에 없다는 근본적 불리성이 있다. 비교적 저장이 쉽고 저장비용이 싼 곡물 등과 생산의 계절성이 비교적 덜한 축산물의 경우에는 이로 인한 불리성이 상대적으로 적겠지만, 과실류나 채소류 등의 경우에는 이로 인한 경영의 압박이 매우 크다는 점을 애초부터 심각하게 고려해야 하는 것이다.

둘째로 농산물의 원료 수집과 처리과정이 공산품의 원료 수집처럼 간단하지가 않아서 경우에 따라서는 수집비용이 전체비용의 대부분을 차지하는 예도 없지 않다. 경제규모가 될 만큼 가공시설을 유지하려면 일정량 이상의 원료가 항상 공급되어야 하는데, 농산물은 부피가 크고 무게가 무거워 애초부터 단위비용이 많이 소요될 뿐 아니라, 생산지역이 분산되어 있고, 생산시기가 집중되어 있으면서, 날짜가 일정하지 않고 예측도 어렵기 때문에 일정을 맞추기도 어렵고, 수송비용과 상하차(上下車) 작업에 소요되는 비용이 엄청나게 소요되는 것이다. 또한 가공원료의 품질과 등급이 균일하지 않기 때문에 가공 이전에 원료를 선별 처리하는 과정에서 또 다른 비용이 추가되는 경우가 많은 것이다.

셋째로 농산물 가공제품은 유통기간이 다른 공산품에 비해 짧을 수밖에 없기 때문에 판매나 제품의 재고관리 측면에서도 불리하게 된다. 가공품이라 하더라도 식품의 범주에 들어가기 때문에 위생상의 처리요구 사항도 많고 부패나 변질의 위험으로 인해 유통기간이 제한될 수밖에 없으며, 소비자는 가공제품이라도 되도록 신선한 것을 원하기 때문에 제조일자가 오래된 것은 판매가 더욱 어려워지게 된다. 뿐만 아니라 소비자의 기호나 요구가 워낙 다양하고 또 시류(時流)에 따라 급속히 변화하는 경우가 많기 때문에, 이러한 시장수요에 적응한다는 것이 일반 기업체로서도 매우 어려운 일이므로 농가단위에서는 사실상 불가능한 경우가 많은 것이다.

끝으로 농산물은 유통·판매의 전 과정을 통해 감모(減耗, loss)가 엄청나게 크다는 사실을 지적해 두고자 한다. 이는 가공과정에만 적용되는 것이 아니고 논밭에서 생산되는 작물이나 생축(生畜)을 소비자가 요구하는 형태로 처리·가공하고 수송·저장하는 도중에 무게나 부피 기준으로는 거의 대부분이 감모로 처리되는 경우도 없지 않다는 점을 유의해야 한다. 예를 들어 밭에서 수확할 당시의 배추와 슈퍼마켓에서 잘 포장된 채로 소비자의 구입을 기다리는 배추는 부피나 무게 기준으로 거의 반 이상 차이가 나는 경우가 일반적이며, 소 한 마리를 도축했을 때 뼈와 피, 기타 부산물을 제외한 정육(精肉)은 생체(生體) 무게의 절반도 되지 않는 경우가 대부분이라는 것이다. 이러한 감모요인이 농산물의 유통과 처리 과정에서의 비용으로 추가되기 때문에 전체적인 유통마진이 커질 수밖에 없는 요인이 된다는 지극히 상식적인 사실을 일반적으로 잘 고려하지 않는 예가 많다는 것을 덧붙여 지적해 두고자 한다.

3. 시장정보와 판매촉진

상적, 물적 유통관리에 부수하여 중요하게 간주되어야 할 분야가 시장정보(market information)와 판매촉진(sales promotion)기능이다. 시장정보에는 농작물의 작황(作況)과 예상생산량에 관한 정보로부터 소비자의 취향과 기호(嗜好), 시장별 가격동향, 수출입동향 등이 모두 포함되며, 경우에 따라서는 특정 생산물에 대한 시장조사(market research 또는 survey) 결과도 중요하게 취급된다. 이러한 시장정보는 정확성과 신속성을 생명으로 하기 때문에 전화, 텔렉스, 팩시밀리, 컴퓨터 등의 최신 통신수단이 모두 동원되고 있는 것이다. 생산한 농산물을 조금이라도 더 유리하게 처분하여 최대의 수익을 확보할 의사가 있는 농업경영자라면 반드시 이 시장정보를 효율적으로 잘 활용하지 않으면 안 된다.

다음으로는 판매촉진에 관한 사항인데 이는 어느 정도의 기업규모가 되지 않고서는 개별 농장단위로 하기는 어려운 일이다. 그러나 소비자의 관심을 끌고 수요를 개발하여 수취가격과 부가가치를 높이려는 노력을 농업경영자가 전혀 도외시해서는 안 된다. 개별적으로 하기 어려우면 동업자끼리 힘을 합해서, 또는 계통 농축협 등의 농업인단체를 통해서 적극적인 판촉활동을 하도록 촉구하고 스스로 노력하여야 한다. 신문기사나 TV 프로그램을 이용하는 방법, 대량수요처에 자기 제품의 우수성과 공급가능성 등을 직접 알리는 방법, 학교나 공공단체, 지역주민 모임 등을 통해 널리 알리는 방법 등 가능한 모든 방법을 동원하여 홍보하고, 선전하고 광고하는 노력을 끊임없이 계속하면 반드시 그 대가를 얻을 수 있다는 점을 다시 한번 강조해 두고자 한다.

4 — 투자분석과 자금관리

농업경영의 전 과정을 통해 중요하게 취급되어야 할 분야가 투자분석과 자금관리이다. 토지를 비롯한 고정 자본재에 대한 투자는 물론 영농자재와 노동력의 조달에 소요되는 지출까지도 가능한 한 모든 경우에 사전 투자분석을 거쳐서 의사결정을 하는 것이 바람직하다. 이는 자금관리의 측면에서도 매우 중요한 일이 아닐 수 없다. 여기서는 투자분석의 기초이론과 자금관리의 기본이 되는 몇 가지 사항을 개략적으로 설명하기로 한다.

1. 투자분석

농업경영에서 투자는 대체로 두 가지 형태로 이루어진다. 첫째는 연도 중에 사용되는 영농자재, 즉 사료, 종자, 비료, 농약, 연료 등의 원료와 재료 구입에 지출되는 형태이며, 둘째는 토지, 농기계, 건물, 종축(種畜) 등의 고정자본에 투자하는 형태이다. 두 가지 형태의 투자는 각각의 지출과 수익의 성격이 다르므로 투자분석에 있어서도 각기 다른 방법을 사용하게 된다. 영농자재의 경우는 지출과 수익이 같은 경영연도 중에 일어나며, 고정자본의 경우는 지출은 일시적으로 일어나지만 수익과 감가상각은 그 후에 연차적으로 계속해서 발생하는 것이다.

영농자재의 투입에 따르는 투자분석은 단기적인 비용 수익분석으로서 생산 경제학의 기본이론에서 구체적으로 설명하겠지만 그 중에서 생산요소와 생산물의 관계, 즉 생산함수에 관한 분석과 비용곡선, 한계수익과 한계비용이 일치하는 점에서 최대수익 또는 최소비용이 결정된다는 등의 이론을 충분히 이해할 수 있도록 공부하기 바란다. 따라서 여기서는 이 부분에 대한 자세한 설명은 피하기로 하고, 고정자본의 경우는 특별히 신중을 기해야 할 필요가 있기 때문에 구체적으로 설명하기로 한다.

1 — 자금의 시간적 가치

시간은 돈이다. 이는 오늘의 현금 1원은 미래의 어느 시점에서의 현금 1원보다 더 가치가 있다는 것을 의미한다. 그 이유는 두 가지이다. 첫째로 오늘의 현금 1원을 투자하면 미래의 어느 시점에서는 1원에 이자 또는 투자수익이 가산될 수 있기 때문이다. 둘째로는 1원을 가지고 소비재를 구입할 경우에 지금 당장 구입해서 소비하는 것이 미래의 어느 시점까지 기다리는 것보다 소비자에게 더 큰 만족을 줄 수 있기 때문이다. 어쨌든 돈의 시간적 가치라는 것이 중요하다는 의미인데, 여기서는 투자와 관련하여 자금의 시간적 가치를 조금 더 구체적으로 생각해 보기로 한다. 자금의 시간적 가치는 현재의 자금 또는 지출을 미래의 어느 시점에서의 가치로 평가하거나, 미래의 어느 시점에서의 자금 또는 수입을 현재의 가치로 평가하거나 하는 두 가지 방법으로 평가된다.

먼저 현재 자금의 미래가치를 평가하는 방법부터 살펴보자. 이 개념은 투자가 어느 시점까지 연속적으로 이루어져서 그에 따른 이자나 투자수익을 계속해서 얻는다는 것을 전제로 하고 있다. 다시 말하면 이는 당초의 투자액에 그 이자 또는 투자수익을 누계로 합산한 것이라는 의미이다. 따라서 이때의 이자계산은 당연히 복리(複利)로 하여야 한다. 일시에 어느 만큼의 투자를 했을 경우, 예를 들어 100만원의 투자를 했을 경우 3년 동안 연리(年利) 10%의 복리를 계산하면 3년 후에는 133만 1천원이 된다. 이를 공식으로 나타내면 다음과 같이 된다.

$$FV=P(1+i)^n$$

FV : 미래의 평가액, P : 현재의 투자액, i : 연리, n : 연수(年數)

이 공식에 의해 미래의 평가액이 현재의 투자액보다 배가 되는 해를 대략 암산으로 빨리 알 수 있는 공식이 있다. 이는 72를 %를 뗀 연간이자율(예;10)로 나누는 방법이다. 앞의 예에서는 따라서 7.2년이 되며, 이자율이 8%인 경우는 9년, 이자율이 12%인 경우는 6년이 된다. 이와 달리 한 번에 투자를 다 하는 경우가 아니고 연차적으로 일정한 금액을 계속해서 투자하는 경우의 미래의 평가액을 계산하는 공식은 이보다 좀 복잡해져서 다음과 같이 된다.

$$FV = P \times \frac{(1+i)^n - 1}{i}$$

이 경우 P는 일정한 투자액이 된다. 예를 들어 매년 100만원씩 3년간 투자한 경우 연리가 10%라고 하면 이 경우 3년 후의 평가액은

100만원 $\times \frac{(1.1)^3 - 1}{0.1}$ 이 되므로 331만원이 되는 것이다.

다음으로 미래에 예상되는 수입을 현재가치로 평가하는 방법을 알아보자. 이 경우는 앞의 경우와 반대의 방법으로 미래의 가치를 현재의 가치로 할인을 해야 한다. 이때에도 마찬가지로 이자율과 기간이 평가의 기본요소가 된다. 이자율이 높고 기간이 길수록 할인액수가 커지므로 현재의 평가액은 적어지게 되는 것이다. 이때의 공식은 다음과 같다.

$PV = P/(1+i)^n$ PV : 현재의 평가액, P : 미래의 예상 수입액

예를 들어 3년 후의 100만원 수입을 현재의 가치로 평가하면 100만원을 1.331로 나누어서 70만 6,200원이 된다.

미래의 어느 시점에서의 예상수입이 아니고 미래에 연차적으로 일정한 수입이 계속해서 있을 것으로 예상되는 경우 현재의 평가액을 계산하는 공식은 더욱 복잡해져서 다음과 같이 된다.

$$FV = P \times \frac{1-(1+i)^{-n}}{i}$$

이 경우는 제곱근을 구해야 하기 때문에 간단하게 계산이 되지 않는다. 따라서 계산기나 수표를 사용해야 한다. 여기서는 구체적인 계산을 생략한다.

2 — 투자분석의 방법

투자분석은 투자수익률을 계산하거나 몇 가지의 투자대안을 놓고 그 수익률을 비교하는 방법을 말한다. 이를 위해서는 네 가지의 기초자료가 필요하다. 첫째는 투자로 인해서 얻는 순현금수입인데 이는 매년 투자에 의해 발생하는 현금수입과 현금지출의 차액을 합산한 것이며, 이 경우 감가상각액은 현금지출이 아니기 때문에 계산하지 않는다. 또 투자한 자금에 대한 이자도 별도로 계산되기 때문에 여기에 포함시키지는 않는다. 둘째로는 투자의 비용 총액을 알아야 하는데, 이는 실제로 투자에 소요된 지출액의 합계를 말한다.

셋째로는 투자한 자본재의 투자종료시 또는 처분시의 잔존가치를 계산해야 하는데, 이때는 기계류의 경우에는 내구연한과 감가상각률을 기초로 해서 산출하고, 감가상각이 불가능한 토지 등의 경우에는 투자가 종료되는 시점에서의 시가를 기준으로 산출한다. 넷째는 이자율 또는 할인율인데, 이는 실제 이자율의 개념이기보다는 투자된 자본의 기회비용이라는 개념으로 간주하여 투자를 정당화할 수 있는 최소한의 투자수익률로 추정 산출한다. 만약 투자된 자본이 차입금이라면 차입이자율이 적용되어야 하며, 투자에 따르는 불확실성과 위험요인 및 인플레요인 등도 감안되어야 한다.

투자수익률을 계산하거나 비교하는 방법에는 네 가지가 있는데, 투자액 환수기간 계산법과 단순 투자수익률 계산법, 순현재가치 환산법, 내부 투자수익률 계산법이 그것이다. 첫 번째 투자액 환수기간 계산법의 공식은 P=I/E이다. 여기서 P는 환수에 필요한 연수이며, I는 투자비용 총액, E는 예상되는 연간 순현금 수입액이다. 예를 들어서 총투자비용이 100만원이고 연간 20만원의 순현금 수입액이 예상된다면 투자액 환수기간은 5년이 되는 것이다. 이 경우에는 상식적으로 투자액 환수기간이 짧을수록 유리한 투자가 된다. 또는 일정한 연수 이상이 소요되는 투자대안은 채택하지 않는다는 기준으로 삼을 수도 있다. 이 방법은 계산이 간단하고 빠르다는 이점이 있다. 반면에 이 방법은 투자액이 환수된 이후에 발생하는 수익을 무시하고 있으며, 환수기간 중 실제로 연차별 수익에 차이가 나는 경우가 많으므로 연간 평균수익을 계산하기 어렵고 또 그 차이를 무시하고 있다. 뿐만 아니라 근본적으로 이 방법은 투자수익률을 계산하는 방법이 아니라는 문제점이 있기 때문에 투자결정을 잘못된 방향으로 유도하기 쉬우므로 좋은 투자분석 방법이라고 하기는 어렵다.

두 번째 계산법인 단순 투자수익률 계산법은 연간 평균 순수익을 총투자비용으로 나눈 백분비(%)를 구하는 것이다. 이 경우 연간 평균 순수익은 연간 평균 순현금수익에서 연간 평균 감가상각액을 뺀 나머지를 말한다. 예를 들어 총 100만원의 투자비용에 대해 연간 평균 순현금수익이 20만원이고 연간 평균 감가상각액이 10만원이라면 이때의 단순 투자수익률은 10%가 된다. 이 방법은 첫 번째 방법보다는 다소 나은 것이라고 할 수 있으나 연간 평균개념을 사용하고 있기 때문에 연차별로 수익이 다른 경우의 비교를 할 수 없다는 단점이 있다.

세 번째 방법인 순현재가치 환산법은 매년 예상되는 현금수익을 현재가치로 환산한 다음 그 합계액에서 투자비용 총액을 빼서 투자액의 순현재가치를 산출하는 방법이다. 계산공식은 다음과 같다.

$$NPV = \frac{P_1}{(1+i)^1} + \frac{P_2}{(1+i)^2} + \cdots\cdots + \frac{P_n}{(1+i)^n} - C$$

NPV : 투자액의 순현재가치, P : 매년 예상되는 순현금수익,
i : 할인율, n : 연도수, C : 투자비용총액

계산결과 투자액의 순현재가치가 마이너스로 나오면 투자해서는 안 되고, 둘 이상의 대안을 비교할 경우에는 NPV가 많은 쪽을 선택하면 된다. 이때에 특히 유의해야 할 점은 할인율을 적정하게 설정하는 문제이다.

네 번째 방법이 내부투자수익률(IRR, internal rate of return)을 구해서 비교하는 방법인데, IRR은 자본의 한계효율이라고 표현하기도 한다. 이를 계산하는 공식은 세 번째 방법과 같은데 이때 NPV를 0이라고 하고 i의 값을 역으로 구하는 것이다. 이는 계산이 복잡하기 때문에 컴퓨터를 이용하는 것이 편리하다. 이 경우 계산된 i가 IRR이 되는데 이것이 자본의 기회비용인 실제 차입금의 이자율 등과 비교해서 더 크면 투자할 가치가 있고, 작으면 투자해서는 안 된다는 것이다. 둘 이상의 대안을 비교할 때에는 IRR이 더 큰 쪽을 선택하면 된다.

3 — 투자분석 때 고려해야 할 요소

투자분석 계산을 할 때 반드시 고려해야 할 요소들이 몇 가지 있는데, 이들은 자금의 동원가능성, 인플레요인, 위험요인 등이다. 먼저 아무리 투자분석의 계산 결과가 유리하게 나왔다 하더라도 매년의 자금 수급상황에 맞지 않으면 투자 자체가 어렵다는 점을 애초부터 고려해야 한다. 첫 해의 투자비를 적절하게 조달할 수 있는가도 문제이며, 자금을 부득이 차입했을 경우 매년 이를 상환하는 데 소요되는 자금이 투자로부터 예상되는 매년의 현

금수익으로 충당될 수 있는가 하는 점을 따져봐야 하는 것이다. 만약에 자체적으로 충당될 수 없다면 다른 방법으로 차입금의 원리금 상환방법을 충분히 강구할 수 있어야 하며, 그것도 불가능할 경우에는 투자를 포기할 수밖에 없는 것이다.

다음으로는 할인율을 설정할 때 반드시 인플레요인을 감안해야 한다. 평균 물가상승률을 실질금리에 합한 것이 대체로 적합한 할인율이 되므로 단순히 금리만을 기준으로 하는 일이 없도록 해야 한다. 인플레요인을 감안하지 않을 때에는 투자수익의 명목가치만 산출되므로 실질가치보다 훨씬 과대평가될 위험이 있기 때문에 투자결정의 잘못을 범하기 쉬워진다는 점을 명심해야 한다. 끝으로 투자의 장래가 불확실하고 위험성이 클 경우에는 이 또한 할인율을 설정할 때 감안하는 것이 좋다. 위험부담률을 가정하여 이를 합산한 할인율을 기준으로 투자분석을 하는 것이 좋다는 말이다. 이 부분에 대해서는 뒤에서 위험관리에 대한 설명을 할 때 좀더 부연해서 설명하기로 한다.

2. 자금관리

자금관리는 동원가능한 자금을 어떤 방법으로, 얼마만큼 조달해서, 어디에, 어느 만큼 배분해서 사용하느냐에 관한 문제를 다루는 것이다. 이를 위해서는 먼저 자금운영계획을 세우는 것이 필요하고, 자기자금이 충분하지 못할 경우에 타인자본을 이용하는 방안에 대한 검토가 필요하게 된다. 여기서는 자금운영계획과 타인자본의 차입이나 신용의 창출에 따르는 여러 가지 문제를 개략적으로 설명하기로 한다.

1 — 자금운영계획

자금운영계획은 조달부분과 운용부분으로 나누어진다. 조달부분에는 자기자본의 현금화 계획과 타인자금의 차입, 또는 신용으로 대체하는 부분, 경영연도 중의 현금수익과 타인으로부터 채권을 상환받은 자금 등이 모두 포함된다. 운용부분에는 경영연도 중에 현금으로 지출되는 경영비와 가계비를 구분하여 계산하고, 차입금 등 채무의 원리금 상환에 소요되는 지출과 투자비 지출을 포함한다. 자금운영계획의 수립방법으로는 동원가능한 자금의 조달계획을 먼저 짠 다음, 이 중에서 우선적으로 필요한 현금 지출과 원리금 상환을 빼고 나머지를 투자비에 충당하는 방법이 무난하다. 그러나 반대로 투자지출 소요를 먼저 판단한 다음 여기에 필요한 현금 지출과 원리금 상환분을 포함하여 자금의 조달소요액을 산출하고, 여기에 맞게 자기자본을 초과하는 차입금의 액수와 조달방법을 강구하는 경우도 있을 수 있다.

가장 먼저 결정해야 할 기본적인 사항은 자금운영 규모를 얼마로 할 것인가이다. 자금이 무한정 이용가능하다면 총 운영규모는 자금의 한계수익과 한계비용이 일치하는 점에서 결정되는 것이 합리적일 것이다. 그리고 이 자금의 배분에 있어서도 각 분야별로 한계수익과 한계비용이 일치하고 또 전체적으로도 한계수익이 서로 일치하도록 하는 것이 이론적으로 적합한 자금운용이 될 것이다. 그러나 현실에 있어서는 동원가능한 자금이 무한정한 것이 아니라 매우 한정되어 있기 쉬우며, 한계수익이나 한계비용에 관한 정확한 정보와 자료를 갖고 있기가 거의 불가능하고, 경우에 따라 투자비의 지출은 한계수익이나 한계비용을 계산할 수조차 없는 예도 있기 때문에 이론과 같이 자금운영을 할 수 있는 경우는 극히 드물게 된다.

따라서 자금의 운영계획을 수립함에 있어서는 첫째로 조달가능한 자금의 범위를 현실적으로 정하는 것이 가장 중요하다. 여기에서 무리가 생기면 농업경영 전체가 계속해서 압박을 받게 되어 결국 실패하고 마는 사례가 적지 않음을 명심해야 한다. 조달가능한 자금 중에서 가장 손쉬운 것이 자기자금이다. 여기에는 현금과 즉시 현금화할 수 있는 유통자산이 첫째로 포함되며, 경영연도 중에 예상되는 생산물의 판매금 등 현금수익과 재고농산물 등의 유동자본 처분액이 가산될 수 있고, 마지막으로 자기가 보유하고 있는 토지 등 고정자본의 처분액도 함께 계산할 수 있다. 자기자본 이외에 타인자본을 동원할 경우에는 여러 가지 종류의 차입이나 외상구매, 임차이용 또는 장기리스 등의 방법이 검토될 수 있을 것이다. 자금의 차입에 관한 사항은 뒤에서 좀더 구체적으로 설명하기로 한다.

다음으로는 조달한 자금을 언제, 어느 분야에, 얼마씩 배분하여, 어떻게 사용하느냐에 대한 면밀한 계획을 수립하는 것이 중요한 것이다. 가장 우선적으로 고려해야 할 것이 채무의 원리금 상환이며, 그 다음으로 연도 중에 소요되는 영농자재의 구입과 고용노동력에 현금으로 지출되는 경영비일 것이다. 그 다음에 가계비를 우선하느냐 투자를 우선하느냐 하는 것은 각 농가의 경영상태와 소득수준에 따라 달라질 것이지만, 최소한의 가계비를 우선적으로 계상하지 않을 수는 없을 것이다. 결국 남는 것이 투자비인데, 자기자금으로 위의 지출을 충분히 감당하고 나머지가 있을 때 투자하는 것은 별 문제이지만, 타인자본으로 투자를 하고자 할 때에는 투자분석에서 설명한 여러 가지 요소와 위험요인들을 감안하여 결정에 신중을 기해야 한다.

2 — 자기자본에 대한 부채의 비율

자금관리에서 중요한 지표는 자기자본에 대한 부채의 비율이다. 이는 부채 상환능력이라고 할 수도 있는데, 부채를 자기자본으로 나눈 비율을 말한다. 이 비율이 높을수록 경영의 위험도가 커진다고 하고, 낮을수록 경영의 안정성이 커진다고 한다. 자본의 수익률이 차입금에 대한 이자율보다 높을 때에는 이 비율이 다소 높아도 전체적으로는 이익이 되겠지만, 반대의 경우에는 전체적으로 손실이 되기 때문에 결과적으로 자기자본을 잠식하게 되는 것이다.

따라서 자금을 차입하고자 할 때에는 자본수익률과 차입금의 이자율을 충분히 비교 분석하여 자기자본이 잠식되는 일이 일어나지 않도록 미리 주의하는 것이 바람직하다. 또한 당장의 자본수익률이 다소 이자율보다 높아서 유리하다고 하더라도 경영에는 의외의 위험과 불확실성이 있기 때문에 잘못하면 일시에 자기자본을 전부 잠식당해서 도산할 가능성을 배제할 수 없다. 그러므로 자기자본에 대한 부채의 비율이 지나치게 높아지는 것은 항상 경계해야 한다는 점을 강조해 둔다.

3 — 자금의 차입

농업경영에 소요되는 자금을 차입하는 데 있어서 특히 주의해야 할 점은 농업경영의 수익률이 다른 분야에 비해 상대적으로 낮은 것이 상례이며, 또한 자본회전기간이 비교적 장기이기 때문에 조기상환이 어렵다는 것이다. 따라서 차입금의 이자율이 상대적으로 높거나 상환기간이 짧은 경우에는 실제로 농업경영에 도움이 되기보다는 오히려 차입 이후에 경영에 압박을 주는 부담요인이 되기 쉽다는 점을 유의해야 한다.

차입자금 또는 융자금은 융자의 기간, 사용목적, 담보여부, 상환방법 등에 따라 몇 가지로 나눌 수 있다. 융자기간에 따라 단기, 중기, 장기 자금으로 나누어지며, 단기는 대체로 1년, 장기는 5년 이상, 중기는 그 중간의 것으로 분류하는데, 경우에 따라서는 3~7년을 중기, 10년 이상을 장기로 분류하는 예도 있다. 매년 영농기 이전에 제공되는 1년 자금인 영농자금, 영어자금, 양축자금 등이 단기자금에 속하고, 사채(私債)는 대부분이 1년 미만의 단기자금인 경우가 많다. 농지구입자금이나 산림개발자금 등은 20년 이상의 장기자금으로서 장기자금의 예에 속하며, 농어촌구조개선특별회계 융자계정, 축산발전기금 등에서 융자하는 농기계 또는 영농시설・장비의 구입자금은 대체로 3년 내지 7년의 중장기성 자금에 속한다고 할 수 있다. 물론 차입기간이 길수록 농업경영자에게는 유리하지만, 상환능력에 비해 지나치게 장기인 경우에는 상환능력이 있을 때에 상환하지 못하고 이를 다른 용도에 써버리는 위험이 있을 수 있다.

사용목적에 따라서는 토지나 건물 등 부동산의 구입을 위해 필요한 자금과, 이러한 부동산에는 포함되지 않는 기계·장비 등의 고정자본을 구입하는데 소요되는 자금, 영농자재 구입이나 고용노임을 지불하는데 소요되는 운전자금 등으로 분류할 수 있다. 그 외에 가계비 지출이나 농업경영에 관계없이 개인적으로 필요한 자금의 차입이 있을 수 있는데 이는 명백히 따로 계산하여야 한다.

차입금의 규모가 커지거나 상환기간이 장기가 될수록 담보가 필요하게 된다. 왜냐하면 자금을 빌려주는 채권자의 입장에서는 채권확보를 위한 보증이 필요해지기 때문이다. 반면에 차입금의 액수가 크지 않고 단기자금인 경우에는 신용대출이 많이 통용되고 있다. 그러나 이 경우에도 자금을 빌리는 채무자의 신용을 기본적으로 입증하는 절차가 필요한데, 신원이 확실하고 어느 지역에 장기간 거주하고 있는 채무자에 대해서는 그 절차가 생략될 수도 있을 것이다.

상환방법으로는 일시상환과 분할상환이 있다. 분할상환에 있어서는 상환기간 내에 원금을 균등하게 분할해서 상환하는 경우와 초기에 더 많이 갚도록 하거나 초기에 적게 갚고 후기로 갈수록 많이 갚도록 하는 방법 등이 있을 수 있으나, 대체로 균등분할 상환방법을 많이 채택하고 있다. 차입금의 이자율은 대체로 단기자금일수록 높고, 중장기자금일수록 낮은 것이 일반적이며, 제도금융기관의 자금에 비해 사채 금리가 높은 것이 상식이다. 농업경영의 불리한 조건을 감안하여 앞서 설명한 영농자금 등 여러 가지 종류의 정책자금이 중장기 저리(低利)로 제공되고 있으며, 이에 필요한 이차보전(利差補塡) 예산이 매년 정부의 농업정책관련 예산 중에서 상당부분을 차지하고 있으나, 농업경영자 모두가 필요로 하는 충분한 자금이 되기에는 다소 부족한 감이 있다.

따라서 이러한 정책자금의 융자를 받기 위해서는 농업경영자가 사업계획을 치밀하게 수립하여 융자지원 대상자 선정시에 잘 반영되도록 노력해야 한다는 점을 덧붙이고자 한다. 대체로 융자대상자 선정시에 고려되는 사항은 농업경영자의 성격과 경영능력, 신용도, 자금상황과 전망, 상환능력, 융자금의 사용목적, 담보여부 등으로서 금융기관이나 정책담당부서로서는 이러한 여러 가지 사항에 대해 가장 좋은 조건을 갖춘 사람에게 융자금을 지원하려고 할 것이 당연하기 때문이다.

5 — 위험과 불확실성의 관리

경영관리에 관한 모든 의사결정의 기준이나 원칙을 설명한 이론들은 기본적으로 모든 관련된 정보를 정확하게 잘 알고 있다고 가정한 전제 위에서 성립되는 것이다. 그러나 현실에 있어서의 농업경영은 실제로 그렇게 이루어지지 못하고 있는 경우가 대부분이다. 왜냐하면 우리는 불확실성의 세계에 살고 있기 때문이다. 모든 현상은 변화하고 있으며, 이 변화의 속도와 방향과 예상되는 결과 등은 확실한 경우보다는 대부분이 불확실한 경우가 많은 것이다.

특히 농업경영에 있어서의 의사결정의 결과는 즉시 나타나는 경우는 거의 없고, 대부분 상당한 시간이 경과한 뒤에 나타나게 되는데, 이 시간 동안 세계는 엄청나게 변하고 있고, 그 변화의 내용은 아무도 정확하게 예측할 수 없기 때문에 불확실성의 정도는 더 커지게 된다. 예를 들어 농작물의 생산을 좌우하는 요인 중 기상조건만 하더라도 어떻게 변화할지 정확한 예측이 불가능하기 때문에 수확기 이전에 수확량을 정확하게 알 수가 없고, 따라서 시장공급량의 예측불가능성으로 인해 시장수급상황과 가격동향이 예측불가능하게 되며, 여기에 정부의 개입과 투기적 요인까지 가세할 경우 더욱 불확실성이 커지게 되는 것이다.

이러한 농업생산에 있어서의 시차(time-lag)요인과 미래에 대한 정확한 예측의 불가능성으로 인해 모든 농업경영에는 위험과 불확실성의 요소가 개재되어 있다. 따라서 유능한 농업경영자는 이러한 위험과 불확실성의 전제 하에서 가장 정확하고 합리적인 의사결정을 하지 않으면 안 된다. 또한 상황변화에 기민하게 대처해서 즉시 새로운 정보, 더욱 정확한 정보에 입각하여 의사결정을 즉각적으로 변경해 나갈 태세를 항상 갖추고 있어야 하는 것이다.

1. 위험(risk)과 불확실성(uncertainty)의 의미와 원인

학자에 따라 위험과 불확실성의 의미를 명백히 구분하는 경우가 있다. 즉 위험의 경우는 모든 가능한 결과와 그 각각의 확률을 알고 있으나 어느 결과의 확률이 실제로 나타날지를 모를 때를 말하며, 불확실성의 경우는 결과가 어떻게 될지를 모르거나, 그 확률을 모르거나, 또는 둘 다 모르는 가운데 어떤 결과가 나타날지를 모르는 때를 말한다고 구분한다. 예를 들어 동전을 던지면 앞이 아니면 뒤가 나오고 그 각각의 확률은 둘 다 2분의 1이 되며, 주사위를 던지면 1에서 6까지의 숫자가 나오고 그 확률은 각각 6분의 1이 되는데, 이때 어느 결과가 실제로 나타날지 모르는 경우를 위험이라고 한다는 것이다. 이와는 달리 날씨가 어떻게 변할지 예상되는 결과 자체를 모두 파악할 수 없고 그 확률도 알 수 없을 때를 불확실성이라고 한다는 것이다.

그러나 현실의 농업경영에 있어서 의사결정의 환경조건이 되는 경우는 앞에서 정의한 위험의 경우는 극히 드물고, 대부분이 불확실성과 위험이 함께 존재하는 경우가 많으므로 여기서는 굳이 위험과 불확실성을 구분해서 정의하지 않고 서로 통하는 의미로 사용하고자 한다. 즉 불확실성 속에서 의사결정을 할 수밖에 없는 위험요인이라는 의미로 해석하고자 하는 것이다. 농업경영에 존재하는 이러한 위험과 불확실성의 원인은 무엇인가? 대체로 세 가지로 요약된다. 생산의 불확실성, 유통의 불확실성, 자금의 불확실성이 그것이다.

1 — 농업생산의 불확실성과 기술적 위험요인

공산품과 달리 농작물이나 축산물은 수확량이나 생산량을 수확기나 판매시기 이전에 정확하게 예측할 수 없다. 기상조건의 변화와 질병, 해충, 잡초, 가축의 불임성(不姙性) 등이 수확량이나 생산량에 영향을 미치는 요인이다. 따라서 매년 똑같은 종류의 영농자재를 동일한 수량 투입한 경우에도 수확량과 생산량은 항상 달라지게 되며, 그 정확한 양을 예측할 수가 없는 것이다. 생산함수도 기상조건에 따라 변동하게 되기 때문에 생산함수의 모습조차도 정확하게 알고 있기 어려운 농업경영자에게 불확실성과 위험의 정도를 더욱 가중시키게 된다.

다른 하나의 불확실성은 비용을 정확하게 예측할 수 없다는 것이다. 영농자재의 가격은 생산물의 가격에 비해서는 비교적 예측이 쉽다고 하겠으나, 그렇다고 그 변화를 사전에 완벽하게 정확한 예측을 할 수 있는 것은 아니기 때문이다. 또한 생산물의 단위당 비용은 단위면적이나 가축 두당 또는 단위 영농자재 투입량에 대한 수확량이나 생산량의 변화에 따라 달라지기 때문에 역시 불확실할 수밖에 없는 것이다.

또 한 가지 불확실성은 새로운 기술로 인한 것이다. 새로운 기술을 농업경영에 도입할 때에는 언제나 위험과 불확실성이 따르게 된다. 많은 농업경영자들이 새로운 기술의 도입을 항상 주저하게 되는 이유가 바로 여기에 있는 것이다.

2 — 가격의 불확실성과 유통과정에서의 위험요인

농업경영에 있어서 더욱 중요한 위험과 불확실성의 요인은 생산물의 가격에 있다. 생산물의 가격은 개별 농업생산자가 직접 영향을 미치기가 극히 어려우며, 대개 시장에서 수급상황에 따라 결정되기 때문에 일부 농업생산자단체의 협동에 의한 경우나 정부의 개입가격 이외에는 그 가격을 예측하거나 보장받기가 불가능한 것이다. 따라서 그 가격은 매년의 생산공급량과 수요량에 의해 달라지고 연중에도 계절에 따라 늘 등락을 거듭하는 것이 상례이다. 특히 농업생산에는 대개 6개월 이상의 장기간이 소요되기 때문에 그 기간 동안 생산물의 가격변동은 얼마든지 가능하고 누구도 그것을 미리 정확하게 예측하기 어려운 것이다.

가격이 예측불가능한 이유는 생산공급량이 예측불가능하기 때문이며, 생산공급량이 예측불가능한 이유로는 기상조건 등의 기술적 요인 이외에도 얼마나 많은 수의 농업경영자가 같은 생산물을 얼마만큼 생산하려고 하는지의 총량을 사전에 미리 알아볼 수 없다는 또 하나의 요인이 있다. 뿐만 아니라 수요측면에서도 소비자의 소득수준이나 기호(嗜好)를 사전에 정확하게 예측하기 어렵고, 전체 경제상황의 변화, 특히 경기의 순환도 미리 정확하게 알 수 없는 것이며, 수출입 동향과 그에 따른 각국의 정책이 어떻게 변화할지도 미리 정확하게 예측하기 어려운 요인이다. 따라서 생산물의 시장상황과 가격변동은 대단히 중요한 농업경영의 불확실성과 위험요인이 아닐 수 없는 것이다.

3 — 자금운영의 위험요인

이 분야의 위험요인 중 하나는 자금관리에서 설명한 바와 같이 차입금 상환능력에 관한 문제이다. 자기자본에 대한 부채의 비율이 지나치게 높아지거나, 농업경영에 의한 현금수익이 갑자기 줄어들었을 때 차입금을 상환하지 못하여 자기자본을 잠식하고, 그 정도가 커지면 결국 도산하게 되는 경우가 생긴다는 것을 말한다. 그 외의 위험요인으로서는 장래에 시중의 자금사정과 금리가 어떻게 변화할지 미리 정확하게 예측하기 어렵다는 것과, 융자를 위한 담보물의 가격 또는 평가액이 어떻게 변화할지, 금융기관이나 자금을 빌려주는 대금(貸金)업자가 어느 정도의 자금을 빌려줄 것인지, 부채

상환을 위해 필요한 현금을 자체적으로 얼마나 확보할 수 있을 것인지 등에 대해 사전에 정확한 예측을 하기가 어렵다는 것이다.

생산과 가격이 모두 불확실하기 때문에 그에 따른 농산물 판매수익이 불확실해지고, 따라서 부채상환 능력도 불확실해지며, 부채상환 능력이 불확실하면 농업경영자의 신용이 불확실해지고, 따라서 필요한 자금의 차입 등 조달가능성도 불확실해지게 된다. 이와 같이 생산, 가격, 자금의 세 가지 불확실성은 농업경영에 있어 따로따로 분리되어 있는 것이 아니라 항상 서로 연관되어 있고, 또 한꺼번에 농업경영의 의사결정을 어렵게 만드는 요소인 것이다.

2. 위험요인을 감안한 의사결정 방법

위험요인을 감안한 의사결정을 할 때 반드시 고려해야 할 몇 가지 요소가 있다. 첫째로 의사결정에는 반드시 대안(代案)이나 다른 전략 또는 방법이 있을 수 있다는 것을 생각해야 한다. 둘째로 세상에는 언제든지 뜻밖의 일이 일어날 수 있으며, 이것이 바로 위험의 요인이 된다는 것을 명심해야 한다. 셋째로는 각각의 경우에 예상되는 결과에 대해 충분히 생각해야 한다. 즉 이렇게 되었을 때 이런 방법을 택하면 수확량이나 순수익 또는 기타 예상되는 결과가 대개 어떠하리라는 것을 미리 생각하고 있어야 한다는 것이다. 이를 기대치(期待値, expectations)와 변이도(變異度, variability)로 설명하는 이론이 있으나 여기서는 구체적 설명을 생략하기로 한다.

1 — 의사결정의 방식

일단 이상에서 언급한 요소를 감안한 다음에 몇 가지 의사결정의 방식을 이용하게 되는데 여기서는 의사결정의 나무(decision tree)방식과 의사결정 행렬표(pay-off matrix)방식에 대해 설명하기로 한다. 먼저 의사결정

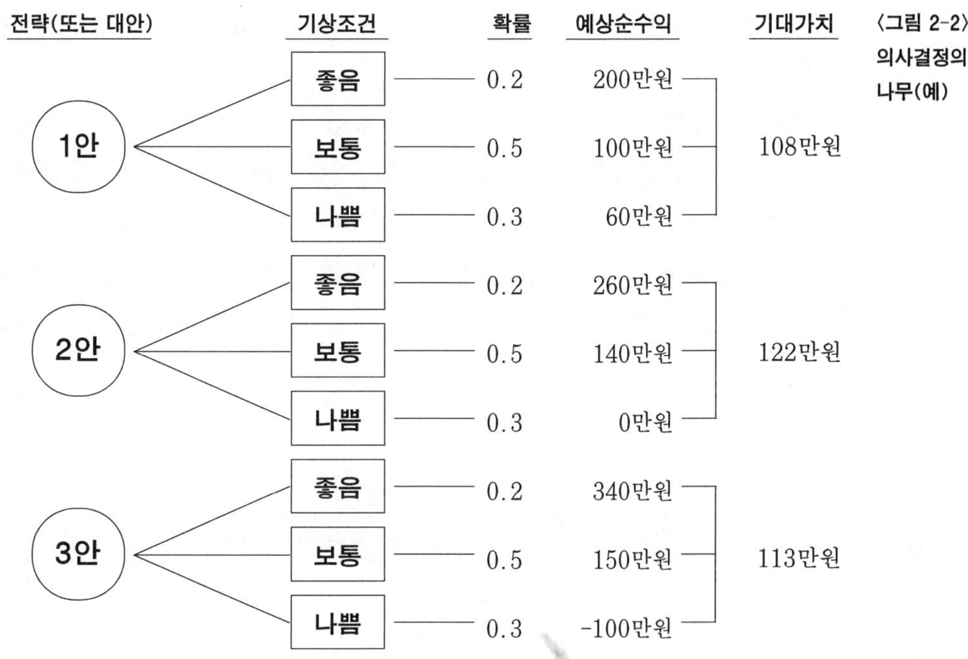

〈그림 2-2〉 의사결정의 나무(예)

의 나무 방식은 그림 2-2에서 보는 것처럼 모든 가능한 전략과 대안, 예상 가능한 모든 경우의 예상되는 결과를 그림으로 그려서 추적하는 방법이다.

예를 들어 어떤 농작물을 생산하는 면적을 결정할 때 자기농지만 이용하는 방안을 1안이라고 하고, 일부의 농지를 임차하여 함께 이용하는 방안을 2안, 자기농지보다 훨씬 많은 농지를 임차 이용하는 방안을 3안이라고 하자. 실제의 의사결정시에는 구체적인 면적이 필요하겠지만 여기서는 굳이 구체적 면적을 상정하지 않기로 한다. 이때 기상조건은 좋음, 보통, 나쁨의 세 가지 경우가 있다고 보고 그 확률은 과거 통계에 의해 0.2, 0.5, 0.3으로 나타났다고 하자. 그리고 각 대안별로 기상조건에 따른 예상순수익을 추정한 것이 위의 표에서 가정한 숫자와 같다고 하면 기대가치는 각 확률별로 가중평균한 수치이므로 대안별로 각각 108만원, 122만원, 113만원이 된다. 따라서 이 경우에는 2안을 선택하는 것이 가장 합리적인 방법이라는 것이다.

두 번째 방법인 의사결정 행렬표 방식은 앞의 나무 모양의 그림을 행렬표 수식으로 바꾸어 표현하는 방식이다. 표 2-2에서 보는 바와 같이 각 대안별로 예상수익의 최대치와 최저치, 확률에 의한 가중평균인 기대가치, 단순평균치 등을 비교하여 최선의 대안을 선택하는 방법인데, 이 경우에 앞의 예를 그대로 옮겨 보면 역시 2안을 선택하는 것이 가장 유리한 것으로 나타난다는 것을 알 수 있다.

〈표 2-2〉 의사결정 행렬표(예)

기상조건	확 률	의사결정 대안별 예상수익		
		1안	2안	3안
좋음	0.2	200만원	260만원	340만원
보통	0.5	100	140	150
나쁨	0.3	60	0	-100
최저치		60	0	-100
최고치		200	260	340
기대가치		108	122	113
단순평균		120	133	130

2 — 의사결정의 규칙

위험요인을 감안한 의사결정에 있어 일반적으로 적용되는 규칙이 몇 가지 있는데, 어느 것을 채택하느냐 하는 것은 농업경영자의 위험요인에 대한 태도와 자금사정, 현금수요, 기타 등등의 상태에 따라 달라지게 된다. 따라서 어느 규칙이 가장 좋으냐, 또는 어느 규칙이 어느 것보다 나으냐 하는 판단은 매우 어렵다는 것을 미리 밝혀둔다.

첫째 규칙은 최고최저(maximin) 규칙이다. 이는 각각의 대안 중에서 가장 나쁜 경우의 예상 결과만을 비교하는 것인데, 농업경영자가 어떤 대안을 선택하더라도 가장 나쁜 경우가 일어난다고 예상될 때에 적용하는 규칙이므로, 나쁜 예상결과 즉 최저예상치가 가장 좋은 대안 즉 최고치인 대안을 선택하는 방식이다. 앞의 예를 그대로 본다면 1안의 최저치가 60만원으로 최저치 중에서 가장 높으므로 1안이 채택되는 것이다. 이 방식은 매우 보수적이고 비관적인 것으로서 자금사정이나 다른 경영상태가 매우 어려울 경우에 채택되기 쉬우며, 좋은 경우의 확률이 높고 나쁜 경우의 확률이 상대적으로 낮을 때 채택하는 것이 좋다고 한다.

둘째 규칙은 최고최고(maximax) 규칙인데 이는 앞의 방법과 반대로 각각의 대안 중 가장 좋은 경우의 예상결과를 비교하여 가장 좋은 대안을 선택하는 것이다. 앞의 예에서는 3안의 최고치가 340만원으로서 가장 높으므로 3안을 채택하게 된다. 이는 첫째 규칙과 반대이므로 매우 낙관적인 것으로서, 위험요인을 별로 크게 염려하지 않는 경우나, 자금사정 등의 경영상태가 매우 양호한 상태에 있어 위험으로 인한 타격이 경영 전반에 크게 손실을 미치지 않을 것이라는 자신이 있을 때 채택하기 쉽다.

세 번째 규칙은 불충분한 정보의 규칙인데, 이는 예상되는 결과의 확률을 알 수 없을 때 쓰인다. 이 경우 각각의 확률을 같다고 가정하는 수밖에 없으므로 각 대안별 예상결과에 따른 동일 확률의 가중평균, 즉 단순평균을 기대가치로 산출하여 비교하게 된다. 앞의 예에서는 2안이 133만원으로 가장 높으므로 2안이 채택된다.

네 번째는 기대가치의 극대화 규칙인데, 이는 예상되는 결과의 확률을 알고 있을 때 가중평균에 의한 각 대안별 기대가치를 비교하여 최고치를 선택하는 것으로서, 앞의 예에서는 2안이 122만원으로 최고이므로 2안을 채택하는 것이다. 이 경우에 반드시 확률대로 예상결과가 실제로 나타나는 것은 아니기 때문에 자금사정이나 경영상황이 아주 나쁠 때에는 의사결정 자체가 다소의 위험요인을 안고 있다고 할 수 있다.

다섯 번째는 최고확률의 채택 규칙인데, 이는 가장 확률이 높은 예상결과의 경우에 예상수익이 가장 높은 쪽을 선택하는 방식이다. 앞의 예에서는 기상조건이 보통인 경우가 가장 확률이 높고 이 경우의 예상수익이 3안의 150만원이 가장 높으므로 이를 채택하는 것이다. 이것도 역시 낙관적인 방법의 하나로서, 확률은 낮지만 나쁜 결과가 나왔을 때를 상정하지 않고 있기 때문에 경영상태가 매우 나쁠 경우에는 위험요인이 있다고 보아야 한다.

끝으로 최소한의 예상수익의 규칙인데, 이는 어느 경영체나 자금사정에 따라 최소한 어느 정도의 예상수익이 있어야만 농업경영을 계속 유지할 수 있을 때 채택하게 된다. 또는 최소한의 예상수익이 최소한 어느 정도의 확률로 확보될 수 있어야 한다고 볼 때 적용하는데, 앞의 예에서 농업경영자가 100% 확률로 최소한 50만원의 수익은 있어야 한다고 판단하면 1안을 채택할 수밖에 없다. 만약 70% 확률로 100만원을 확보해야 한다면 세 가지 대안이 다 채택될 수 있고, 90% 확률로 100만원을 확보해야 한다면 세 가지 대안 중 아무것도 해당되지 않는다. 왜냐하면 30%의 확률을 가진 나쁜 경우의 예상수익이 모두 100만원에 미달하기 때문이다.

3. 위험과 불확실성을 줄이는 방법

위험과 불확실성을 줄이려는 세 가지 이유가 있다. 첫째는 시간에 따른 소득의 변이도를 줄여서 부채상환, 가족의 생활비 지출, 사업의 확대 등을 위한 좀 더 정확한 계획을 세우려는 것이다. 둘째는 첫째 이유와 관련된 것으로서 가족의 생활비 지출과 경영에 필요한 고정비 지출을 충당하기 위해 최소한 어느 정도의 소득은 확보해야 한다는 취지에서이다. 셋째는 위험과 불확실성을 최소화한다는 것은 농업경영 자체의 존립을 위해 불가피하다는 것이다.

소득의 가변성과 관련하여 위험과 불확실성을 줄이는 몇 가지 기법이 있는데, 이는 대체로 전반적인 변이도를 줄이는 방법이나, 최저가격 또는 최소한의 소득수준을 보장받는 방법의 범주에 속하는 것들이다. 생산, 유통, 자금 등 세 가지 형태의 위험요인별로 위험과 불확실성을 줄이는 방안에 대해 설명하기로 한다.

1 — 생산의 위험을 줄이는 방법

생산의 위험은 작물의 수확량이나 가축의 생산량과 수취가격, 그리고 그에 따른 순소득의 변이도가 큰 데 이유가 있으므로 다음의 몇 가지 방법으로 이를 줄일 수 있다.

생산의 다양화(diversification) 또는 복합경영 ——— 많은 농업경영체가 딱 한 가지 생산품의 생산과 가격에 전적으로 소득을 의존하는 경우의 위험을 피해 둘 이상의 생산물로 다양화하는 사례는 현실에서 많이 볼 수 있다. 어느 한 쪽의 생산이나 소득이 좋지 못하면 다른 한 쪽의 생산이나 소득으로 보충해서 전체적인 경영의 안정을 꾀하겠다는 발상에서 나온 것이다. 표 2-3에서 보는 바와 같이 생산의 다양화는 소득의 변이도를 상당히 줄여준다. 이 경우는 설명을 간단히 하기 위해 두 가지 생산으로 다양화했을 때를

〈표 2-3〉 생산의 다양화의 이론적 사례

연 도	연 간 소 득		
	작물 1	작물 2	복합경영(각각 1/2씩)
1	50만원	500만원	275만원
2	200	0	100
3	50	300	175
4	500	-50	225
5	100	250	175
평균	180	200	190
변이도	450	550	175

가정한 것이다.

앞의 예에서 보는 것과 같이 5년 동안의 평균소득은 작물 2를 단일 경영하는 경우이지만, 이 경우는 소득의 변이도가 가장 크다. 작물 1과 2를 복합경영했을 때 연평균소득은 조금 낮지만 소득의 변이도는 크게 줄어든다. 이 경우처럼 작물 1과 2의 소득이 연도별로 서로 보완적일 때에는 생산의 다양화가 위험요인을 줄이는데 상당한 기여를 하게 되는 것이다. 생산시기나 계절이 같은 작물의 경우보다 다른 작물을 복합했을 때와 병충해의 종류가 다른 작물을 복합했을 때 두 작물이 서로 보완적인 관계를 가질 가능성이 커진다. 쌀과 보리, 잠업과 축산, 과수와 축산 등은 우리나라에서 흔히 보는 전통적인 복합경영의 사례이다. 두 가지 이상의 축산물을 복합경영하는 것은 상식적으로 서로 보완관계가 되기 어렵다. 가축의 질병이나 생산물의 시장가격이 서로 연계되어 있는 경우가 많아서 한 쪽이 좋지 않으면 다른 쪽도 마찬가지일 가능성이 크기 때문이다. 생산의 다양화나 복합경영은 위험요인을 줄이는 데는 유리한 방법이나, 한편으로 경쟁시대에 적응하여 생산의 전문화(specialization)를 추구하고 있는 또 하나의 농업경영의 경향에는 반대되는 것이다. 따라서 이 두 가지의 상충하는 경영목적을 어떻게 조화시킬 것인가에 대해 농업경영자는 여러 가지로 고심하게 되며, 궁극적인 판단은 관련된 모든 경영여건과 경영자의 능력에 따라 할 수밖에 없다는 점을 유의해야 한다.

안정 경영(stable enterprises) ——— 어떤 작목이 대체로 안정적인 경영을 할 수 있는 것인가 하는 것을 과거 실적의 통계를 가지고 확인해 볼 수 있다. 작물의 예로서는 쌀이 채소나 과실류에 비해 비교적 생산의 변이도가 작고, 축산의 예로는 낙농이 양돈, 양계 등에 비해 상대적으로 소득의 변이도가 작다고 볼 수 있다. 또한 여러 가지 생산기반 시설이나 전천후 영농시설이 생산의 변이도를 줄여서 농업경영을 안정화시키는데 상당한 기여를 한다는 점을 특별히 강조하고자 한다. 예를 들어 관수(灌水)시설은 가뭄 등의 기상요인으로 인한 생산의 기복(起伏)을 줄여 채소나 과실류의 생산을 안정시키는데 결정적인 역할을 하며, 온실이나 축사 등은 기상조건의 예기치 않은 큰 변화로 인해 일어날 수 있는 위험요인을 최소화함으로써 농업경영을 안정화시킬 수 있는 매우 효과적인 방법이 되는 것이다.

보험(insurance) ——— 생산이나 자금의 위험요인을 줄이기 위한 방법으로서 몇 가지 서로 다른 유형의 보험이 있다. 일반적인 보험은 보험회사로부터 여러 종류의 보험계약을 맺고 보험료를 부담하면 위험으로 인한 손실을 보험금으로 메꾸어 주기 때문에 농업경영체의 존립과 최소한의 소득보장에는 문제가 없게 되는 것이다. 농업경영에 관계되는 보험은 일반 생명보험이나 손해보험, 화재보험, 자동차보험 등의 보험회사가 판매하는 보험 상품 이외에 농협이나 축협의 공제(共濟)가 있다. 농협이나 축협의 공제에는 농업경영에 따르는 여러 가지 손실의 위험요인을 감안한 특수한 보험상품이 개발되어 있어 농업경영자가 이용하기 좋게 되어 있다.

이외에 작물보험(crop insurance)이나 가축보험(livestock insurance) 형태의 특수 농업경영 보험이 있을 수 있으나, 이 경우 보험 자체가 가지고 있는 역선택(逆選擇, adverse selection)과 도덕적 위험(moral hazard) 요소 때문에 보험 자체의 성립이 매우 어렵다. 뿐만 아니라 보험상품의 수익성이 지나치게 낮아서 일반 보험회사나 농축협이 이를 자체적으로 운영하기 어렵기 때문에 정부의 보조가 불가피해지고, 이로 인해 재정부담이 엄청나게 커지는 문제가 생기는 경우가 많다.

농업재해보험에 있어서는 재해의 확률이 매우 낮은 반면 그 피해가 엄청난 경우와 지역에 따라 재해가 상습적으로 일어나는 경우가 있을 수 있다. 첫 번째 경우는 아무도 보험에 가입하려 하지 않고, 두 번째 경우는 모두 다가입하되 결국 자기부담 밖에 위험을 분산시킬 방법이 없게 되는 것이다. 거기다가 보험을 실제로 운영하기 위해서는 정확한 기초자료와 지역별, 농가별, 경지필지별 과거의 실적통계가 충분히 있어야 한다.

정부보조에 의해 보험이 운영될 경우 도덕적 위험요소가 더욱 가중되고, 보험담당자의 재량권 남용과 불필요한 낭비요인으로 인해 실효성 없는 재정부담을 추가로 과중하게 요구하게 되는 문제 등이 생긴다. 따라서 보험에 대한 인식이 제대로 되어 있지 않을 뿐 아니라 재정이 취약하고 보험운영에 필요한 기초자료가 부족한 우리나라에서는 아직까지 이러한 농업재해보험이 실시되지 못하고, 대신 농어업 재해대책법에 의한 재해지원이 실시되고 있다는 점을 덧붙여 두고자 한다.

2 — 유통과정의 위험을 줄이는 방법

이 경우의 위험은 농업경영자가 농산물의 시장가격을 미리 정확하게 알 수 없기 때문에 예기치 않은 생산물 가격의 등락으로 인해 발생하는 위험이다. 따라서 가격의 변이도를 줄이기 위한 다음 몇 가지 방법이 있다.

판매의 분산 ——— 일시에 농산물을 전량 처분 또는 판매하지 않고 연중 몇 차례에 나누어 처분 또는 판매하는 법이다. 이는 가격이 낮을 때 한꺼번에 처분하여 생산물의 전량에 대한 가격손실이 발생할 위험에 대비하는 방법으로서, 대체로 연간 평균가격에 접근하는 평균 수취가격을 얻을 수 있는 장점이 있다. 축산의 경우 사료급여를 조절하거나 새끼 낳는 시기를 맞추어서 생산물이 일시에 집중 생산되지 않도록 하는 방법이 이용되며, 작물의 경우에는 생산자체의 시기를 조절하거나 수확 후 저장 등의 방법으로 판매나 출하시기를 조절하는 방법이 있을 수 있다.

계약 판매 ——— 대량수요처나 가공공장 등과 장기 공급계약을 통해 안정적인 판로를 확보하는 동시에 판매가격을 미리 정하는 방법이다. 미리 판매량과 가격을 계약에 의해 명시하기 때문에 불확실성으로 인한 위험을 줄일 수 있는 장점이 있다. 그러나 이는 수확 후의 시장여건 변화에 따라 있을 수 있는 가격의 상승시에 혜택을 보지 못하고, 계약체결시 농업경영자에게 다소 불리하게 가격이 정해질 수 있다는 단점이 있어서 우리나라 농업인들이 선호하지 않거나, 계약체결 후 수확기에 이를 이행하지 않는 경우가 자주 발생하고 있다. 농업경영자의 입장에서는 가장 유리한 것을 택하려는 것이 일면 당연하다고도 할 수 있으나, 계약은 자율적인 시장경제와 신용사회의 기초이기 때문에 이를 파괴하는 행위는 용납될 수 없다.

상대적으로 다소 낮은 가격을 받되 위험요인을 줄이든가, 위험이 있더라도 높은 가격을 받는 방법을 택하든가, 양자택일의 선택을 자기 책임 하에 스스로 하고, 그 결과에 대해 스스로 책임을 지는 태도를 명백히 해야 한다. 또한 계약체결시에 이러한 점을 충분히 감안하여 시장여건의 변화가능성에 따라서 수량과 가격을 하나로만 정하지 말고, 일정한 범위 내에서 신축적으로 적용할 수 있게 한다든가, 예상 외의 특별한 상황이 벌어졌을 때 예외를 인정하도록 하는 조항을 계약내용에 포함시키는 방법을 강구할 수도 있을 것이다.

농축협의 농산물 판매에 관한 정책개입 ―― 정부나 농축협이 최저가격과 최소한의 판로를 보장하는 방법이다. 재정에 여유가 있고 낭비나 부조리의 원인이 되지 않는다면 생산자인 농업인을 위해 반드시 필요한 방법이라고 농업인생산자의 입장에서는 당연히 주장할 수 있는 것이다. WTO 출범 이전에 미국이나 유럽의 여러 나라, 일본 등의 선진국에서 목표가격(target price), 하한(下限)가격(minimum price), 개입(介入)가격(intervention price), 가격안정대(price stabilization range) 등의 정책가격을 설정하고, 수매와 비축, 민간저장지원(private storage aid), 시장격리를 위한 폐기처분(market with-drawal), 수출보상(export refund) 등의 방법을 통해 실제로 많은 정책지원을 해 왔던 분야이다. 대개 시장가격이 정책가격보다 낮을 경우 차액을 보전해주는 제도(defficiency payment system)나, 현물을 담보로 대금을 미리 융자해주고 가격이 낮을 경우 자금상환 대신 현물을 정부기관이 인수하는 제도(commodity loan programs) 등이 이용된다.

그러나 이는 최근에 세계 농산물시장의 재고 증가로 인한 여러 가지 문제의 직접적인 원인이 되고 정부 재정적자의 증가요인이 된다는 점에서 많은 비판을 받고 있어서, 1986년부터 시작된 「무역과 관세에 관한 일반협정」(GATT)의 우루과이라운드 농산물협상에서 가장 중요한 논의의 대상이 되었고, 협상결과에 의해 탄생한 WTO(세계무역기구 World Trade Organization) 체제에 여러 가지 형태로 반영되어 실제로 각국의 농업정책을 제약하는 법적 기속력을 행사하고 있다.

이 분야에서의 정부의 정책개입의 근본적인 문제는 가격과 판로가 보장되어 있을 때 당연히 예상되고 실제 결과로 나타나고 있는 과잉생산을 막을 방법이 없다는 것이다. 과잉생산으로 인해 재고가 누적되면 시장교란 요인이 점점 더 커지면서 이를 막기 위한 정부 재정부담이 가속적으로 가중되고, 결국 한계에 도달하면 정부가 도산하거나 이러한 정책개입을 중도에 포기할 수밖에 없어지며, 그 결과 엄청난 공황(恐慌)이 일어날 위험이 커진다는 것이다. 또한 생산과 가격에 영향을 미치는 이러한 정책개입이 농산물 교역의 불공정 요인이 되고 자율적인 국제 무역시장을 교란시킨다는 비판도 많아, 장기적으로는 점차 이러한 각국 정부의 가격 보조정책이 줄어들지 않을 수 없는 추세라고 판단된다.

다만, 농축협 등 농업생산자단체가 스스로 조절하는 자율적 개입은 예외로 인정될 수 있기 때문에 시장가격이 높을 때 그 일부를 적립하였다가, 예상치 않은 가격 하락시에 이를 보상하는 제도 등을 자체적으로 강구하는 방법이 필요할 것으로 생각된다. 이 경우에 가장 중요한 것은 조합원 상호간의 신뢰이며, 그 바탕이 되는 것은 정직과 약속이행의 자세이다. 이것이 되어 있지 않으면 아무리 좋은 정책이나 제도도 현실적으로 실현 불가능하게 된다는 점을 명심해야 할 것이다.

선물(先物)시장(futures market) 이용 —— 우리나라에서는 아직 도입되지 않고 있지만, 미래의 거래를 사전에 계약 형식으로 미리 체결하는 방법이 시장에서 일반화된 경우를 선물거래라고 한다. 선물시장에서 매일 또는 정기적으로 선물을 사고 파는 행위를 실제 수확기까지 계속하는 방법(hedge)이나, 미래의 가격을 보장받는 방법(premium), 여러 가지 대안 중에서 선택할 수 있는 방법(options) 등을 통해 위험을 분산시키는 것이다. 미국의 시카고 곡물시장(Chicago Board of Trade)이 세계에서 가장 큰 대표적인 농산물의 선물시장이며, 매일 엄청난 양의 거래가 이루어지고 있는데 여기서는 구체적인 설명은 생략하기로 한다.

3 — 자금의 위험요인을 줄이는 방법

차입금의 원리금 상환에 대비하지 못해 부도를 내거나 도산할 위험에 대비하는 것은 경영자의 최후의 보루이다. 뜻하지 않게 정해진 기한 내에 예상되던 수입금을 받지 못하게 되거나 예상액에 현저히 미달되어, 갚아야 할 차입금이나 미납금을 기일 내에 상환하지 못하게 되면 자금 운영상의 위기가 야기되고, 결국 신용을 잃게 되거나 파산하게 될 위험에 직면하게 되는 것이다. 이러한 위험을 사전에 줄이기 위해서는 미리 상환에 소요되는 금액을 기한 내에 적립해 두거나, 은행이나 금융기관으로부터 비상시에 신용대출을 초과해서 받을 수 있도록 미리 대비해 두는 방법이 있고, 특수한 금융보험에 가입하여 대비하는 방법도 있을 수 있다. 궁극적으로는 즉시 현금화할 수 있는 자산을 최소한의 상환 소요액 이상으로 늘 확보해 두는 것이 가장 확실하고 안전한 방법이라 하겠다.

3
생산경제학의 기초이론

우리나라에서도 자본주의 경제가 발달함에 따라 농업의 경영 그 자체를 하나의 독립적인 경제 조직체로 생각하게 되었다. 다시 말해서 농업소득의 증가를 위한 경영이라기보다는 하나의 기업으로서 최대의 총수익을 얻는 것을 목표로 하는 경영체로 발전하고 있다. 순수익의 개념은 단순한 실물적인 생산량의 표시만으로는 불가능하므로 반드시 화폐라는 통일적인 척도에 의해서 평가되어야 한다. 화폐 단위로 가격이 표시되어야만 이질적이고 복잡한 농산물의 가치를 서로 비교할 수 있게 된다. 이러한 순수익을 계산하기 위해서는 먼저 그 농산물의 생산에 투입된 경영비의 내용을 알 수 있어야 하고, 이와 함께 경영자와 가족의 노동력에 대한 평가액과 토지 용역비, 자본 용역비 등을 농산물의 판매가액으로부터 공제해야 한다.

오늘날의 대규모 영농에서는 공업생산처럼 한 가지의 농산물만을 전문적으로 생산함으로써 유리한 경영을 할 수도 있으나, 영세 규모의 농업에 있어서는 아직도 제한된 생산요소의 합리적인 이용과 경영의 안정성 확보라는 이유로 일정한 기간에 몇 가지 생산물을 함께 생산하는 복합경영이 유리한 경우가 많다. 왜냐하면 농업생산은 그 작물의 생산과정을 통해 동식물의 생장 또는 번식이라는 생리 기능을 이용하고 있어서 자연 조건에 지배되는 정도가 크다는 점이 무기적(無機的) 생산을 하고 있는 공업과는 다르기 때문이다.

또한 농업은 계절산업이며 그 가장 중요한 생산수단인 농지를 인위적으로 확대하기가 매우 어렵다. 또한 영세농으로서 가족의 식량 생산을 위주로 할 때는 여러 가지 농산물을 함께 생산하기가 쉽다. 그러나 농업을 하나의 기업으로 경영하게 될 때에는 생산물의 수익성이 무엇보다도 중요한 기준이 되므로 하나 또는 소수의 농산물을 생산하기 쉽게 된다. 이때 농업 생산의 목적은 최대의 수익을 얻는 데 있으므로 가장 수익이 높은 생산물이 어떤 작물이나 가축인지, 또한 어떤 방법으로 얼마만큼 생산하는 것이 가장 유리한지를 알아볼 필요가 있다.

최대의 수익을 얻을 수 있는 농업경영이란 이론적으로는 농지 등의 고정적 생산요소에 비료, 농약 등의 가변적 생산요소를 계속적으로 투입할 때, 추가로 투입된 단위 비용인 한계비용이 그 추가된 비용에 의해서 얻어지는 생산물의 가액인 한계수익과 일치할 때에 얻어지는 것이다.

그러나 현실에 있어서는 각종 작물에 대해서 그러한 수익곡선이나 비용곡선을 구할 수 있는 자료를 가지고 있지 않을 뿐만 아니라 각 농가마다 경영 조건, 예를 들면 지형이나 비옥도, 수리(水利), 노동력과 자본의 여건 등이 서로 다르기 때문에 어떤 농가에서 얻은 결과를 다른 농가가 이용하는 데는 많은 제한을 받게 된다. 또한 개개의 농가에서 이용할 수 있는 노동력과 자본에도 제한이 있으므로 한계비용과 한계수익이 일치하는 최종 단위까지 생산요소를 투입할 수 없는 경우도 있다. 따라서 토지와 노동력, 자본 등을 이용할 수 있는 범위 내에서 합리적인 경영을 결정할 수밖에 없는 경우가 많다.

생산경제학의 기초이론은 자원의 합리적인 이용에 관한 기준이 된다는 점에서 중요한 것이다. 근래에 와서 우리나라의 농업기술도 많이 발전하고 있으나 그것만으로 농업경영이 추구하는 최대의 수익을 얻는 데는 미흡하다. 우리 농업은 오랜 세월 동안 전통적인 영농을 지속해 왔기 때문에 아직도 상당수의 농업인들은 농업생산의 수량을 증가시키는 것만으로 농업경영의 목적이 달성되는 것으로 생각하고 있다. 그러나 이는 농가의 자가 식량을 조달하기 위한 경우에는 타당할지 모르지만 상업적 농업으로 전환되어야 할 오늘날의 사정에는 맞지 않는 것이다. 따라서 앞으로의 농업경영은 생산경제학에 관한 과학적 지식을 충분히 활용할 뿐 아니라 항상 변화하는 시장조건에 적응하여 최대의 총수익을 얻을 수 있도록 계획되고 집행되도록 해야 한다.

생산경제학의 기초이론은 농업경영에 필요한 기초이론으로서 농업경영자가 충분히 활용할 수 있어야 할 뿐만 아니라, 농업 지도자와 연구자 및 농정담당 공무원들 모두가 충분히 이를 이해해야만 적절한 농업경영의 지도와 정책의 입안 및 그 수행을 뒷받침할 수 있다는 점에서 중요시된다. 이러한 관점에서 합리적인 농업경영을 영위하는 데 필수적인 생산경제학의 기초이론과 투입과 산출에 관한 분석 방법을 다음의 세 가지 관계를 중심으로 설명하기로 한다.

1. 생산요소와 생산물과의 관계(factor-product relationships)
2. 생산요소 상호간의 관계(factor-factor relationships)
3. 생산물 상호간의 관계(product-product relationships)

1 — 생산함수(production function)

생산함수(生産函數)라는 것은 투입과 산출의 상관관계를 말한다. 농산물을 생산하는 과정에서 여러 가지 생산요소가 투입된 후에 성과가 얻어지게 되므로 얻어진 생산물과 투입된 생산요소 사이에는 함수관계가 있다. 어떤 농산물을 생산하는 데 단 한 가지 생산요소(X_1)만 투입해서 생산이 가능하다고 가정하면 이 관계를 $Y=f(X_1)$으로 표시할 수 있다. 그러나 현실에서는 하나의 생산요소만이 아니라 여러 가지 생산요소가 함께 투입되어야 생산이 이루어지는 것이다. 즉 X_1만이 아니고 X_2와 X_3 등이 결합되어야 어떤 생산물을 얻게 되므로 이 관계는 $Y=f(X_1, X_2, X_3, \cdots, X_n)$으로 표시된다.

여기서 생산함수의 일반적인 공식인 $Y=f(X_1)$은 X_1의 변화에 따라 Y가 얼마만큼 변화하는가 하는 양적 관계를 직접 나타내지는 못한다. 이와 같은 양적 관계를 직접 나타내려면 $Y=a+bX$ 혹은 $Y=aX \cdot bZ \cdot c$ 등과 같은 대수식에 의해서 표시되어야 한다.

생산함수는 $Y=f(X_1, X_2, | X_3, X_4)$, 또는 $Y=f(X_1, X_2, X_3, \cdots, X_n)$와 같이 표시할 수 있다. 이 식에서 수직선을 넣는 이유는 선의 왼편에 있는 생산요소, 즉 여기서는 X_1과 X_2는 수량적인 변화를 할 수 있으나, 오른편의 생산요소는 수량적으로 고정되어 있는 것으로 가정하는 데 있다. 다시 말해서 X_3와 X_4는 고정된 변수로 가정하고 X_1 과 X_2의 투입량만 증감이 가능하다는 것을 뜻한다. 이처럼 투입될 수 있는 일부의 생산요소를 고정된 것으로 가정하는 생산함수 $Y=f(X_1, X_2, | X_3, X_4)$를 단기적 생산함수(short-run production function)라고 한다. 이와 대조적으로 투입되는 생산요소 모두를 수량상의 변화가 가능한 변수로 보는 경우의 생산함수는 $Y=f(X_1, X_2, X_3, X_4)$로 표시하며 이를 장기적 생산함수(long-run production function)라고 한다. 여기서는 복잡하고 어려운 이론적 설명을 피하기 위해 장기적 생산함수가 아닌 단기적 생산함수에 대해서만 설명하기로 한다.

1. $Y=f(X_1 | X_2, X_3, \cdots, X_n)$인 생산함수

X_1 이외의 다른 모든 생산요소가 주어진 상태에서 불변이라고 가정하는 경우의 생산함수이다. 다시 말하면 생산요소(X_1)의 투입을 추가적으로 계

속 증가시킬 때 생산량(Y)이 얼마나 증감하는가에 대한 상관 관계를 나타내는 것이다. X축에는 주어진 일정 면적의 농지에 비료나 노동량 등 하나의 생산요소(X_1)를 연속적으로 투입하는 것을 표시하고, Y축에는 그에 따라 산출되는 생산물(Y)의 수확량을 표시한다면, X_1과 Y 사이에 나타나는 상관 관계는 하나의 연속곡선이 될 것이다. 이 곡선은 그림 2-3과 같이 투

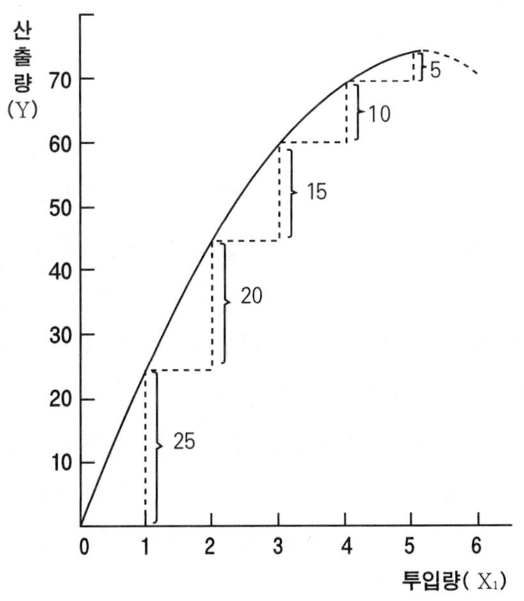

〈그림 2-3〉
생산함수

입량의 증가에 따라 얻어지는 생산량을 연속적으로 표시하는 생산함수 곡선이 되는 것이다. 따라서 생산함수라는 것은 생산요소의 투입과 그에 따라 산출되는 생산물과의 관계를 말한다. 이러한 생산함수는 대수식 $Y=f(X_1)$이나 기하학적인 그림으로 표시할 수 있으며 표 2-4와 같이 수표로 나타낼 수도 있다.

생산함수는 정태경제 하에서 단기적인 분석을 하고자 할 때 사용되는 것이므로 다음과 같은 몇 가지 전제를 가지고 있다. 첫째, $Y=f(X_1 \mid X_2, X_3,$

〈표 2-4〉 비료와 감자의 생산함수

비료투입량 (X_1)	감자의 생산량 (Y)
0	0
1	103
2	174
3	223
4	257
5	281
6	298
7	308

…, X_n)에 있어서 추가적으로 투입되는 X_1과 그에 따라 생산되는 Y는 각각 동질의 X_1과 Y라야 한다. 이를테면 첫 번째 투입 노동량의 단위가 성인 5시간이었다면 두 번째 이후에 소년 6시간 등으로 바뀌어져서는 안 된다는 것이다. 다른 예로 감자에 주는 비료의 첫 번째 단위가 질소질 5kg이었다면 두 번째 단위의 5kg이 복합비료 등으로 바뀌어서는 안 된다. 또한 생산되는 감자가 서로 이질적이어서는 직접 비교가 불가능하게 된다.

둘째, 생산함수는 어떤 생산요소를 투입할 때 일정한 생산기간을 전제로 한다. 이를테면 100kg의 비료를 1ha에 투입할 경우 그것을 1년에 전부 주는 것과 매년 10kg씩 10년 동안에 나누어 주는 것은 그 결과가 완전히 달라진다.

셋째, 생산함수는 특정한 생산기술을 전제로 한다. 왜냐하면 어떤 생산물이든지 여러 가지 방법에 의해 생산될 수 있는데, 생산에 적용되는 기술의 내용이나 생산요소의 투입방법이 그때마다 다르다면 생산함수 자체가 변화하게 되기 때문이다. 따라서 같은 생산함수라면 기술수준도 당연히 같다는 점이 전제되어야 한다.

2. 총생산(TPP, total physical product)

다음으로 생산함수는 투입되는 생산요소의 수량과 얻어지는 생산물의 수량의 관계를 말하는 것이므로 생산력(또는 생산성, productivity)으로 이를 파악할 수 있다. 어떤 생산에서 가장 합리적인 투입량을 결정하려면 그 생산물의 가격이 전제되어야 하지만 생산성 또는 생산력이라는 지표를 가지고도 합리적인 생산의 범위를 알 수 있다. 생산력 또는 생산성이란 투입되는 생산요소 1단위가 얼마만큼의 산출량을 나타내는가를 나타내는 지표로서 대개 총생산과 평균생산, 한계생산의 세 가지로 설명된다.

투입된 여러 가지 생산요소의 총량에 대응하는 생산물의 총량을 총생산(總生産)이라고 한다. 총생산은 생산요소의 투입을 증가시킴에 따라 동일한 비율로 증가하거나 체감 또는 체증하는 현상을 보이기도 한다. 생산함수 $Y=f(X_1 \mid X_1, X_1, \cdots, X_n)$에서 어느 생산요소의 투입 증가에 따라서 총생산이 동일한 비율로 증가하는 경우는 실제 농업생산에서는 드물고, 대체로 어느 수준까지는 체증하다가 그 이후에는 체감하는 형태로 나타나는 것

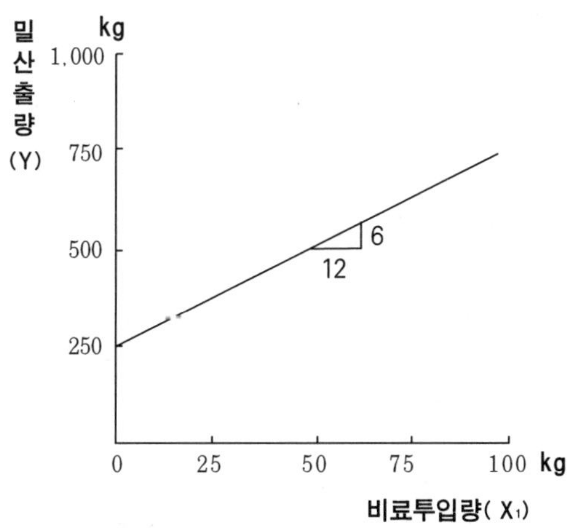

〈그림 2-4〉 비례관계의 생산함수

이 일반적이다. 세 가지 경우를 하나 하나 구체적으로 설명하면 다음과 같다.

1 — 총생산이 동일한 비율로 증가하는 경우

X_1의 투입량에 비례해서 추가되는 생산량이 동일한 비율로 증가하는 경우, 이를 수확량 불변(constant returns)이라 하며 그림 2-4와 같이 직선으로 표현된다. 이와 같이 생산함수가 직선인 경우는 현실의 농업 생산에서는 매우 드물기 때문에 중요시되지 않는다.

2 — 총생산의 증가율이 체감하는 경우

생산요소(X_1)을 추가적으로 투입할 때 얻어지는 추가적 생산물(Y)의 양이 점점 적어질 경우에 X_1의 생산력은 체감(遞減)현상을 나타낸다고 한다. 이를 그림 2-5에서 보면 생산요소 X_1의 투입증가에 따라 총생산의 절대량은 계속 증가하지만 그 증가되는 정도가 점차 감소되고 있다. 다시 말해서 같은 수량의 X_1을 추가적으로 투입하였을 때 얻어지는 절대 수확량은 계속

〈그림 2-5〉 수확체감의 생산함수

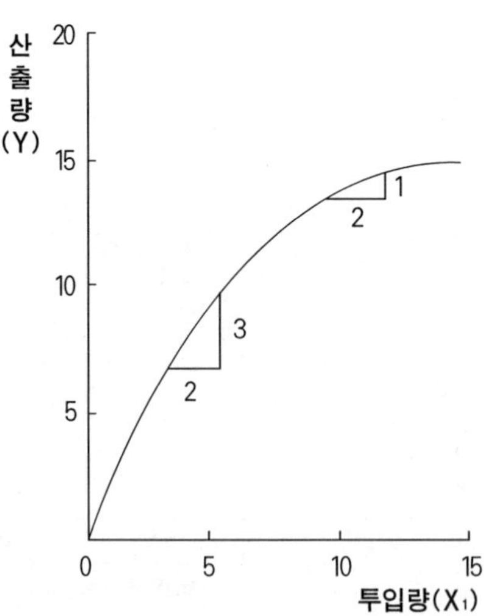

늘어나지만, 투입되는 생산요소 단위당 추가되는 수확량의 증가분은 차츰 줄어든다.

이것이 농업 생산에서 현실적으로 많이 나타나는 경우이다. 일반적으로 어떤 생산요소의 투입을 계속적으로 증가시키면 어느 수준 이후에는 수확체감이 일어나는 경우가 많고, 계속해서 같은 생산요소를 더 투입하면 총생산 자체가 절대적으로 감소하는 경우도 나타나게 된다.

3 — 총생산의 증가율이 체증하는 경우

이는 앞에서 설명한 수확체감(收穫遞減)과 반대되는 현상으로서 생산요소(X_1)의 추가적 투입에 따라 얻어지는 추가적인 생산량(Y)이 점점 커지는 경우이다. 이경우 수확체증(遞增)의 생산함수는 그림 2-6에서 보는 바와 같이 X축에 대하여 볼록형(convex)의 모양으로 나타나며, 수확체감의 경우에 그림 2-5에서 오목형(concave)으로 나타난 것과는 반대가 된다.

수확체증 현상은 가축의 사육이나 작물재배의 생산 초기에 생산요소를 새로이 증가 투입할 때 많이 나타나는 현상이지만 대개의 경우 그 생산요소

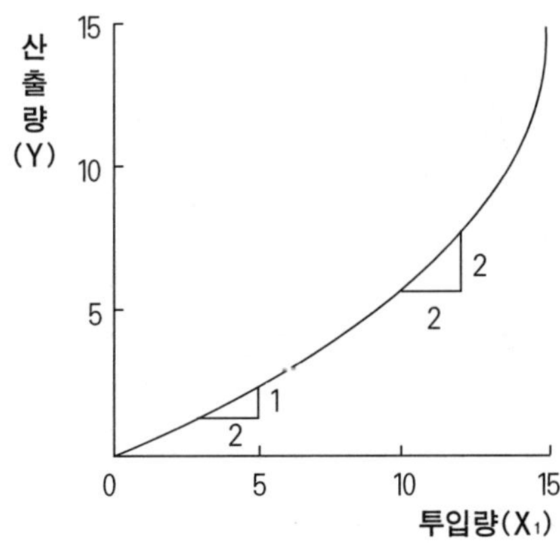

〈그림 2-6〉 수확체증의 생산함수

의 투입이 어느 한계를 넘으면 수확체감 현상으로 바뀌어지는 것이 일반적이다.

4 — 총생산의 증가율이 체증하다가 체감하는 경우

일반적으로 농업 생산에 있어서 최초 몇 단위의 생산요소의 투입 증가에 대해서 총생산의 증가율이 체증하는 경우가 많으나, 어느 단계에 가서는 수확체감의 법칙이 작용하게 되므로 추가적인 생산요소의 투입에 따라 총생산의 증가율이 체감하는 모습으로 바뀌어진다. 이러한 수확체감이 한동안 계속되다가 마침내는 생산요소의 추가적 투입에 대해 총생산의 절대량이 감소하게 된다. 그림 2-7은 이러한 관계를 나타내는 일반적 생산함수인데 여기서는 X_1이 3단위 투입될 때까지는 X축에 대하여 볼록형의 체증현상이 나타나고 3단위에서 7단위까지는 오목형의 체감현상이 나타나며 그 이후에는 총생산 자체가 감소하고 있다.

〈그림 2-7〉 일반적 생산함수

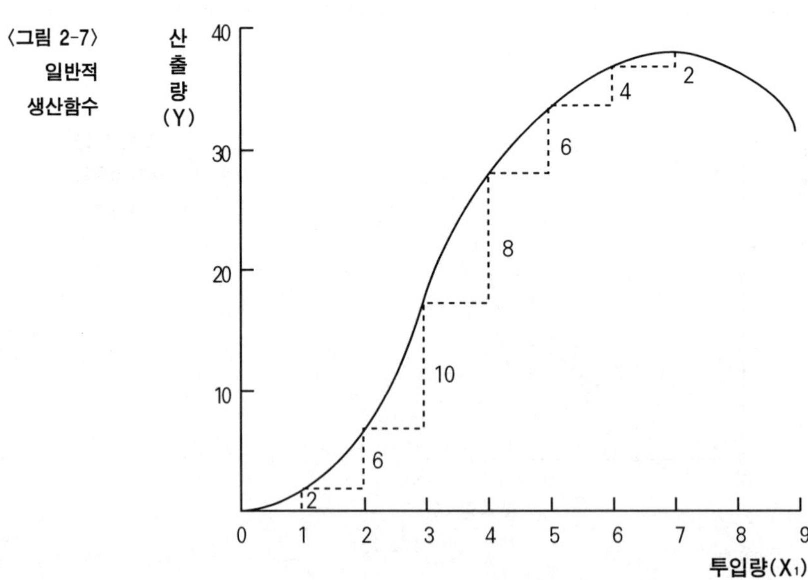

3. 평균생산과 한계생산

총생산을 투입된 생산요소의 수량으로 나눈 것(Y/X_1)을 평균생산(平均生產, average product)이라 하며, 이를 보편화하여 어떤 생산요소의 어느 생산물에 대한 평균생산력 또는 평균생산성(average productivity)이라고도 한다. 한계생산(限界生産, marginal product)은 생산요소 X_1을 1단위씩 추가로 투입할 때 추가되는 1단위의 생산요소가 산출해내는 추가 산출량

〈표 2-5〉 투입량과 총생산, 평균생산 및 한계생산

투입량 (X_1)	총생산 (Y)	평균생산 (Y/X_1)	한계생산 ($\Delta Y/\Delta X_1$)
0	0	-	-
1	5	5.0	5
2	14	7.0	9
3	21	7.0	7
4	26	6.5	5
5	30	6.0	4
6	33	5.5	3
7	35	5.0	2
8	36	4.5	1
9	36	4.0	0
10	35	3.5	-1

을 생산요소의 추가 투입량으로 나눈 것($\Delta Y/\Delta X_1$)을 말하는데, 이를 보편화하여 한계생산력 또는 한계생산성(marginal productivity)이라고도 한다. 표 2-5에서 보는 바와 같이 평균생산은 총생산을 투입량으로 나눈 수치이며, 한계생산은 투입량의 변화에 대하여 총생산의 증감량을 추가 투입량 단위(여기서는 1)로 나눈 수치가 되는 것이다.

4. 총생산, 평균생산, 한계생산의 상호관계와 생산의 탄력성

그림 2-8은 표 2-5를 그림으로 나타낸 것인데, 총생산이 생산요소의 투입 증가에 따라 수확체증과 수확체감 및 총생산감소 현상을 연속해서 나타내는 일반적인 생산함수 관계로서, 총생산과 평균생산 및 한계생산의 상호관계가 이해하기 쉽게 표시되어 있다.

1 — 총생산과 한계생산의 관계

한계생산이란 생산요소의 투입을 한 단위 추가할 때 총생산이 얼마나 추가로 증가되는가를 말하는 것이다. 그림 2-8의 아래 부분에서 물량으로 표시된 한계생산(MPP, marginal physical product)곡선을 보면 생산요소의 투입증가에 따라 수확이 체증되고 있는 동안은 한계생산이 계속 증가하지만 수확이 체감되는 경우에는 한계생산도 감소한다. 생산요소의 추가적인 투입에도 불구하고 총생산이 증감없이 불변인 경우의 한계생산은 0이 되며, 생산요소의 추가 투입에 대해 총생산이 오히려 감소할 경우의 한계생산은 마이너스가 된다.

한계(marginality)라는 개념은 추가(additional)라는 개념과 같은 의미를 지니는 근대경제학의 가장 중요한 개념으로 광범하게 사용되고 있다. 이를테면 적정(適正, optimum) 또는 최대(maximum)의 개념과 기업에 있어서의 최대수익, 가계에 있어서의 최대효용, 국민경제에 있어서의 자원의 최적이용 등 근대경제학의 기초가 되는 모든 이론들이 이 한계 개념에 의해 설명되고 있기 때문에 평균생산의 개념보다도 한계생산의 개념이 더욱 중요하다는 것이다.

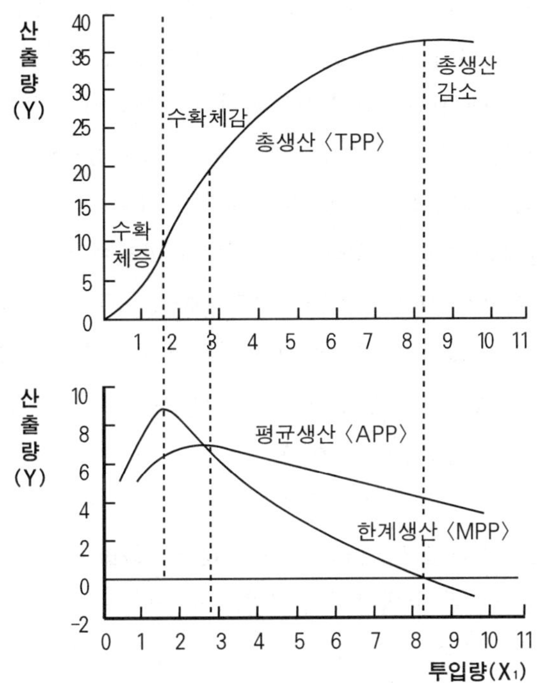

〈그림 2-8〉
총생산과 평균 및 한계생산 곡선

2 — 총생산과 평균생산의 관계

평균생산이란 생산요소의 투입 단위당 산출량의 평균을 말하는 것이다. 그림 2-8의 아래 부분에서 물량으로 표시된 평균생산(APP, average physical product)곡선을 보면 총생산의 증가율이 체증하는 경우에는 평균생산은 계속 증가한다. 추가로 투입되는 생산요소에 대해 총생산의 증가율이 체감하기 시작한 뒤 어느 단계까지는 평균생산이 증가하다가 그 이후부터 감소되지만 0이나 그 이하로 내려가지는 않는다.

3 — 한계생산과 평균생산의 관계

표 2-5에서 보는 바와 같이 한계생산이 증가하는 한 평균생산도 함께 증가하는데 이 범위에서의 한계생산은 평균생산보다 큰 수치가 된다. 그러나 한계생산이 최고치에서 감소하기 시작하여 평균생산의 수치보다 작아지면 평균생산도 감소하게 되지만 한계생산보다는 큰 수치가 되며, 평균생산이 최대가 되었을 때 한계생산과 서로 같은 수치가 된다.

이와 같은 관계는 그림 2-8에서 보면 쉽게 이해할 수 있다. 한계생산(MPP)곡선이 평균생산(APP)곡선보다 위에 있을 동안은 APP의 기울기는 정(正)의 방향(positive, +)이 되며 평균생산이 최대인 점에서 한계생산과 만나게 된다. MPP가 APP보다 작을 때에는 MPP와 APP의 기울기는 부(負)의 방향(negative, −)이 된다.

4 — 총생산곡선상에서 평균생산을 구하는 기하학적 방법

평균생산은 총투입량에 대한 총생산량의 비율이다. 바꾸어 말하면 평균생산은 총생산곡선 위에 있는 임의의 점과 원점을 연결하는 직선의 기울

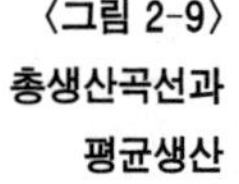
〈그림 2-9〉 총생산곡선과 평균생산

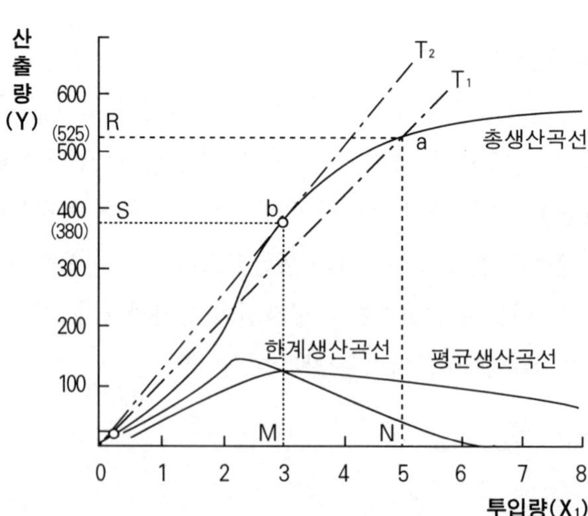

기라고 볼 수 있기 때문에 이것은 기하학적 방법으로도 쉽게 설명할 수 있다. 그림 2-9에 있어서 점 a에서의 총생산(OR)은 525이고 생산요소의 투입량(ON)은 5단위이므로 평균생산은 OR/ON=525/5=105이다. 여기서 OR/ON은 평균생산으로서 원점과 점 a를 잇는 직선 T_1의 기울기가 된다. 이와 같이 총생산곡선의 어떤 점에서도 T_1과 같이 원점을 잇는 직선을 그을 수 있다. 평균생산이 최대가 되는 점에서의 평균생산치를 구하려면 총생산곡선에 접하는 원점을 지나는 직선 T_2의 기울기를 계산하면 되는데, 여기서는 OS/OM=380/3=126.7이 된다.

5 — 총생산곡선상에서 한계생산을 구하는 기하학적 방법

한계생산이란 생산요소를 한 단위 추가로 투입했을 때 그에 따라 얻어지는 총생산의 추가량을 말하는 것이다. 다시 말해서 한계생산이란 어느 점에서의 추가투입량에 대한 추가생산량의 비율이므로 한계생산은 총생산곡선상의 어떤 점에 있어서의 접선의 기울기라고 할 수 있다.

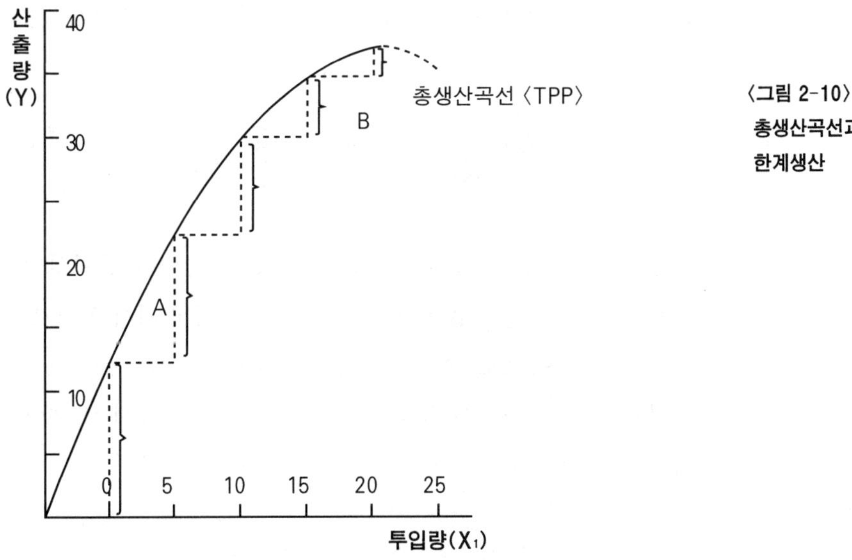

〈그림 2-10〉 총생산곡선과 한계생산

그림 2-10에서 X_1을 10단위 투입했을 때인 점 a에서의 한계생산을 구하는 방법은 a점에서 총생산곡선(TPP)에 접하는 직선 AB의 기울기를 구하는 것이다. 왜냐하면 직선 AB의 기울기가 바로 TPP선상에 있는 a점의 기울기인 $\Delta Y/\Delta X_1$이므로 a점에서 TPP에 접하는 직선 AB의 기울기가 곧 a점의 한계생산이 되는 것이다. AB와 같은 직선을 TPP선상의 어떤 점에서도 그을 수 있는데, 그 직선의 기울기가 곧 그 점에서의 한계생산이 된다.

그러나 한계생산을 도출하기 위한 접선은 평균생산의 경우와는 달리 원점을 통과하지는 않는다. 앞의 그림 2-9에서 직선 T_2는 원점에서 시작되어 b점에서 TPP에 접하게 되었으므로 이 점에서의 평균생산인 동시에 이 점에서의 한계생산도 된다. 다시 말해서 TPP선상의 b점에서 APP선과 MPP선의 기울기가 같아지므로 이점이 바로 평균생산과 한계생산이 같은 점이 되는 것이다.

6 — 생산의 탄력성(彈力性)

경제학에서 일반적으로 쓰이는 생산의 탄력성 개념은 총투입량 중 투입량의 변화 비율에 대한 총산출량 중 산출량의 변화 비율이라고 할 수 있는데, 이를 Ep의 기호로 표시하면 다음과 같은 식이 된다.

$$Ep = \frac{\Delta Y / Y}{\Delta X_1 / X_1} \text{ 또는 } \frac{\Delta Y}{Y} \times \frac{X_1}{\Delta X_1} \text{ 또는 } \frac{X_1}{Y} \times \frac{\Delta Y}{\Delta X_1}$$

표 2-4의 자료를 이용하여 Ep를 산출하는 방법을 설명하면 X_1이 1에서 2로 증가했을 때 증가율은 100%인데, Y는 103에서 174로 증가되어 그 증가율은 71%이므로 이때의 생산탄력성은 71/100=0.71이 된다. 이와 마찬가지로 X_1이 2에서 3으로 증가할 때 Y는 174에서 223으로 49만큼 증가하였으므로 이를 공식에 대입해 보면 다음과 같다.

$$Ep = \frac{49/174}{1/2} = \frac{49}{174} \times 2 = 0.562$$

이는 생산요소의 투입량이 100% 증가되면 산출량은 56%가 증가한다는 것을 의미한다. 생산의 전과정을 통해 Ep가 1.0인 생산함수는 그림 2-4와 같은 직선이 된다. 이 경우에는 생산요소의 투입을 100% 증가시키면 반드시 100%의 산출이 증가된다는 것을 의미한다. 그림 2-9의 생산함수선상의 b점에 있어서의 Ep는 1.0이다. 왜냐하면 원점에서 시작되는 직선 T_2와 생산함수선이 이 점에서 접하고, 원점을 통과하는 직선함수의 Ep는 항상 1.0이며 이 점에서 평균생산이 한계생산과 같아지기 때문이다.

Ep와 TPP와의 중요한 관계를 그림 2-8에서 보면 평균생산이 최대점에 달하게 될 때까지의 탄력성은 1보다 크고, 최대 평균생산이 될 때의 탄력성은 1이 되며, 최대 평균생산과 최대 총생산(즉 한계생산력이 0인 점) 사이에 있어서의 탄력성은 1보다 작고, 총생산력이 감소하게 될 때의 탄력성은 0보다도 작아지게 된다.

5. 생산함수의 3영역

수확체증 및 체감과 함께 수확량의 감소까지 나타내는 일반적인 생산함수는 세 개의 영역으로 나누어 설명할 수 있다. 주어진 생산함수를 가지고 얼마를 생산하는 것이 합리적인가를 구명하고자 할 때 생산물과 여러 가지 생산요소의 가격관계를 알아야 하는 것이 상식이다. 그러나 생산함수의 3영역을 알고 있다면 가격관계를 감안하지 않고서도 합리적인 생산의 범위를 어느 정도 파악할 수 있다는 점에서 중요한 의의를 지닌다. 생산함수의 3영역을 이해하는 데 도움이 될 그림 2-11은 그림 2-8을 다시 그린 것이다.

〈그림 2-11〉
생산함수의
경제영역

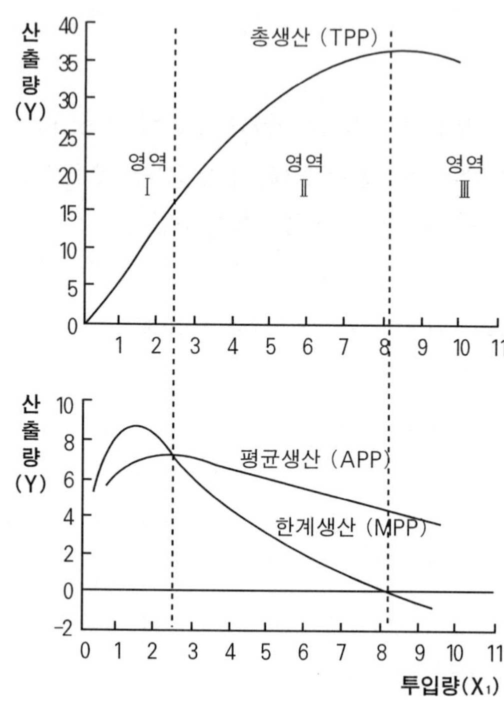

1 — 제1영역

제1영역은 생산요소의 추가적인 투입으로 얻어지는 평균생산이 최대가 될 때까지의 범위로서 총생산(TPP)이 수확체증을 나타내는 단계를 말한다. 따라서 이 영역 내에서의 한계생산은 언제나 평균생산보다 크기 때문에 개별 농업경영의 경영수익 측면에서뿐만 아니라 국민경제적인 입장에서도 생산이 중단되지 않고 계속되어야 할 영역이다.

왜냐하면 이 영역에서는 생산요소의 투입을 추가할 때마다 투입량에 대해서 얻어지는 평균생산이 더욱 많아지므로 이 범위 내에서는 투입을 계속하는 것이 이익이 되기 때문이다.

2 — 제2영역

제2영역은 총생산은 계속 증가하지만 한계생산과 평균생산은 계속적으로 감소하는 범위를 말한다. 그러나 이때의 평균생산과 한계생산은 다같이 감소하기는 하지만 0보다 작아지지는 않으며, 평균생산이 한계생산보다 언제나 크다. 제2영역에서는 총생산이 수확체감을 나타내지만, 더 많은 생산을 필요로 하는 제1영역이나 생산요소의 추가 투입이 총생산의 감소를 가져오는 제3영역보다 영역의 이용 면에서 생산요소의 투입이 합리적이다. 그러나 이 범위 내에서도 가장 합리적인 생산을 하려면 몇 단위의 생산요소를 투입하여 얼마를 생산할 것인가를 정확하게 파악해야 하고, 이를 위해서는 생산물(Y)의 가격과 생산요소(X_1)의 비용을 알지 않으면 안 되며, 당연히 이와 관련된 경제적인 분석이 필요하게 된다.

3 — 제3영역

제3영역은 생산요소의 투입이 지나치게 많아서 총생산이 오히려 감소하는 단계를 말한다. 이 영역에서는 평균생산이 계속 감소하지만 0보다는 큰데 비해 한계생산은 0 이하의 마이너스가 된다. 따라서 이 영역에서는 X_1의 투입이 많아짐에 따라 Y의 생산이 줄어들기 때문에 투입되는 생산요소가 가격을 전혀 지불하지 않고도 얻을 수 있는 자유재라 할지라도 이를 더 이상 투입해서는 불리하게 되므로 생산요소의 투입을 제2영역의 범위로 줄여야 할 필요가 있다.

실제의 농업생산에 있어서는 홍수나 가뭄, 폭풍우 등의 돌발적인 재해로 인해 생산에 있어서의 불확실성이나 위험이 크게 작용하기 쉬우며, 때로는 경영에 소요되는 자본이 부족하여 충분한 생산요소를 투입하기 어려울 때도 있기 때문에 경우에 따라서는 비합리적이지만 제1영역과 제3영역에서 생산의 범위를 결정할 수밖에 없는 사례가 있을 수 있다. 이를테면 자본의 부족으로 인해 충분한 사료를 주지 못하여 가축의 정상적인 발육이 어렵다든가, 시비량이 불충분하여 작물의 생육이 부진할 때는 제1영역에서 생산하지 않을 수 없다. 이와는 달리 좁은 계사(鷄舍)에 지나치게 많은 수의 닭을 사육하고 있다든가, 작물을 지나치게 많이 심었을 경우에는 총생산이 오히려 감소하는 제3영역에서 생산하게 될 수도 있는 것이다. 또한 제2영역에서 생산하고 있는 경우에도 경영자의 능력 여하에 따라서 생산량의 차이가 생길 수 있고, 투입되는 생산요소의 수량도 서로 다를 수 있다는 점을 지적해 두고자 한다.

6. 합리적인 생산의 선택

1 — 선택의 척도와 가격비율

어떤 생산자원이든 어느 한 가지의 농산물만을 생산할 수 있는 것이 아니라 여러 가지의 생산을 위해 이용될 수 있다는 것이 상식이다. 생산경제학의 이론은 주어진 자원을 어떤 목적으로 이용하는 것이 더 유리한가를 결정하는 기준, 다시 말해서 어떤 작목의 생산을 위해 생산요소를 어느 정도까지 투입하는 것이 수익이나 효용을 최대로 올릴 수 있는 점인가 하는 선택의 척도를 구명하는 데 있다. 자원의 이용과 작목의 선택을 위한 척도는 경영의 목적에 따라 달라지지 않을 수 없다. 왜냐하면 경영의 목적이 사업의 수익을 최대화하는 경우인지 가계의 소비에 있어서의 효용을 최대화하는 경우인지에 따라 그 최대화의 조건을 규정하는 기준이 서로 다르기 때문이다.

농업경영의 목적이 수익의 최대화에 있다면 수익 최대화의 조건을 규정하는 척도로서 투입되는 생산요소와 생산물의 가격비율이 흔히 사용된다. 이를테면 어떤 농가에서 양돈을 얼마나 할 것인가를 결정하고자 할 때 그 농가는 돼지고기의 값과 사료비의 가격 비율을 선택의 척도로 삼는 것이다. 다시 말해서 수익의 최대화를 목적으로 하는 농업경영에 있어서는 투입되는 생산요소의 단위당 비용과 생산물의 단위당 가격의 상대적 비율에 의해서 최대의 수익을 올릴 수 있는 합리적인 생산이 결정된다.

2 — 최대 수익이 되는 세 가지 경우

생산요소의 추가적 투입에 따라서 얻어지는 수익이 최대가 되는 경우는 세 가지로 설명할 수 있다. 첫째는 수익과 비용의 차액이 최대가 될 때, 둘째는 투입된 생산요소와 생산물의 가격비율이 한계생산의 수치와 일치할 때, 셋째는 한계수익과 한계비용의 값이 일치할 때다. 먼저 수익과 비용의 차익이 최대가 될 때를 생각해 보면, 수익과 비용의 차액이 같을 경우에는 자원 활용의 면에서나 생산 증대의 목적을 감안할 때 일반적으로 생산을 더 하는 쪽을 선택하기 마련이다. 개별농가가 시장가격에 영향을 미칠 수 없다는 것을 전제로 할 때 수익은 생산물의 수량과 시장가격을 곱한 금액이 된다. 마찬가지로 농가가 구입하는 생산요소의 수량을 증가해도 시장가격에는 영향을 미치지 않는다는 것을 전제하면 생산요소의 수량과 그 가격을 곱한 금액이 투입된 비용이 되며, 생산함수 곡선상에서 수익과 비용의 간격이 최대가 될 때 경영수익이 최대가 되는 조건을 충족하게 된다.

다음으로 생산요소와 생산물의 가격비율이 한계생산과 일치될 때 최대 수익을 얻을 수 있게 되는데, 이 관계를 대수식으로 표시하면 $PX_1/PY=\Delta Y/\Delta X_1$이 된다. 기하학적 방법에 의하여 최대수익이 되는 점을 생산함수 선상에서 찾으려면, 최대수익이 되는 조건은 가격선의 기울기와 생산함수 선상의 임의의 점에서의 기울기가 일치되는 것이므로, 가격선 A와 평행하는 선이 생산함수곡선(TPP)과 접하게 될 때에 수익이 최대로 되는 조건을 충족시키게 된다. 그림 2-12에서 가격선 A가 TPP와 접하는 점에서의 생산요소(X_1)의 투입량은 60단위임을 알 수 있다.

만약 Y의 가격은 변하지 않고 X_1의 가격이 높아져서 X_1과 Y의 가격비율이 달라지면 가격선 B의 기울기를 갖게 된다. 이때에도 B선과 TPP선이

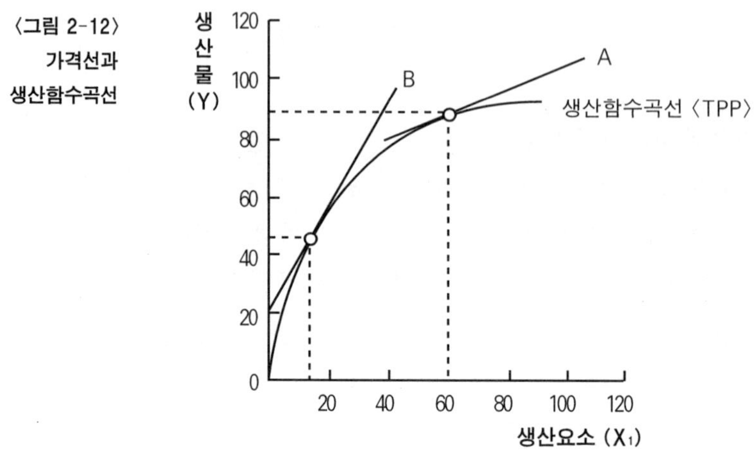

〈그림 2-12〉 가격선과 생산함수곡선

접하는 점에서 $PX_1/PY=\Delta Y/\Delta X_1$ 조건을 충족할 수 있게 되므로, 이러한 가격조건 하에서 수익을 최대화하기 위해서는 X_1의 합리적인 투입량이 약 13단위가 되어야 한다는 것을 알 수 있다.

끝으로 한계수익과 한계비용이 일치할 때 최대수익을 얻게 되는데 이는 어떤 생산물(Y)을 더 생산하기 위해 생산요소(X_1)를 한 단위 더 투입할 때 추가되는 비용이 한계비용이 되고, 추가된 투입에서 얻어지는 생산액이 한계수익이 되는데 이들이 같아질 때 수익의 최대화가 이루어진다는 것이다. 이를테면 한계수익이 한계비용보다 적을 때는 추가된 마지막 한 단위의 X_1을 더 투입할 경제적 의의가 없고, 반대로 한계수익이 한계비용보다 많을 때는 X_1을 추가로 더 투입하는 것이 더 많은 수익을 얻게 할 것이므로 수익의 최대화라는 목표를 충족하는 조건은 한계수익과 한계비용이 일치할 때가 되는 것이다.

2 — 비용개념과 손실최소화의 원리

앞에서 생산력과 생산함수에 관한 기초이론을 설명하였는데, 결론은 생산을 하고자 할 때 합리적인 투입량을 정하는 기준이 있다는 것이었다. 투입량을 결정하는 요인의 하나는 투입하는 생산요소의 가격이며, 이는 다른 말로 비용이 얼마나 소요되느냐의 문제이다.

여기서 설명하고자 하는 생산비용은 단기적인 비용에 한한다. 경제학 이론상 단기(short-run)라고 하는 것은 여러 가지 생산요소 중에서 하나 이상의 생산요소가 고정되어 있는 것으로 가정할 때를 말한다. 이를테면 토지 1ha에 대한 생산함수라고 하는 것은 그 토지의 면적은 고정된 것으로 가정하고 토지 이외의 다른 생산요소의 투입량을 가감했을 때의 생산함수를 말하는 것이다. 따라서 단기적으로 생산비를 파악하고자 할 때에는 일반적으로 토지의 면적은 고정되어 있는 것으로 전제한다. 토지를 비롯한 고정적인 생산요소가 변동할 때의 생산비는 장기적인 생산비이며, 장기분석에 있어서는 고정적인 생산요소를 처음부터 전제로 하지 않는다.

1. 비용의 종류

일반적으로 비용이라 함은 생산용역에 대해 지출된 금액을 말한다. 비용은 생산함수의 성질과 생산요소의 가격수준 등에 의하여 결정되기 때문에 시간적 요소와 일정량의 특정 생산물을 전제로 하지 않을 수 없다. 다시 말해서 얼마 동안의 생산기간에, 어떤 생산물을, 얼마만큼 생산하는 비용이라고 해야 의미가 있는 것이다.

그 기간 중에 생산물에 이전된 생산용역의 가액을 비용이라고 한다. 어떤 생산물을 얻는데 투입된 생산요소의 가액만을 비용으로 보아야 하며, 경영을 위해 구입된 모든 생산요소의 가액을 합산한 것을 비용으로 보아서는 안 된다. 왜냐하면 어떤 기간 중에 구입된 사료라 할지라도 돼지를 기르는 데 전부가 투입되지 않을 수도 있고, 종자, 비료 등의 생산요소가 하나의 생산물에 전부 투입되는 경우도 있기 때문이다. 이러한 생산비용은 그 성질에 따라 고정비와 유동비의 두 가지로 나누어진다.

1 — 고정비(固定費, fixed cost)

생산량이 증감되는 것과는 상관없이 일정한 비용으로서 고정되어 있는 것을 고정비(FC)라고 한다. 따라서 이 고정비는 생산량에 대해 어떤 함수관계를 갖는 것은 아니다. 여기에는 다음과 같은 것이 포함된다.

① 부동산에 대한 세금
② 생산기간 중에 있어서 투입된 자본에 대한 이자와 지대
③ 생산기간 중에 지불되는 고정재에 대한 비용

2 — 유동비(流動費, variable cost)

유동비(VC)는 생산량의 증감에 따라 변동하는 투입재, 예를 들면 비료, 농약, 사료 등에 대한 비용을 말한다. 이 비용은 생산량의 증감에 따라 사용된 생산요소의 종류와 수량에 따라 결정되기 때문에 생산량의 함수가 된다. 어떤 생산을 위해 고정시설을 하였을 경우에는 이를 이용하여 생산을 하지 않는다 해도 고정비가 그대로 지출되지만, 유동비는 생산을 하지 않을 때에는 지출되지 않게 된다. 다시 말해서 유동비라는 것은 어떤 경우이든 생산이 되고 있을 때 생기는 비용인 것이다.

3 — 총비용(總費用, total cost)

고정비와 유동비를 합한 것을 총비용(TC)이라고 한다. 이상 세 가지의 비용개념은 수익을 계산하기 위해서 당연히 필요한 것이지만, 단기적으로 가격과 생산량을 분석할 때에도 중요한 것이다. 이러한 비용함수는 앞에서

〈표 2-6〉
가상자료에
의한 총비용표

투입량 (X_1)	고정비 (FC)	유동비 (VC)	총비용 (TC)
1	100 원	40 원	140 원
2	100	70	170
3	100	85	185
4	100	96	196
5	100	104	204
6	100	110	210
7	100	115	215
8	100	120	220
9	100	126	226
10	100	134	234
11	100	145	245
12	100	160	260
13	100	180	280
14	100	206	306
15	100	239	339
16	100	280	380
17	100	330	430
18	100	390	490
19	100	544	644
20	100	544	644

본 생산함수의 경우와 마찬가지로 수표에 의하여 산술적으로 표시하거나, 그림으로 설명할 수도 있고 대수식으로 표시할 수도 있다. 표 2-6은 비용의 개념을 이해하기 쉽게 가상적인 자료로 계산한 수표이며, 그림 2-13은 이것을 그림으로 그린 것이다.

〈그림 2-13〉
비용함수

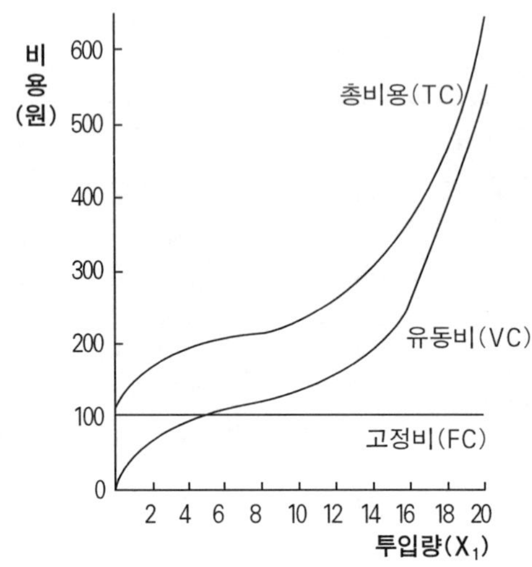

4 — 다른 기준에 의한 비용 분류

고정비용과 유동비용은 생산량의 증감과 비용 증감의 상관관계를 기준으로 비용을 분류한 것이다. 이외에 다른 기준에 의한 몇 가지 비용분류를 설명하고자 한다.

직접비용과 간접비용

직접비용(direct cost)은 특정작목이나 제품을 생산하는데 직접 투입되는 비용을 말하는데, 예를 들면 특정작목의 생산에 직접 사용된 종자비, 비료비 등의 유동비용과 농기계비 등의 고정비용을 포함한다. 간접비용(indirect cost)은 특정작목이나 제품을 생산하는데 직접적으로 투입된 비용 이외에 세금, 창고비 등과 여러 가지 작목의 생산에 함께 이용된 시설장비의 감가상각비 등과 같이 간접적으로 사용된 비용을 말한다.

소유비용과 운영비용

소유비용(ownership cost)은 생산물의 양과는 관계없이 농업경영자가 농장의 자산을 팔거나 다른 방법으로 이를 처분할 때 발생하는 비용을 말한다. 운영비용(operating cost)은 생산물을 생산하여 판매하기까지 농업경영의 운영에 사용되는 비용을 말하며, 생산물의 양에 따라서 가변적인 경우가 많다.

지출비용과 부대비용

지출비용(out-of-pocket cost)은 특정작목의 생산·판매를 위해 농장 외부로부터 현금 등을 지불하고 비료, 종자 등을 직접 구입하는 경우의 비용을 말한다. 부대비용(overhead cost)은 직접 구입하는 지출비용 이외에 농업경영에 전반적으로 소요되는 이자 등의 금융비용이나 직접 노무비 지급대상이 아닌 관리인력의 인건비, 건물과 시설장비 등의 감가상각비, 재고관리비 등 농업경영 전반에 걸친 비용을 말한다.

현금비용과 비현금비용

현금비용(cash cost)은 현금으로 지출되는 비용을 말하며, 비현금비용(non-cash cost)은 현금으로 지출되지 않지만 총비용에 포함되는 자기자본에 대한 이자, 자가노동비, 경영전반에서 발생하는 기회비용 등을 말한다.

기회비용(opportunity cost)이라 함은 경제이론상의 비용개념이다. 한정된 자원을 사용할 때 어떤 목적에 한 번 사용되면 재사용이 불가능하기 때문에 다른 목적으로의 사용은 포기해야 하는데, 이로 인해 희생되는 이익을 비용개념으로 환산한 것이다. 예를 들어 토지나 일정 자본을 경영수익을 올리기 위해 농업경영에 투입하였을 때는 이를 다른 사람에게 임대하거나 빌려줄 수가 없으므로 그랬을 경우에 해당하는 토지임대료나 자본이자가 희생된 이익으로서 기회비용이 되는 것이다.

고유비용과 교체비용

고유비용(original cost)은 자산의 초기비용으로서 아직 감가상각이 되지 않은 상태의 구입시 지출비용을 말한다. 교체비용(replacement cost)은 자산이 그 기능을 상실했을 때 같은 능력을 가진 자산을 대체하는데 소요되는 비용을 추정한 것을 말하며, 이는 주로 감가상각이나 보험을 목적으로 계산할 때 쓰이는 비용개념이다.

2. 총비용곡선의 모양

1 — 직선, 체감, 체증하는 총비용곡선

총비용곡선의 모양은 생산함수에 따라 달라지며, 총비용은 생산량의 증감에 따라 증감하게 된다. 생산함수가 직선인 때의 총비용곡선은 직선이 된다. 왜냐하면 단기적으로 투입된 생산요소의 각 단위가 같은 가격이므로 생산량이 증가함에 따라 같은 금액의 비용이 추가적으로 증가하기 때문이다. 고정비 즉 조세, 지대, 건물, 보험료, 감가상각 등은 생산량의 증감에 따라 변동하는 것이 아니므로 생산이 되지 않더라도 지출되는 비용이며, 생산량이 어느 정도 증가할 때까지, 즉 단기적으로는 추가적인 증가가 되지 않는 상태에서 고정되는 비용인 것이다. 총비용(TC)은 고정비에다 생산량의 증가에 따라 지출되는 유동비용을 가산한 것이므로 유동비의 다소에 따라 총비용곡선의 기울기가 결정된다. 생산량을 늘리기 위해서는 노임이나 자재비 등 유동비의 증가가 요구되기 때문에 총비용곡선은 오른쪽으로 올라가는 정(+)의 기울기가 되는 것이다.

생산함수에 있어서 X_1의 한계생산이 체증현상을 나타낼 때의 총비용곡선은 체감률로 상향하는 모양이 된다. 왜냐하면 추가적으로 투입되는 유동비용이 생산의 증가에 이바지하는 정도가 차츰 커지기 때문이다. 다시 말하면 추가적으로 얻어지는 생산의 각 단위가 그전 단위의 생산에 소요된 비용보다 적은 비용으로 얻어질 때의 총비용곡선의 모습인 것이다. 이에 반해 생산함수에 있어서 X_1의 한계생산이 체감현상을 나타내게 될 때의 총비용곡선은 체증률로 상향하는 모양이 된다. 이 경우 한계생산이 체감하기 때문에 추가적으로 투입되는 유동비용이 생산증가에 이바지하는 정도가 점점 작아지므로 총비용곡선은 X축에 대하여 볼록형을 나타내게 되는 것이다.

2 — 체감하다가 체증하는 총비용곡선

총비용곡선은 생산함수의 성질에 의존하며, 직선인 경우를 제외하고는 총비용곡선의 모양이 생산함수의 모양과 반대가 되고, 총비용곡선의 기울기도 생산함수의 기울기와 반대가 된다. 따라서 생산함수곡선의 한계생산이 체증하다가 체감하는 현상을 나타낼 때 총비용곡선은 이와 반대로 체감하다가 체증하는 현상을 나타내게 되는 것이다. 이때의 총비용곡선은 그림 2-14와 같이 된다.

다시 말해서 총비용곡선은 처음에는 체감률로 증가하다가 어느 한계를 지나면 체증률로 증가하게 된다. 이는 생산함수가 체증률로 증가하다가 어느 한계를 지나면 체감률로 증가하게 된다는 사실과 이론적으로 일치한다. 따라서 생산함수선상에 변곡점이 있는 것처럼 총비용곡선에도 변곡점이 생기게 되는 것이다.

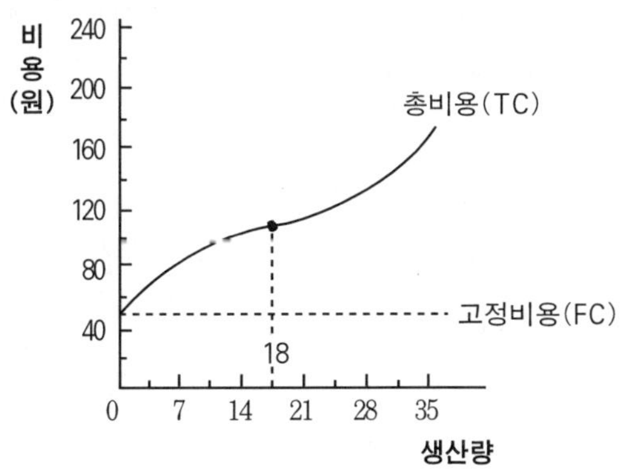

〈그림 2-14〉 체감 · 체증하는 총비용곡선

3. 생산물 단위당의 비용함수

총비용은 어떤 생산물의 생산에서 얻어지는 순수익을 계산하고자 할 때 필요한 것이다. 그러나 총비용만 가지고는 기존의 고정비용에다 유동비용을 어느 수준까지 투입하는 것이 합리적인 경영이 될 것인가에 관한 의사결정이나 고정비용 자체가 어느 정도까지 필요한가에 대한 합리적 판단을 하는 데는 불충분하다. 따라서 이와 같은 의사결정을 위해서는 총비용 이외에 생산물의 단위당 비용함수를 알아야 하는데, 이는 총비용함수를 이용하여 다음 네 가지로 계산해 낼 수 있다.

1 — 한계비용(MC, marginal cost)

한계비용이란 생산량을 1단위 증가하는데 필요한 총비용의 증가분을 말하는 것이므로 $\Delta TC/\Delta Y$로 표시할 수 있으며, 이는 총비용곡선의 임의의 점에 있어서의 기울기와 같다. 따라서 총비용곡선상의 임의의 점에 대한 한계비용을 구하려면 그 점에서 총비용곡선과 접하는 직선의 기울기를 구하면 된다. 이를테면 그림 2-15에 있어서 TC곡선과 접하는 L_1의 기울기는 a점에 있어서의 한계비용이 된다.

표 2-6의 가상 자료를 이용하여 생산물의 단위당 한계비용을 계산한 수치가 표 2-7에 나타나 있는데 산출량이 7~8단위까지는 한계비용이 체감하다가 그 다음부터는 체증하는 것을 알 수 있다.

2 — 평균비용 (AC, average cost)

평균비용은 일정량의 생산에 소요된 총비용을 생산량으로 나눈 것이다. 이는 평균고정비(AFC, average fixed cost)와 평균유동비(AVC, average variable cost), 그리고 이 둘을 합한 평균총비용(ATC, average total cost)으로 계산된다. 평균고정비는 총고정비를 생산량으로

〈표 2-7〉
생산물의 단위당 비용계산

생산량	평균고정비	평균유동비	평균총비용	한계비용
1	100.11	40.00	140.00	-
2	50.00	35.00	85.00	30
3	33.33	28.33	61.66	15
4	25.00	24.00	49.00	11
5	20.00	20.80	40.80	8
6	16.67	18.33	35.00	6
7	14.29	16.43	30.72	5
8	12.50	15.00	27.50	5
9	11.11	14.00	25.11	6
10	10.00	13.40	23.40	8
11	9.09	13.18	22.27	11
12	8.33	13.33	21.66	15
13	7.69	13.85	21.54	20
14	7.14	14.72	21.86	26
15	6.67	15.93	22.60	33
16	6.25	17.50	23.75	41
17	5.88	19.41	25.29	50
18	5.55	21.67	27.22	60
19	5.26	24.27	29.53	71
20	5.00	27.20	32.20	83

나눈 것이고(AFC=TFC/Y), 평균유동비는 총유동비를 생산량으로 나눈 것이며(AVC =TVC/Y), 그리고 평균총비용은 이 둘을 합한 것(ATC = AFC + AVC = TC/Y)이다.

이를 그림으로 나타내면 그림 2-15에서 원점을 통과하는 직선의 기울기는 그 직선이 총비용 곡선과 교차하는 점에서의 평균비용과 같으므로 직선 L_2의 기울기는 b점에 있어서의 평균비용이 되는 것이다. 이러한 원점을 통과하는 직선들 가운데 직선 L_3는 점 c에서 TC곡선과 접하게 되므로 이 직선의 기울기는 c 점에서의 평균비용이면서 동시에 한계비용이 되며, c 점이

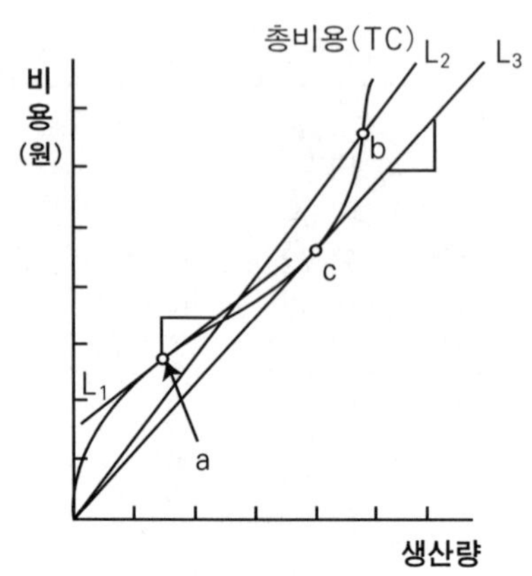

〈그림 2-15〉
총비용곡선과
평균 · 한계비용

MC와 AC가 일치하는 점이 된다.

표 2-7에서 보면 평균고정비는 생산이 늘어날수록 계속 줄어드는 반면 평균유동비는 11단위의 생산까지는 줄어들다가 그 이후에는 늘어나고, 따라서 평균총비용은 13단위의 생산까지는 줄어들다가 그 이후에는 늘어나는 현상을 볼 수 있다. 평균총비용과 한계비용이 같아지는 점을 표 2-7에서 찾아보면 13과 14의 생산단위 사이에서 13단위 쪽에 가까울 것이라는 계산을 할 수가 있는데 이때가 평균총비용이 최소가 되는 때임을 알 수 있다.

표 2-7을 그림으로 그리면 그림 2-16과 같이 된다. 각 비용곡선의 기울기는 그 기초가 되는 생산함수의 모양에 따라 당연히 달라진다. 그림 2-16의 여러 가지 비용곡선은 한계생산이 체증하다가 체감하는 일반적인 생산함수인 경우의 네 가지 단위당 비용곡선의 모습이다.

3 — 평균고정비(AFC)

이는 총고정비를 생산량으로 나눈 것으로서 단기적으로 고정된 시설을 전제로 할 때 생산물을 많이 생산할수록 단위당 평균고정비는 체감하는 특징을 가지고 있다.

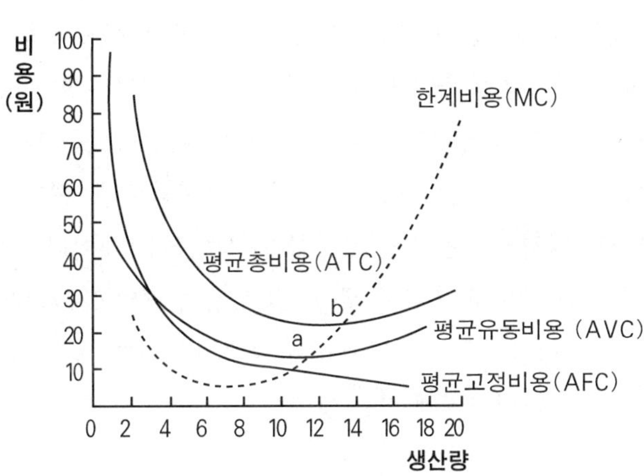

〈그림 2-16〉 각 비용곡선의 상호관계

4 — 평균유동비(AVC)

평균유동비는 평균생산(APP)과 서로 역관계를 가지고 있다. 다시 말해서 평균생산이 증가하는 동안에는 평균유동비는 감소하고, 평균생산이 감소하게 되면 평균유동비는 증가하므로 평균생산이 최대일 때에 평균유동비는 최소가 된다.

5 — 평균총비용(ATC)

이는 생산물의 단위당 생산에 소요된 평균고정비와 평균유동비의 합계액이다. 평균총비용의 최소점은 평균고정비가 계속 감소하기 때문에 평균유동비의 최소점보다는 생산이 많은 곳이 될 수밖에 없고, 평균유동비의 증가율이 평균고정비의 감소율보다 커질 때부터 평균총비용도 증가하기 시작한다. 그림 2-16에서 한계비용(MC)의 최소점은 생산함수곡선에서 한계생산이 최대가 되는 점에 대응하는 점이다. 이 MC곡선은 평균유동비곡선(AVC)과 평균총비용곡선(ATC)의 최소점 a, b에서 각각 교차하게 됨을 볼 수 있다.

이와는 달리 총비용곡선이 원점을 통과하는 직선이라면 평균총비용과 한계비용의 값은 같아지게 되고, 총비용곡선이 원점보다 윗 부분을 통과하는 직선일 때에는 한계비용은 일정하지만 평균비용보다는 적게 된다. 이때의 평균총비용은 생산량의 증가에 따라 점점 적어져서 한계비용에 가까와지지만 그것과 같아지지는 않는다. 이러한 형태의 비용곡선은 기본적으로 고정된 생산요소의 변동이 없는 단기적인 것임을 전제로 할 뿐만 아니라, 생산요소의 가격도 일정하다는 것을 가정할 때 성립하는 것이다. 일반적으로 농업경영에서 경험하는 바와 같이 생산요소시장의 제약으로 인해 생산요소의 투입 증가가 그 생산요소의 시장가격을 상승시킨다고 가정하면 비용곡선의 형태는 근본적으로 달라지게 되는 것이다.

4. 한계비용과 손실최소화의 원리

앞에서 수익의 최대화를 위한 합리적인 생산의 선택에 있어서 한계생산이 생산물과 생산요소의 가격비율과 같아질 때가 최대수익이 되는 점이라는 것을 설명한 바 있다. 여기서는 수익의 최대화를 위한 또 하나의 결정기준으로서 한계비용과 한계수익이 일치하는 점에서 최대수익이 된다는 것을 설명하기로 한다.

1 — 한계수익(MR, marginal revenue)

한계수익은 한 단위의 생산이 추가적으로 이루어질 때 얻어지는 추가수익을 말하며, 평균수익은 총수익을 생산량으로 나눈 것을 말한다. 총수익곡선의 임의의 점에서 접하는 직선의 기울기가 그 점에서의 한계수익이 된다는 것은 앞서 설명한 총비용함수로부터 한계비용을 구하는 방법과 동일하다. 또한 원점을 통과하는 직선이 총수익곡선과 교차할 때 그 직선의 기울기가 그 교차점에서의 평균수익이 된다는 것도 마찬가지이다.

어떤 농가가 완전경쟁(完全競爭)시장에서 자기가 생산한 농산물을 판매할 때 시장에서 그 농가가 판매하는 수량은 그 시장에 공급되는 공급 총량에 비하면 극히 일부분에 불과하므로 시장가격에 영향을 미치지 못한다. 다시 말해서 개별 농가가 시장에 출하하는 수량은 그 시장에 공급되는 총량에 비하면 무시할 수 있을 정도로 적기 때문에 시장가격의 형성에 영향을 미칠 수가 없다는 뜻이다. 따라서 쌀 1말의 시장가격이 1만원이라면 농가가 1말을 출하하거나 100말을 한꺼번에 출하하거나 농가가 수취하는 시장가격은 1만원이라는 것이다.

참고로 완전경쟁(perfect competition)에 대해 좀더 구체적으로 설명하면, 완전경쟁시장은 첫째 수요자와 공급자가 다수(large numbers)여야 하고, 둘째 생산물이 동질(同質, homogeneous product)이어야 하며, 셋째 시장에의 참여가 자유로워야 하고(free entry), 넷째 모든 참여자가 시장에 관한 지식과 정보를 완벽하게 가지고 있어야 하며(perfect knowledge), 다섯째 자원의 이동이 완전히 자유로워야(complete mobility)한다는 조건을 갖추어야 한다. 이러한 완전경쟁시장이란 이론적으로는 가능하지만 현실적으로는 거의 불가능한 것이다. 다만, 현실적인 시장구조를 보면 농산물의 시장이 공산품의 시장보다는 수요자와 공급자의 수가 많아서 개별 농가의 판매가 시장가격에 영향을 미치지 못한다는 점에서 상대적으로 완전경쟁시장에 가까운 특징을 가진다는 점을 지적해 두고자 한다.

농가가 쌀 판매에서 얻는 총수입은 시장가격이 일정하므로 시장가격과 판매수량을 곱한 것이 되며, 또 총수익이 수량의 증가에 비례하므로 총수익곡선은 원점에서 출발하는 직선이 된다. 이렇게 총수익곡선이 원점을 지나는 직선이라는 것은 평균수익과 한계수익이 다같이 시장가격과 일치한다는 것을 의미한다.

2 — 한계비용과 한계수익

한계비용은 생산량의 증감에 따른 추가비용의 증감을 말하는 데 비해 한계수익은 판매량의 증감에 따른 총수익의 증감을 말한다. 어떤 농가가 농산물을 한 단위 더 생산하고자 할 때에는 그 생산물을 시장에 판매하여 얻을 수 있는 가격이 그것을 생산하는 데 소요되는 비용과 최소한 같거나 조금이라도 많아야만 추가생산이 가능하며, 농가의 총수익도 증가하게 되는 법이다. 다시 말해서 한계수익(MR)이 한계비용(MC)보다 많은 한 생산을 더 많이 하게 되고, 반대로 한계수익이 한계비용보다 적은 경우에는 생산을 줄여야 유리하게 되므로 한계수익이 한계비용과 같을 때(MR=MC)가 최대수익이 되는 것이다.

그러나 현실적으로 농업인들이 언제나 MR=MC의 조건이 충족되는 수준에서 그들의 생산활동을 수행하고 있다고 하기는 어렵다. 일반적으로 농업인들은 시장 사정에 대해 불완전한 지식을 가지고 있으며, 파종하고 나서 몇 개월 뒤에 얻게 되는 생산물의 가격이 어떻게 될 지 정확한 예측이 거의 불가능하기 때문에 이론에서와 같이 MR=MC의 조건이 충족되는 점을 알기가 어렵고, 따라서 최대수익을 올리는 생산규모를 합리적으로 결정하기 어려운 것이다. 뿐만 아니라 앞날의 가격에 대한 정확한 예측이 가능하다고 할 경우에도 농가가 이용할 수 있는 생산요소와 자본의 부족으로 인해 최대수익을 올릴 수 있는 수준까지 생산을 하지 못하는 경우도 많은 것이다.

3 — 손실최소화의 원리

총비용은 고정비와 유동비로 구성되는데, 토지, 건물, 대농구 등의 고정비는 단기적인 경영지표로서는 그다지 중요하지 않은 것이다. 이미 투입된 고정시설은 쉽게 가감할 수 없기 때문에 단기적으로는 최대한으로 이용하는 것이 유리하다. 따라서 단기적인 경영지표로 관심을 가져야 하는 것은 유동비이다. 이를테면 생산물의 판매가격, 즉 한계수익이 평균총비용에는 미치지 못한다 하더라도 고정비는 이미 투자된 것이므로 유동비 수준에만 도달할 수 있다면 생산을 계속하는 것이 유리하게 된다. 그래야만 투입된 고정비 전부는 못되더라도 고정시설을 최대한으로 이용하여 수익을 올림으로써 이미 투입된 고정비를 최대한 회수할 수 있게 되는 것이다. 그러나 생산물의 판매가격이 추가 소요되는 유동비 수준에도 미치지 못한다면 더 이상 생산을 하지 않는 것이 손실을 최소화하는 것이다. 이러한 원리를 손실최소화의 원리라고 한다.

그러나 이 원리는 단기인 경우에만 타당한 것이며, 장기인 경우에는 달라지게 된다. 장기인 경우에는 고정된 생산요소가 전제되지 않기 때문에 판매가격이 평균유동비와 평균고정비를 합한 평균총비용보다 높아야만 생산이 계속하여 이루어질 수 있다. 다시 말해서 장기간에 걸쳐 생산이 계속될 경우에는 기존의 고정시설이 낡아지게 되고, 이를 새로 대체하는 데는 추가로 자본이 소요되므로 고정비가 증가하게 된다. 특히 새로운 기계를 도입하려면 매년의 감가상각비를 적립할 수 있어야 하고, 이를 포함한 평균총비용보다 많은 수익이 있어야만 생산이 계속될 수 있는 것이다.

5. 고정비의 비중과 단위당 비용의 변동

총비용 중에서 고정비가 차지하는 비율은 경영형태와 경영규모, 생산비의 계산방식 등에 따라 달라진다. 일반적으로 낙농, 양계 등의 경우가 곡물재배의 경우보다 고정비의 비율이 높다. 고정비가 차지하는 비율이 상대적으로 높은 이유는 다음과 같은 것이 있다. 첫째, 고정비와 기술의 수준은 일정한데 유동비의 가격이 낮아질 경우이다. 이 경우는 고정비의 비율은 높아지지만 총비용이 적어지기 때문에 유리해진다. 둘째, 생산요소의 가격은 변동이 없으나, 기술의 발달로 인해 가변적인 생산요소의 생산성이 증가하여 유동비를 절약할 수 있게 될 때 총비용에 대한 고정비의 비율이 높아진다. 이 경우도 마찬가지로 총비용이 줄어들기 때문에 유리해진다. 셋째, 생산요소의 가격과 기술의 수준은 일정한데, 생산물의 가격이 낮아져서 이에 따라 생산이 감소할 때 생산량의 함수인 유동비가 줄어들고, 따라서 고정비의 비율이 높아지는 경우이다. 넷째, 다른 조건의 변동이 없으면서 고정비가 증가하는 경우이다. 이는 경영규모의 확대 또는 새로운 시설・장비의 도입을 위해 고정 투자를 늘리거나, 고정된 생산요소의 가격이 상승하여 이를 재평가할 필요가 있을 때 고정비의 비율이 상대적으로 높아지는 경우이다.

새로운 고정투자는 장기 수익성을 감안한 경영의 발전이라 할 수 있다. 그러나 지나친 고정비의 증가는 경영에 압박을 주기 쉬우므로 신중한 판단을 요하며, 고정된 생산요소의 가격상승은 경영에 부담이 될 뿐이므로 불리한 것이다. 생산요소의 단위당 비용은 기본이 되는 생산함수에 변동요인이 발생하거나 생산요소의 가격이 변동할 때 달라지게 된다. 가변적인 생산요소의 생산력이 변하기 때문에 생산함수가 변동할 경우에는 평균총비용과 평균유동비 및 한계비용이 변화하지만 평균고정비는 변하지 않는다. 가변적인 생산요소의 가격이 변화하는 경우에도 같다. 그러나 고정비가 변화하는 경우에는 한계비용과 평균유동비에는 영향을 미치지 않는다. 따라서 단기적으로는 유동비의 변동이 한계비용을 변화시키므로 경영수익에 관련된 의사결정에 직접적으로 영향을 미치는 요인이 되며, 장기적으로는 유동비만이 아니라 고정비를 포함한 총비용이 함께 고려되어야 한다.

어떤 생산요소가 고정비의 항목에 들어가고 어느 것이 유동비의 항목에 들어가는가 하는 문제는 개별 농가의 사정에 따라 다를 수 있기 때문에 일률적으로 규정하기는 어렵다. 따라서 비용의 구성도 농가에 따라 서로 다를 수가 있는 것이다. 이를테면 영농에 투입된 자가노동력에 대해서는 직접 현금으로 노임을 지불하지 않기 때문에 고용노임과 같이 유동비로 분류하기 어려워서 고정비의 성격을 가지게 되는 경우가 많다. 농기계비의 경우에도 빌려쓰는 농기계에 대한 사용료는 유동비로 분류되지만 농가가 소유하는 경우에는 고정비로 분류된다.

농업경영을 가족적 소농경영(family farm)과 대규모 상업영농(large-scale commercial farm)으로 나누어 보면, 일반적으로 가족적인 소농경영은 자가노동에 의존하는 경우가 많기 때문에 대규모 상업영농에 비해 고정비의 비중이 상대적으로 커지기 쉽다. 따라서 단기적으로 가변적인 생산요소의 증감으로 유동비를 조정하여 생산물의 시장가격 변동에 대응할 수 있는 여지가 상대적으로 적어진다. 뿐만 아니라 이러한 가족적 소농경영이 대종을 이루고 있는 우리나라와 같은 농업경영구조에서는 농산물의 공급이 비농산물에 비해 경기의 변동이나 시장상황의 변화에 대응하는 신축성은 적지만, 농산물의 가격이 떨어질 경우에 자가노동력에 주로 의존하는 가족적 소농경영이 고용노동력에 의존하는 대규모 상업영농에 비해 단기적으로 유동비의 압박을 덜 받기 때문에 경영을 중단하지 않고 계속할 여지가 많다는 장점도 있는 것이다.

가족적인 소농경영의 경우에는 유동비의 비중이 상대적으로 작기 때문에 단기적으로 평균유동비곡선(AVC)과 한계비용곡선(MC)의 기울기가 대규모 상업영농의 경우에 비해 상대적으로 완만하게 된다. 따라서 다른 조건이 다 같다고 가정하면 한계수익(MR)이 한계비용(MC)과 같아지는 최대수익점의 생산단위가 가족적 소농경영의 경우에 더 크게 된다. 뿐만 아니라 농산물의 시장가격이 떨어져서 최대수익이 되는 MR=MC의 점에서의 생산이 불가능하게 될 때에는 한계수익인 판매가격이 평균유동비와 같아지는 점까지 생산하는 것이 손실을 최소화하는 것이 된다. 이때 가족적인 소농경영에 있어서는 자가노동력에 대한 현금지불을 하지 않기 때문에 이를 고정비로 보면 생산을 지속할 수 있는 여지가 더 커지게 된다. 다시 말해서 고용노동력에 의존하는 대규모 상업영농의 경우에 농산물의 시장가격 변동에 따라 생산량과 고용량이 감축되는 정도가 더욱 커진다는 것이다.

3 — 생산요소의 합리적인 결합

앞에서 설명한 생산함수와 비용함수의 한계분석에 있어서는 가변적인 생산요소를 하나로 가정하였는데, 여기서는 가변적인 생산요소가 하나만이 아니고 둘 이상인 경우에 생산요소간의 대체 또는 결합에 관한 합리적인 선택에 대하여 설명하기로 한다. 편의상 X_1 과 X_2라는 두 생산요소의 투입을 가변적이라고 보고, 그 밖의 생산요소는 불변으로 가정하는 단순한 형태를 기본으로 하여 설명하고자 한다.

여기서의 생산함수는 생산요소 하나만 가변적인 것으로 가정하는 $Y=f(X_1 \mid X_2, X_3, \cdots, X_n)$과는 달리 $Y=f(X_1, X_2 \mid X_3, \cdots, X_n)$으로 표시된다. 이때 일정량의 Y를 생산하기 위해 X_1과 X_2를 각각 어떤 비율로 결합할 것인가의 문제가 제기되는 것이다. X_1과 X_2 를 서로 대체할 수 없는 경우도 있지만 여기서는 서로 대체가 가능하다는 것을 전제로 하여 분석을 전개하고자 한다. 이를테면 두 가지 사료를 각각 얼마씩 사용할 것인가, 또는 질소질과 인산질 비료를 어떤 비율로 배합하여 사용할 것인가, 또는 가족노동력과 고용노동력을 어떻게 대체 이용할 것인가 하는 문제인 것이다. 두 가지 생산요소를 X_1과 X_2로 하고 이들을 어떻게 결합 또는 대체할 것인가의 선택이 기본과제가 되는데, 이때 선택의 기준은 두 요소를 어떤 비율로 투입했을 때 비용이 최소화되느냐 하는 데 있다. 왜냐하면 일정한 생산물을 얻기 위한 생산요소의 결합이 가장 적은 비용으로 이루어졌을 때 최대의 수익을 얻게 되기 때문이다.

1. 가변생산요소가 둘인 생산함수와 동일생산곡선

X_1과 X_2의 두 생산요소의 투입량이 변화하게 될 때의 생산함수는 2차원

의 표(one-way table)로는 설명할 수 없으므로 3차원의 수표(two-way table)로 설명하기로 한다. 표 2-8은 옥수수(X_1)와 건초(X_2)를 사료로 하여 육우를 사육했을 때 얻어지는 체중의 1일당 증가량을 나타낸 표이다.

(단위:kg)

〈표 2-8〉 옥수수와 건초에 의한 육우의 1일 증체량

건초(X_2) / 옥수수(X_1)	8	12	16	20
10	1.61	1.81	1.98	2.13
15	1.96	2.16	2.33	2.48
20	2.27	2.47	2.64	2.79
25	2.41	2.61	2.78	-

이때 X_1과 X_2를 투입하는 방법으로서 다음의 세 가지를 생각할 수 있다. 첫째는 X_1과 X_2를 각각 같은 비율로 증투하는 경우이다. 이를테면 옥수수(X_1)를 10kg에서 20kg으로 늘릴 때 동시에 건초(X_2)도 8kg에서 16kg으로 늘리는 경우인데 이때 육우의 1일 증체량(Y)은 1.61kg에서 2.64kg으로 증가하게 된다.

둘째는 건초의 투입을 8kg에서 고정시키고 옥수수의 투입만을 늘리거나, 반대로 옥수수의 투입을 15kg에서 고정시키고 건초의 투입만을 늘리는 경우이다. 이렇게 두 가지의 생산요소 중 하나를 고정시키고 다른 하나만 변화시키는 경우의 생산함수는 앞서 설명한 $Y=f(X_1 \mid X_2, X_3, \cdots, X_n)$과 다를 바가 없게 된다.

셋째는 일정량의 Y를 생산하기 위해서는 X_1과 X_2를 각각 어떻게 결합해야 하는가에 따라 투입량을 결정하는 경우이다. 이를테면 육우의 1일 증체량(Y)을 2.33kg 얻으려면 건초 16kg과 옥수수 15kg을 투입하거나, 건초 8kg과 옥수수 23kg을 투입하는 등 두 요소의 여러 가지 결합으로 가능한 것이다.

이상 세 가지 방법 중에서 여기서는 서로 대체 사용할 수 있는 두 가지 생

산요소가 있을 때 비용이 가장 적게 드는 방법을 선택해야 한다는 기준에 맞게 세 번째 방법으로 두 생산요소를 어떻게 결합하여 투입할 것인가에 대해 설명하고자 한다.

일정량의 생산물(Y)을 얻을 수 있는 방법으로 선택되는 X_1과 X_2의 결합 관계는 여러 가지가 있다. 같은 양의 Y를 생산하기 위한 X_1과 X_2의 여러 가지 결합 관계를 연결한 선을 동일생산곡선(equal product 또는 iso-product contour)이라고 한다. 일반적으로 두 생산요소의 투입을 동시에 늘리면 생산량도 늘어나는데 동일생산곡선은 산의 높이를 나타내는 등고선이 그 곡선상의 어느 점에서나 높이가 같다는 것을 의미하듯이, 그 선상의 어떤 점에서 두 생산요소를 결합하는 경우에도 동일한 수량을 생산하게 된다는 것을 나타낸다.

X_1과 X_2가 서로 대체되는 비율이 같을 경우에는 동일생산곡선은 직선의 형태를 취하겠지만, 두 생산요소의 대체율이 투입증가에 따라 체감하는 경우에는 동일생산곡선이 곡선의 형태를 취하게 된다. 두 생산요소의 투입이 가변적인 3차원의 생산함수를 그림으로 나타낸 것을 3차원의 생산표면

〈그림 2-17〉 3차원의 생산표면

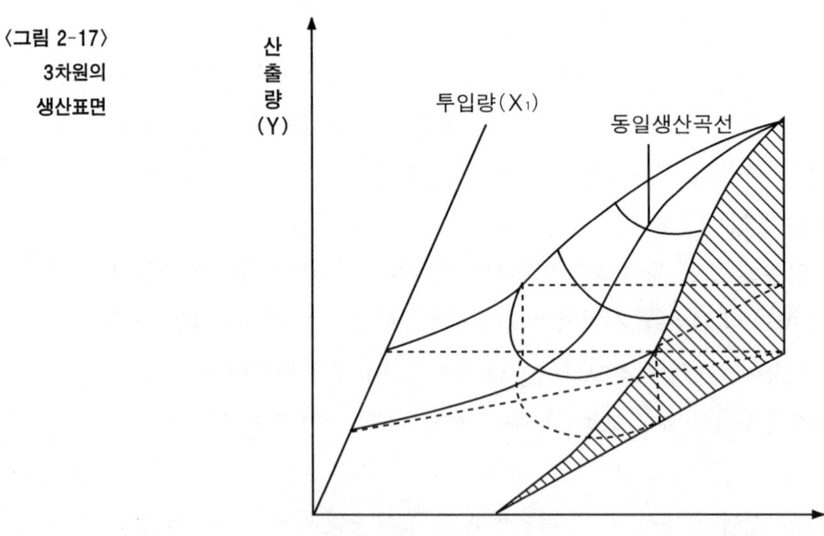

(production surface)이라고 한다. 이때 표면의 높이는 생산량을 나타내고 이를 생산하는 데 투입된 생산요소의 수량은 평면의 양축으로 표시한다.

그림 2-17은 한계생산이 처음에는 체증하다가 어느 수준 이후에는 체감현상을 보이는 일반적인 생산함수의 생산표면이다. 생산표면의 모양은 생산요소의 결합에 의한 한계생산이 체증현상을 보일 때에는 X_1과 X_2의 평면에 대해 볼록형의 곡면이 되고, 체감현상을 보일 때에는 오목형이 되며, 직선인 생산함수일 때에는 생산표면도 평면이 된다.

2. 생산자원의 대체관계

생산요소 간의 결합 방법에 따라 나타나는 동일생산곡선의 형태는 불변대체율, 가변대체율과 기술적인 보합관계의 세 가지에 따라 달라지게 된다.

1 — 불변대체율의 동일생산곡선

둘 이상의 생산요소 간에 대체관계가 있을 때 한 생산요소의 투입을 한 단위 추가하면 다른 생산요소의 투입이 대체되므로, 같은 양의 Y를 생산하기 위해서 X_1의 투입을 증가시키면 그에 따라 X_2의 투입은 감소하게 된다. 이때 X_1의 추가 투입에 대하여 X_2의 투입이 감소하는 정도를 한계대체율(marginal rate of substitution)이라고 한다.

일정량의 Y를 생산하는 생산요소의 결합방법으로서 X_1과 X_2가 서로 같은 비율로 대체될 경우의 한계대체율을 불변대체율(constant rate of substitution)이라고 한다. 다시 말해서 일정량의 Y를 생산하기 위해 X_1의 투입량을 감소시키는 비율과 같은 비율로 X_2의 투입량을 증가시키는 방법으로 두 가지 생산요소를 결합할 때 X_1과 X_2의 대체율을 불변대체율이라고 하는 것이다. 현실의 농업생산에서 이러한 경우는 흔하지 않다. 배합사료를 생산할 때 옥수수와 수수의 사료가치가 거의 같고 투입비율도 언제나 거의 일정하기 때문에 이것이 불변대체율의 예가 된다.

2 — 가변대체율의 동일생산곡선

현실에 있어서는 생산요소 상호간에 대체가 가능한 결합관계에 있을 때 한계대체율이 일반적으로 체감 또는 체증현상을 나타내기 쉽다. 동일생산곡선상의 임의의 점에서의 한계대체율은 그 점에서 동일생산곡선과 접하는 직선의 기울기가 되며, 각 점의 기울기는 일정하지 않고 체감 또는 체증하는 현상을 보이고 있다. 이 경우의 한계대체율을 가변대체율(varying rate of substitution)이라고 한다.

3 — 기술적인 보합관계

생산요소의 상호간 대체에 있어서는 위에서 말한 두 가지 이외에 기술적인 보합관계(technical complement)가 있는데, 이를 고정비율의 기술적 보합과 일정한 대체율 한도까지의 기술적 보합관계로 나누어 설명하고자 한다.

먼저 고정비율의 기술적 보합관계는 어느 상품을 생산하는 데 X_1과 X_2의 생산요소가 고정적인 비율로만 서로 결합하는 경우이다. 예를 들면 물 1분자는 수소 2원자와 산소 1원자가 결합해서 얻어지는데, 이를 고정비율(fixed proportion)의 기술적 결합이라고 한다. 이 경우 X_1이나 X_2는 고정비율의 기술적인 보합관계에 있기 때문에 어느 한 쪽만을 늘려서는 Y의 생산이 늘어나지 않는다. Y의 생산을 증대시키기 위해서는 하나의 생산요소의 투입과 동시에 다른 생산요소의 투입을 반드시 늘려야 한다는 것이다. 따라서 이 경우에는 생산요소의 투입비율에 있어서 최적 선택의 문제는 생기지 않는다.

현실에서는 X_2를 적게 투입하는 대신 X_1을 많이 투입하는 대체관계에서 X_1의 증투에 의해 X_2의 투입을 어느 한도까지는 줄일 수 있으나, 그 한도 이상이 될 때는 기술적으로 대체가 되지 않는 경우가 있다. 다시 말하면 X_1의 증투에 의해 X_2의 투입을 계속 줄일 수 있지만, X_2가 일정한 수준에 도달한 이후에는 X_1을 더 투입해도 X_2가 그 이하로 줄어지지 않기 때문에 X_1을 더 투입하는 것이 자원의 비합리적인 이용이 되므로 낭비가 되는 경우이다. 이와 같이 X_1과 X_2을 대체할 때 기술적 보합관계가 나타나면 상호간의 대체가 가능한 영역 내에서만 각 생산요소의 투입이 이루어져야 한다. 왜냐하면 이 영역을 벗어나면 기술적으로 생산요소 간의 대체가 불가능하게 되므로 일방적인 한 가지 생산요소의 증가투입이 바로 낭비요인이 되기 때문이다.

3. 한계대체율과 비용의 최소화

생산함수의 영역 가운데 비합리적 영역에서 자원이 투입되었을 때에는 생산요소의 가격관계가 변동되더라도 경제효율을 극대화하는 합리적인 결합을 기대할 수 없다. 자원의 투입이 합리적 영역에서 이루어진다해도 동일 생산곡선상의 어느 점에서 결합하는 것이 경제효율을 최대화시키는 점인가가 중요한 선택과제가 된다. 어떻게 결합하는 것이 비용을 최소화하는 것인가의 결정이 필요하다는 뜻이다.

이 경우 물량기준의 기술적 한계대체율만으로는 합리적인 생산요소의 결합방법을 선택하는 판단기준으로 충분하지 못하다. 왜냐하면 경제효율을 최대화하는 조건을 충족시키는 생산요소의 결합은 수익의 최대화가 경영의 목적이기 때문에 생산에 소요되는 비용을 최소화한다는 기준에 의해 결정되어야 하며, 이때 비용이 적게 드는 생산요소의 결합방법을 선택하기 위해서는 각 생산요소 간의 가격비가 반드시 전제되어야 하기 때문이다. 가격비(price ratio)란 두 가지 생산요소의 시장가격 비율을 말한다. 이를테면 X_1의 가격이 100원, 그리고 X_2의 가격이 50원이라고 할 때 X_2에 대한 X_1의 가격비는 $PX_1/PX_2=100/50=2$가 된다. 이 가격비를 기준으로 투입되는 생산요소의 한계대체율 $\Delta X_2/\Delta X_1$을 산출하여 이를 비교분석함으로써 최적투입량을 결정할 수 있게 되는 것이다.

1 — 불변대체율과 비용의 최소화

두 가지의 생산요소 X_1과 X_2 사이의 대체관계에 있어서 그 한계대체율이 일정할 경우 비용의 최소화를 위해서는 어느 하나의 생산 요소만으로 생산하는 것이 가장 경제적일 수가 있다. 앞에서 합리적인 생산을 위한 선택의 척도를 설명할 때 생산물과 생산요소의 가격비가 한계생산과 일치되는 것이 수익 극대화의 조건이었던 것처럼, 생산요소의 결합에 있어서 생산비용이 일정하게 되는 조건은 생산요소의 가격비가 생산요소의 한계대체율과 역으로 일치하게 될 때이다.

생산요소의 가격비가 한계대체율보다 작을 때에는 X_1의 투입비용이 X_2의 투입비용보다 적기 때문에 X_1의 투입을 늘리는 것이 전체 비용을 줄이는 결과가 된다. 반대의 경우에는 생산요소의 가격비가 한계대체율보다 크고, 따라서 X_1의 투입비용이 X_2의 투입비용보다 크기 때문에 X_2의 투입을 늘리는 것이 전체비용을 줄이는 결과가 된다. 그러나 생산요소의 가격비가 한계대체율과 역으로 일치할 때에는 생산요소의 결합을 어떻게 하더라도 전체비용이 일정하게 되는 것이다.

2 — 가변대체율과 비용의 최소화

생산요소의 한계대체율이 가변적인 경우에는 생산요소의 가격비가 한계대체율과 역으로 일치하는 점에서 생산비용이 최소가 된다는 것이 비용최소화의 원리이다. 그러나 생산요소의 가격이 어떻게 변동되더라도 생산요소의 결합에 있어서의 합리적 영역은 앞에서 말한 바 있는 기술적인 대체효율의 합리적 영역 안에 있고 그 영역 밖으로 나가게 되지는 않는다. 이론적으로 생산요소가 둘인 경우에는 지금까지 설명한 방법으로 최적생산점을 찾아낼 수 있지만, 현실에서 일반적으로 나타나는 바와 같이 셋 이상의 생산요소가 동시에 가격변동을 일으키는 경우에도 비용 최소화의 조건은 생산요소가 둘인 경우와 마찬가지로 각각의 생산요소의 상대가격비와 한계대체율이 역으로 일치하는 때이다.

농업생산에 있어서 비용의 최소화를 위한 최적생산을 결정하려면 생산요소 간의 한계대체율을 비롯한 많은 관련 정보가 필요하다. 그러나 이러한 정보는 대부분의 후진국은 물론 선진국에 있어서도 불충분한 경우가 많다. 반면에 합리적이고 과학적인 생산계획을 수립하여 최적생산과 비용최소화를 기하기 위해서는 무엇보다도 한계대체율 등의 기술적인 정보와 생산요소의 가격비 등 정보가 필요한 것이다. 따라서 농업경영의 발전을 위해서는 농업경영자와 연구자, 관련기관들이 필요한 정보를 수집, 분석, 정리하여 이를 자료로 축적하는 동시에 이용자에게 적시에 제공할 수 있는 체제를 갖추는 것이 필수적인 과제가 된다.

4— 생산물 선택의 합리화

지금까지 생산경제학에 있어서의 세 가지 기본관계 중에서 생산요소와 생산물과의 관계(factor-product relationships)와 생산요소 상호간의 대체관계(factor-factor relationships)를 설명하였다. 여기서는 세 번째의 기본관계인 생산물 상호간의 관계(product-product relationships)에 대해 설명하고자 한다. 이는 주어진 여러 가지 생산요소와 자원을 활용하여 생산할 수 있는 각종의 생산물을 어떻게 배분 또는 결합하는 것이 순수익을 최대화하는 것인가의 선택에 관한 문제이다. 다시 말해서 상호대체가 가능한 생산물 상호간, 또는 경영부문 상호간에 있어서의 선택의 문제로서 이와 같은 의사결정은 생산계획을 수립할 때 반드시 필요하게 된다.

이를테면 경영에 이용할 수 있는 일정한 면적의 농지에 밀과 보리를 각각 얼마씩 경작할 것인가, 또는 경종부문과 양축부문의 결합비율을 어떻게 할 것인가, 또는 젖소와 돼지를 각각 몇 마리씩 사육할 것인가 등등을 결정할 때의 선택의 문제인 것이다. 순수익을 최대로 올리는 것을 목적으로 하는 농업경영에 있어서는 당연히 생산물의 선택에 관한 문제가 생기게 된다. 생산물의 선택을 위해서는 어떤 생산물이나 경영부문에 각각 어떻게 자원을 배분하고 어느 정도로 경영을 다각화하는 것이 합리적인가를 판단하는 기준이 있어야 하며, 그 이전에 생산물과 생산물의 상호관계에 관한 일반적인 성질을 알아야 한다.

1. 생산가능성

한정된 생산요소를 투입하여 둘 이상의 생산물을 생산하고자 할 때 어느 하나의 생산물을 증가하는 것이 다른 생산물의 생산에 어떠한 영향을 미칠 것인가가 관심의 대상이 된다. 이때 두 가지 생산물의 경합, 대체 또는 보완 등의 상호관계는 각각의 생산물과 생산요소의 상호관계인 생산함수의 성질에 따라 다르게 된다. 경합관계에 있는 두 가지 생산물을 동시에 생산하고자 할 때 양자간의 대체율에 의한 생산가능성(production possibility)을 분석하게 되는데, 이때의 대체율도 불변대체율과 가변대체율로 나누어 설명할 수 있다.

1 — 불변대체율 관계의 생산가능성

주어진 생산요소 또는 자원을 이용하여 둘 이상의 생산물을 생산하고자 할 때 각각의 생산물의 생산량 변화가 일정한 비율로 대체될 경우에 이를 불변대체율의 관계에 있다고 한다. 이러한 관계를 수표로 나타낸 것을 불변대체율 관계에 있는 생산가능성표(production possibility table)라고 한다. 다시 말하면 두 가지 생산물의 한계대체율($\Delta Y_1 / \Delta Y_2$)은 Y_1이 한 단위 증감할 때의 Y_2의 변화를 표시하는 것으로서 한 단위의 Y_2를 더 생산하기 위해 항상 Y_1이 일정 단위 감소하게 되는 경우를 불변대체율 관계에 있다고 한다는 것이다.

생산가능성표를 그림으로 나타낸 것을 생산가능성선(production possibility curve)이라고 한다. 생산가능성선의 모습은 Y_1과 Y_2의 생산함수에 따라 달라지게 되는데, 각각의 생산함수가 직선인 경우에는 하나의 생산물에 대한 다른 생산물의 한계대체율은 일정하게 되며 이때의 생산가능성선도 직선이 된다. 농업에 있어서 한계대체율이 일정한 경우, 즉 생산가능성선이 직선이 되는 경우는 작물이나 가축의 A품종과 B품종이 서로 대체관계에 있을 때 등이며, 현실에서 나타나는 예는 그리 흔하지 않다.

2 — 가변대체율 관계의 생산가능성

일반적으로 농업 생산에 있어서는 두 가지의 생산물을 함께 생산하게 될 때 상호간의 한계대체율이 체증하는 가변적인 경우가 더 많이 나타난다. 한

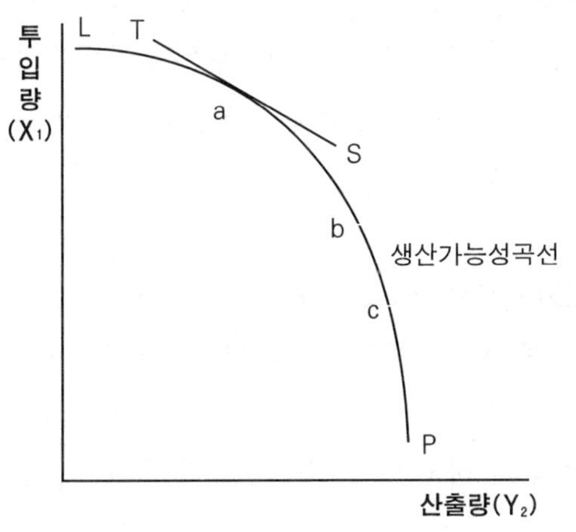

〈그림 2-18〉 가변대체율의 생산가능성 곡선

계대체율이 체증하는 경우는 Y_1를 더 많이 생산하고자 할 때 Y_1의 생산감소가 Y_2의 생산증가보다 점점 더 많아지는 현상으로서, 개별적인 생산함수가 수확체감의 범위내에 있을 때에 나타나며, 반대로 한계대체율이 체감하는 경우는 생산함수가 수확체증이 될 때에 나타난다.

이때의 생산가능성곡선은 그림 2-18에서 보는 바와 같이 원점에 대하여 오목형으로 나타난다. 여기서 Y_1과 Y_2의 한계대체율($\Delta Y_1/\Delta Y_2$)은 생산가능성곡선의 임의의 점에 있어서의 기울기가 되는데, 그 값을 얻으려면 그 점에서 생산가능성곡선에 접하는 직선의 기울기를 구하면 된다. 그림 2-18에서 a점에서의 생산가능성곡선(LP)의 기울기는 a점에서 LP와 접하는 직선(TS)의 기울기로서 이것이 곧 a점에 있어서의 한계대체율이 된다. 이 경우에는 생산가능성곡선의 기울기가 a점에서 b, c점으로 갈수록 커지므로 한계대체율의 절대수가 체증하는 것을 알 수 있다. 바꾸어 말하면 Y_2를 한 단위 더 생산하고자 할 때 그로 말미암아 Y_1의 생산이 감소되는 수량이 점점 더 많아지게 된다는 것이다.

2. 생산물 결합의 여러 관계

앞에서는 생산요소 상호간의 대체관계에 관한 몇 가지 일반적 성질을 설명하였다. 여기서는 생산물 또는 경영부문의 상호관계에 있어서 결합생산물, 경합생산물, 보완생산물, 보합생산물 등 서로의 관련성에서 차이가 있다는 점을 설명하기로 한다.

1 — 결합생산물 (joint products)

Y_1을 생산할 때 Y_2도 반드시 함께 생산되는 경우에 Y_1과 Y_2는 결합생산물이라고 한다. 농산물은 그 정도에 있어서 차이는 있으나 어떠한 형태로든지 서로 결합생산을 하고 있는 경우가 많다. 밀과 밀짚, 양고기와 양털, 면

화와 면실 등 그 예를 얼마든지 찾아볼 수 있다. 뿐만 아니라 단일생산물인 돼지의 경우에도 뼈, 지방, 햄, 베이컨 등으로 구분하여 생산할 수 있다.

이렇게 결합생산관계에 있을 때는 어떤 생산물을 일정량 생산하게 되면 자연히 다른 생산물도 따라서 생산된다. 이를테면 한정된 생산요소를 가지고 Y_1을 생산하면 2:1의 비율로 Y_2도 함께 생산이 된다는 것이다. 따라서 결합관계에 있는 생산물에 대해서는 생산물의 결합 정도에 대해서는 의사결정의 필요가 없고, 다만 결합생산물을 얼마만큼 생산할 것인가에 대한 결정만 필요하게 된다. 양고기의 가격에 비해 양털의 가격이 상승하였다고 해서 양털만을 생산할 수는 없는 것이다.

2 — 경합생산물 (competitive products)

한정된 생산요소를 Y_1과 Y_2의 생산을 위해 투입할 때, 어느 하나를 더 생산하기 위해서는 다른 생산물의 생산을 줄여야 할때 이를 경합관계 또는 경합생산물이라고 한다. 이를테면 한정된 경지를 이용하여 같은 시기에 파종하는 밀과 보리는 서로 경합생산물이 된다. 즉 밀의 재배에 더 많은 경지를 배분하게 되면 보리의 재배를 위한 경지는 적어질 수밖에 없으며, 따라서 밀의 증산은 보리의 감산으로 귀결된다는 것을 뜻한다. 이때 생산물 상호간의 한계대체율은 앞에서 대체관계를 설명하면서 언급하였기 때문에 여기서는 설명을 생략한다.

3 — 보완생산물 (complementary products)

한정된 생산요소를 투입하여 Y_1과 Y_2를 생산할 때, 어느 하나의 생산물을 더 생산하기 위해 생산요소의 투입을 증가시키면 다른 생산물의 생산도 함께 증가하는 경우에 이를 보완생산물의 관계에 있다고 한다. 경합관계에 있는 생산물의 경우 한계대체율이 (−)로 나타나는 것과는 반대로 보완관계에 있는 생산물의 한계대체율은 (+)로 나타난다. 이는 같은 비용으로 두 가지의 생산물을 동시에 증산할 수 있다는 것을 뜻하기 때문에 한 가지만 생산하는 것보다는 유리한 것이다. 농업생산에 있어서 이러한 보완생산물의 예는 여러 가지가 있으므로 이와 관련된 몇 가지를 여기서 설명해 보자.

지력의 유지와 증진을 위해 여러 가지 작물을 순차적으로 교체하여 재배하는 윤작(輪作)은 농업에 있어서 대단히 중요한 것이다. 이러한 윤작에 의해 지력보존작물과 지력소모작물을 교대로 재배하는 작부체계가 이루어지면 이를 보완관계가 성립된 것으로 본다. 다시 말해서 윤작에 콩과〔豆科〕작물이 포함되면 토양 속에 질소질과 유기물을 증가시키는 효과가 있기 때문에 경지의 비옥도를 높여 줌으로써 그 자체의 생산을 증가시키는 효과 뿐만 아니라 그 후작으로 곡물과 같은 지력소모적인 작물의 생산도 증가시키게 된다. 곡물과 사료작물의 윤작에 여러 가지의 보완관계가 있다는 시험결과는 많이 있다.

그러나 두 가지 작물의 보완관계는 어느 범위까지만 이루어지고 그 범위를 넘으면 그때부터는 경합관계 또는 보합관계로 바뀌어지는 경우가 많다. 이를테면 콩과의 사료작물을 증산함으로써 그 후작인 곡물생산을 어느 정도까지는 증가시키지만 그 이상에서는 곡물 생산이 감소될 수도 있다는 것이다. 또한 같은 윤작체계에 있어서도 작물 간의 보완관계의 범위는 언제나 같은 것이 아니고, 자연적인 조건과 경종(耕種)방식에 따라 달라진다는 점을 유의하여야 한다.

곡물을 증산하게 되면 이와 함께 목초도 증산되는 경우 이를 쌍방보완생산물이라고 한다. 이러한 쌍방 보완관계가 나타나는 경우는 생산요소가 일정량으로 고정되어 있는 것을 전제로 한다. 생산요소의 수량이 고정되지 않고 변화할 때에는 그에 따라 생산가능성곡선의 모습은 당연히 달라지게 되고, 동시에 생산물의 보완관계도 그 범위가 달라지게 된다. 윤작에 있어서 재배된 작물이 서로 보완관계라고 판단하는 것은 여러 해에 걸쳐서 윤작이 계속되었을 때에 가능한 것이다. 경지를 빌려서 영농을 하는 경우 경지의 차용기간이 짧거나 매년 변동할 때에는 장기간의 윤작에 따르는 보완관계의 효과를 얻을 수 없다. 윤작을 하지 않고 전후작으로 곡물과 목초를 재배하는 경우에는 작물 간의 보완관계라기보다는 전작물의 수확 후에 후작물을 파종해야 하므로 오히려 경합관계가 되는 경우가 많다.

다른 예를 들어 한정된 목초지에 지나치게 많은 두수의 소를 사육하는 것보다는 그 잉여자원(surplus resource)인 소의 사육두수를 줄이는 대신, 그 자금과 노동력을 양돈이나 양계에 전용한다면 소의 생산도 합리적으로 할 수 있고, 동시에 양돈과 양계에 있어서도 추가적인 생산이 가능하게 되는 경우 이를 보완생산물의 생산을 위한 잉여자원의 이용이라 한다. 마찬가지로 계사(鷄舍)의 수용능력 이상으로 많은 닭을 사양하는 것보다는 과다투입된 자본과 노동력, 사료 등을 다른 가축의 사육에 전용한다면 닭은 적정규모로 사육되어 달걀의 생산이 증가할 가능성과 함께 다른 가축도 생산할 수 있게 된다는 것이다.

4 — 보합생산물 (supplementary products)

생산물 Y_1과 Y_2를 생산할 수 있는 일정량의 생산요소를 투입하여 Y_2만을 생산한다 해도 Y_1의 생산은 줄거나 늘지 않는 관계에 있을 때 Y_1과 Y_2는 서로 보합관계에 있다고 한다. 이와 같은 보합생산관계는 주로 농업생산의 계절성 때문에 나타난다. 농업생산은 어떠한 계절에만 이루어지는 경우가 많으므로 농업생산에 투입되는 생산요소들을 연중 다른 용도로 이용할 수 있기 때문이다. Y_1의 생산에 있어서 부존자원이나 생산요소를 전부 이용하지 못할 경우 그 나머지를 Y_2의 생산에 사용한다 하더라도 Y_1의 생산량은 감소하지 않는다. 농업의 생산요소 중에는 연중 이용하지 않는 농업용 건축이나 농기구, 자가노동력 등이 많다는 것을 감안하면 이 보합생산관계가 매우 중요한 의미를 가지고 있는 것이다.

오늘날 농업경영에서 중요하게 취급되고 있는 경영의 다각화 문제도 이와 같은 보합생산관계 또는 보완생산관계가 될 수 있을 때 그 본래의 취지가 살아날 수 있다. 어떤 농가의 고정자본이나 유동자본 중에서 어느 부문이 전부 이용되지 못하고 있다면 그 유휴자원을 이용하여 보합생산물을 얻을 수 있는 가능성은 언제나 있는 것이다. 과거 우리나라의 영세농이 유휴상태에 있는 자가노동력을 많이 가지고 있었으나, 근래에 와서는 한계지의 농토가 충분히 이용되지 못하고 유휴화되는 경향이 많이 나타나고 있다. 물론 농가마다 사정이 다르겠지만 남아도는 생산요소를 보완 또는 보합생산관계를 이용하여 합리적으로 이용하려는 것은 농가소득의 증가를 위해서도 도움이 되는 일이다.

이러한 보합생산관계의 특수한 경우로서 유휴노동력의 활용 측면에서는 보합관계이면서 토지이용에 있어서는 생산물이 서로 경합관계에 있는 경우가 있다. 가령 경종농가의 부작목(副作目)으로 양계를 하는 경우 사료와 건물, 자본 등을 양계보다도 고기소나 젖소의 사육에 투입하는 것이 더 유리함에도 불구하고, 가족의 유휴노동력을 이용한다는 관점에서 상대적으로 불리한 양계를 택하는 경우가 이러한 예에 속한다. 이러한 경우를 반보합(半補合) 생산물(semi-supplementary product)이라고 한다.

3. 최적생산의 선택

합리적인 생산과 효율적인 경영을 위해서는 각각의 농산물을 얼마나 생산할 것인가를 선택하는 기준이 필요하게 된다. 경영의 목적이 최대의 순수익을 얻는 데 있다고 할 때 그 선택의 척도로서 생산물의 가격비를 기준으로 하는 경우가 많다. 이는 비용을 최소화하기 위해 각각의 생산요소를 선택하는 척도로서 생산요소의 가격비를 기준으로 하는 것과 같은 논리이다. 여기서는 생산물 간의 여러 관계를 구분하여 한계대체율과 가격비를 기준으로 한 최적생산의 선택방법을 각각 설명하기로 한다.

1 — 경합관계의 최적생산

한계대체율이 불변인 경우에는 생산가능성선이 직선이 되며, 이때 수익이 최대화되는 것은 두 가지 생산물 중에서 가격이 높은 하나의 생산물만을 생산하는 것이 된다. 수익의 최대화를 위한 합리적인 생산은 주어진 각각의 가격조건에서 두 가지 생산물을 판매했을 때 얻어지는 총액이 가장 많은 경우가 된다. 생산에 소요된 비용이 동일하다고 전제하고 있으므로 판매액이 가장 많을 때 순수익도 최대가 될 수 있다. 한계대체율이 불변인 경우에는 두 가지 생산물 중에서 가격이 높은 한 가지의 생산물을 판매하는 것이 총판매액을 최대로 하는 것이다.

이와는 달리 생산함수가 수확체감의 현상을 나타내는 경우에는 생산가능성곡선이 (−)의 기울기를 가지므로 한계대체율이 체증하게 되며, 이때에는 어느 한 쪽만을 생산하는 것보다는 두 가지 생산물을 결합하여 생산하는 것이 유리하게 된다. 이때 생산비용이 일정하다고 가정하면 수익이 최대화되는 점은 두 가지 생산물의 한계대체율이 그 가격비와 역으로 일치하는 점이 되는데 이를 대수식으로 나타내면 다음과 같다.

$$\Delta Y_1/\Delta Y_2 = PY_2/PY_1 \text{ 또는 } \Delta Y_1 \times PY_1 = \Delta Y_2 \times PY_2$$

다시 말하면 주어진 생산요소를 가지고 Y_1과 Y_2를 생산할 때, Y_2를 더 생산해서 얻는 수익이 Y_1을 그만큼 줄여서 생기는 손실보다 크다면($\Delta Y_1 \times PY_1 < \Delta Y_2 \times PY_2$), 계속해서 Y_2를 더 생산하게 될 것이다. 반대의 경우($\Delta Y_1 \times PY_1 > \Delta Y_2 \times PY_2$)에는 Y_1을 계속 더 생산하게 될 것이므로 양 쪽이 같을 때($\Delta Y_1 \times PY_1 = \Delta Y_2 \times PY_2$) 수익이 최대가 된다는 것이다.

이러한 원리는 경영부문이나 생산물이 셋 이상인 경우에도 마찬가지로 적용된다. 생산물이 셋인 경우 수익의 최대화를 충족시키는 조건은

$\Delta Y_1/\Delta Y_2 = PY_2/PY_1$, $\Delta Y_2/\Delta Y_3 = PY_3/PY_2$, $\Delta Y_1/\Delta Y_1 = PY_1/PY_3$이

다. 다시 말하면 $\Delta Y_1 \times PY_1 = \Delta Y_2 \times PY_2 = \Delta Y_3 \times PY_3$의 조건이 충족될 때 수익이 최대화되어 가장 합리적인 생산이 되는 것이다.

〈그림 2-19〉 가격변동에 따른 최대 수익점의 변동

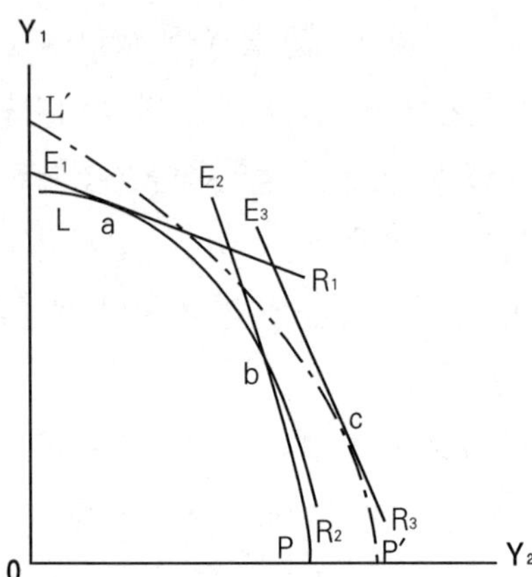

생산물의 가격비가 달라지면 당연히 합리적인 생산물의 결합비율도 달라지게 된다. 따라서 농산물의 가격변동은 농업경영의 수익성과 농가경제에 가장 많은 영향을 미치게 되는 것이다. 가격비의 변동에 따른 최대수익점의 변화를 그림 2-19에서 살펴보면 Y_1과 Y_2의 가격비가 동일수익선 E_1R_1의 기울기가 같을 때 최대수익이 되는 점은 생산가능성곡선 LP와 E_1R_1이 접하는 a점이 된다. 그러나 Y_2의 가격이 Y_1의 가격보다 상대적으로 비싸게 되어 가격비가 동일수익선 E_2R_2의 기울기로 변화하면 최대수익이 되는 점도 LP와 E_2R_2가 접하는 b점으로 달라지게 된다.

같은 양의 생산요소를 가지고 경영을 하더라도 기술과 경영기법의 차이로 인해 생산함수가 달라질 수 있기 때문에 생산가능성곡선도 LP와 달리 L′P′와 같은 것이 될 수도 있다. 생산가능성곡선의 모양과 기울기가 L′P′로 달라질 때 생산물 간의 가격비에는 변화가 없다고 가정하면 최대수익이 되는 점은 L′P′와 접하는 동일수익선 E_3R_3의 접점인 c점이 된다. 따라서 수익을 극대화하기 위한 생산물의 결합은 생산물의 가격비의 변화와 생산가능성곡선의 변화에 따라 달라지게 된다는 것을 알 수 있다.

2 —보완 및 보합관계의 최적생산

Y_1과 Y_2가 보완관계에 있을 때에는 두 생산물을 함께 생산하는 것이 경영상의 수익을 증가시키는 길이다. 예를 들어 Y_2는 시장에서 가격이 형성되지 않는 농산물로서 가축의 사육에만 필요한 것이라고 한다면 Y_1만을 생산하는 것보다는 Y_1과 Y_2를 결합하여 생산하는 것이 같은 비용으로 보다 많은 생산물을 얻는 것이 된다. 다시 말하면 Y_1과 Y_2가 서로 보완관계에 있다면 Y_2가 무가치물이거나 가격이 0이 아닌 이상 Y_1 하나만 생산하는 것보다는 Y_1과 Y_2를 함께 생산하는 것이 유리한 것이다. 예를 들어 곡물과 사료작물을 윤작했을 때 서로 보완관계가 존재하는 한 사료작물의 이용도나 가격수준은 문제가 되지 않는다. 윤작이나 지력유지를 위해 재배되는 사료작물이 가축의 사료로 이용될 수 있다면 경영에 도움이 될 것이며, 설령 사료로 사용되지 못하고 녹비로 쓰여진다 할지라도 윤작을 하지 않는 것보다는 유리하게 된다. 왜냐하면 지력보존을 위해 녹비로 사용됨으로써 곡물의 단위당 생산성을 높일 수 있기 때문이다.

보완관계에 있어서와 마찬가지로 Y_1과 Y_2가 보합관계에 있는 경우에도 두 가지 생산물을 결합 생산한다는 것은 자원의 비합리적 이용이 되지 않는다. 따라서 보합관계가 경합관계로 바뀌어지기 전까지는 두 생산물의 가격비에 관계없이 두 가지를 함께 생산하는 것이 유리하다. 그러나 두 가지 생산물의 생산을 증가시킴에 따라 유휴자원이 없어져서 반보합관계나 경합관계로 바뀌어질 때에는 최적의 선택을 위한 기준이 달라지게 된다.

3 — 영세농가의 생산물의 선택

농가에서 갖는 생산요소의 합리적인 이용을 생각할 때 대농경영에서는 생산물 간의 선택 범위가 상대적으로 넓다. 그러나 활용할 수 있는 농업자원이 매우 제한되어 있는 영세농의 경우에는 합리적인 생산물의 선택이 경영주의 의사대로 결정되기 어려울 때가 많고, 따라서 생산물의 선택 범위도 제한을 많이 받게 마련이다.

우리나라 농가의 경영규모가 영세한 실정을 감안하면, 시장경제의 변동에 적응할 수 있을 정도의 적정규모를 가지고 있는 상업적 농업경영을 전제로 하여 전개하고 있는 생산경제학의 이론과 방법이 과연 얼마나 유용할 것인가라는 의구심이 생길 수 있을 것이다. 영세농이 최대의 경영수익을 얻을 수 있는 기회가 매우 제한되어 있는 것은 사실이지만, 소량생산이라 할지라도 이를 생산하는데 소요되는 비용을 최소화할 수 있는 방법이라든가, 제한된 범위 내에서나마 최대의 수익을 올리기 위한 합리적인 생산물의 선택기준은 우리나라의 영세농에게도 당연히 필요한 지식이 아닐 수 없다.

이를테면 1ha의 논을 경작하는 농가에서 다른 모든 생산요소는 변동이 없다고 가정하면, 하나의 주어진 생산요소인 논을 어느 만큼 벼의 생산에 쓰고 어느 만큼 채소의 생산으로 대체할 것인가 하는 선택의 문제가 제기된다. 이를 위해서는 경영주 스스로가 생산과 경영에 관한 충분한 지식과 정보를 가지고 그 농산물의 가격변동에서 오는 위험 등에 대처할 수 있는 경영능력이 있어야 한다. 대부분의 우리나라 영세농가는 시장사정에 적응하는 경영능력이 부족하기 때문에 시장가격이 불안한 상태에서 최대수익의 합리적 선택을 하기보다는 관습적인 경영방식을 벗어나지 못하고 있는 경우가 많은 것이다.

5 — 경영규모와 수익성

농업생산에 있어서 규모의 경제(economy of scale)에 관한 연구는 농업경제학이 있어온 이래 오늘날까지 꾸준히 계속되어 왔다. 그 결과 경영규모와 농업소득은 직접적인 상관관계가 있으며, 경영규모와 생산비도 서로 관련성이 있다는 것이 정설이 되고 있다. 이는 과거부터 논의의 대상이 되어온 바 대농경영의 상대적인 유리성과 그 맥락을 같이 한다. 또한 일반적으로 대농경영이 소농경영에 비해 경영상 유리하므로 가족적 소농경영은 경제발전에 따라 점차 도태될 운명에 있다는 명제에 대한 논의이기도 하다. 그러나 이와 같은 주장이 오랫동안 제기되어 왔음에도 불구하고 농업의 경영규모에 있어서 본질적이고 구조적인 변동이나 분화가 아직까지 급격하게 일어나지 않고, 가족적 소농경영이 지금도 농업경영의 기본구조로 남아 있다는 것은 여러가지로 중요한 의미를 가진다. 농업경영규모에 관련된 이러한 문제는 비단 농업에 관련된 학문 뿐만 아니라 현대사회의 모든 분야에 있어서 커다란 관심사가 되고 있는 것이다.

1. 경영규모와 수익의 함수관계

경영규모와 수익의 함수관계는 본질적으로 생산함수 분석의 연장이다. 지금까지는 생산함수를 분석할 때 여러 가지 생산요소 중에서 대부분의 생산요소를 고정된 것으로 가정하고, 한 가지 또는 두 가지의 생산요소만 변량(變量)으로 하여 그에 따라 생산량이 어떻게 변화하는가를 검토해 왔다. 그러나 여기서는 어떠한 생산요소도 고정하지 않고 모든 생산요소를 변량으로 하여 분석하게 된다. 다시 말해서 경영규모와 수익의 함수관계인 $Y=f(X_1, X_2, X_3, X_4, \cdots, X_n)$에 있어서 모든 생산요소를 같은 비율로 증가투입할 때 그에 따라 생산량(Y)이 어떻게 변화하게 되는가가 주요한 연구과제인 것이다.

생산요소의 투입량 증가에 따라 생산량이 증가하는 형태에는 세 가지의 유형이 있다. 첫째는 생산량이 생산요소의 투입량 증가 비율과 같은 비율로 증가하는 경우(constant returns to scale), 둘째는 생산량이 생산요소의 투입량 증가 비율보다도 높은 비율로 증가하는 경우(increasing returns to scale), 셋째는 생산량이 생산요소의 투입량 증가 비율보다 낮은 비율로 증가하는 경우(decreasing returns to scale)이다.

어떤 농가에서 토지와 노동력이라는 두 가지 생산요소를 한 단위씩 투입하여 생산물을 생산한다고 하자. 이때 생산요소를 각각 2배로 늘려서 경영규모를 2배로 확대하였을 때의 생산량이 생산요소의 투입 증가율과 마찬가지로 2배로 증가되었다면, 이는 위의 세 가지 유형 중 첫 번째인 경영규모의 확대에 따른 일정한 비율의 수익증가의 경우가 된다. 이때 생산량이 2배 이상으로 증가되었다면 이는 생산요소의 투입량 증가 비율보다 높은 증가율을 보인 것이므로 두 번째 유형인 경영 규모의 확대에 따라 수익증가율이 커지는 경우가 된다. 반대로 생산량이 2배 이하로 생산요소의 투입량 증가 비율보다 낮은 비율로 증가하였다면 이는 세 번째 유형인 경영규모의 확대에 따라 수익증가율이 감소하는 경우가 된다.

이 중에서 어느 것이 농업경영상 일반적 형태인지를 살펴보면 농업경영에 있어서 규모와 수익의 관계는 세 번째 유형인 규모 확대에 따라 증가되는 수익이 체감하는 경우가 대부분이라고 한다. 그러나 이는 여러 가지 실증적 연구 결과를 토대로 결론이 내려져야 하는 것이며, 부분적인 자료만 가지고 일률적으로 적용할 수는 없는 것이다. 지금까지 얻어진 실증적 연구 자료에 의하면 첫 번째 유형과 같이 경영규모 확대에 따른 수익의 증가율이 일정한 경우도 있고, 두 번째나 세 번째 유형과 같이 수익 증가율이 생산요소의 투입 증가율에 비해 체증하거나 체감하는 경우도 있는 것으로 분석되어 있다.

생산함수의 기본 속성에서 살펴 본 바와 같이 농업생산에서는 생산함수의 영역에 따라 수확체증과 체감의 법칙이 어느 정도 작용하는 것이 사실이므로 영세한 경영규모를 확대하는 초기 단계에서는 수익 증가율이 생산요소의 투입 증가율보다 높을 가능성이 크고, 경영규모가 상당히 커진 수준에서는 수익 증가율이 생산요소의 투입 증가율보다 낮을 가능성이 크다고 하겠다. 이 문제는 생산요소와 생산물의 시장가격 변동과도 직접적인 관계가 있기 때문에 일률적으로 어느 유형이라고 말하기는 어렵고, 지역과 생산물, 농가의 기술 정도와 경영능력 등에 따라서 각각 달라질 수 있다는 점을 유의하여 신중히 판단하여야 한다.

2. 경영규모와 생산비

앞에서 설명한 경영규모와 수익의 상관관계의 세 가지 기본 유형은 모든 생산요소의 투입을 같은 비율로 증가시킨다는 것을 전제로 했을 때 나타난다. 그러나 실제로 농민들이 경영규모를 늘리고자 할 때에는 모든 생산요소의 투입을 같은 비율로 증가시키지 못하는 경우가 많다. 왜냐하면 경영규모의 대소는 토지면적의 크기만이 아니라 가축 두수, 농기계의 사용 정도 등과 같은 고정요소(fixed factor)의 차이에 따라서도 달라지기 때문이다. 토지면적을 증감시키지 않고 비료 등의 생산요소를 증가시키거나, 비료 등의 생산요소를 고정시키는 대신 토지면적을 증감시키는 것을 경영규모의 확대로 보기는 어렵다. 일정한 토지에 투입되는 생산요소의 정도를 생산수준(level of input), 또는 집약도(degree of intensity)라고 한다. 토지면적을 늘리지 않고 집약도를 높이는 것을 내면적 확대생산이라고 하며 토지면적을 늘리는 것을 경영의 외연적 확대라고 한다.

경영규모의 대소는 농가의 경영방식에 따라 그것을 규정하는 기준이 달라지므로 경영규모에 따라 생산물의 단위당 비용이 어떻게 달라지는가가 중요한 관심사가 아닐 수 없다. 일반적으로 경영규모가 클수록 생산물의 단위당 평균비용이 작아지고, 따라서 대경영이 소경영보다 유리하다고 한다. 이를 앞에서 설명한 경영규모와 수익의 함수관계로 따져 보기로 하자. 만약 모든 생산요소의 투입을 동일한 비율로 증가시켜 경영규모를 확대함으로써 일정 비율 또는 체증 비율로 수익을 증가시킬 수 있다면 경영규모가 커질수록 생산물의 단위당 평균비용은 적어질 것이다. 그러나 경영규모의 확대에 따라서 생산물의 수익 증가율이 체감한다면 경영규모가 커질수록 생산물 단위당 평균비용이 오히려 커지게 된다. 그러나 이는 이론적으로 모든 생산요소가 같은 비율로 증가 투입될 수 있다는 전제 하에서 타당한 것이므로 실제 경영규모와 생산비의 관계를 현실적으로 설명해 주는 것은 아니다. 왜냐하면 현실의 농업경영에서는 경영규모가 커짐에 따라 생산물의 단위당 평균비용이 적어지는 경우와 평균비용을 오히려 크게 하는 경우가 동시에 작용하는 수가 많기 때문이다.

농업의 경영규모가 커질수록 생산물의 단위당 평균비용이 적어지는 여러 가지 요인 중에서 내부적 실물경제(internal physical economy)효과가 있다. 이는 세분할 수 없는 생산요소들은 경영규모가 확대될수록 그 활용도가 커지기 때문에 단위비용을 줄이게 되는 효과를 가지고 있다는 것으로서 경영규모와 수익의 관계를 판단하는데 매우 중요한 개념이다. 예를 들어 농업을 기계화하려고 할 때 소농경영에 유리한 소형 농업기계를 만드는 것이 비용 측면에서 매우 어렵고, 아주 영세한 경영규모로는 아무리 소형 농기계라도 도입하기 어려운 경우가 많으므로 능률적인 농기계를 경제적으로 이용하기 위해서는 토지면적을 넓히는 등 경영규모의 확대가 필수적인 것이 된다. 왜냐하면 농업기계는 세분할 수 없는 생산요소이기 때문에 그것을 이용하려면 우선 경영하는 경지의 면적이 어느 정도 이상으로 확보되어야만 비로소 농기계의 사용이 경제적으로 타당해지기 때문이다.

즉 좁은 면적의 농토에서 한 마리의 일소와 쟁기로 작물을 재배하는 것보다 넓은 면적에서 트랙터를 사용하는 것이 생산물의 단위당 평균비용을 엄청나게 절감시키는 것인데, 트랙터를 사용하려면 일정 면적 이상의 농지가 반드시 필요하다는 것이다. 그렇게 함으로써 노동력과 노임을 절감할 뿐만 아니라 단위 생산성을 증가시켜 단위당의 고정비용도 절감할 수 있다는 것이다. 여기서는 농업경영에서 수익을 최대화하거나 비용을 최소화하기 위한 적정규모를 판단하기 위한 기준으로 흔히 사용하고 있는 장기 비용곡선과 단기 비용곡선의 두 가지 비용곡선에 대하여 설명하기로 한다.

1 — 단기 비용곡선(short-run cost curves)

먼저 다음과 같은 세 농가의 단기 비용곡선이 각각 어떠한 모습이 되는가 살펴보자. 첫 번째 농가는 트랙터를 1대, 두 번째 농가는 2대, 세 번째 농가는 3대를 각각 사용하고, 각 농가의 경지면적은 트랙터의 수에 비례하여 세 번째 농가와 두 번째 농가의 경지면적이 첫 번째 농가의 3배와 2배가 된다고 가정하면, 경영규모가 다른 이들 세 농가의 생산비와 비용곡선의 모습은 당연히 달라진다. 첫 번째 농가의 고정 생산요소는 트랙터 1대이므로 단기 평균비용곡선은 그림 2-20에서 $SATC_1$과 같은 모습이 된다. 이 단기 비용곡선은 처음에는 생산함수의 기본적 성격상 경지의 한계생산력이 증가함에 따라 하향하다가 그 한계생산력이 체감하게 되면서 최저점을 지나 상향하게 된다. 두 번째 농가의 단기 비용곡선은 고정된 생산요소인 트랙터가 2대이기 때문에 고정비용이 첫 번째 농가의 2배가 되어 첫 번째 농가의 단기 비용곡선의 오른쪽에 위치하는 $SATC_2$의 모습을 갖게 된다. 이와 마찬가지 이유로 세 번째 농가의 단기 평균비용곡선인 $SATC_3$는 세 농가의 비용곡선

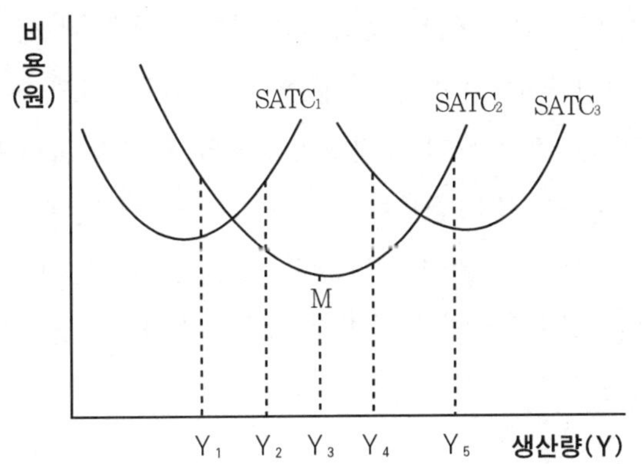

〈그림 2-20〉
단기 비용곡선

중 가장 오른쪽에 자리잡게 된다.

이들 세 단기 비용곡선을 비교해 보면 두 번째 농가의 단기 비용곡선상의 M점이 가장 적은 비용이 되는 점이기 때문에 다른 농가보다 유리한 입장에 있다. 첫 번째 농가는 경지규모가 너무 작아서 생산량 증가에 한계가 있기 때문에 트랙터에 소요되는 고정비용을 분산하지 못하는 경우이며, 세 번째 농가는 고정투자가 트랙터 3대로서 너무 많고 경지규모가 너무 크기 때문에 부대비용이 많이 소요되어 평균비용이 오히려 더 들게 된 경우이다.

그러나 두 번째 농가의 단기 평균비용이 다른 농가에 비해 언제나 최소가 되는 것은 아니기 때문에 두 번째 농가의 경영규모가 항상 가장 유리한 것은 아니다. 왜냐하면 각각의 단기 비용곡선상의 단기 평균비용은 각각의 생산량에 따라 다르기 때문이다. 그림에서 보는 바와 같이 생산이 Y_3까지 이루어지지 않고 Y_1에 그칠 경우에는 첫 번째 농가의 비용이 적은 것으로 나타난다. 이 경우 두 번째 농가가 Y_1만큼만 생산해서는 고정투자한 생산요소를 충분히 활용하지 못하기 때문에 단위당 생산비용이 더 높은 것이다. 만약 생산량이 늘어나서 Y_2 또는 Y_4까지 생산하게 된다면 두 번째 농가의 단기 평균비용이 가장 낮아질 것이다. 그러나 생산량이 Y_4를 지나 Y_5에 이르면 두 번째 농가보다 세 번째 농가의 단기 평균비용이 낮기 때문에 규모가 가장 큰 것이 가장 유리하게 되는 것이다.

이들 세 농가의 단기 평균비용곡선을 비교해 본 결과 생산물의 단위당 평균비용이 최저가 되는 점은 두 번째 농가의 $SATC_2$상의 최저점인 M으로서 이때의 생산량은 Y_3가 된다는 것을 알 수 있었다. 따라서 단기적으로 평균비용이 최저가 되는 경영규모는 두 번째 농가라고 할 수 있으므로 이를 단기적인 수익 최대화를 위한 적정규모(optimum size)라고 말한다. 다시 말해서 적정규모는 평균비용이 가장 적게 드는 때의 경영규모로서 그림 1-19의 경우에는 $SATC_2$가 이에 해당한다.

2 — 장기 비용곡선(long-run cost curves)

그림 2-20의 여러 가지 단기 평균비용곡선을 근거로 해서 장기 평균비용곡선을 도출해 보면 그림 2-21의 장기 비용곡선 LATC가 된다. 이때 장기 비용곡선은 모든 단기 비용곡선(SATC)들을 둘러싸는 외피(外皮, envelope)와 같은 곡선으로서 경영규모에 따라서 장기 평균비용이 어떻게 달라지는가를 보여주는 것이므로 장기적으로 합리적인 농업경영을 하기 위한 판단기준이 되며, 경영의 계획선(planning curve)으로 이용되기도 한다. 이를테면 평균비용이 장기적으로 최소가 되는 a점에서 생산하려면 단기적으로 경영규모가 $SATC_3$가 되어야 하며, b점까지 생산을 늘리려면 경영규모도 $SATC_4$의 단기 비용곡선으로 커져야 한다는 것이다. 장기 비용곡선의 모양은 그림 2-21과 같이 경영규모가 적을수록 평균비용이 커지고, 한편으로 비용 최저점인 a점 이상으로 경영규모가 커지면 일반적으로 평균비용도 커지게 된다.

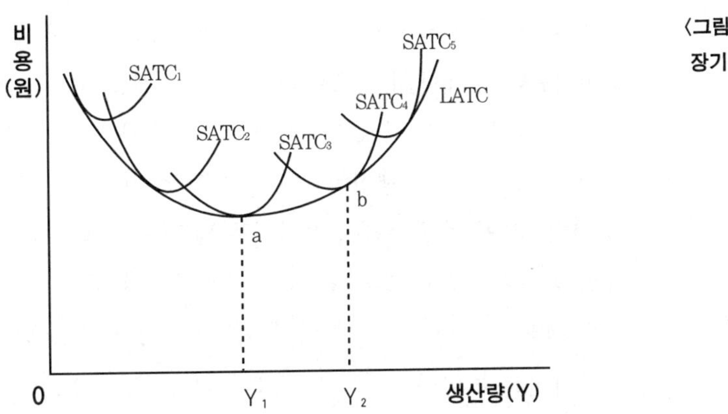

〈그림 2-21〉 장기 비용곡선

그러나 모든 장기 비용곡선이 반드시 이와 같은 모양을 하고 있는 것은 아니다. 몇 가지 다른 유형의 장기 비용곡선의 예는 첫째 경영규모가 커질수록 단위당 평균비용이 계속해서 낮아지는 경우가 있는데, 이때의 장기 비용곡선은 계속해서 (−)의 기울기를 가지게 된다. 둘째로는 반대로 경영규모가 커질수록 평균비용이 계속해서 올라가는 경우가 있는데 이때의 장기 비용곡선은 언제나 (+)의 기울기를 가지게 된다. 그러나 이러한 두 가지의 경우는 현실의 농업경영에서는 잘 나타나지 않는다.

셋째로는 경영규모가 확대되어도 장기적으로 평균비용이 변화하지 않는 경우가 있는데, 이때의 장기비용곡선은 수평선이 된다. 이러한 경우는 모든 생산요소의 투입을 같은 비율로 증가시켜 꼭 같은 비율의 생산량 증가를 가져올 경우에 한해서 나타나는 것이다. 넷째로 경영규모가 커질수록 처음에는 평균비용이 줄어들다가 어느 단계 이상이 되면 평균비용이 증감하지 않고 일정하게 되는 경우가 있는데, 이는 처음에는 수확체증의 법칙이 적용되다가 어느 단계 이상에서는 수확 증가율이 일정하게 되는 특수한 경우에 나타난다.

3 — 농업생산과 장기 비용곡선

농업경영에 있어서 규모가 확대됨에 따라 생산물의 평균 생산비용이 어떻게 변화하는가에 대해서는 오랫동안 논란이 많았지만, 이를 정확하게 수치로 입증하는데는 아직 어려움이 많다. 그러나 대체로 농업경영 규모가 커질수록 어느 범위까지는 생산물의 단위당 생산비가 낮아진다는 것이 정설로 되어 있다. 특히 경종농업에 있어서는 넓은 농토에서 능률적인 농업기계를 사용하여 노동력을 대체하게 되면 기계이용에 따른 고정비용이 분산되기 때문에 생산물의 단위당 비용이 줄어들게 되므로 노동력 절감에 의해 생산비는 낮아지는 것이다. 그러나 농기계의 가격보다 노임이 상대적으로 쌀 때에는 노동력을 주로 이용하는 소농이 대농보다 오히려 유리할 수도 있으나, 노임이 상승하여 기계비용보다 노임 지불액이 커지면 소농보다 대농이 유리하게 된다.

경영규모가 커질수록 생산물의 단위당 평균비용이 적어지는 정도는 경영

방식과 재배되는 작물에 따라 다르다. 예를 들어 미국 중서부 지방의 대평원에서 밀이나 옥수수를 대량으로 재배하는 경우에는 대농경영에 의한 생산비 절감 효과가 상대적으로 크고, 미국남부의 면화지대에 있어서도 대형기계를 도입함으로써 생산비를 크게 절감시킬 수 있었다고 한다. 이처럼 기계를 이용하여 농업노동력을 대체하는 정도는 축산이나 과수, 채소보다 곡물재배와 같은 일반 경종농업이 가장 큰 것이다.

3. 가격의 변동과 경영규모

근래에 와서 우리나라에서도 농업 생산의 기계화가 많이 이루어져 대부분의 농가가 농기계를 소유하게 되었으므로 고정비의 지출이 상대적으로 커지고 있다. 이에 따라 기계의 이용도를 높여서 생산물의 단위당 비용을 절감할 수 있도록 경지면적을 확대할 필요가 커졌으나, 농지구입자금의 부족 등 여러 가지 제약으로 인해 경지 규모를 확대하는데는 아직도 어려움이 많다. 따라서 농지구입의 대안으로서 타인의 농지를 임차하거나 농기계를 몇 농가가 공동으로 이용하는 방법 등에 관한 농업인들의 관심이 높아지고 있는 것이다. 농업생산에 있어서 경영규모의 확대를 제약하는 요인은 여러 가지가 있으나, 가장 중요한 것은 농산물과 농업생산요소의 가격변동이라고 할 수 있다. 따라서 실질적으로 경영규모를 키워나가기 위해서는 시장가격의 변동이 어떻게 경영규모의 확대를 제약하게 되는지에 대한 이론적인 분석이 필요한 것이다.

그림 2-22에서 $SATC_1$, $SATC_2$와 $SATC_3$는 경영규모가 다른 세 농가의 단기 평균비용곡선이며, 점선으로 되어 있는 SMC_1, SMC_2와 SMC_3는 이들 세 농가의 단기 한계비용곡선이다.

만약 생산된 농산물의 공급이 S_1이고 수요가 D로서 시장가격이 P_1 수준에 있을 때에는 이들 세 농가 모두 생산비가 시장가격보다 적으므로 생산을 계속하여 경영수익을 얻을 수 있다. 이 경우 규모가 가장 작은 농가는 한계생산비용(SMC_1)이 시장가격과 같아지는 점 Y_2까지 생산을 계속할 것이며, 중규모 농가는 SMC_2가 시장가격이 같아지는 Y_4까지 생산하게 되고, 대규모 농가는 SMC_3와 시장가격이 같아지는 Y_5까지 생산을 계속하여 최대의 수익을 얻게 된다. 이들 세 농가는 경영 수익이 있는 한 그들의 경영규모를 최대한으로 키워서 생산을 증가시키게 되고, 따라서 농산물 전체의 공급이 늘어나 공급곡선은 S_2로 변하게 되므로 시장 수요에 변동이 없는 한 그 농산물의 시장가격은 P_2 수준으로 떨어지게 된다. 시장가격이 P_2로 떨어졌어도 소규모농가는 Y_1에서 순이익이 없더라도 생산을 계속할 것이며, 나머지 두 농가는 아직 시장가격이 생산비보다 높아서 경영수익이 있기 때문에 계속 생산을 늘릴 것이므로, 농산물의 공급량은 계속 증가하여 마침내 공급곡선이 S_3로 변동하게 되고, 그 결과 시장가격은 P_3으로 하락하여 균형점을 이루게 된다.

〈그림 2-22〉 가격변동과 경영규모의 균형

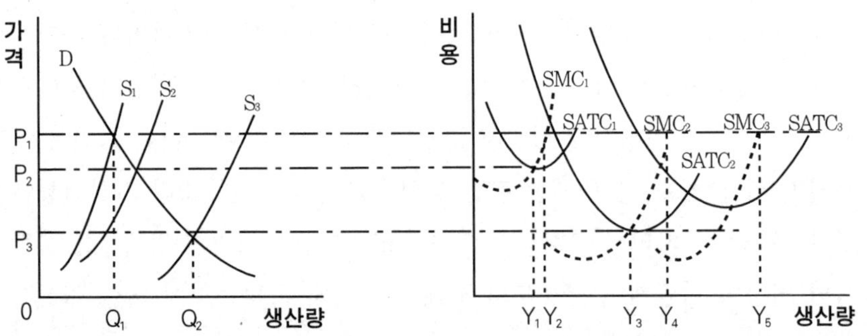

농산물의 시장 가격이 P_3에서 균형을 이룰 경우 $SATC_1$의 비용곡선을 갖는 소규모 농가는 경영규모가 너무 작아서 시장가격 수준으로 생산비를 낮출 수 없기 때문에 생산을 계속할 수 없게 된다. 또한 $SATC_3$의 비용곡선을 가지는 대규모 농가에서는 반대로 경영규모가 너무 커서 부대비용의 과다

지출로 인해 생산비가 시장가격보다 높기 때문에 가격경쟁에서 지게 된다. 따라서 $SATC_2$의 비용곡선을 가지는 중규모 농가만이 적정규모로서 생산을 계속할 수 있게 된다.

4. 가족적 소농경영의 존속 이유

농업생산의 기계화에 따라 가족적 소농경영은 가격경쟁에서 불리한 위치에 놓이게 되기 때문에 차츰 도태될 것이라는 일부 농업경제학자들의 예상은 일면 타당하면서도 한편으로는 현실적으로 맞지 않는 일면이 있다. 왜냐하면 농업기계화와 상업영농이 일찍부터 발달한 유럽과 미국 등 선진 농업국에서도 경제적으로 불리한 가족적 소농경영이 완전히 도태되지 않고 아직도 상당히 존속하고 있기 때문이다. 그 이유는 오늘날에도 많은 농가가 농업을 영위하고 있는 주된 목적이 수익의 최대화에만 있는 것이 아니기 때문이다.

아직도 농사를 통해 가족의 식량을 조달하는 것을 목적으로 하는 농가가 있는가 하면, 어떤 농가는 다른 직업에는 적합하지 않은 성격이나 건강 때문에 적은 수입이지만 영농을 계속하고 있는 경우도 있다. 또는 광대한 면적의 토지를 소유하고 있다는 만족감 때문에 수지가 맞지 않더라도 농장을 경영하는 경우가 있는 것이다. 이러한 농업은 상업적 의미의 경영이라기보다는 관습적이고 사회적인 비경제적 요인에 의한 농업이라고 할 수 있는데, 오늘날 가족적 소농경영이 쉽게 없어지지 않고 존속하고 있는 주된 이유는 대체로 다음 세 가지로 요약된다.

첫째는 가족의 노동력을 이용하는 경우이다. 세대주가 농업에 종사하는 경우는 물론이고 다른 직업에 종사하고 있는 경우에도 그 가족의 노동력이 다른 직업에 고용될 기회가 적을 때 이를 활용하여 조금이라도 생산과 소득을 올리기 위해 영농을 하는 경우가 많다. 이때의 경영목적은 수익의 최대화가 아니라 유휴 노동력의 활용이 되므로 이에 알맞는 정도의 소규모 영농을 하게 되며, 따라서 상업적 대농경영과 달리 농산물 가격의 변동에 따른 생산조정에 관심을 두지 않고 가족 노동력의 대가를 얻는 정도로 만족하게 된다.

다음으로 농가인구가 과잉인 상태에서는 노임이 극히 저렴하기 때문에 능률적인 기계의 사용보다 노동력에 의존하는 경우가 많다. 이 경우에는 경영규모가 어느 정도 확대되더라도 기계의 도입이 아니라 인력의 증가에 의존하기 때문에 단위당의 평균 생산비용은 거의 일정하게 되어 굳이 대규모 경영을 해야 할 이유가 없다. 따라서 농가인구가 과잉상태에 있는 나라에서는 대농경영보다 소농경영이 위주가 되는 것이다.

셋째는 자본부족이 이유인 경우이다. 영세농가의 경영주 가운데에는 대농경영의 유리성을 알고는 있지만, 이용할 수 있는 자본이 부족하기 때문에 부득이 소규모의 농장을 경영하지 않을 수 없는 경우가 많다. 이들은 영농규모를 키우기 위해 꾸준히 노력하지만 쉽게 대농경영으로 발전하지 못하고 있는 것이다. 또한 다른 직업에 고용될 기회가 없거나 직업전환에 따르는 불안감 때문에 영세규모의 농업이나마 영위하고 있는 경우도 상당수 존재한다.

제3편

농업경영분석과 진단 · 계획

1
경영실태 분석

1 — 필요성과 방법

바람직한 농업경영의 성과를 얻기 위해서는 경영분석이 선행되어야 한다. 농업경영자가 합리적인 경영을 할 수 있도록 의사결정을 도와주는 것이 경영분석이며, 경영분석을 통해 파악한 경영의 실태를 기초로 해서 원인을 분석하고 상황변화를 예측하여 개선 처방을 마련하는 것이 경영진단과 경영예측, 경영계획이라 할 수 있다. 따라서 경영분석은 크게 네 가지로 나누어진다. 첫째는 경영실태 분석(descriptive analysis), 둘째는 경영진단(diagnostic analysis), 셋째는 경영예측(predictive analysis), 그리고 넷째로 경영계획과 경영개선처방(prescriptive analysis)이다.

먼저 농업경영의 실태를 파악하기 위해서는 경영목표에 비추어 경영성과를 분석하고 경영요소와 경영성과를 계산하여 비교 평가해야 하는데, 그 방법을 경영실태 분석이라고 한다. 다시 말하면 경영실태 분석은 전체적인 입장에서 종합적인 경영성과와 관련된 개별적 경영요소들을 차례로 분석하여 그 인과(因果)관계를 따져보는 방법인 것이다. 이를 통해 얻어진 경영분석의 자료를 가지고 다른 농업경영체의 경영실적이나 표준이 되는 농업경영과 같은 시점에서 비교하거나 과거의 경영실적과 비교함으로써 경영의 실태를 파악하고 경영상의 문제점을 찾아낼 수 있게 된다. 경영의 성과가 농업경영체마다 다르게 나타나는 원인으로서는 경영자의 능력과 기술의 차이가 큰 비중을 차지한다. 따라서 이를 충분히 고려하여 경영에 효율적으로 이용함으로써 각각의 농업경영체에 알맞게 경영을 개선할 수 있게 하는 자료로서 경영실태 분석의 의의가 더욱 중요한 것이다.

농업 경영실태 분석은 농장의 현실적 여건과 농업경영의 과제를 파악하는 경영분석 과정의 첫 단계로서 어떤 시점에서 농업경영의 현황에 관한 정보를 제시하는 것이다. 이러한 정보는 농장의 유형과 위치, 역사, 조직, 자원, 농업경영자의 성격과 가족 및 노동력, 자본구성과 조달능력, 생산수단과 시장출하 실태, 생산계획과 경영정보 체계, 지역사회와의 관계 등을 총체적으로 망라한다. 경영실태 분석의 방법에는 분석자에 따라서 여러 가지가 있을 수 있지만 대체로 투입산출 분석법(input/output analysis), 예산법(budgeting technique), 그리고 농업회계(farm accounting & records)에 의한 방법 등이 실제로 많이 쓰이고 있다.

투입산출 분석법은 생산경제학의 기초이론에서 설명한 생산함수관계, 즉 투입된 비용과 산출된 수익과의 상관관계를 한계(限界)분석 방법을 통해 분석하여 농작물과 가축 등의 생산력과 화폐가치를 평가함으로써 각각의 수익성을 비교 검토할 수 있는 자료를 구하는 방법이다. 이 방법은 농산물의 생산에는 수확체감의 법칙이 작용한다는 점을 전제로 해서 이 법칙이 각각의 농작물과 가축의 생산에 구체적으로 어떻게 작용하는가를 파악하는 것이다.

우리나라에서 흔히 볼 수 있는 소농경영에서는 농장경영의 기본적인 재무관련 자료와 생산기록 체계가 미비된 경우가 많으므로 비교적 간단한 예산법이 사용된다. 예산법은 하나의 농작물이나 가축만을 따지지 않고 농업경영에 관련된 모든 부문에 걸쳐서 투입된 비용과 산출된 수익의 상관관계를 소득, 현금 수입, 지출, 노동력 등 여러 면에서 비교 분석하는 방법으로서 현장에서 기록되는 생산, 노동력, 기자재, 시장출하 등의 관리 기록들이 기초자료로 사용된다.

농업회계에 의한 경영분석은 매일의 경영내용을 기록한 기장(記帳)에서 얻어진 경영수익과 지출을 결산하여 이를 토대로 경영을 분석하는 방법이다. 농업회계의 각종 기장을 연도 말에 결산하여 얻은 자료는 1년간의 자산과 부채의 증감과 경영수익과 지출의 내용을 알 수 있게 하는 매우 중요한 자료이다.

이 장에서는 먼저 농업경영실태 분석을 위한 분석지표로서 농가경제, 농업경영 성과, 농업경영 요소의 분석지표를 각각 설명하고 생산부문별 분석지표도 덧붙여 설명하기로 한다. 아울러 실태분석 방법으로서는 투입산출 분석법과 예산법을 포괄하는 종합적·체계적 분석방법인 농업회계에 대해 구체적으로 설명하기로 한다.

2 — 분석지표

1. 농가경제의 분석지표

농가경제의 분석지표로서 중요한 것은 농가소득과 가계비 및 농가경제의 잉여 또는 손실이다.

1 — 농가소득

농가소득이란 농가를 하나의 경제단위로 보고 그 농가가 일정기간 중 각종 행위에 의해 얻은 소득을 말한다. 농가소득에서 조세와 공과금을 뺀 나머지가 농가의 자산상의 변동없이 가계비에 충당할 수 있는 가처분(可處分)소득이 된다. 농가소득에는 농업경영활동에 의해 얻어지는 농업소득과 비농업부문에서의 겸업이나 부업에 의해서 얻어지는 겸업소득, 그리고 노임 또는 급료, 이자, 피증보조(被贈補助) 등의 농외소득이 포함된다. 농업소득과 농외소득의 구성비는 여건의 변화에 따라서 달라진다. 왜냐하면 농가가 가지고 있는 경영요소를 비농업부문에 임의로 투입할 수 있고 그에 따라 얻어진 보수가 농업부문에 투입해서 얻는 농업소득보다 많아서 전체소득을 증가시킬 수 있다면 농가의 자원은 자연히 비농업부문으로 이동되어 농외소득의 구성비율이 높아질 것이기 때문이다.

2 — 가계비

농가소득은 주로 가계비에 충당된다. 가계비란 소비단위인 가계경제에 있어서 현금으로 지출된 비용과 자가생산물을 자가소비한 가액(價額)을 합산한 것을 말한다. 가계비에서 차지하는 음식물비의 비율을 엥겔(Engel) 계수라고 하는데, 이 계수가 낮을수록 생활수준이 높다고 한다. 이는 계층간이나 직종 간의 생활수준을 비교하는 경우에는 참고가 되겠지만 개별 농가 간의 비교나 같은 농가의 연차별 비교 등의 경우에는 그대로 지표로 이용되기 어렵다. 왜냐하면 다른 비목의 지출이 필요해서 음식물비를 다소 무리하게 줄이는 경우도 있기 때문에 이로 인해 낮아지는 엥겔계수를 가지고 생활수준이 높다거나 향상된 것으로는 판단할 수는 없기 때문이다.

3 — 농가경제 잉여 또는 손실

이것은 농가소득으로부터 조세, 공과금 및 가계비를 뺀 나머지를 말한다. 따라서 농가경제의 잉여 또는 손실은 농가경제에 있어서 1년간의 자산변동과 일치하게 된다. 잉여가 많을수록 자산이 증가되어 농가경제가 확대되어 생산규모의 확대 또는 생산성 향상을 위한 투자의 원천으로 활용되거나 미래에 대비한 저축이 되는 것이다. 이에 반해 농가경제가 손실을 나타내는 경우는 가계비 지출이 가처분 소득보다 많아서 자산의 감소를 초래하게 되는데, 이 상태가 계속되면 그 농가경제는 파산하게 되는 것이다.

2. 농업경영성과의 분석지표

농업경영의 성과지표란 농업경영의 목표인 경영성과를 산술적으로 표시한 것이다. 농업경영의 성과지표이므로 농업 이외의 소득이나 수익은 애초부터 대상이 되지 않으며, 농업소득 또는 농업순수익이 주요한 성과지표가 된다. 제1편 제1장에서 설명한 바와 같이 농업소득과 농업순수익의 차이는 가족노동력에 대한 보수, 자기토지에 대한 용역비 및 자기자본에 대한 이자라 할 수 있다. 따라서 여기서는 농업소득과 가족노동력에 대한 보수, 자기토지에 대한 용역비와 자기자본에 대한 이자에 대해 각각 구분하여 설명하기로 한다.

1 — 농업소득

농업소득이란 각 농가가 농업경영을 통해 얻은 소득이므로 농업경영의 성과를 나타내는 가장 중요한 척도이다. 농업소득은 농업조수익에서 농업경영비를 뺀 나머지로서 현금과 현물의 일기장으로부터 각각의 수지관계를 항목별로 집계하고 자산대장에서는 연도 초와 연도 말의 증감액인 농가순자산의 증감액을 합산하여 계산한다.

농업소득은 농가가 보유하는 자산과 노동력에 대한 보수의 성격이 강하기 때문에 자산과 노동력의 보유상황이 서로 다른 농가 간의 경영성과를 비교하는 지표로 쓰기는 어렵다. 왜냐하면 농가 간의 경영성과를 비교하기 위해서는 모든 농가에 보편적으로 적용되는 지표가 필요한 것인데, 농업소득은 충분한 경영자본을 가지고 있는 경우와 기본적인 경영자본인 토지 등을 임차하여 경영하는 영세농의 경우에 상당한 차이가 발생하게 되기 때문이다. 따라서 어떤 농가의 농업소득이 다른 농가보다 많다고 해서 반드시 그 농가의 경영성과가 우수하다고 할 수는 없는 것이다.

농업소득에는 가족노동력에 대한 보수, 자기토지에 대한 용역비와 자기자본에 대한 이자, 경영이윤 등이 함께 포함되어 있다. 좀더 구체적으로 농업조수익과 농업경영비로 나누어 설명하기로 한다.

2 — 농업조수익

이는 1년간의 농업경영의 성과로서 얻어진 농산물과 부산물의 총가액(總價額)이며 농업총수익, 농업조소득, 농업조수입 등으로 부르기도 한다. 농업조수익에는 농산물의 판매에 의한 현금수입과 자가소비에 충당된 농산물의 가액 등 여러 가지가 포함된다.

농산물 판매수입 — 생산된 농산물을 판매해서 얻은 현금수입을 말한다. 현금수입은 농가가 자기의 경영에서 생산할 수 없는 것을 구입하는 능력의 척도로 쓰여지기도 한다. 현금수입은 근대적 교환경제의 기초를 형성하는 것이므로 현금수입이 농업조수익에서 차지하는 비율이 높을수록 유리한 경영을 하고 있는 셈이 된다.

농산물의 자가소비액 — 생산된 농산물 중 판매하지 않고 자가에서 소비한 가액이다. 이 중에는 고용노동자의 식사나 겸업활동을 위해 소비된 것도 포함된다.

대동식물(大動植物)의 증감액 — 육성기(育成期)에 있는 가축과 과수, 뽕나무 등은 매년 그 가치가 증가되는데, 1년 중에 증가된 가치는 그 해의 농업조수익에 포함된다. 그러나 연도 말의 평가액이 연도 초보다 감소되었을 때에는 그 가액만큼 농업조수익에서 공제한다. 연도 초와 연도 말의 증감액을 정확히 평가하기는 사실상 매우 어려운 점이 있기 때문에 대개는 연도 중에 투입되는 비용을 가지고 평가 계산하는 것이 일반적이다.

재고(在庫)증감액 — 생산된 농산물의 연도 말 재고량이 연도 초의 재고량보다 증가되었을 경우 그 증가된 가액이 농업조수익에 포함된다. 그러나 연도 말의 재고량이 연도 초보다 감소되었을 경우에는 그만큼 농업 조수익에서 감액한다.

경영용역의 임대수입 — 농업경영에 활용되는 건물이나 농기계 등의 여유가 있을 때 이를 다른 농가에 일시 임대하여 얻는 수입을 말한다. 그러나 농가에서 얻는 연간 토지임차료나 노임은 그 농가의 농업경영에 활용되는 토지와 노동력의 이용이 아니므로 농업조수익에 포함되지 않고 농외소득에 계상한다.

위에서 설명한 농업조수익의 구성내용은 농업회계에 기장된 1년간의 농업수입을 과목별로 집계하면 쉽게 계산된다. 농업조수익의 크기는 농업경영의 성과를 파악하는 중요한 척도이다. 이를 비목별로 분류하여 각각의 비율을 계산하면 비목별 수익의 정도를 나타내는 조수익의 구성비가 되는데 이는 경영형태의 분류나 고정비용의 작물 간 배분기준으로 이용된다.

3 — 농업경영비

농업경영비란 농업경영활동에 투입된 여러 가지 비용을 말한다. 그 중 중요한 것은 비료, 농약 등 재료구입비와 농기계에 들어가는 비용, 고용노동력에 대해서 지출되는 노임, 고정자본에 대한 용역비 또는 감가상각비 등이다. 그러나 가속노동력에 대한 보수와 자기 소유의 토지에 대한 용역비 및 자기자본에 대한 이자는 농업경영비에는 포함시키지 않는다. 이러한 비용들은 농업소득이 아닌 농업순수익을 계산할 때 필요한 농업생산비의 범주에는 포함되지만 농업소득을 계산할 때 사용되는 농업경영비에는 포함시키지 않는 것이다. 농업경영에 가족노동력과 자기토지 및 자기자본을 이용하는 비율이 높을수록 농업조수익에 대한 농업경영비의 상대적인 비중이 낮아지게 된다. 농업경영비의 항목은 다음과 같다.

현금지출 — 경영에 필요한 물자와 용역을 구입하기 위한 현금지출을 말한다. 여기에는 비료, 사료, 종묘의 구입비와 고용노임, 농기계의 수선비와 임차료 등 여러 가지 비용이 포함된다. 그러나 토지와 대가축, 대농기계 등의 구입이나 축사의 신축 등 고정자산의 증가를 위한 지출은 당해연도 중에 전부 소모되지 않고 장기간 계속 사용할 수 있는 자산의 형태로 변형된 것이므로 현금지출이라 하더라도 농업경영비에 포함시키지 않는다.

현물지출 — 농업경영활동에 따른 지출은 현금 뿐만 아니라 현물형태의 지출도 있다. 예를 들면 고용노동력에 대한 현물급여나 농기계 또는 일소〔役牛〕등의 임차료와 토지임차료 등을 현물로 지출하는 경우이다. 이때 지출된 현물을 현금으로 평가하여 경영비에 계상하는 것이다.

구입한 현물의 증감액 — 농업경영을 위해 구입한 종자와 비료, 사료 등 현물의 연도 말 재고량이 연도 초 재고량보다 감소되었을 때 그 감소액은 연도 중의 농업경영비에 포함된다. 그러나 연도 말 재고량이 연도 초 재고량보다 증가되었을 경우에는 그 증가액은 농업경영비로부터 공제해야 한다.

감가상각비 — 농업경영을 위해 사용되는 건물과 농기계 등 고정자본의 감가상각액이다. 이는 연도 내에 실제로 지불되는 것이 아니기 때문에 평가 여하에 따라서는 실제 감가액과 일치하지 않을 수도 있으므로 주의해야 한다.

농업경영비의 구성내용은 이상과 같으며, 경영비가 어떠한 비목에 각각 얼마씩 지출되었는가를 금액과 비율로 따져 보는 것은 앞으로의 경영비 절감을 위해 반드시 필요한 일이 된다.

4 — 가족노동력에 대한 보수

고용노동력에 대한 보수는 일정액을 그때 그때 지불하며 농업경영비에 당연히 계상되기 때문에 그 총액을 쉽게 합산할 수 있다. 그러나 가족의 노동력에 대한 보수는 처음부터 객관적으로 정해지는 것이 아니고 연도 말에 계산된 농업소득 중에서 자기토지 용역비와 자기자본에 대한 이자를 평가하여 이를 제외한 나머지를 가족노동력의 보수와 경영이윤으로 본다. 따라서 그 보수의 총액은 고용노임처럼 처음부터 정해진 기준이 있는 것이 아니라 농업경영의 성과에 따라 결정되는 것이다.

최근에는 농업경영의 이윤 또는 순수익을 높이려는 경향이 많아지고 있기 때문에 가족노동력에 대한 보수도 고용노임에 의제(擬制)하여 지출된 것으로 계산하고, 순수익 또는 농업경영의 이윤(利潤, profit)을 따로 산출하는 방법이 일반적으로 적용되고 있다.

5 — 자기 토지에 대한 용역비

실제 지불된 임차료와 달리 자기 토지에 대한 용역비 또는 임차료는 그 토지의 가격을 평가하여 이에 대한 자본이자로 계상하거나, 실제로 지불된 이웃의 같은 등급의 토지에 대한 임차료를 의제하여 계상하기도 한다.

6 — 자기 자본에 대한 이자

건물과 농기계 등의 자기소유 농업자본에 대한 이자계산을 엄밀하게 하려면 참으로 복잡하다. 간단한 계산방법의 하나로서 농가의 자산대장에서 연도 초와 연도 말의 농업자산을 합산하고, 이를 둘로 나누어 연간 평균자본액을 구하는 방법이 있다. 여기에 통상의 이자율을 곱한 것을 자기 자본에 대한 이자로 계산하는 것이다.

7 — 농업경영 이윤

이는 농업경영에 따른 최종적인 성과로서의 순수익을 말한다. 농업소득으로부터 가족노동력의 평가액과 자기토지에 대한 용역비 및 자기자본에 대한 이자를 공제한 나머지가 농업경영 이윤이다. 가족노동력에 대한 평가는 가족구성원의 노동능력을 기준노동력으로 환산한 다음 이를 연간 노동일수로 계산하여 그 지방의 평균노임을 곱하여 산출하는 것이 흔히 쓰이는 간편한 방법이다.

그 밖에 농업경영에 전념하는 노동력의 보수와 보조적인 가족노동력의 보수를 구별하여 이를 따로 평가하는 방법도 있다. 즉 보조적인 가족노동력을 임시고용 노동력의 경우로 간주하여 그들의 노동일수에 그 지방의 평균노임을 곱하여 보조적인 가족노동력의 보수를 산출하고, 농업경영에 전념하는 노동력에 대해서는 다른 직종에 종사하는 근로자의 평균급료를 연간으로 환산 평가하여 보수를 산출하는 것이다. 이 방법은 미국의 농업경영분석에서는 일찍부터 사용되고 있는 방법이다.

농업소득에서 가족노동력에 대한 보수를 평가하여 공제한 나머지가 자기토지에 대한 임차료, 자기 자본에 대한 이자 및 농업경영 이윤인데 이를 합해서 농업자본수익이라고 한다. 이 농업자본수익을 평균 농업자본액으로 나눈 것을 농업자본 수익률이라고 한다. 이는 각 농업경영체 간의 자본효율을 비교하거나 연도별로 경영성과를 비교하는 척도로 이용되며, 차입자본의 이자율과 비교하여 경영성과의 분석지표로 활용되기도 한다. 농업순수익 또는 농업경영 이윤은 농업경영이 순수익의 최대화를 목표로 하는 기업적 경영으로 영위된다는 것을 전제로 하고 있는 것으로서 현대적인 농업경영의 성과를 분석하는 가장 중요한 지표의 의미를 지니는 것이다.

3. 농업경영 요소의 분석지표

농업경영의 성과에 어떤 경영요소가 어느 정도의 영향을 미쳤는가는 지역과 경영형태 및 개별 경영사정에 따라 다르기 때문에 일률적으로 규정할 수는 없다. 그러나 같은 지역의 비슷한 경영형태를 비교해 보면 어떤 경영요인과 어느 경영성과 간에 상관관계가 있을 수 있음을 알 수 있다. 여기서는 경영요소의 분석지표로 쓰이는 몇 가지 항목에 대하여 설명하기로 한다.

1 — 농업경영규모

농업경영규모의 정의(定義)는 사람에 따라 구구하다. 미국에서는 이를 농장의 크기(size of farm) 또는 사업의 크기(size of business) 등으로 정의하고 있다. 전자는 주로 토지와 노동력, 자본 등 생산요소가 결합된 양의 정도를 표시하고, 후자는 주로 농업조수익으로 표시되는 거래량의 정도를 나타내는 경우가 많다. 둘 중 어느 것이든 경영규모의 일면을 나타내고 있지만, 하나만으로는 농업경영의 전체규모를 구체적으로 표시하기 어렵기 때문에 완전한 지표가 될 수는 없다. 따라서 농업경영규모를 비교 분석하고자 할 때에는 그 목적에 따라 가장 적절한 지표를 선택할 필요가 있다. 이 경우 어떤 생산요소 하나만이 아니라 두 개 이상의 경영요소를 함께 비교 분석하는 것이 더 바람직한 지표가 된다. 이때 쓰이는 농업경영요소의 분석지표로서는 다음의 다섯 가지가 많이 활용된다.

경지면적 — 우리나라에서는 경지면적이 경영규모를 측정하는 공통된 지표로서 가장 널리 사용되고 있다. 그 이유는 경종(耕種) 위주의 우리 농업에 있어서 생산요소 중 경지가 차지하는 비중이 커서 농업소득이나 농업순수익을 좌우하는 결정적인 요인이 되고 있기 때문이다. 이는 앞으로도 상당기간 지속될 것으로 보이며, 경지의 이용도를 감안한 작물의 재배면적을 함께 적용한다면 우리 농업의 경영규모를 평가하는 기준으로 계속 타당한 것으로 인정된다.

가축사육규모 — 경종이 아니고 양축(養畜)을 주로 하는 농업경영형태에 있어서는 생산요소 중에서 차지하는 토지의 비중이 상대적으로 크지 않으므로 이때에는 가축의 사육두수가 경영규모를 규정하는 첫 번째 지표가 된다. 예를 들면 낙농경영에 있어서의 젖소 사육두수와 같은 것이 양축경영에 있어서 농업소득이나 농업순수익을 좌우하는 가장 중요한 경영요인이 된다는 것이다. 이 경우 대체로 연도 중의 평균 사육두수를 산출하여 농업경영규모를 나타내는 지표로 삼는다.

농업투입자본액 — 과수, 시설원예 등의 경영형태에 있어서는 경지면적이나 가축사육규모와 같은 경영요소 이외에 영농시설이 농업경영에서 중요한 비중을 차지하며, 그 크기가 바로 경영성과를 좌우하는 결정요인이 된다. 또한 같은 경영형태를 서로 비교할 때에는 경지면적, 가축사육규모 등의 척도를 사용할 수 있지만, 다른 형태의 농업을 비교할 필요가 있을 때에는 이들을 공통적으로 사용하기 어렵기 때문에 농업투입자본액을 공통의 척도로 쓰는 경우가 많다. 여기에는 토지와 가축 뿐만 아니라 그 밖의 모든 자본재에 대한 연중평균 투입자본액이 모두 포함된다.

농업노동력단위 — 위에서 말한 경지면적이나 가축과 그 밖의 자본재를 포함한 농업투입자본과 마찬가지로 중요한 생산요소인 농업노동력을 기준으로 하는 경우가 있다. 이는 노동력을 많이 필요로 하는 경영형태에 있어서 경영규모를 나타내는 중요한 척도가 된다. 농업노동력을 자본액이나 토지, 가축처럼 물질적으로 계산하기는 어려운 점이 많지만, 미국과 같이 노동력이 자본에 비해 상대적으로 적은 곳에서는 이 노동력단위(man equivalent)가 경영규모를 나타내는 중요한 기준이 되고 있다.

이를 계측하는 방법은 여러 가지가 있다. 가장 간단한 방법으로는 노동일기장에 기재된 총노동일수를 한 사람이 노동할 수 있는 연간 노동일수(연 200일 또는 250일)로 나누어 노동력의 단위를 계산하는 방법이 있으나, 이는 투입된 노동력에 정비례할 뿐이므로 경영규모를 나타내는 기준으로서는 적합하지 못하다. 그 밖에 농가의 가족구성원 각자의 노동능력을 합계하여 이를 농업노동력 단위로 표시하는 방법이 있다. 이는 이용가능한 농업노동력의 단위를 나타낸다는 점에서는 앞의 방법보다 경영규모의 기준으로 적합한 것이다.

그러나 가족구성원 각자가 현실적으로 농업경영에 종사할 수 있는 노동일수를 무시하고 단순히 각자의 노동능력을 합산하여 노동력단위로 삼는다는 것은 무리이다. 특히 우리나라처럼 주부가 가사와 농업노동을 겸하여 하고 있는 농업경영형태에는 적절하지 못한 것이다. 따라서 이를 각각의 노동능력과 현실적으로 농업경영에 종사가능한 노동일수를 함께 감안하여 계산하여야 농업노동력 단위로서의 실질적 의미가 있게 된다.

노동작업단위 — 미국에서 농업경영규모를 나타내는 척도로 가장 많이 쓰여지고 있는 것으로서 노동작업단위(productive man work unit)라는 것이 있다. 경지면적이나 가축사육규모는 경종이나 축산경영의 경우에만 적용할 수 있고, 농업자본투입액을 경영규모의 척도로 할 경우에는 농업노동력단위를 따로 표시해야 하므로 어느 한 가지 경영요소로 경영규모를 나타낸다는 것이 불가능하다. 따라서 어떠한 농업경영형태에나 보편적으로 통용될 수 있는 하나의 지표로서 경영규모를 나타낼 수 있는 방법을 찾아본 결과 노동작업단위가 가장 적합한 기준으로 파악되었다는 것이다.

가령 어떤 농가가 A작물을 10단보, B작물을 5단보 재배하고 동시에 C가축을 3마리 사육하고 있다고 가정하고, 그 지방에서 A작물을 1단보 재배하는데 소요되는 표준노동일수가 연간 20일, B작물은 15일, C가축 1마리를 사육하는 데는 40일이라고 한다면 이 농가의 노동작업단위는 A(10단보×20일)+B(5단보×15일)+C(3마리×40일)=395단위로 계산되어 이것이 바로 농업경영규모를 나타내는 기준이 된다는 것이다.

그러나 실제로 농업경영규모를 표시하는 단위로 노동작업단위만을 사용하는 것은 매우 드물고, 대개는 경지면적이나 주요가축의 사육규모, 농업투입자본액, 농업노동력단위 등을 함께 사용하고 있다. 다만, 서로 다른 여러가지 농업경영형태를 비교할 때에는 공통적인 단위를 기준으로 경영성과를 파악할 필요가 있기 때문에 그 단위로서 노동작업단위를 많이 사용하고 있는 것이다.

농업경영규모를 나타내는 지표는 농업경영형태에 따라 적절한 기준이 있고 이들을 잘 선택해야만 경영규모를 올바르게 파악할 수 있다. 흔히 농업경영규모를 계측하려 할 때 경지면적에만 기준을 두고 있는 경우가 많은데, 위에서 설명한 여러 가지 지표를 적절히 선택하여 경영규모를 파악하고 경영성과를 비교분석하는 것이 바람직한 것이다.

2 — 생산효율 또는 생산지수

농업경영규모에 못지않게 중요한 분석지표로서 생산효율 또는 생산지수를 들 수 있다. 이는 단위면적당 수확량이나 수확량지수, 축산생산지수 등으로 표시된다.

단위면적당 수확량 — 토지생산력과 기술수준을 판단하는 척도로서 농가가 재배하는 주작물의 단위면적당 수확량을 말하며, 이는 경영성과에 크게 영향을 미치는 중요한 요소이다. 각 작물의 단위면적당 수확량은 총수확량을 재배면적으로 나누어 산출한다. 그러나 이는 하나의 작물로 전문화된 지역의 농가 간 비교에는 적합하지만, 일반적으로 여러 가지 작물을 동시에 재배하고 있는 경우에 어떤 작물은 A농가가 우수하고 다른 작물은 B농가가 우수하다면 어느 작물의 단위면적당 수확량을 비교해야 할지 문제가 되는 단점이 있다.

수확량지수 — 농가가 재배하는 작물의 종류가 많아서 어느 작물이 주작물인지 판단하기 어려울 때에 생산효율을 비교하기 위한 척도로서 수확량지수(crop-yield index)를 쓰게 되는데, 이는 종합적인 토지생산력과 기술수준의 우열을 비교하는 데 도움이 된다. 이를 산출하는 방법은 다음 농가의 계산 예에서 보는 바와 같이 각 작물에 대한 그 지역의 평균 단위면적당 수확량 대비 그 농가의 수확량을 퍼센트로 산출하고, 이를 가중 평균하여 계산한다.

표 3-1에서 예를든 농가의 경우 종합적인 수확량지수가 103이라는 것은 그 지역의 평균수준보다 조금 우위에 있다는 것을 뜻한다. 그러나 이 지수는 물량의 비교척도일 뿐 경제적 가치로 표시된 생산력을 나타내지는 못한다는 단점이 있다.

〈표 3-1〉 수확량지수 산출예

	작물A	작물B	작물C	계
재배면적(D)	5	3	2	10
단위면적당 수확량(kg)	300	180	200	
지역평균 수확량(kg)	250	200	250	
각 작물의 수확량지수(E)	120	90	80	
D × E	600	270	160	1,030
종합수확량지수			1,030÷10=103	

축산생산지수 — 양축농가가 사육하는 가축의 단위당 생산효율을 계산한 것으로서 경종농가에 있어서의 수확량지수를 계산할 때의 재배면적을 가축의 사육두수로 바꾸어 생각하면 된다.

경제적 가치로 표시된 수확량이나 생산지수를 산출하려면 각 작물이나 가축의 단위당 평균가격을 함께 감안하여 이를 다시 가중평균하면 된다.

3 — 토지이용지표

생산효율 또는 생산지수가 생산물에 대한 지표라고 한다면 토지이용이나 노동력 이용 및 자본이용에 관한 지표는 생산의 기초가 되는 경영요소의 이용효율을 알아보는 지표라고 할 수 있다. 농경지의 이용상황은 각 작물 재배면적의 총면적에 대한 퍼센트를 계산하면 쉽게 알 수 있다.

그 밖에 토지이용에 관한 지표로서 경지비율(전체 토지면적 중 경지면적의 비율), 논면적비율(총경지면적 중 논면적의 비율), 경지이용률(경지이용 면적을 경지면적으로 나눈 비율) 등이 있다. 이 중에서 경지이용률은 경지의 이용 정도를 파악하는 척도로 많이 쓰이고 있으나, 이는 경지를 연간 작물 재배에 이용한 횟수는 나타내고 있지만 그 작물의 재배기간이 고려되지 못하는 단점이 있다.

4 — 노동력이용지표

농가가 보유하는 노동력이 월별 또는 부문별로 어떻게 이용되었는가를 알아보려면 노동일기장의 기장결과를 정리하면 된다. 이러한 농업노동력의 월별, 부문별 이용상황은 개별적인 농업경영의 분석과 계획을 위해서는 유용한 자료가 되지만 농가 간의 비교를 위한 지표로 이용하기는 어렵다는 단점이 있다. 따라서 농가 간의 비교를 위해서는 다음과 같은 지표가 쓰이고 있다.

농업노동력 단위당 농업종사일수 — 이는 농업노동력 1단위가 연중 며칠 동안 농업노동에 종사했는가를 나타내는 것이다. 그 계산방법은 연간 농업노동일수의 총합계를 농업노동력의 단위로 나누면 된다. 특히 중요한 것은 농업경영주 자신의 연간 농업종사일수를 파악하는 것이다.

단위경지면적당 농업노동일수 — 총 농업노동일수를 경지면적으로 나눈 것이다. 이는 단위경지면적에 연간 얼마의 노동력이 투입되었는가를 나타내는 것으로서 단위면적당 노동집약도라고도 한다. 축산부문이 지배적인 경영형태에 있어서는 가축단위당의 농업노동일수를 계산하는 것이 같은 의미를 가지게 된다. 미국과 같은 나라에서는 노동효율(labor efficiency)을 나타내는 지표로서 농업노동력 단위당의 경지면적 또는 가축두수, 농업투입자본, 노동작업단위, 농업조수익 등을 산출하여 쓰고 있다. 이는 농업노동력과 다른 농업경영요소 또는 경영성과와의 상관관계를 나타내는 것이므로 노동력의 이용효율을 간접적으로 파악하는데 도움이 된다.

5 — 자본이용지표

농업경영에 투입된 자본이 구체적으로 어떻게 이용되고 있는가를 파악하려면 자산대장에서 농업경영에 투입된 자본의 금액과 비율을 종목별로 구분하여 산출하면 된다. 그 중에서 토지와 대가축에 대해서는 이미 설명한 바 있으므로 여기서는 농기계의 이용에 관한 지표를 설명하기로 한다.

농기계 이용면적 — 농기계를 이용한 면적이 어느 정도인가를 나타내는 것이다. 우리나라의 경우 호당 평균 경지면적이 좁기 때문에 농기계가 이용되는 면적이 충분하지 못하여 농기계 이용의 경제성이 문제가 되고 있다는 점을 이 지표로 알 수 있게 된다.

농기계 이용시간수 — 각종 농기계가 연간 몇 시간 이용되고 있는가를 파악한다는 것은 자본이자와 감가상각액을 계산하는 데 필요할 뿐만 아니라 그 자본재의 경제적인 이용상황을 알 수 있게 해 주는 지표가 된다.

단위 경지면적당 농기계 비용 — 이는 단위 경지면적당 농기계 이용에 지출된 비용의 합계로서, 이에는 자본이자, 감가상각액, 수선유지비, 연료비 등이 모두 포함된다.

농업자본수익률 — 이는 농업경영에 투입된 자본 총액의 이용효율을 나타내는 지표로서 농업조수익을 농업투입자본액으로 나눈 것이다. 일반적으로 토지자본액이 큰 비중을 차지하는 농업경영의 경우에는 자본회전율이 낮기 때문에 수익률도 낮아지는 경향이 있는 반면 축산경영 중에서도 자본회전이 빠른 양계의 경우에는 수익률도 높아지는 경향이 있다. 이 지표는 차입자금에 의한 농업경영의 경우에 더욱 중요한 의미를 가지게 된다.

노동작업단위당 농업투입자본 — 농업투입자본액을 노동작업단위로 나눈 것이다. 이는 각각의 농업경영의 표준 노동소요량을 기준으로 한 농업자본투입액을 표시하는 것으로서 농가 간의 농업자본투입의 정도를 비교할 때의 지표로 이용된다.

이상에서 여러 가지 농업경영요소의 분석지표를 설명하였으나, 모든 지표가 어떠한 농업경영형태에 있어서나 항상 유용한 것은 아니다. 농업 경영형태와 환경에 따라 이용될 수 있는 지표에는 한계가 있기 때문에 그러한 지표를 이용하고자 할 때에는 먼저 경영요소의 분석지표가 경영성과의 분석지표와는 어떠한 관계를 가지고 있는지, 또는 경영요소의 지표 상호간에는 어떠한 상관관계가 있는가를 검토한 다음 적합한 지표를 선택할 필요가 있는 것이다.

4. 생산부문별 분석지표

전체 농업경영 중에서 어떤 생산부문만을 독립적으로 분석하는 것을 부문분석이라고 한다.

1 — 부문별 소득

이는 각 생산 부문별로 이용한 농경지와 자기 소유의 토지, 자본재 및 가족노동력에 대해서 얻어지는 소득으로서 부문별 조수익에서 부문별 경영비를 뺀 것이다. 부문별 조수익은 각 부문의 주산물과 부산물의 판매수입, 자가에서 소비한 생산물의 평가액, 연도 말 재고증감액, 다른 부문에서 사용한 생산물의 평가액 등을 모두 합산한 것이다. 부문별 경영비중 종묘, 비료, 농약 등 각종 재료의 구입비와 고용노동력에 지출된 비용은 구입한 물재와 용역의 수량을 파악하여 각각의 구입단가를 곱하여 산출하고, 광열비, 농기계비 등과 같이 부문별로 구분되어 있지 않은 공통비용에 대해서는 각 부문에 사용한 비율을 고려하여 배분 산출한다. 또한 다른 부문으로부터 이용한 자급물재(自給物財) 등의 평가액도 가산하여야 한다.

따라서 전체적인 경영분석의 경우에는 고려되지 않았던 경영내부의 자급관계가 부문별 분석에서는 반드시 계산되어 부문별 조수익과 경영비에 포함되는 것이다. 이와 같이 해서 얻어진 부문별 소득은 전체 농업소득의 경우와 같이 사용된 경영요소에 대한 수익을 표시하는 것이므로 경영요소가 각각 다른 부문 간이나 농가 간의 경영성과를 비교하는 지표로 이용하기는 어렵다. 비교가능한 분석지표로서는 다음과 같은 것들이 있다.

2 — 단위면적당 부문별 소득

경종농업에서 부문별 소득을 좌우하는 가장 중요한 요인은 재배면적이며, 각 부문의 총소득을 면적으로 나누면 단위면적당 부문별 소득을 구할 수 있다. 이는 농업경영자가 어느 부문이 더 유리한가를 판단하는 데 필요할 뿐만 아니라 경지이용계획을 수립하는 데도 도움이 된다. 이때 단위면적당 부문별 소득은 단순히 단위경지면적에 따르는 소득이 아니라 그 경지의 생산적 이용에 투입된 토지를 포함한 모든 농업자본과 가족노동력에 대한 소득인 것이다. 따라서 경지이용이 상대적으로 적은 비중을 차지하는 축산부문에서는 단위면적당 소득보다 가축단위당 부문별 소득이 더 적절한 의미를 지니게 된다.

3 — 가족노동 1일당 보수

전체 농업경영분석의 경우에는 가족노동력에 대한 보수와 경영이윤을 지표로 하지만, 이들 경영주와 가족의 노동력은 농업경영 내의 각 부문에 걸쳐 사용되는 경우가 많기 때문에 부문별 분석의 경우에는 이들 지표가 별로 의미가 없게 된다. 따라서 이 경우에는 가족노동 1일당의 보수를 계산하여 부문 간의 노동효율을 비교하는 지표로 삼는 경우가 많다. 부문별로 투입된 가족노동의 1일당 보수는 부문별 순수익에서 부문별로 투입된 자본이자를 뺀 나머지 가액을 부문별로 투입된 가족노동일수로 나누어 산출한다.

이때 부문별로 투입된 자본이자를 계산하기 위해서는 부문별로 투입된 자본액을 먼저 산출해야 하는데, 가장 간단한 방법은 그 부문에 이용된 고정자산의 연도 초 가액을 그대로 계상하는 것이다. 다른 부문과 겸용하는 자본재가 있을 때에는 그 부문의 사용비율을 곱하여 계산한다.

4 — 부문별 투입자본 수익률

부문별로 투입된 자본액을 알게 되면 부문 간의 자본효율을 비교하는 지표로서 자본수익률을 계산할 수 있다. 부문별 투입자본에 대한 수익률은 부문별 소득에서 부문별로 투입된 가족노동의 평가액을 뺀 나머지를 부문별 투입자본액으로 나누어 산출한다.

5 — 부문별 경영비

생산물을 1단위 생산하는데 지출된 비용을 말한다. 자급자족의 농업경영에서는 농산물의 생산에 소요된 경영비가 그다지 중요한 의미를 가지지 못하지만 상품생산이 늘어남에 따라 그 중요성이 크게 인식되고 있다. 왜냐하면 농업경영의 성공 여부는 경영비와 판매가격의 차이에 의해 결정되는데, 개별농가로서는 판매가격에 영향을 미치기 어렵기 때문에 궁극적으로 경영비의 절감이 가장 중요한 농업경영의 열쇠가 되기 때문이다.

경영비의 구성내용은 생산물의 종류에 따라 항상 같은 것은 아니다. 일반적으로 비료, 농약 등 농자재의 구입을 위해 지출된 비용 이외에 가족노동력과 자급생산물, 자기자본 등에 대한 내급(內給)용역비가 포함된다. 각 생산부문별로 주산물의 생산비를 산출하여 시장의 판매가격과 비교하면 그 부문에 투입된 경영요소에 대하여 적정한 보수를 얻었는지의 여부를 알 수 있게 되고, 또한 경영성과를 다른 농가와 비교할 수도 있게 된다. 이때 주산물의 생산비는 부문별 경영비에 부문별로 투입된 가족노동력의 평가액과 부문별로 투입된 자기자본이자의 평가액을 더하고 부산물의 조수익을 뺀 다음 이를 주산물의 생산수량으로 나누어 산출한다.

이상에서 부문별 분석의 지표를 전반적으로 설명하였다. 흔히 농업경영의 각 부문이 서로 밀접하게 관련되어 있는데도 불구하고 그 중의 한 부문만을 기계의 한 부분처럼 분리하여 생각하는 경우가 많은데, 그래서는 농업경영을 제대로 파악 분석하지 못하게 되며, 경우에 따라서는 경영비 자체를 정확하게 계산하지 못하는 수도 생기게 된다. 왜냐하면 생산에 사용된 고정자산에 대한 비용을 각 생산 부문별로 어떻게 할당하고 어떤 기준에 의해 평가하는가에 따라 부문별 경영분석의 결과가 완전히 달라질 수도 있기 때문이다. 따라서 부문별 분석을 현실적으로 정확히 하고자 할 때에는 이에 대한 충분한 고려가 반드시 있어야 한다.

3 — 농업회계(Farm Accounting & Records)

1. 농업회계의 필요성과 특성

농업회계란 농업경영에 있어서의 수입과 지출을 비롯하여 경영의 성과인 손익이 구체적으로 자산의 증감에 어떻게 반영되었는가를 일정한 장부에 숫자로 기록하는 것을 말한다. 이를 통해 농업경영자는 농장의 재무상태를 비롯한 경영현황을 점검 평가하고 경영실적을 측정하며, 일상적인 경영업무를 조정통제할 뿐만 아니라 여기서 얻어진 자료를 토대로 해서 더욱 능률적이고 합리적으로 자원을 이용할 수 있는 경영개선 전략을 채택할 수 있게 된다. 즉 농업회계가 없이는 경영의 실적을 정확하게 파악하기 어렵고, 따라서 농업경영체의 환경조건에 적응하는 경영합리화를 계획하기가 곤란하다. 농업회계를 통해서 각 경영부문의 수지관계를 알 수 있고, 이를 기초자료로 하여 노동력과 자금 등을 어떤 부문에서 다른 부문으로 이동시켜 농업경영 전체의 이익을 최대로 올릴 수 있을 것인가를 판단하는 데 유용한 경영효율지표를 얻을 수 있는 것이다. 일찍이 슈말렌바흐(E. Schmalenbach)는 경영과 회계의 관계에 대해 "기업에 있어서 경영자는 두뇌이고 회계는 신경과 오관의 기장(記帳)이다. 경영은 회계에 의해서 그 기능상의 장애를 알고 경영상의 모든 질환 또는 단점 등을 두뇌인 경영자에게 알리는 것"이라고 한 바 있다.

농업회계는 일반적인 상업회계나 공업회계에 비해 여러 가지 특성을 가지고 있다. 특히 우리나라와 같이 영세한 규모의 농업경영구조 하에서는 농업경영체가 자본주의적 기업으로서 독립된 경영체로 존재하는 경우가 드물고, 경영과 가계가 분리되지 않은 경우가 많다. 또한 가족노동력을 기초로 하는 가족영농의 경우가 대부분인데, 이는 자본의 증식을 목적으로 노동력을 고용하는 것과는 달리 자본의 증식과 함께 가족의 생활을 영위하기 위한 생산활동이 주된 경영의 목적임을 의미한다. 즉 농업경영은 자본의 증식보다는 가계경제를 유지하고 가족 구성원의 욕구를 충족하는 수단으로 영위되는 경우가 많다고 할 수 있다.

그러나 영세한 농업경영이라 할지라도 현실적으로 존재하는 경영체로 인정해야 할 뿐만 아니라 자본주의적 수익인 생산자 잉여를 추구하는 것으로 보아야 한다. 그 수익으로 가계를 영위하고 나머지를 생산확대를 위한 투자로 전환하는 경우가 대부분이기 때문에 영세한 농업경영에 있어서도 경제적인 계산이 상당한 의미를 지니고 있는 것이다. 기장을 함으로써 각각의 생산원가를 파악할 수 있으며, 나아가서 회계의 결산 기능에 의해 경영성과인 수익과 비용 및 이익과 손실을 농업경영과 가계를 분리하여 따로따로 계산할 수 있게 된다. 이와 같이 현실적으로 존재하는 영세소농의 경제적 계산을 통해 전체 농업경영의 실적과 상태를 평가할 수 있게 되므로 이를 위해서도 농업회계를 적극 활용할 필요가 있는 것이다.

2. 농업회계기록의 방식

효율적인 농업경영관리를 위해서는 농업경영자가 자원을 잘 통제·조정하고 관리할 수 있어야 하며, 이를 위해서는 반드시 농장경영에서 발생한 모든 사항의 기록이 잘 유지되어 장래의 계획을 위한 정보로 제공되어야 한다. 농업회계기록은 이러한 의미에서 농업경영자 또는 농장관리자가 현재의 상황을 정확히 파악하고 미래의 상황을 최대한으로 세밀하게 예측하여 바람직한 방향으로 농업경영을 개선하도록 하는 필수적인 정보인 것이다.

또한 근래에는 농업경영에 있어서도 경영개선을 위해 자금 지원을 받을 필요가 있거나 세금납부와 관련한 수지상황을 보고할 필요가 있을 때가 많아지고 있으므로 이를 위해서도 농업회계기록을 정확하게 정리해 두는 것이 바람직하다. 농업회계정보체계(farm accounting information system)를 구축하기 위해서는 먼저 어떤 방법 또는 기법으로 농업회계기록을 정리할 것인가를 결정해야 한다. 이러한 농업회계기록의 방식은 몇 가지 대안이 있는데 이는 기록의 종류와 구체성의 정도, 사용할 회계의 유형 등으로 나누어 생각해 볼 수 있다.

1 — 구체적 회계기록과 전반적 회계기록

먼저 회계기록의 구체성을 어느 정도로 할 것인가가 결정되어야 한다. 이는 회계기록을 어디에, 어떤 목적으로 이용할 것인가에 따라 결정될 사항이다. 예를 들어 단순한 세금계산 용도라면 간단한 금전출납부 정도라도 충분할 것이다. 이 경우 날짜와 금전적인 거래사항과 그 유형(예 : 어느 사료회사로부터 사료구입 등), 수입 또는 지출된 금액과 구입 또는 판매된 수량 등이 기록에 포함될 것이다.

그러나 농업경영자가 경영자원의 효율성과 수입 · 지출의 경제성을 분석하고자 한다면 위에서 언급한 정도의 회계기록만으로는 불충분할 것이다. 예를 들어 농업경영자 또는 농장관리자가 어느 회사의 어떤 사료가 어느 가축의 어떤 품종에 어느 정도의 사료효율을 나타내었는지를 분석하고자 한다면 여기에 필요한 구체적인 기록을 세밀하게 작성하여야 한다는 것이다. 다만, 이러한 구체적이고 세밀한 기록을 작성하려면 상당한 시간과 정력이 필요하게 되며, 또한 상당한 비용이 들게 마련이므로 과연 그만한 시간과 정력과 비용을 들여서 그렇게 구체적이고 세밀한 기록을 작성할 필요성과 경제성이 있는지에 대해 미리 충분히 검토해야 할 것이다. 결론적으로 농업경영의 규모와 시설 · 장비 및 기술수준 등을 종합적으로 고려하고 농업회계기록의 용도를 감안하여 어느 정도로 회계기록을 구체적으로 세밀하게 작성해야 할 것인가를 결정해야 한다는 말이다.

2 — 단식부기(single-entry accounting)와 복식부기(double-entry accounting)

일반적으로 회계의 기장을 부기(簿記)라고 하는데 부기는 장부의 종류와 기입방법에 따라 단식부기와 복식부기로 분류한다. 단식부기는 자산의 변화에 관한 기록만 하고 자본에 관한 기록은 하지 않는 부기이다. 따라서 이는 부기에 관한 특별한 이론과 방법을 모르고도 상식적으로 기장하고 계산할 수 있는 장점이 있다. 반면에 자본에 관한 기록이 없기 때문에 임의의 시기에 경영의 상태와 사업의 진행상황을 명확히 파악하기 어렵고, 기록상의 착오를 쉽게 발견할 수 없는 단점을 가지고 있는 불충분하고 불완전한 부기인 것이다.

이에 비해 복식부기는 분개장(分介帳)과 원장(元帳)을 중요한 장부로 취급하며, 하나의 거래를 자산과 자본의 양면에서 기록하는 것이다. 즉 하나하나의 경제적 계산을 할 때마다 계정의 형식에 의해 자산의 감소를 표시하는 쪽을 대변(貸邊), 증가를 표시하는 쪽을 차변(借邊)으로 나누어 일정한 법칙에 따라 기록해 가는 부기이다. 하나의 거래를 자산과 자본의 양쪽에 이중으로 기록하기 때문에 이를 복식부기라고 한다. 예를 들면 쌀 한 가마를 10만원을 받고 팔았을 때 이 10만원은 현금계정의 자산증가이므로 차변에다 이를 기록하고, 동시에 10만원의 수입이 있게 된 사유를 표시하기 위해 쌀 판매의 항목으로 이를 대변에 기입하는 것이다. 다른 예로 현금을 주고 비료를 구입하였다면 현금의 감소를 표시하기 위해 이를 대변에 기입함과 동시에 비료구입항목으로 차변에 기입한다.

복식부기에서는 사업의 경과에 따라 하나 하나의 수입과 지출을 대변과 차변에 항상 같은 금액으로 명백히 표시하고 있으므로 기장시에 발생할 수 있는 착오를 점검 확인하여 이를 쉽게 발견 정정할 수 있고, 또한 대차대조표(貸借對照表)와 손익계산서(損益計算書)의 작성을 더욱 용이하게 하는 이점이 있다. 따라서 경영규모가 크고 경영내용이 복잡한 기업이나 농업협동조합 등에서는 복식부기를 쓰는 것이 경영실태를 그때 그때 계수적으로 파악하기 편리하므로 오늘날 대부분 복식부기를 사용하고 있다. 그러나 복식부기는 일정한 이론에 의해 체계화된 부기인 만큼 농업경영자가 기장을 하는 데 있어서도 일정한 법칙에 따라야 하므로 부기에 대한 충분한 지식과 기능을 필요로 한다.

이상에서 설명한 바와 같이 부기에는 단식부기와 복식부기가 있으나, 농업경영에서는 선진농업국에서도 단식부기를 많이 쓰고 있다. 복식부기는 농업경영 진단을 위해 필요한 경우에 쓰이고 있는데, 그 이유는 복식부기에 관한 이론과 기능을 필요로 하므로 일반적인 농가가 이를 쉽게 사용하기 어렵고, 또한 농업경영은 비교적 단위가 작으므로 반드시 복식부기를 써야 할 필요성이 적기 때문이다. 따라서 농업경영에서는 대체로 단식부기를 많이 쓰고 있는데, 단식부기도 부기의 일종인 이상 일정한 장부를 구비하여야 하며, 반드시 일정한 순서와 방법에 따라 기록함으로써 농업경영의 실태를 항상 올바르게 반영하고 있어야 한다는 점을 강조하고자 한다.

3 — 현금회계(cash accounting)와 재고회계(accrual accounting)

현금회계는 실제 현금의 수입 · 지출만을 기록하는 것인데 대체로 1년간의 재무기록으로 작성하는 경우가 많다. 이 경우 작성이 비교적 간편할 뿐 아니라 다음 해에 필요한 영농자재를 미리 구입하고 이를 연도 중의 현금 지출로 처리하게 되므로 단순한 세금 계산시에는 유리할 때가 있다는 장점이 있다. 그러나 구체적으로 농장의 경영실태를 정확히 파악하기 위해서는 불충분한 자료라 할 수밖에 없다. 왜냐하면 농산물의 재고증감 사항과 영농자재의 재고관련 사항이 구체적으로 기록되지 않으므로 실제로 어느 정도의 자재가 어느 정도의 생산성을 올렸는지 파악할 수 없기 때문이다.

반면에 재고회계는 현금의 수입 · 지출만이 아니라 여기에다 농산물과 가축, 영농자재 등의 재고량의 증감사항이 추가로 계상되며, 또한 회계상 판매 또는 구입된 항목이 동시에 기록되는 것이다. 이 방식은 기장이 비교적 어렵고 세금 계산을 다소 유리하게 할 수 있는 융통성이 현금회계보다 제한되어 있다는 단점이 있으나, 합리적인 농업경영을 위해 바람직한 방식이라

하지 않을 수 없다. 왜냐하면 이 방식이 당해 회계연도 중 농업경영의 재무상태의 진전 상황을 훨씬 더 정확하게 알 수 있게 해 주기 때문이다.

4 — 전산기록방식(computerized record system)과 수기(手記)방식(manual record system)

1960년대부터 미국에서 전산기록방식이 사용되기 시작하여 지금까지 대학이나 연구소, 농협과 전문회사 등에서 여러 가지 소프트웨어를 꾸준히 개발 보급해 왔다. 근래에는 우리나라의 선도농가에서도 일부 전산기록방식을 채택하고 있는 사례를 볼 수 있을 정도로 이 분야에서 많은 발전이 이룩되었다. 전산기록방식의 장점은 기록을 작성 · 유지 · 분석하는데 시간과 정력이 엄청나게 절약될 뿐 아니라 손으로는 도저히 불가능한 계산과 기록유지가 가능하게 되므로 농업경영 전반에 관한 모든 기록을 최대한 구체적으로 세밀하게, 또한 정확하게 작성 · 유지할 수 있고 동시에 여러 용도로 이를 월별, 분기별, 연차별로 정밀하게 분석 · 계측할 수 있다는 것이다. 그리고 이러한 분석, 계측 결과는 곧바로 경영진단과 경영계획 및 경영개선 처방을 위한 유용한 정보로 활용되어 농업경영에 관한 의사결정에 핵심적인 판단근거를 제공할 수 있게 된다.

그러나 이 방식에 단점이 없는 것은 아니다. 먼저 이 방식을 도입하려면 상당한 비용이 들고 모든 관련 기록을 전산입력하는데 필요한 전문인력이 있어야 한다. 또한 농업경영자 또는 농장관리자가 이 방식을 유지하는 데 필요한 전문기술교육과 훈련을 받아야 하는데 이것이 쉽고 간단한 일이 아니라 상당한 시간과 비용을 수반할 뿐 아니라 교육 그 자체가 상당히 어렵다는 것이다. 또 하나의 단점은 모든 자료와 기록들이 일단 한 번 입력되면 전산기록체계의 한 부분이 되어 사용하는 소프트웨어에 따라 분석 · 계측되기 때문에 어떤 농장의 개별적인 특성이 고려되지 못한다는 제약이 있다는 점이다.

반면에 수기방식은 농업경영자가 자기 수준에 맞는 정도의 장부를 손으로 기장하는 것이므로 특별한 교육 훈련이나 추가 비용이 소요되지 않고 개별농장의 특성에 맞게 적절히 조정하여 기록을 작성 · 유지할 수 있는 장점이 있다. 그러나 역시 전산기록방식이 가지고 있는 장점을 이용할 수 없기 때문에 농업경영의 규모가 커지고 그 내용이 복잡해질수록 단순한 수기방식은 한계가 있기 마련이다. 결론적으로 농업경영자가 원하는 자료와 정보를 수기방식으로도 충분히 기록 · 활용할 수 있다면 굳이 추가적인 비용을 들여서 전산기록방식을 도입할 필요는 없을 것이다. 다만, 수기방식만으로는 도저히 농업경영자가 원하는 구체적이고 세밀한 기록과 자료를 분석 · 계측할 수 없다고 판단될 때에는 다소의 비용이 더 들고 몇 가지 단점이 있다 하더라도 전산기록방식을 도입하는 것이 도움이 될 것이다.

5 — 전체회계와 비용회계 및 부분회계

대부분의 농장은 일반적으로 전체적인 농업회계기록을 작성하는 것이 흔한 예이다. 전체회계(total farm accounting)는 농장 전체의 관점에서 수입 · 지출 등을 기록하는 것이므로 복합적인 경영의 경우 각각의 생산물에 어느 만큼의 비용이 소요되었는가와 생산물 상호간의 이전관계를 파악할 수 없다는 단점이 있다. 예를 들면 사료작물을 생산하여 축산을 경영하는 경우 사료작물과 가축 간의 상호 이전관계를 파악할 수 없다는 것이다.

반면에 비용회계(cost accounting)는 각각의 생산물별로 수입과 지출을 기록하는 것이므로 전체회계의 단점을 보완할 수 있는 장점이 있다. 다만, 이 경우 농업회계기록이 여러 가지 부문으로 세분화되어 각각 기록되기 때문에 기록이 복잡하고 계산이 어렵다는 단점이 있다. 또한 어느 부문에 특정하게 소요되거나 어느 부문의 특정한 수입이라고 볼 수 없는 수입과 지출이 발생할 경우에는 이를 처리하기 위해 포괄계정(overhead account)을 따로 설정해야 하는 번거로움이 따른다. 각각의 생산부문별 기록은 각각의 생산계정(production account)에서 구체적인 기록으로 작성되므로 특히 복합경영을 하는 경우에 이 방법이 유리할 것이다.

비용회계보다 다소 수월한 방법이 부분회계(partial enterprise accounting)이다. 이는 모든 수입과 지출을 각각의 생산물별로 기록하는 것이 아니라 특별히 필요한 부분만 구체적인 자료를 생산물별로 정리하는 것이다. 예를 들어 어떤 농장에서 여러 가지 생산물을 생산하는 경우 그 중에서 가장 중요한 작물 2~3개를 선정하여 그 작물들에 대해서는 각각 수입과 지출을 기록하고 나머지는 전체적으로 기록하는 것이다.

결론적으로 어느 방법을 선택할 것인가는 농장의 규모와 복합경영의 정도, 농업경영자의 기술수준과 취향 등에 따라 결정될 것이나, 대체로 규모가 크고 복합경영의 정도가 높고 경영자의 수준이 높을수록 전체회계보다는 부분회계 또는 비용회계를 선호하는 예가 많다고 하겠다.

3. 장부의 내용

농업회계장부로서 어떠한 장부가 필요한가는 그 농장의 규모와 경영형태, 농업경영자의 능력과 지식수준 등에 따라 다를 수 있으나, 최소한 농업경영에 관련된 수입과 지출 및 그 결과 생긴 손익은 알 수 있도록 장부에 기록하여야 한다. 따라서 단식부기의 경우에도 재산대장과 현금출납부, 현물수불부(現物受拂簿) 및 노동일기장 등의 장부는 기본적으로 필요한 것이며 이외에 결산일람표와 대차대조표 및 손익계산서와 자금수지명세서도 반드시 필요한 회계장부에 포함된다. 이외에 보조기록으로서 농장의 지도와 필지별 생산기록, 농기계 사용일지, 가축사양일지, 시장출하기록 등이 함께 이용되기도 한다.

1 — 재산대장

이는 농가의 자산과 부채의 상태를 명백히 하는 장부이다. 연도 초의 농업경영체의 재산상태와 구조를 정확히 기장해 두었다가 연도 중에 어떻게 증감 또는 변화되었나를 파악하는 데 필요한 것이다. 여기에는 표 2-2에서 보는 바와 같이 농업경영체가 가진 모든 자산 즉 토지, 건물, 농기계, 과수, 가축, 재고농산물 및 구입한 영농자재 등의 유형자산과 현금, 예탁금, 대부금, 미수입금, 선납금(先納金) 등의 유통자산을 빠짐없이 기록하여야 하며, 거기에다 미불금(未拂金)과 차입금 등의 부채도 함께 기록해야 한다. 재산대장은 결산에 필요한 정보를 제공하며, 동시에 농업순수익의 계산에 필요한 감가상각과 자산목록의 변화에 관한 자료도 제공하게 된다.

고정자산은 일반적으로 단가가 비싸고 내용도(耐用度)가 높은 자산을 말한다. 첫째, 토지는 홍수에 의한 유실이나 산사태에 의한 매몰 등이 없는 한 계속해서 이용할 수 있다. 토지는 우리나라에서는 논, 밭, 과수원, 초지, 뽕밭, 임야, 대지 등으로 구별되며, 여기서는 이들 지목별로 농업경영자가 가지고 있는 총면적을 기록하고 그 현재가액을 평가 기록해야 한다. 둘째, 건물은 농업경영에 이용되는 모든 건축물을 말하며, 축사와 온실 등 시설물이 이에 포함된다. 건물은 토지에 다음 가는 고정자산이지만 토지와는 달리 일정한 내용연수(耐用年數)를 가지고 있으므로 그 가액을 평가할 때에는 매년 감가상각액을 계산하여 공제하여야 한다.

셋째, 대식물은 과수와 뽕나무 기타 임목 등을 말한다. 이들은 영년생(永年生) 식물로서 그 육성에는 상당한 비용이 들기 때문에 이를 대식물이라고 분류하여 고정자산으로 간주하고 있다. 대식물의 현재가액과 매년의 감가상각액의 계산은 성목(成木)이 되었을 때를 기준으로 하는 것이 일반적이다. 성목이 되었을 때란 묘목을 심은 것이 자라서 당해 연도 중에 산출되는 생산물의 평가액이 그 해에 투입된 비용액과 동일하게 되었을 때를 말하는 것이며, 그때까지의 순투입 비용액에 이자를 보탠 것을 성목의 가격으로 평가한다.

넷째, 대동물은 가축 중에서 소, 말 등 크고 두당 가격이 비교적 높은 것을 말한다. 돼지, 닭, 오리 등 가격이 낮은 가축은 소동물로서 유동자산으로 분류한다. 다섯째, 대농기계는 트랙터, 콤바인, 이앙기 등의 대형 농기계를 말하는데, 이들 대농기계의 현재가액과 감가상각액의 계산방법은 뒤에서 자세히 설명하기로 한다.

다음으로 유동자산에는 구입한 영농자재와 재고농산물 및 소농구와 소동물, 소식물 등 고정자산에 비해 단가가 낮고 처분이 비교적 자유로운 것들이 포함된다. 고정자산과 유동자산을 구분하는 기준은 쉽게 현금화할 수 있나의 정도, 또는 1년 이내에 소모되는가의 여부 등이다. 이 중 소농구는 호미, 괭이 등 실제로는 1년 이상 사용하는 것도 있겠지만 대체로 가격이 낮은 것이기 때문에 구입된 연도 내에 소모되는 것으로 간주한다. 즉 유동자산은 연도 내에 투입된 비용이 당해연도 중에 생산된 생산물로 전액 전환된 것으로 볼 수 있는 자산을 말한다고 할 수 있다. 그러나 이러한 것들도 연도 중에 전부 사용되지 않고 남았을 때에는 연도 말에 재고품으로 가지고 있는 비료, 농약, 종자, 사료 등 구입한 영농자재를 재고농산물과 함께 그 수량과 현재가액을 평가해서 기재하여야 한다.

유통자산은 단순히 구매력만 가지고 있는 재화 또는 유통수단으로서 현금과 유가증권(有價證券) 및 각종의 공사(公私)채권 등과 예저금(預貯金), 대부금, 미수입금, 선납금, 보험금, 출자금 등의 준현금을 총칭하는 것이다. 이를 유통재라고도 하는데, 이 유통재는 어떤 물적 또는 생산기술적 내용을 가지지 않고 다만 유통경제 사회에 존재하는 구매력으로서의 재화를 말한다. 이 유통재는 직접 생산수단이 될 수는 없는 재화이지만 자본주의 경제사회의 기본자산이므로 연도 초와 연도 말의 현재액을 반드시 기재하여야 한다.

〈표 3-2〉
재산분류표

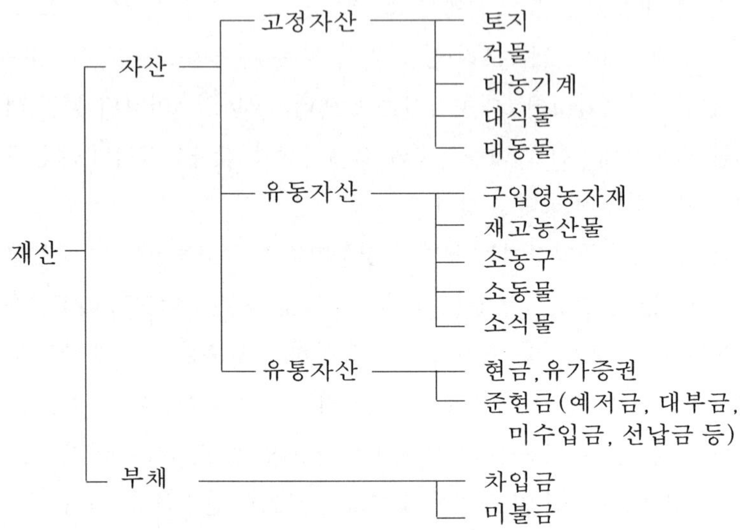

끝으로 부채에는 농업경영에 소요된 차입금과 미불금 등이 포함된다.

재산대장은 어떤 시점에 있어서의 농업경영의 횡단면(橫斷面)이라고 할 수 있는 것이어서, 매년 재산대장을 기록함으로써 연차별 비교를 통해 농업경영이 발전하거나 변화하는 모습을 쉽게 파악할 수 있게 될 뿐만 아니라, 재산이 여러 가지 형태로 어떻게 배분되어 있는가도 명확히 알 수 있게 된다.

2 — 현금출납부

연중을 통해 현금의 출납이 있을 때마다 기입하는 장부이다. 이것은 연도 말의 결산에 편리하도록 연간 각 부문에서 얻는 수입과 각 용도에 따라 지출된 경영비로 나누어서 기입하는 것이 좋다. 모든 현금수입은 재산적 수입과 소득적 수입으로 나누어지는데, 이 중 재산적 수입은 농업경영을 통해 얻어지는 수입이 아니므로 소득에는 포함될 수 없는 수입을 말한다.

예를 들면 건물매각, 저금인출, 자금차입 등과 같이 재산의 형태가 현금으로 바꾸어진 것일 뿐 재산의 증가로 볼 수는 없는 것이다. 이에 비해 소득적 수입은 소득에 포함되는 수입으로서 그 주요 항목으로는 연도 중 생산된 농산물의 판매와 여유있는 농지와 농기계의 임대료, 남는 일손으로 얻는 노임수입 등이 있다. 이와 같이 재산적 수입과 소득적 수입은 서로 다르기 때문에 수입란에서도 구분하여 기입해야 한다.

마찬가지로 지출란에서도 재산적 지출과 소득적 지출로 나누어서 기입한다. 재산적 지출은 현금지출이지만 현금이 다른 형태의 자산으로 변화하였을 뿐 자산의 감소로 볼 수 없는 지출인 것이다. 예를 들면 토지나 건물, 또는 대농기계의 구입을 위한 지출, 저금을 하거나 채권을 사기 위한 지출 등을 말한다. 소득적 지출은 실제로 자산의 감소가 따르는 지출이며, 이에는 다음에 소득을 얻기 위해 지출되는 생산적 지출(예 : 비료, 사료, 농약 등 영농자재의 구입)과 각종 용역에 대한 지출(예 : 고용노임지출, 차입금이자, 농지임차료 등)이 포함된다. 이와 같이 서로 다른 성격의 지출을 나누어 기재하여야 하며, 가계비로 지출된 것도 따로 구분해서 기입하여야 한다. 그 밖에 기록하여야 할 사항은 연월일, 거래의 내용에 대한 설명 및 잔액 등이다.

3 — 현물수불부

이것은 현물의 거래에 관한 장부이다. 현물거래에는 외상거래, 물물교환 및 현물로 지불되는 노임 등의 경우와 생산물을 자가 식량으로 소비한 경우 등이 모두 포함된다. 재산의 변동 상황을 금액으로 즉시 파악할 수 있으려면 이와 같은 현물거래도 현금으로 평가 환산해야 하기 때문에 상부에 그 수량과 함께 평가액을 기재한다. 예를 들면 자가에서 소비한 계란이나 채소, 과실 등은 판매가격으로 평가 환산하여 가계비 지출로 기재하여야 한다. 따라서 현물수불부가 반드시 필요한 것은 아니고 현금출납부에서 현물 수불사항을 자세히 기록해도 문제가 되지 않는다. 그러나 농업경영의 규모가 커지고 내용이 복잡해지면 현물거래를 별도로 장부로 기록하는 것이 외부와의 거래상황을 명백히 하기 위해 필요하게 된다.

4 — 노동일기장

매일의 노동상황을 기록하는 장부이며 개인기록, 작업시간기록, 작업일지, 급여기록, 업무기록 등등이 있다. 노동의 기록은 농업회계에서 매우 중요한 것이다. 여기에는 노동의 양, 종류 및 고용노동자에 대한 지불노임 등을 기입하는데, 간단하게 종사자별로 매일의 노동량을 기록하는 경우도 있고 각 경영부문별로 노동량을 구체적으로 자세하게 기록하는 경우도 있다. 어느 정도로 기록할 것인가는 이를 어떻게 이용하는가에 달려 있으므로 경영분석상 어느 정도로 노동력의 이용상태를 명백히 할 필요가 있는가에 따라 기록의 정도와 양식이 달라지게 된다.

이 밖에 이들 장부에 정식으로 기입하기 전에 간단히 기장하여 두는 일기장과 집계장부 등이 흔히 쓰이고 있으나, 이러한 장부가 반드시 어떠한 경영에서나 모두 필요한 것은 아니다. 대경영인 경우에는 당연히 많은 종류의 장부가 필요할 것이고, 반대로 소규모의 경영에서는 재산목록과 현금·현물출납 정도로 충분한 경우도 있을 것이다.

5 — 결산 일람표

농업회계의 여러 가지 장부에 매일의 수입과 지출을 기록하는 목적은 연도 말에 가서 이를 정리하고 계산함으로써 지난 1년간의 경영성과를 밝히는 동시에 연도 말의 재산상황을 올바르게 파악하는 데 있는 것이다. 이렇게 하는 것을 결산이라고 하며, 이 결산을 통해 1년간의 농업경영 실적과 재산상태의 변동을 명백히 파악할 수 있는 것이다. 즉 결산표에 의하여 농업경영의 총수익과 경영비, 나아가서 농업소득 또는 순수익을 알 수 있게 되는 것이다. 이는 해당 농업경영체의 성장상황을 파악할 수 있는 손쉬운 지표가 될 뿐 아니라 이를 기초로 해서 앞으로의 경영개선 계획을 수립하는데 필수자료가 되는 것이다.

6 — 대차대조표(net worth statement, B/S:balance sheet)

대차대조표는 복식부기에서 쓰이는 어떤 시점에서의 자산과 부채 및 자본에 대한 총체적인 회계기록이다. 대차대조표를 작성하는 목적은 자산상태를 확인 점검하고, 현금조달 능력을 유동성(liquidity)으로 파악하여 부채상환능력(solvency)으로서의 재정의 건전도와 채무자에 대한 신용도(credit)를 평가하는데 있다.

대차대조표의 항목은 자산(assets)과 부채(debt liability) 및 소자본(net worth)으로 나누어진다. 자산은 농업경영자가 임의로 처분할 수 있는 소유권(ownership)을 가진 유형, 무형의 재산(property)을 총칭하며 일반적으로 그 가치는 화폐단위로 표시된다. 이 중 단기자산(current assets)은 수명이 1년 이내의 자산으로서 현금(cash)과 이에 준하는 금융자산(예 : 당좌예금 등), 미수금(account receivable), 재고(inventory), 선급금(prepaid expenses) 등이 이에 포함된다. 중기자산(intermediate assets)은 수명이 1년 내지 10년 정도의 자산인데, 기계 · 장비(machinery & equipment), 종자용 가축(breeding livestock), 대식물(예 : 과수, 임목 등), 중기융자에 의한 건물과 시설(building & facilities financed by mid-term credit or loan), 유가증권(financial securities not readily marketable), 기계장비의 수선(major improvement to machinery & equipment) 등이 이에 포함된다. 장기 또는 고정자산(fixed assets)은 주로 토지(land)와 건물(permanent building)이 이에 해당한다. 단기자산의 평가는 시가(時價)기준으로 현금, 재고 등을 환산하면 된다. 중기자산과 고정자산의 평가에 대해서는 뒤에서 좀더 상세히 설명하기로 한다.

다음으로 부채도 단기부채, 중기부채, 장기부채로 나누어 볼 수 있다. 단기부채(current liabilities)는 1년 안에 갚아야 하는 빚으로서 미불금(account payable)과 지대 또는 임차료(rent), 단기채무와 이자(short-term debt & interest on it), 중장기채무에 대한 이자 및 원금할부상환금(payment on principal & interest on intermediate & long-term credit or loan), 세금(tax) 등이 이에 포함된다. 중기부채(intermediate liabilities)는 상환기간이 1년 내지 10년 정도의 부채로서 중기채무에 대한 잔여상환금이 이에 해당한다. 이자는 매년의 단기부채에 포함되므로 여기서는 제외된다. 장기부채(long-term liabilities)는 10년 이상의 상환기간을 요하는 부채로서 장기채무에 대한 잔여상환금이 이에 해당한다.

순자본(networth)은 자산에서 부채를 뺀 금액을 말한다. 이 경우 부채가 많으면 순부채(net liabilities)로 파악해야 한다.

7 — 손익계산서(income statement, P/L: profitability & liquidity sheet)

손익계산서는 복식부기에서 쓰이는 일정 기간 동안의 수입과 지출을 결산하여 그 기간 동안의 손실 또는 이익과 수익성의 정도를 파악하게 하는 총체적인 회계기록이다. 대차대조표가 일정시점에서의 자산상태(stock개념)를 파악하는 데 비해 손익계산서는 일정 기간 동안의 손익현황(flow 개념)을 파악하는 것이므로 그 기본적인 차이를 명심해야 한다.

손익계산서를 작성하는 기본 목적은 해당기간 중 경영의 성과 또는 실적(performance)을 계산하여 수익성(profitability)을 파악하되, 주요한 수입과 비용 지출의 항목을 점검하여 각각의 효율성(efficiency)을 판단하는데 있다. 또한 이와 함께 유동성(liquidity)을 계측하여 재정적 안정도(stability)를 점검 · 판단하는 것도 중요한 목적이라 할 수 있다. 손익계산서의 항목은 수입(receipt)과 비용 지출(expenses)로 크게 나누어지며, 수입은 현금수입(cash receipts)과 자산평가 수입 또는 손실(net capital gains or losses), 재고증감액(change in inventory)으로 구분하고, 비용지출은 가변적인 운영비용(variable or operating expenses)과 고정비용(fixed expenses)으로 구분한다.

먼저 현금수입에는 생산물의 판매수입과 정부보조금이나 타인으로부터의 증여금, 구입한 물품을 되팔았을 때의 전매(轉賣)차액, 토지나 기계·장비를 빌려준 경우에 발생하는 임대료 또는 수수료, 경영주와 상시고용 근로자가 다른 곳에 일해준 경우의 노임 수입 등이 포함된다. 생산물을 자가소비한 경우에는 이를 환산하여 현금수입에 포함시켜야 한다. 다음 자산평가 수입 또는 손실은 종축(種畜)과 기계장비 등의 구입가액 또는 지난 번 결산시의 평가액을 기초로 해서 판매한 경우는 판매가액, 보유하고 있는 경우는 이번 결산 시점에서의 평가액을 대비해서 둘 사이의 수입 또는 손실로 계측하여 산출한다. 이 경우 토지에 대한 평가차액은 포함시키지 않는 것이 일반적이다. 재고증감액은 지난 번 결산시의 가축과 농산물, 영농자재(비료, 농약, 사료 등) 등의 재고를 기초(期初)재고로 보고, 이번 결산시의 재고를 기말(期末)재고로 봐서 그 수량의 차이와 평가가격의 차액을 함께 계측하여 산출한다. 필요시에 재고증감명세서를 따로 구체적으로 작성하는 것이 편리한 경우도 흔히 있는 일이다.

비용지출 중에서 가변비용 또는 운영비용은 주로 생산에 쓰이는 재료를 구입하는데 지출되는 비용인데, 이는 생산량에 따라 달라지기 때문에 가변비용이라고 하는 것이다. 여기에는 임시고용노동에 대한 인건비와 소모품비, 연료비, 중소기계·장비의 수선비, 비료대, 종자대, 농약대, 가축사양비, 토지임차료, 단기부채에 대한 지급이자, 기타 잡비 등이 포함된다. 고정비용은 단기적인 생산량의 변화에 따라 지출이 증감하지 않는 비용이다. 여기에는 장기적인 상시고용인력에 대한 인건비, 건물과 대농기계·장비의 수선비, 감가상각비, 보험료, 중장기 부채에 대한 지급이자, 세금 등이 포함된다.

현금수입과 자산평가 수입 또는 손실, 재고증감액을 합산한 것을 농업경영 조수입이라 하며 운영비용과 고정비용을 합산한 것을 농업경영 총비용이라 한다. 조수익에서 총비용을 뺀 것이 농업경영 순익으로서 해당 회계기간 중(당기, 當期)의 순이익 또는 순손실이 되는 것이다.

8 — 자금수지 명세서(sources & uses of funds statnment, cash flow summary)

자금수지 명세서는 농업경영의 자금운영 실태와 부채상환 능력을 점검 평가하는데 매우 중요한 회계기록이다. 이는 운영자료의 조달과 사용내용을 구체적으로 정확히 파악하여 자금의 용도별로 조달시기와 재원을 미리 예측 확보함으로써 자금수지를 원활하게 하고, 예기치 못한 자금의 경색과 이로 인한 부도위험을 예방하는데 그 목적이 있다.

먼저 자금조달(source of funds, cash inflows) 부문에는 전기 이월금(beginning cash balance)과 농업경영 조수입(cash farm receipts), 고정자산의 매각(capital sales), 농외수입(cash non-farm income), 신규차입(new money borrowed), 농외 투자 · 저축분의 인출(depletion of non-farm investments & savings) 등이 포함된다. 이 중 농업경영 조수입은 손익계산서의 그것과 일치하여야 한다.

다음 자금운용(use of funds, cash outflows) 부문에는 농업경영 총비용(cash farm expenses), 고정자산 구입비(capital expenditures), 농외경영비용(cash non-farm business expenditures), 가계소비 및 저축(family living expenses & savings), 채무상환(repayment of borrowed money), 세금 및 공과금(taxes paid), 차기이월금(ending cash balance) 등이 포함된다. 자금조달 총액과 자금운용총액은 당연히 일치하여야 한다. 다시 말하면 자금조달총액에서 지출총액을 뺀 것이 차기

이월금이 되는 것이다. 분기별로 구체적인 자금수지내역을 종합 정리해 두는 것이 편리하므로 이는 양식을 참조하여 작성하는 것이 바람직할 것이다.

9 — 보조기록

보조기록으로서 많이 사용되는 장부로는 농장지도(farm map), 농장의 필지별 생산 대장(field records), 고용인력대장, 농기계 관리대장, 가축사양대장, 시장출하대장 등이 있다. 먼저 농장지도는 농장의 지형과 위치를 표시한 지도 또는 항공사진 등이 이용되는데, 이는 농장의 토지정비나 관개배수 등 농장경영의 중장기 발전계획이나 농장의 사용과 작물의 배치 등 단기적인 농장운영계획을 수립·시행하는 데 반드시 필요한 것이다. 또한 고용인력에 대한 교육시에나 영농자재 배달시에 현장에 가장 가까운 위치를 알려줄 필요가 있을 때 유용한 것이다.

농장의 구역별, 필지별 현장생산기록은 각각의 작물별 수확량과 투입재, 경작법, 물 사용량 등을 시기별로 기록한 것으로서, 이는 토지생산성과 토양의 물리적 성질, 비옥도, 산성도 등을 파악하는데 필수적인 기록이라 할 수 있다. 고용인력대장은 개인별 신상명세서와 급여명세서로서 노무관리에 중요한 보조기록이다. 농기계 관리대장은 회계기록에서 파악되는 가격이나 감가상각, 수선비 등 이 외에 중요한 정보가 될 수 있는 수리의 종류와 정도, 연료소모 내역, 윤활유 등의 사용명세 및 작물별, 작업별 농기계 사용내역 등을 기록한 것으로서, 농기계의 유지관리와 비용계산 및 농기계의 대체 또는 신기종의 구입 등 중요한 의사결정시에 대단히 유용한 참고가 된다.

가축사양대장은 가축의 종류별로 건강상태, 새끼 낳는 횟수와 마리 수, 증체량(增體量)이나 산유량(産乳量) 등의 생산성, 사료급여내역 등을 기록하는 것이다. 이는 가축사육의 경영설계와 문제점의 파악, 진단, 예방 및 경영관측과 평가, 경영개선 처방 등에 매우 유용한 기록이 된다. 특히 가축별, 시기별 사료배합명세와 사료효율기록은 축산경영에 있어서는 필수적인 정보라 아니할 수 없다. 끝으로 시장출하대장은 현물 수불부상에 대체로 기록이 되지만 생산물의 출하에 관한 기록만 전문화한 것으로서 시기별로 생산물의 출하량, 가격과 출하처, 주요 고객과 출하에 수반된 유통비용 등을 기록하여 마케팅을 위한 의사결정시에 중요한 참고자료로 활용하는 것이다.

보조기록의 장부양식은 농장의 특성에 따라 서로 다른 점이 많으므로 일반적인 양식(예)을 소개하는 것은 여기서는 생략하기로 한다.

4. 장부의 양식(예)

〈양식 3-1〉 토지대장

종류 (지목)	설명 (번지, 지가, 임대료등	연도초		증감	연도말	
		면적	가액		면적	가액
		평	원	원	평	원
합계	-	××	××	××	××	××

〈양식 3-2〉
토지 이외의 고정자산대장

종목		취득 연월일	취득 가액	재평 가액	연도초		내용연수		연도내 증감			연도말	
					수량	가액	경과	장래	감가상각액	증식액	재산거래에 의한증감	수량	가액
건물			원	원		원	년	년	원	원	원		원
	소계												
대농기계													
	소계												
대식물													
	소계												
대동물													
	소계												
합계		–	××	××	–	××	–	–	××	××	××	–	×

〈양식 3-3〉
유동자산대장

종 목		연 도 초		증 감	연 도 말	
		수량	가액		수량	가액
구입영농자재			원	원		원
	소계					
재고농산물						
	소계					
소농구						
	소계					
소동물						
	소계					
소식물						
	소계					
합계		–	××	××	–	××

〈양식 3-4〉
유통자산대장

종목		연 도 초		증감	연 도 말	
		수량	가액		수량	가액
현금			원	원		원
예저금						
	소계					
대부금						
	소계					
출자금·보험료						
	소계					
채권·유가증권						
	소계					
미수입금·선납금						
	소계					
합계		–	××	××	–	××

〈양식 3-5〉
부채대장

종목		연도초	증감	연도말
차입금		원	원	원
미불금				
합계		××	××	××

〈양식 3-6〉
현금출납부

월일	설명	수입			지출				잔액
		과목	소득적 수입	재산적 수입	과목	소득적 지출	재산적 지출	가계비 지출	
			원	원		원	원	원	원
기간별소계		-	××	××	-	××	××	××	××
연도별합계		-	××	××	-	××	××	××	××

〈양식 3-7〉
현물수불부

월일	설명	수 입			지 출				잔고
		생산	구입 · 취득	계	판매	영농 지불	가계 지불	계	
기간별소계		-		-					
연도말합계		-		-					

〈양식 3-8〉
노동일기장

월 일	경영부문 / 종사자	경종	축산	양잠	기타	비고

〈양식 3-9〉
결산일람표

<table>
<tr><td colspan="3">자기자본 변화의 계산(년 월 일 ~ 년 월 일)</td></tr>
<tr><td>경영조수입(A)
경영비용(B)</td><td colspan="2">원
원</td></tr>
<tr><td>경영 순손익(A-B=C)</td><td colspan="2"></td></tr>
<tr><td>경영주 자본인출 (D)
(개인재산형성 용도)
경영주 자본납입(E)
(개인재산처분 수입)</td><td colspan="2">원
원
원
원</td></tr>
<tr><td>개인적자본유출(D-E=F)</td><td colspan="2"></td></tr>
<tr><td>자기자본 증감(C-F=G)</td><td colspan="2"></td></tr>
<tr><td></td><td>자기자본 증감내역</td><td>자기자본 현황(년 월 일 현재)</td></tr>
<tr><td>고정자산
가축과 재고자산
금융자산
기타자산
타인자본</td><td>원
원
원
원
원</td><td>원
원
원
원
원</td></tr>
<tr><td>자기자본</td><td>원</td><td>원</td></tr>
</table>

〈양식 3-10〉
대차대조표

자 산		자본. 부채	
단기자산	원	단기부채	원
현금 · 금융자산 미수금 · 선급금 재고(가축 · 농산물 · 영농자재)	원 원 원	선수금 · 미불금 (미납입세금 포함) 임차료(토지 · 장비 등의 미불임차료) 단기채무 원리금 중장기채무이자 원금할부상환금	원 원 원 원
중기자산	원	중기부채	원
종자용 가축 대식물 기계 · 장비(대수선내역포함) 건물 · 시설 유가증권	원 원 원 원 원	중기채무 상환잔여금	원
장기 고정자산	원	장기부채	원
토지 건물(대수리내역 포함)	원 원	장기채무 상환잔여금 (토지 · 건물저당내역 포함)	원
		부채합계	원
		순자본 또는 순부채	원
자산총계	원	자본 · 부채 총계	원

〈양식 3-11〉
손익계산서

수입 총액	원
현금수입	원
현금수입생산물 판매(자가소비환산액 포함)	원
정부보조 · 증여	원
임대료 · 수수료	원
노임수입 · 전매차액 기타	원
자산평가	원
농기계 · 장비	원
재고증감	원
농산물	원
가축	원
영농자재	원
지출 총액	원
운영지출(가변비용)	원
임시고용노임 등 인건비	원
농기계관리비 · 수선비 · 연료비	원
비료대 · 농약대 · 사료대 · 종자대	원
기타재배 · 사양 및 유통관리비	원
토지임차료	원
단기채무 지급이자	원
기타잡비	원
고정비용지출	
상시고용 인건비	원
건물 · 대농기계 · 장비 수선비 · 보험료	원
중장기 채무 지급이자	원
세금	원
감가상각비	원
당기 순손익	원

〈양식 3-12〉
재고증감명세서

항 목	전기말 재고		당기말 재고		재고 증감내역	
	수량	금액	수량	금액	수량	금액
현금 수입항목		원		원		원
농산물 재배중인 작물						
소계						
출하 예정가축 종축						
소계						
현금 지출항목						
사료 비료 농약 종자 기타영농자재						

〈양식 3-13〉
자금수지 명세서(요약)

자금수입(조달)	원
전기이월금 농업경영 조수입 고정자산 판매수입 농외수입 신규차입 농외 투자 · 저축분 인출	원 원 원 원 원 원
자금지출(운용)	원
농업경영총비용 고정자산 구입비 농외 경영비용 가계소비 및 저축 채무상환 세금 및 공과금 차기 이월금	원 원 원 원 원 원 원

〈양식 3-14〉
분기별 자금수지 내역서

항 목	1/4분기	2/4분기	3/4분기	4/4분기	합 계
농업경영수지					
현금수입합계					
농산물					
가축 · 축산물					
기타					
현금지출합계					
인건비					
사료대					
농기계관리비					
비료 · 농약 · 종자대					
가축사양관리비					
토지임차료					
세금 · 공과금					
대수선비 · 보험료					
지급이자					
기타관리비					
농업경영순수지					
자산수지					
자산매각합계					
종축					
대농기계 · 장비					
건물 · 기타					
자산구입합계					
종축					
대농기계 · 장비					
건물 · 기타					
자산순수지					
농외수지					
농외수입합계					
농외소득					
농외지출합계					
농외경영지출					
가계소비 · 저축					
세금 · 공과금					
지급이자					
기타잡비					
농외순수지					
자금수지요약					
기초잔고					
농업경영순수지					
자산순수지					
농외순수지					
잔액					
신규차입					
단기부채					
중장기부채					
채무상환					
기말잔고					

4 — 자산평가와 감가상각

1. 자산의 평가

자산의 가치는 끊임없이 변동하므로 일정하지 않은 것이다. 이러한 자산을 특정 시점을 기준으로 화폐가치로 평가하는 것은 농업회계에서 가장 중요한 과제 중의 하나이다. 자산의 평가에 따라 농업소득이나 순수익의 가액에 직접 영향을 미치게 되고, 이에 따라 이익금을 늘리고 줄일 수도 있게 된다. 즉 자산을 실제 가격보다 많게 평가하면 이익금이 그것만큼 증가하게 되고, 반대로 적게 평가하면 그것만큼 이익금이 줄어들게 되는 것이다. 만약 자산의 평가가 정확하지 않은 경우에는 농업경영체의 재산상태가 사실 그대로 반영되지 못할 뿐만 아니라 연도 간의 비교도 부정확하게 되어 농업회계의 목적을 달성하기 어렵게 된다.

자산의 평가방법에는 모든 경우에 언제나 적용되는 일반적인 규범이라는 것이 존재하지 않는다. 또한 어떤 사람이 평가한 자산에 대해서 옳고 그름을 검증하는 절대적 방법도 없기 때문에 자산의 평가는 평가하는 사람에 의존하지 않을 수 없다. 다시 말하면 자산의 평가를 절대적으로 정확하게 한다는 것은 사실상 불가능한 것이며, 다만 상대적으로 좀 더 정확하게 할 수 있는데 만족하지 않을 수 없다는 것이다. 따라서 자산을 평가하고자 할 때에는 실제의 평가목적에 따라 유용한 결과를 얻기 위해 일반적으로 널리 쓰이는 다음 몇 가지 평가방법 중에서 그때 그때 적절한 방법을 선택할 필요가 있게 된다.

1 — 취득원가에 의한 평가법(장부가격법)

자산을 처음 취득할 때 지불된 원가를 기초로 하여 현재가액을 재산대장에 기입하는 방법을 말한다. 여기서 원가를 기초로 한다는 말은 고정자산의 경우 원가로부터 상당액의 감가상각액을 빼고 난 가액으로 평가하는 것을 의미하며, 대농기계의 평가에 많이 쓰인다.

평가의 기초로서 취득원가를 쓸 경우에는 비교적 간단한 방법으로 재산대장에 기재되는 평가액이 실제로 경영에 투입된 비용을 확실하게 나타낸다는 장점이 있기 때문에 널리 쓰이고 있다. 반면에 물가의 변동이 심하여 자산의 취득원가가 평가 당시의 시가의 차이가 클 경우에는 취득원가는 단순한 과거의 지출에 불과하므로 현재의 가치나 장래의 수익을 결정하는 데 별로 크게 참고가 되지 못한다는 단점이 있다. 또한 시장가격과 상당한 차이가 날 경우가 많다는 점도 단점이라고 할 수 있다. 왜냐하면 감가상각이 실제로는 초기에 많이 되는데, 계산상으로는 균등분할로 하는 경우가 일반적이기 때문에 신품은 장부가격이 시장가격보다 높고 중고품은 반대로 장부가격이 시장가격보다 낮은 경우가 흔히 발생하게 되는 것이다.

2 — 판매가격에 의한 평가법(시가법, 時價法)

이용이 가능한 현실가격에 기준을 두는 평가방법으로서 단기판매가 가능하거나 재평가가 가능한 경우에 쓰이는 방법이다. 이 방법에 의하면 평가 당시의 가격에 가장 가까운 가격을 얻을 수 있으므로 토지나 대가축의 평가에 많이 이용된다. 그러나 자산을 평가할 때 일시적으로 가격이 등귀하였기 때문에 실제보다 높게 평가되어 사실과 어긋나는 경우가 있을 수 있고, 평가대상인 자산을 판매할 수가 없는 경우, 즉 그와 같은 자산이 시장에 실제로 존재하지 않는 건축물이나 기계 · 설비일 경우에는 이 방법의 적용이 불가능하다는 단점이 있다.

3 — 저가법(低價法)

자산을 평가할 때 취득원가와 평가 당시의 가격을 비교하여 그 중에서 낮은 가격에 기준을 두는 평가방법이다. 이는 "아직 실현되지 않은 이익은 계산하지 않지만, 예상할 수 있는 손실에는 대비해야 한다"는 회계상의 보수성의 원칙에 따른 것이다. 이 방법은 취득원가에 따르는 것을 원칙으로 하되, 평가 당시의 가격이 취득원가보다 낮을 경우에는 원가를 버리고 시가를 기준으로 하는 것이다. 즉 자산을 평가할 때 그 가격이 취득할 때보다 상승한 자산에 대해서는 취득원가대로 평가함으로써 아직 실현되지 않은 이익을 계산하는 것을 피하고, 반대로 시가가 원가 이하로 떨어졌을 경우에는 시가까지 낮추어 평가함으로써 장래에 이를 처분할 때 예상되는 손실을 미리 계상해 둔다는 것이다. 이 방법은 경영상의 안정에 어느 정도 기여하는 점은 인정되지만 실제가격과 어긋나는 평가를 하게 되는 경우가 많다는 단점이 있다.

4 — 재생산비용에 의한 평가법

평가 당시의 물가수준과 생산방법으로 그 자산을 재생산할 경우에 소요되는 비용을 기준으로 자산을 평가하는 방법이다. 이 방법은 건물을 재건축할 때처럼 소요되는 비용의 액수를 정확히 알 수 없는 경우나 토지처럼 재생산이 불가능한 것에 대해서는 적용할 수 없는 단점이 있다. 이 평가법은 기계 · 설비와 같은 고정자산의 평가에 적용할 수 있으나, 이 방법에 의해 자산을 평가할 경우에는 평가 당시의 가격에 맞도록 재생산비용을 기준으로 한 평가액에서 감가상각액을 공제하여야 한다.

위에서 설명한 각 평가법은 어느 경우에는 적합하지만 다른 경우에는 적합하지 않은 수가 많다. 즉 각 방법들이 나름대로 장점이 있는 반면에 결점도 또한 있다는 것이다. 따라서 어느 방법이든 하나에만 따를 것이 아니라 평가대상이 되는 자산의 성질을 잘 판단하여 농업회계에 기장하는 목적에 적합한 방법을 선택하는 것이 바람직한 것이다. 예를 들어 농업경영의 목적이 농업순수익의 최대화에 있다면 자산의 평가는 그로부터 기대되는 순수익에 기초를 두되 각 자산의 고유한 성질을 고려하여 적합한 방법을 선택하여야 한다는 것이다.

일반적으로 건물, 대농기계, 시설장비 등 고정자산은 취득원가에 의한 평가법을 많이 쓰며, 토지의 경우에는 일정 기간마다 재평가하는 것이 관례이다. 단기유동자산은 대체로 판매가격에 의한 평가법을 많이 쓰며 가축의 경우에는 구입한 가축은 이 방법을 많이 쓰지만, 농장에서 직접 생산 · 사육하는 경우에는 취득원가에 의한 평가법이나 재생산비용에 의한 평가법을 쓰는 예도 흔히 있다.

2. 감가상각(depreciation)

자산의 유용성과 가치는 계속 사용하면 점차 소모되어 가는데, 이러한 가치의 감소를 감가라 하고, 그 감가를 보상하는 것을 감가상각이라 한다. 즉 자본재 중에는 종자나 비료와 같이 1년 이내에 완전히 소모되어 버리는 것이 있는가 하면 대농기계나 건물과 같이 몇 해에 걸쳐 사용되는 것도 있다. 전자의 경우에는 그 회계연도 중에 농업경영비로 전부 계상되므로 감가상각의 문제가 있을 수 없다. 그러나 후자의 경우에는 장기적 사용이 가능하므로 내용연수를 고려하여 몇 년 동안 분할해서 감가하는 것이 적당한 것인지, 또한 매년 어느 정도의 감가를 상각할 것인지의 문제가 생기는 것이다.

감가상각액을 계산하는 방법은 다음 몇 가지가 있다. 이 중에서 어느 방법을 선택할 것인가는 주로 그 자산의 가치를 감소시키는 속도에 기준을 두고 결정하는 것이 일반적이다. 또한 실질적으로 같은 결과를 가져오는 방법 중에서는 계산을 쉽게 할 수 있는 방법을 선택하는 것이 상식이다.

1 — 정액법(定額法)

이는 직선법이라고도 하는데 감가상각 계산방법 중에서 가장 간단하고 또한 널리 쓰이는 방법이다. 이 방법에 의하면 농기계나 건물의 취득가격에서 그 자산이 폐기될 때의 예상가격을 뺀 가액을 내용연수로 나눈 값이 매년의 감가상각액이 되는 것이다. 이를 대수식으로 나타내면 다음과 같다.

$D=V_a-V_n/n$

D: 매년의 감가상각액, V_a: 취득가격, V_n: 폐기가격, n: 내용연수

예를 들어 취득가격(V_a)이 200만원이고, 예상되는 폐기가격(V_n)이 15만원, 내용연수(n)가 6년이라고 가정하면 매년의 감가상각액(D)은 (200만원-15만원)/6=308,330원이 된다.

따라서 매년의 감가상각액에 경과연수를 곱한 값이 누적된 감가상각액이 되고, 이를 취득가격에서 뺀 것이 평가 당시의 해당자산의 평가액이 되는 것이다. 이 방법은 간단하게 계산할 수 있는 이점은 있으나, 매년 감가되는 정도가 일정하다는 것이 현실에 맞지 않을 뿐만 아니라 내용연수의 추정이 불확실하고 예상되는 폐기가격을 계산하기 어렵다는 문제가 있다.

2 — 정률법(定率法)

체감잔고법(遞減殘高法)이라고도 하는데, 연도 초 가액의 일정비율을 매년의 감가상각액으로서 감하는 방법이다. 이는 계산하는 방법이 정액법보다 다소 복잡하지만 실제의 사용가치 또는 시장가치에 가장 가까운 값을 구하는 방법이다. 이 방법에 의하면 체감잔고에 대하여 일정비율로써 계속 상각하게 되므로 매년의 감가상각액이 전년도분보다 적어진다. 이 점은 현실적으로 타당성이 인정되는 부분이지만 반면에 잔고가 끝까지 없어지지 않는 결점이 있다. 이 방법에서는 비율을 정하는데 따라 매년의 감가상각액의 차이가 커질 수 있으므로 먼저 이 비율을 어느 정도로 정할 것인가가 문제가 된다. 이 비율을 결정하는 공식은 다음과 같다.

감각상각률(r) = $1-\sqrt[n]{V_n/V_a}$

앞의 예와 같이 취득가격(V_a)이 2백만원이고, 폐기예상가격(V_n)이 15만원, 내용연수(n)가 6년이라고 가정할 때 감가상각률(r)은 $1-\sqrt[6]{15/200}=1-0.6494=0.3506$, 즉 35%가 된다.

이 방법은 추정된 내용연수에 따라 해당 자산의 장부가격을 일정한 감가상각률로 곱한 값을 연차별로 공제하는 것이다. 위의 사례에서는 취득가격 200만원의 35%인 70만원을 1차년도에 상각하고, 2차년도에는 잔액 130만원의 35%인 45만 5천원을 상각하게 되는 것이다.

3 — 급수법(級數法)

사용초기의 수년 동안에 감가상각을 많이 하고 나중에는 적게 상각하는 것이 타당한 경우에는 급수법이 많이 쓰인다. 급수법은 정률법에 비해 몇 가지 장점이 있다. 즉 이 방법에 의하면 정률법에서와 같이 내용연수가 지난 후에도 체감잔고가 남는 일이 없으며, 예상되는 폐기가격까지 감가상각할 수 있는 장점이 있다. 이 방법에 의하면 상각총액(V_a-V_n)을 계산한 다음 그 자산의 내용연수를 차례차례 가산하여 감가상각의 기초수를 산출한다. 예를 들어 내용연수가 6년이라면 감가상각의 기초수는 6+5+4+3+2+1=21이 되고, 상각총액을 이 21로 나누어 1차년도에는 상각총액의 6/21만큼 상각하게 된다.

앞의 예를 그대로 적용할 경우 이 방법에 의한 각 연도의 감가상각액은 다음과 같이 구해진다. 상각총액은 취득가격(V_a) 200만원에서 폐기예상가격(V_n) 15만원을 뺀 185만원이 되고 이를 21로 나누어 1차년도의 상각액은 185만원×6/21=528,570원이 되고, 2차년도의 상각액은 185만원×5/21=440,480원이 되는 것이다. 이 방법은 어디에나 비교적 쉽게 적용할 수 있는 이점이 있는 반면에 실제의 가치 감소가 이 방법에 의해서 얻어진 급수에 따른 감가상각액과 현실적으로 어느 정도 차이가 나느냐의 문제는 불가피하게 남는 단점이 있다.

4 — 감가상각방법의 비교

위에 든 방법 외에도 감가상각액의 계산방법이 더 있으나, 여기서는 이들에 대해서는 설명을 생략하기로 한다. 표 2-3은 위에서 설명한 세 가지 방법에 의한 감가상각액을 비교해 본 것이다. 취득가격이 22만원, 10년 사용 후의 폐기가격이 2만원인 소형 농기계를 가상하여 감가상각액을 각각 계산한 결과를 보면 정액법의 경우에는 감가상각액이 초기에는 너무 적고 후기에는 너무 많다. 농기계는 일반적으로 몇 년 사용하여 낡았을 때에는 수선유지비가 증가한다. 따라서 수선유지비가 증가하고 중고시장에 재판매할 때의 예상가격이 정액법에서 감가상각되는 것보다 훨씬 급격히 떨어진다는 점을 감안하면, 정율법이나 급수법의 경우처럼 초기 수년간에 가급적 감가상각을 많이 하는 것이 좋다.

〈표 3-3〉 감가상각액의 비교

(단위 : 원)

연도 \ 연간 상각액	정액법	정률법 (20%)	급수법
1	20,000	40,000	36,400
2	20,000	32,000	32,400
3	20,000	25,600	29,100
4	20,000	20,500	25,500
5	20,000	16,400	21,800
6	20,000	13,100	18,200
7	20,000	10,500	14,500
8	20,000	8,400	10,900
9	20,000	6,700	7,300
10	20,000	5,400	3,600
상각액합계	200,00	178,600	199,700

그러나 한편으로는 사용연수가 경과함에 따라 유지비와 수선비가 증가하기 때문에 자산의 내용(耐用)기간 중 매년 소요되는 총비용은 거의 같아진다고 볼 수도 있을 것이다. 따라서 어느 방법이 가장 적절한가를 판단하는 것이 결코 쉬운 일은 아니다. 또한 정률법은 내용연수가 지난 후에도 상각되고 남는 잔고가 있다는 비현실성이 있다. 일반적으로 간단한 정액법이 많이 쓰이고 있는데, 이 방법에 의하면 자산을 취득한 때에 간단한 계산에 의해 매년의 감가상각액을 알 수 있는 이점이 있다. 그러나 매년의 상각액이 앞에서 지적한 것처럼 내용연수에 의한 단순평균이 되어서는 현실성이 없다는 문제가 있는 것이다.

2
경영진단

1 — 경영진단의 의의와 방법

1. 경영진단이란 무엇인가

경영진단은 경영실태분석의 결과를 토대로 경영 여건을 전망 예측하고 경영을 계획하는 경영과정의 한 단계이다. 다시 말해서 경영의 실태를 파악하고, 이를 통해 결점과 그 원인을 발견하여 그 개선방안을 마련하는 과정을 경영진단이라고 한다. 경영진단의 방법에는 개별 농업경영자 스스로가 자신의 경영을 진단하는 개별진단법과 제3자가 다수의 농업경영자를 대상으로 공통적인 경영의 문제점을 진단하는 집단진단법이 있다.

경영진단은 앞장에서 설명한 농업경영의 분석지표를 활용하여 경영의 실태를 파악하는 일부터 시작된다. 즉 토지, 노동력, 자본 등 농업경영의 요소를 분석하여 그 실태를 섬섬하고, 경영요소와 성과 간의 상관관계를 밝히는 것이 경영진단의 주요과제이다. 특히 생산부문의 작목구성을 조사하고 그에 따른 경영조직의 타당성을 검증하는 동시에 각 부문의 수익성을 검토하여 비교분석하는 것도 중요한 일이다.

이외에도 경영진단의 일환으로 생산기술의 정도와 자연적 입지여건, 경제 · 사회적 환경조건 등도 함께 조사하여 경영분석의 지표와 함께 경영진단의 자료로 활용하는 것이 바람직할 것이다. 경영진단을 위해 조사표를 이용하는 경우가 많은데 특별히 정해진 조사표 양식은 없다. 대체로 앞장에서 설명한 분석지표들을 파악할 수 있는 양식이면 충분하여, 생산기술과 자연적 입지여건, 경제 · 사회적 환경조건 등에 관한 항목이 포함되면 더욱 좋다.

경영진단에 있어서 주의하여야 할 점을 몇 가지 지적해 두고자 한다. 첫째로 농업경영은 정지하고 있는 것이 아니라 환경의 변화에 적응하여 항상 움직이고 있는 것이므로 정태적으로 파악할 것이 아니라 동태적인 경영체로 파악하여 농업경영자가 환경변화에 잘 적응하는가를 판단하여야 한다. 둘째, 모든 경영현상에는 언제나 그 원인과 이유가 있기 때문에 경영의 결함이나 취약점이 발견되면 당연히 그 원인도 함께 구명하여야 한다. 이러한 요인분석을 통해 그 경영체의 결함과 취약점을 시정 · 치유하고 개선 · 보완해 나갈 수 있는 것이다.

셋째로 경영진단을 계량적(計量的)으로 할 때에는 평가기준이 필요하게 되므로 객관적인 척도가 될 수 있는 판단기준을 가지고 경영성과나 실적을 비교평가하여야 한다. 앞장에서 설명한 각각의 경영분석 지표를 가지고 실적을 평가 진단함에 있어서 그 성과가 어느 수준에 해당하는지를 알기 위해서는 과거의 경영실적이나 인근의 다른 농업경영체의 경영실적 등 비교기준이 있어야 한다는 말이다. 이 경우 특별히 마련된 객관적인 기준은 없으나 전문적인 경영진단을 하는 경우에는 자체적으로 평가기준을 만들어 쓰고 있는 경우가 많다.

2. 경영진단의 분석방법

농업경영에 있어서 전반적인 문제점과 분야별로 구체적인 문제점을 찾아내는 것이 경영진단과정이라 하였는데, 이는 바로 문제의 해결을 위한 필수적인 전단계인 것이다. 오늘날 농업경영의 조직과 운영 전반에 걸친 문제들은 대단히 복합적인 경우가 많으므로 이를 진단하고 개선을 위한 처방을 마련하는데는 여러 가지 기법과 능력을 필요로하게 마련이다. 경쟁력 있는 농업경영자나 농업경영분석자라면 농장경영의 재정적, 물리적 문제들을 도출해내는 체계적인 방법을 가지고 있어야 한다는 말이다. 앞장의 경영실태분석에 있어서는 조직적인 양식에 의한 농업경영에 관한 기록과 자료를 수집・정리하는데 중점을 두었으나, 여기서는 그 기록과 자료를 해석하여 농업경영을 진단분석하는데 유용하고 의미있는 정보로 바꾸는데 중점을 두고 설명하고자 한다.

첫째는 한 농장의 경영성과를 조건이 비슷한 다른 농장의 경영성과와 비교하는 것인데 일반적으로 이를 비교분석(comparative analysis)이라고 한다. 둘째는 그 농장의 경영성과를 경영목표에 대비하여 비교 평가하는 것으로서 대체로 몇 년 동안의 경영성과가 경영주의 의도대로 이루어졌는지를 따져보는 것이므로 동향분석(trend analysis)이라고 말한다. 경영진단분석을 위해서는 위에서 말한 바와 같이 앞장에서 설명한 농업회계 기록들을 요약 정리하여 유용한 분석정보로 바꾸는 일이 선행되어야 한다. 다시 말하면 분석정보를 농업경영에 활용하기 위해서는 농업회계기록의 구조와 방식을 더욱 명확히 이해해야 하며, 실제로 경영개선을 위해 유용한 판단근거가 될수 있도록 요약・정리해야 한다는 것이다.

3. 의사결정의 나무(decision tree)

경영진단분석에서 흔히 사용되는 방법 중에 하나가 의사결정의 나무이다. 농업경영에 있어서는 일반적으로 다섯 가지 요소를 점검해 보고, 순서에 따라서 해당이 없는 부분을 지우고 남는 부분을 따라가면서 문제점을 도출·확인하는 의사결정의 나무가 많이 사용된다. 그 다섯 가지 요소는 첫째, 농업경영 소득을 얻는데 근본적인 문제가 있는가? 둘째, 그 문제가 농업경영 규모에 관련된 것인가? 셋째, 그렇지 않다면 작목의 선택이나 경영조직에 문제가 있는가? 넷째, 또는 생산효율과 농장의 실제 운영에 문제가 있는가? 다섯째, 또는 생산물의 출하나 유통에 문제가 있는가? 이다.

이를 의사결정의 나무로 그려보면 그림 3-1과 같다. 이 나무의 시발점은 경영상의 문제가 발생하였거나 잠재적으로 문제가 발생할 우려가 있는데서부터이다. 그러한 문제발생의 조짐으로서는 우선 재정적으로 필요한 자금조달이 시기에 맞춰서 이루어지지 못할 경우가 있을 때를 들 수 있다. 다음으로는 비슷한 여건의 다른 농장에 비해 수입이 상대적으로 현저히 적어서 발전이 저해되고 있을 때와, 고수입을 위해 농업경영의 내용에 큰 변화를 고려하고 있을 때 이 방식으로 진단해 보는 것이 크게 도움이 될 것이다.

의사결정의 나무에 의해 농업경영을 진단하는 방법은 우선 문제가 있다고 판단될 경우, 그 문제가 일시적인 것인지, 구조적이고 근본적인 것인지, 먼저 그 성격부터 판정해야 한다. 만약 그 문제가 어떤 특정년도에 홍수, 가뭄 등 기상재해나 급격한 가격폭락 또는 예상치 못한 돌발사태로 인해 생긴 것이라면 그 대처방법도 단기처방 위주로 될 것이다. 경영상 근본적이고 구조적인 문제인지, 특정년도의 일시적인 문제인지를 판정하기 위해서는 특정년도의 영향을 감안하여 생산변동 및 가격변동 편차를 반영한 회계기록의 조정과정이 필요하게 된다. 이 변동 편차를 구하려면 몇 년 동안의 평균수확과 평균가격을 기초로 한 기준생산량과 기준가격을 먼저 산정해야

〈그림 3-1〉 농업경영진단을 위한 의사결정의 나무[1)]

1) Donald D. Osburn & Schneeberger, Kenneth C.: Modern Agricultural Management, Prentice Hall, 1983, p.138

하며, 이에 따라 특정년도의 생산 · 가격변동 지수를 구하여 이를 수입액에 곱한 조정액을 산출하는 것이다.

만약 일시적 문제라면 시간이 지나면서 자체개선이 가능할 것이므로 크게 우려하지 않아도 될 것이지만, 단기적인 재정문제나 자료조달대책은 강구해야 할 것이다. 일시적인 문제가 아니라면 문제의 심각성이 어느 정도인지를 먼저 파악할 필요가 있다. 예를 들어 현재의 상태가 계속된다면 재정파탄이 되어서 결국 부도와 파산까지 될 우려가 있다고 판단될 경우가 가장 심각한 때이다. 또는 자금조달이 여의치 못해서 생산비용이나 기계 · 장비의 대체비용 및 고용노임 등을 지급하지 못하는 사태가 발생하는 경우도 심각한 문제로 보아야 한다. 또한 수지 전망이 좋지 못해서 농업경영의 발전가능성이 거의 없다고 판단될 경우에도 심각하게 경영진단을 해 보지 않을 수 없을 것이다.

2 — 경영규모의 진단분석

일단 심각한 경영상의 문제라고 판단되면 그 다음은 그 문제가 경영규모와 관련된 것인지 여부를 판정해야 한다. 충분한 규모가 되지 못하면 기대한 만큼 소득을 올리지 못하게 되기 쉽다. 경영규모에 관해서는 다음 네 가지 중 하나 또는 둘 이상에 해당될 가능성이 있다. 첫째는 경영규모 또는 생산량이 너무 적거나 둘째, 생산량은 괜찮은데 순수입이 충분하지 못하거나 셋째, 토지면적, 기계, 노동, 경영 등은 적정한데 생산량이 기대보다 적거나 넷째, 한 가지 자원이 다른 자원의 효율적 이용을 저해하거나 하는 경우이다. 어느 경우에 해당하든지 대책으로서는 경영규모를 적정수준으로 키우든가, 그렇지 못하면 농외소득으로 보충할 수 있도록 시간제 영농으로 바꾸든가 해야 할 것이다.

경영규모 분석에는 다음 세 가지 기본적인 용도가 있다. 첫째는 농업경영

소득이 가계지출소요를 충당하고도 충분한 경쟁력을 유지할 만큼의 경영규모가 되느냐의 여부를 판단하는데 필수적이다. 소규모 경영의 경우에는 가계지출을 충당하고 나면 별로 남는 자본여력이 없어서 기계·장비를 현대화하는데 필요한 자본을 조달하기 어려우므로 농업경영의 발전을 기하기가 어렵게 되기 쉬운 것이다. 둘째로 경영규모 분석은 비슷한 농장과의 비교분석에 유용하게 이용되며, 셋째로 다른 요소의 산출, 특히 효율성 분석에 대단히 유용하게 활용될 수 있다.

〈표 3-4〉 농업경영 규모 분석의 요소[1]

	작물경영	축산경영
물질적 요소	1.총토지면적 2.경작가능면적 3.작물 수확량	1.총가축 두수(어미, 새끼)와 방목지 면적 2.생산시설 능력 (예:축사의 규모 등) 3.축산물 생산량(새끼수, 증체량, 산유량, 출하두수 등)
재정적 요소	1.생산물의 가액(농산물 총판매액, 농업경영 조수입 등) 2.평균 자산가액*	1.생산물의 가액(축산물 총판매액, 농업경영 조수입 등) 2.평균 자산가액*
노동력 요소	1.총노동투하시간 2.상시고용인력의 수 3.총노동일수 (1인1일 노동으로 환산)	1.총 노동투하시간 2.상시고용인력의 수 3. 총노동일수

*평균자산가액=(기초자산가액+기말자산가액)/2

농업경영규모 분석의 요소는 세 가지로 나누어서 설명할 수 있다. 표 3-4에서 보는 바와 같이 물질적요소, 재정적 요소, 노동력 요소의 세 가지가 그것이다. 먼저 물질적 요소로는 작물경영의 경우에는 총토지면적과 경작가능면적, 작물수확량이 분석대상이 되며, 축산경영의 경우에는 새끼를 포함한 총 가축두수와 방목지 면적, 축사의 규모 등 생산시설능력, 새끼낳는 수와 증체량, 산유량(產乳量), 출하두수 등의 축산물 생산량이 분석대상이 된다. 이 경우 계산 단위는 물질적인 투입·산출량 단위가 된다.

다음 재정적 요소로는 농산물 또는 축산물의 총판매액과 농업경영조수입

1) Stephen B. Harsh et al: Ibid. p.117

으로 표시되는 생산물의 가액, 그리고 평균자산가액이 분석대상이 된다. 이때 평균 자산가액은 기초 자산가액과 기말 자산가액의 평균가액을 계산하여 산출한다. 이 경우 계산단위는 화폐로 표시되는 단위이다. 끝으로 노동력 요소로는 노동투하시간과 상시고용인력의 수, 1인 1일 노동으로 환산한 총노동일수가 분석대상이 된다. 총 노동일수는 총노동투하시간을 1일 평균 노동시간으로 나누어 산출한다. 농업회계기록으로부터 필요한 자료를 구하여 경영규모 분석의 요소별로 각각의 지표를 산출한 다음 비슷한 여건에 있는 다른 농장과 비교하거나 필요한 소득 규모와 비교 분석하여 경영규모가 충분한지 여부를 판단하는 것이다.

3 — 경영수지의 진단분석

경영수지의 진단분석은 대차대조표, 손익계산서, 자금수지명세서를 분석하는 것을 말한다. 이는 농업경영의 재정적 구조와 자금출납 과정에 대한 중요한 정보를 제공한다.

1. 대차대조표의 진단분석

대차대조표의 진단분석은 자산과 부채상황을 진단하여 농업경영이 건전하게 유지 · 발전될 수 있을 것인가를 판단하는 과정이다. 크게 유동성(liquidity)과 경영안정 또는 채무상환능력(solvency)의 두 가지로 나누어 분석한다.

1 — 유동성 계측(liquidity measure)

유동성이라 함은 농업경영을 위한 운영자금과 단기부채의 원리금 및 중장기부채의 이자 등 현금에 준하는 자금을 어느 정도 확보할 수 있는가를 말한다. 이를 계측하는 지수로는 유동비율, 중기비율, 운전자본지수 등이 있다.

유동비율(current ratio) — 유동비율은 총 유동자산(total current assets)을 총 단기부채(total current liabilities)로 나눈 비율을 말한다. 이 비율이 1보다 클 경우에는 유동자산이 단기부채보다 많다는 것을 뜻하므로 별 문제가 없으나, 1보다 작을 경우에는 단기부채를 갚는데 유동자산으로 부족하다는 것이므로 단기부채상환을 위해 중장기 자산을 매각 또는 처분해야 하는 문제가 발생한다. 이 비율이 항상 1보다 작아지지 않도록 하는 것이 바람직하고, 조금씩 올라가는 것이 유동성이 높아지는 것을 의미하므로 경영의 안정을 위해서는 좋은 일이라고 보겠다.

그러나 이 비율이 너무 높은 것은 유동자본을 지나치게 보유하고 있어 실제 투자활동이나 경영활동이 상대적으로 덜 활발하다는 것을 의미할 수도 있으므로 반드시 바람직하다고 보기는 어렵다. 즉 유동자본의 운영효율면에서 적정한 수준의 비율을 유지하는 것이 가장 바람직한 것이라고 하겠다. 또한 이 비율이 1보다 높다 하더라도 계속해서 하향세를 보이는 것은 언젠가 1보다 낮아질 염려가 있다는 뜻이므로 미리 대책을 강구할 필요가 있다는 신호로 받아들여야 한다는 점을 덧붙이고자 한다.

이 유동비율은 간단하게 단기부채의 상환 능력을 평가할 수 있는 지표로 가장 많이 사용되는 것이나, 몇 가지 사용상의 한계가 있음을 유의하여야 한다. 첫째는 이 비율이 어느 시점에서의 정태적(靜態的) 지수이므로 미래의 자금사정의 변화에 대한 예측이 불가능하다는 문제점이다. 둘째는 신용대출 등으로 단기채무를 상환할 수 있는 능력이 있어도 이 지수에 반영되지 않아 무시된다는 점, 셋째는 이 비율이 대체로 1년 단위의 개념이므로 자금이나 부채의 회전속도를 무시한다는 점이 있다. 또한 지수가 생산주기에 따라 변화하는 점, 즉 월수익이나 재고수준이 농업경영의 계절성으로 인해 월별, 계절별로 변동하는 성질이 있는 점을 감안하기 어렵다는 문제도 있다.

중기비율(intermediate ratio) — 이 비율은 유동자산과 중기자산(intermediate assets)을 합산한 것을 단기부채와 중기부채(intermediate liabilities)를 합산한 것으로 나눈 것이다. 이는 중기자산으로 중기부채를 상환할 수 있는지를 판단하는데 유용한 지표가 된다. 이 비율 역시 1보다 클 경우에는 경영안정에 별 문제가 없다고 볼 수 있으나, 1보다 작을 경우에는 문제가 된다. 또한 1보다 클 경우에도 계속해서 커지는 경우가 바람직할 것이나, 지나치게 큰 것은 자본활용의 효율성 면에서 상대적으로 불리한 면이 있다고 보아야 할 것이다. 물론 계속해서 작아지는 경우에는 경영안정을 위협하는 예비적 신호로 해석해야 한다는 것 또한 유동비율의 경우와 같다. 이 중기비율도 간편하게 중기자산/부채의 실태를 진단 분석할 수 있는 유용한 지표이지만, 유동비율과 같은 사용상의 한계가 있음을 염두에 두어야 한다는 점을 지적해 두고자 한다.

운전자본지수(working capital indicator) — 이는 유동자산에서 단기부채를 뺀 것을 말하며, 일시적으로 모든 유동자산을 현금화하여 단기부채를 전액 상환했을 때를 가정하여 이때 운전자본으로 활용할 수 있는 자금이 어느 정도인가를 파악하는데 유용한 지표이다. 새로운 분야를 농업경영에 도입하거나 기계 · 장비의 신규대체 또는 토지 · 건물의 신규구입 또는 건축 등을 포함한 새로운 투자 계획을 세우고자 할 때 참고자료로 흔히 활용된다. 적정한 운전자본이 어느 정도인가는 농업경영의 규모와 신규 투자계획의 정도에 따라 다를 것이므로 경영주의 입장에서 신중하게 판단해야 하며, 이 경우 절대치가 존재하는 것이 아니고 경영규모와 분야, 사업의 종류 등에 따라 각각 달라지는 것이 당연하므로 비교지표로 사용하는데는 한계가 있다는 점을 유의해야 한다.

2 — 경영안정도 또는 채무상환능력계측(solvency measure)

이는 경영주가 어느 정도의 차입경영을 하고자 하는가를 가리키는 지표가 되는 동시에, 자금을 빌려주는 금융기관 등의 입장에서는 얼마만큼의 융자가 적정한가를 결정하는데 중요한 지표가 된다. 만약 어떤 농업경영자의 채무상환능력이 높다면 그만큼 더 차입경영이 가능해 질 것이며, 그만큼 더 자금의 융자가 가능해질 것이기 때문이다. 이를 계측하는 지수로는 순자본비율, 부채/자산비율, 부채/자기자본비율, 자기자본/자산비율 등이 있다.

순자본비율(net capital ratio)과 부채/자산비율(debt/asset ratio) — 순자본비율은 총자산(total assets)을 총부채(total liabilities)로 나눈 것을 말한다. 이 비율은 부채를 어느만큼 상환할 수 있는가를 어떤 농장의 총자산으로 나타내므로 당연히 높을수록 경영의 안정도가 높다고 할 수 있다. 부채/자산비율은 순자본비율의 역(逆)으로서 총부채를 총자산으로 나눈 것인데, 이 경우는 비율이 높을수록 경영의 안정도가 낮다고 할 수 있다. 두 비율 모두 어느 정도의 위험수준이 있어서 최소한 그 수준보다는 높거나 낮아야 경영 안정을 유지할 수 있다는 판단의 근거가 된다. 예를 들면 생산물의 가격진폭이 상대적으로 큰 채소의 경우에는 순자본 비율의 위험수준이 2 또는 3(부채/자산비율은 2분의 1 또는 3분의 1)으로서 그 이하로 내려가면(또는 2 이상으로 올라가면) 경영의 안정을 위협하는 사태가 우려된다는 것을 의미한다는 것이다. 이 위험수준은 생산물의 가격진폭과 경영분야의 위험도 등에 따라 달라진다. 가격진폭이나 위험도가 크면 순자본비율의 위험수준은 그만큼 높아지게 되며, 부채/자산비율의 경우는 이와 반대이다.

이 두 가지 비율은 간편하게 농업경영의 재정상태를 평가하는데 흔히 이용되는 지표이지만 자산평가 방법에 따라 계측이 달라진다는 문제를 유의해야 한다.

부채/자기자본비율(debt/equity ratio) — 이는 총부채를 자기자본(net worth)으로 나눈 비율을 말하며, 이때 자기 자본은 제1장의 대차 대조표에서 설명한 바와 같이 총자산에서 총부채를 뺀 것이다. 이 비율은 자기자본에 비해 부채의 규모가 어느 정도인가를 계측하는 지수로서 경영의 안정도를 판단하는데 가장 많이 쓰이는 지표이다. 이 경우도 마찬가지로 농업경영의 각 분야별로 어느 정도의 위험을 예보해 주는 기준이 있다. 이 비율이 높을수록 과다한 차입 경영을 의미하므로 이로 인한 부도나 재정파탄의 위험이 커진다. 따라서 적정한 수준의 범위 내에서 이 비율을 유지하는 것이 바람직하며, 위험수준에 가까와지고 있다는 신호가 있을 때에는 시간이 늦기 전에 미리 필요한 대책방안을 강구해야 한다. 이 지표도 앞에서 설명한 유동비율 등의 지표가 가지고 있는 몇 가지 현실적 한계와 같은 문제점을 가지고 있다는 점을 유의하여야 한다.

자기자본/자산비율(equity/assets ratio) — 이는 자기자본을 총자산으로 나눈 비율로서 위에서 설명한 순자본비율이나 부채/자산비율, 부채/자기자본비율과 개념상으로는 다 같은 것이라 할 수 있다. 다만, 사용하는 사람의 취향이나 사용하는 목적과 용도에 따라 가장 적합한 지표를 쓰면 된다. 이 비율도 총자산 중에서 자기자본이 차지하는 비율이 어느 정도인가를 파악하는 지표이기 때문에 경영의 안정을 위해서는 가급적 그 비율이 높은 것이 바람직하며, 어느 수준 이하로 내려가는 것은 위험요인이 된다. 또한 이 지표의 사용에 있어서도 다른 경우와 마찬가지로 현실적인 사용상의 한계를 유의해야 한다.

2. 손익계산서의 진단분석

손익계산서의 진단분석은 농업경영의 손익을 분석하여 수익성이 어느 정도인가를 판단하는 동시에 비용지출을 충당하는데 어느 정도의 여유가 있는가를 파악하는 과정이다. 크게 두 가지 과정으로 나누어 운영분석과 손익분기점 분석에 대해 설명하고자 한다.

1 — 운영분석

운영분석은 농업경영의 수지운영상 비용지출을 충당하는데 어느 정도의 여유가 있는지, 다시 말하면 손익계산서에 따른 경영의 안정도를 파악하는 것이다. 운영비용률, 고정비용률, 총비용률의 세 가지 비율을 지표로 계산한다.

운영비용률 — 먼저 운영비용률은 조수익(gross income)에 대한 운영비용(operating expenses)의 비율을 말하며, 이는 조수익으로 운영비용을 어느 정도 충당할 수 있는가를 파악하려는 것이다. 이 비율이 낮을수록 수익성은 높아지지만, 다음에 설명할 고정비용률이 높을 때 이 운영비용률이 낮으면 현금수지에 문제가 있으므로 단기채무의 상환능력에 문제가 발생할 우려가 생긴다는 점을 유의해야 한다. 따라서 이 비율 단독으로 운영 분석을 하는 것은 다소 위험성이 있으므로 반드시 고정비용률과 함께 비교분석하는 것이 바람직하다.

고정비용률(fixed ratio) — 이는 조수익에 대한 고정비용(fixed expenses)의 비율을 말하며, 조수익으로 고정비용을 충당할 수 있는 정도를 파악하기 위한 것이다. 이 비율도 낮을수록 경영상 여유가 커지지만 이 비율이 낮고 운영비용율이 높을 경우에는 실제 경영상의 수지 문제가 없지 않다는 점을 감안해야 한다. 따라서 앞서 설명한 바와 같이 운영비용률과 고정비용률을 함께 비교분석하는 것이 바람직한 것이다.

총비용률(gross ratio) — 이는 조수익에 대한 총비용(total expenses)의 비율을 말하며, 세 가지 비율지표 중에서 가장 중요한 것이다. 이 비율은 조수익으로 총비용을 어느 정도 충당할 수 있는가를 파악하기 위한 것인데, 이 비율이 1보다 클 경우에는 조수익이 총비용을 충당하지 못한다는 뜻이므로 경영상 문제가 있다는 것을 의미한다. 이 경우에는 손실의 정도에 따라 자본을 잠식하게 되거나 신규차입이 늘어나 부채비율의 증가로 인한 경영불안정 요인이 되기 마련이므로 즉시 대책을 강구해야 한다.

이 비율이 1보다 작을 경우에는 대체로 큰 문제가 없다고 할 수 있으나 어느 정도의 여유가 있는 것이 경영안정과 성장발전에 도움이 된다. 이 비율이 낮을수록 수익성이 높은 것으로 판단할 수 있으나, 어느 정도가 적정한 수준인지는 농장의 규모나 경영분야, 경영개시 시기 등에 따라 다르므로 각각의 농업경영상 비용지출의 구성이 어떻게 되어 있는가를 세밀하게 분석하여 판단하여야 한다. 이 지표의 한계는 조수익과 총비용을 어느 정도 정확하게 계측할 수 있는가에 달려 있다. 따라서 컴퓨터에 의해 가능한 모든 정보를 최대한으로 파악 분석하는 것이 바람직하다는 점을 다시 한번 강조해 둔다.

2 — 손익분기점(break even point) 분석

손익분기점이라 함은 총비용과 조수익이 일치하게 되는 때를 말한다. 대체로 농업경영을 시작할 때에는 토지구입이나 시설 · 장비 등 기본적인 고정투자가 많이 소요되는 데 비해 초기의 수익이 충분하지 못한 경우가 일반적이다. 따라서 수익이 고정비를 충당하고 남는 때가 되어야 경영수지가 안정되고 경영이 정상적으로 발전할 수 있게 되는 것이다. 손익분기점 분석은 이때가 언제 쯤인가를 미리 분석 예측해 보는 과정이다.

산출방법— 손익분기점의 산출방법을 그림으로 나타내보면 손익분기점은 총비용선과 조수익선이 만나는 점이다. 판매가격이 일정하다고 가정하면 그림 3-2에서 보는 바와 같이 조수익선은 원점을 지나는 직선(OR)이 된다. 또한 고정비는 OA만큼 일정하게 고정되어 있고(AF), 생산단위당 유동비가 일정하다고 가정하면 총비용선은 A점을 지나는 직선(AC)가 된다. 이때 손익분기점은 조수익선(OR)과 총비용선(AC)이 만나는 점 P가 되고, 이때의 생산량 또는 생산기간인 점 B가 손익분기점의 생산량 또는 생산기간이 되며, 이때의 조수익 또는 총비용인 점 E가 손익분기점의 조수익 또는 총비용이 된다. 또한 점 P 이전의 삼각형 APO는 그때까지의 순손실액이 되고 점 P 이후 N점까지의 삼각형 PRC가 그 이후의 순이익이 된다. 경영의 안정적 발전을 확실히 하기 위해서는 순이익 △PRC가 순손실 △APO보다 커지게 되어 경영에 착수한 이래의 손실을 이익으로 전액 충당하고 남을 때가 되어야 한다.

순익분기점을 산술적으로 계산하는 방법은 다음과 같다. 먼저 단위당 판매가격이 일정하다고 가정하면 조수익(R)은 생산량(n)과 단위당 판매가격(P)을 곱해서 산출한다(R=n×P). 다음 총비용(C)은 고정비(F)와 유동비의 합계이며, 단위당 유동비(V)가 일정하다고 가정하면 유동비는 생산량

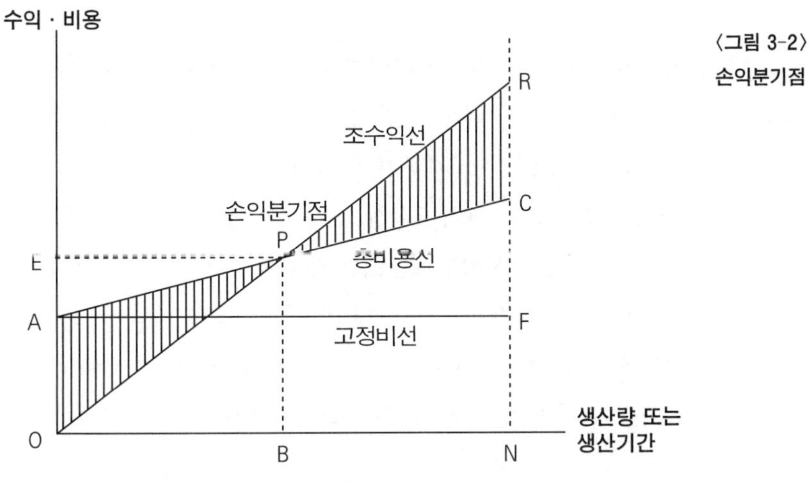

〈그림 3-2〉 손익분기점

과 단위당 유동비를 곱한 것이되므로 총비용을 구하는 수식은 다음과 같이 된다.

$$C = F + nV$$

손익분기점은 조수익(R)과 총비용(C)이 일치하는 점(R=C, R-C=0)이 되므로 이때의 생산량은 다음과 같이 된다.

$$nP = F + nV \rightarrow n(P-V) = F \rightarrow n = F(P-V)$$

즉 고정비를 단위당 판매가격과 단위당 유동비의 차액으로 나눈 수치가 되는 것이다. 또한 이때의 조수익은 다음과 같이 된다.

$$R = n \times P = F/(P-V) \times P = F/(1-V/P)$$

즉 고정비를 1에서 단위당 판매가격에 대한 단위당 유동비의 비율을 뺀 값으로 나눈 수치가 되는 것이다.

분석방법 — 손익분기점이 경영착수 시점으로부터 지나치게 멀 경우에는 이때까지의 순손실이 너무 커지게 되고, 이를 충분히 보전할 만큼 순이익을 올릴 때까지의 가간이 지나치게 길어지게 되므로 그동안 경영환경 변화의 가능성을 감안하면 경영안정상 바람직한 것이 아니다. 특히 고정비의 비중이 높은 축산이나 시설원예, 또는 대형농기계나 시설 장비를 도입하는 경우에 이 손익분기점 분석을 면밀히 할 필요가 커진다.

일반적으로 고정비의 비중이 상대적으로 낮고, 한계수익률이 상대적으로 높으면 이 손익분기점에 도달하는 기간이 상대적으로 빨라진다. 즉

n=F/(P-V)이므로 n의 값을 적게 하려면 고정비(F)를 적게 하거나, 단위당 판매가격(P)을 크게 하고, 단위당 유동비(V)를 적게 하여 단위당 수익(P-V)인 한계수익률을 크게 하면 된다는 것이다.

3. 자본회전율과 자금수지 분석

1 — 자본회전분석

대차대조표와 손익계산서를 함께 분석하는 대표적인 지표가 자본회전율(capital turnover ratio)이다. 이 비율은 투자된 자본을 수익으로 회수할 때까지의 속도(기간), 또는 일정기간 중의 회수 정도를 파악하는데 가장 유용한 지표이다. 이는 일정기간 중 조수익을 평균 투자자본으로 나누어 산출한다. 평균 투자자본은 기초와 기말의 자본을 평균한 것이다. 이 비율이 높을수록 경영의 효율성이 높아서 투자된 자본을 효과적으로 이용한 것이 된다. 이 비율이 낮은 경우에도 경영안정에 큰 문제가 없을 때가 있지만, 이 비율이 높은 경우에 비해 단위 생산에 대한 이윤율 또는 한계수익률이 상대적으로 더 커야 경영의 안정적 발전을 기할 수 있게 된다.

이 지표를 사용할 때 유의해야 할 몇 가지 한계를 설명하면, 우선 이 지표는 자산의 평가액에 영향을 크게 받는다는 문제가 있고, 또 조수익은 일정기간 중의 유량(流量, flow) 개념인 데 반해 평균 투자자본은 기초나 기말의 두 시기의 저량(貯量, stock)을 평균한 것이므로 대비가 적절하지 못하다는 비판이 있다. 이외에도 경영 작목이나 자기소유 토지비율에 크게 영향을 받거나, 농외 자산도 계산에 포함되는 경우가 흔히 있다는 문제점도 있다. 그러나 초기단계, 또는 경영에 착수하는 단계에서 앞으로의 경영상태와 발전 전망을 예측하는데 가장 유용한 지표로 계속 이용되고 있다는 점 또한 부인할 수 없는 사실이다.

2 — 자금수지분석

자금수지분석은 기본적으로 농업경영의 재정적인 채무상환능력에 관한 문제를 다루는 것이다. 투자수익률의 면에서 경영이 건전하게 관리되고 있을 때에도 경우에 따라서는 현금수지에 차질이 발생하여 부도위기에 직면하는 경우가 없지 않기 때문에 이것이 특히 중요한 것이다. 이러한 위기의 발생원인은 대체로 다음 여섯 가지를 들 수 있다. 첫째는 경영규모가 지나치게 작아서 수입의 규모가 현금지출 소요를 충분히 감당하지 못하는 경우이다. 둘째로는 가계지출이 지나치게 많은 경우, 셋째로는 농외경영수지가 좋지 못해서 현금지출이 과다한 경우, 넷째로는 세금관리를 잘못해서 한꺼번에 과중한 세금을 납입하여야 할 경우이다. 다섯째로는 대형농기계나 시설 · 장비 등 과다한 고정자본 투자로 인해 자금수지에 압박을 받는 경우, 여섯째로는 과중한 채무상환 부담이 있는 경우이다.

과다한 농외 및 가계지출과 과소한 농업경영수입의 문제 — 상대적으로 작은 규모의 농업경영에서 경영수입이 과소한 데 비해 상대적으로 농외지출과 가계지출이 과다한 경우에 경영상 자금수지에 문제가 발생하기 쉽다. 이 경우의 대책은 세 가지로 나누어 설명할 수 있는데, 첫째는 가능한 범위 내에서 기존자원을 최대한 집약적으로, 효율적으로 이용하거나, 추가로 동원 가능한 자원을 더 확보함으로써 농업경영규모를 최대한 키우는 방법이다. 이 경우 농업경영규모의 확대로 인한 수입증가로 농외지출과 가계지출을 상당 부분 충당할 수 있어야 하며, 그렇지 못할 경우에는 효과적인 대책이 될 수 없다.

둘째는 농외취업을 하는 방법인데, 경영주가 직접 농외취업을 하거나 배우자 또는 다른 가족 구성원이 농외소득을 올려서 필요한 지출소요를 충당하는 것이다. 셋째는 지출소요를 줄이는 방법인데, 경영수입을 감안하여 농외지출과 가계지출을 적절히 조정하는 것이다. 예를 들면 가계에 필요한 고정자산 구입을 뒤로 늦추거나, 휴가나 외식 등 불요불급한 비용을 억제하고 허리띠를 졸라매는 것이다. 어쨌든 이러한 방법으로 수지균형을 유지해야 재정상의 위기를 예방할 수 있으므로 경영진단 분석시에 특히 이 부분을 유의해야 한다.

과다한 고정자본 투자의 문제 — 농업경영상 고정자본 투자는 연차별로 각각 달라진다. 비교적 현금 수입이 양호한 해에는 그렇지 못한 해에 비해 고정자본 투자를 더 많이 하기 쉽다. 이 경우 자금수지에 지나친 압박요인이 되어서 경영위기를 초래하지 않도록 신중히 판단해야 한다. 반면에 감가상각수준보다 낮은 고정투자의 경우에는 필요한 고정투자를 자금 부족 때문에 뒤로 미루는 경우가 있다. 이러한 상태가 수년간 계속되어 불가피하게 한꺼번에 고정투자를 하지 않으면 안 되는 사태가 발생할 경우에는 심각한 경영위기에 봉착하게 된다. 또는 수년간 계속해서 고정자본 투자를 과다하게 했을 경우에도 마찬가지로 심각한 자금수지 문제가 생길 우려가 크다. 따라서 농업경영자는 이 점을 잘 생각해서 고정투자를 지나치게 뒤로 미루거나 또는 너무 앞당겨 과잉투자를 하지 않도록 적절히 조절하는 것이 바람직할 것이다.

과중한 채무상환 부담의 문제 — 채무상환 부담도 농업경영에 있어서 심각한 재정수지 문제의 원인이 되는 경우가 흔히 있다. 일반적으로 이 문제는 경영규모에 비해 부채 규모가 지나치게 클 때 발생하기 쉽고, 특히 금리가 매우 높거나 상환기한이 짧아서 빨리 채무를 상환해야 되는 경우에 더욱 심각한 문제가 된다. 계속해서 채무상환 부담을 과중하게 지고 있는 경우에는 결국 경영을 중단할 수밖에 없는 상황으로까지 진행될 위험이 크다. 따라서 부채 규모를 어느 정도 경영상황에 맞게 적정한 수준으로 낮추지 않으면 안 된다. 이를 위해서는 농장의 운영비를 비롯해서 지불이자와 세금, 가계지출, 농외

지출 및 고정자본의 신규구입이나 대체 등 자금 소요를 최소화하여 우선적으로 과다한 채무를 상환함으로써 부채규모를 줄이도록 해야 한다.

단기부채 규모를 일정수준에서 유지하면서 여유자금을 중장기 부채상환에 충당함으로써 전체부채규모를 적정수준으로 낮추어야 경영의 안정을 기할 수 있다는 것이다. 이때 사용되는 지표로는 중장기 채무상환능력이 있다. 이는 흔히 채무상환 소요년수로 표시되기도 하는데, 이는 중장기 부채규모를 년간 원리금 상환가능 여유자금으로 나누어서 산출한다. 이 기간이 지나치게 길면 경영상 채무상환 불능상태가 될 위험이 커지며, 이 기간이 짧을수록 경영의 안정도가 높아진다는 점을 유의해야 할 것이다.

4 — 수익성과 생산성 · 효율성 분석

1. 수익성 분석

경영진단에 있어서 가장 중요한 부분이 수익성 분석이다. 이는 조수익과 순수익을 계산하여 어느 정도의 수익률을 올렸는가를 파악함으로써 농업경영의 수익성과 한계를 판단하는 것이다. 이 과정에서 많이 사용되는 지표는 조수익과 농업경영소득, 경영 · 자본수익, 시간당 노동수익과 경영수익, 자기자본 경영수익률, 총자본(경영)수익률 등이 있다.

1 — 농업경영 조수익(gross farm income)

이는 기간 중의 총생산액에 기초와 기말의 재고 변동차액과 자산평가 차액을 가감하고, 여기에 기간 중 자산매각액을 더하고, 사료, 병아리 등 재판매 품목의 구입비를 뺀 것이다. 농업경영 전반에 걸친 총수입을 나타내며, 많을수록 좋다. 총생산액은 판매한 경우의 매출액 총계와 자가소비한 경우의 평가환산액을 합산한다. 재판매용 품목의 구입비를 빼는 이유는 재고변동 차액에 합산되기 때문에 중복계산이 될 우려가 있어서이다.

2 — 농업경영소득(net farm income)

조수익에서 고정비와 유동비 등 총경영비용을 뺀 나머지가 농업경영소득이다. 이는 기간 중의 농업경영 성과를 나타내는 가장 중요한 지표이며, 수익성분석의 기초가 된다. 물론 많을수록 좋다. 이 순수익에는 자가노동에 대한 보수(자가노력비), 경영주에 대한 보수(경영수익), 그리고 자기자본을 포함한 총자본수익의 세 가지 요소가 함께 들어 있다. 이 농업경영소득이 일반적으로 말하는 농업소득이며, 여기에 농외소득과 이전소득을 합한 것이 농가소득이다. 농가소득에서 조세 · 공과금을 뺀 것이 가처분소득이며, 여기에서 가계지출을 뺀 것이 농가경제 잉여 또는 손실이 된다.

3 — 자기 경영 · 자본수익(return to operator's labor, capital and management)

농업경영소득에서 자가노력비를 빼면 자기 경영 · 자본수익이 된다. 자가노력비는 실제 지불된 비용이 아니므로 비슷한 경우의 실제 고용노임을 의제하여 추정 산출하는 것이 일반적이다. 자기 경영 · 자본수익에는 경영자 자신의 노력비와 경영수익, 그리고 자가토지 용역비와 자기자금 이자 등 자기자본 수익이 포함되어 있다. 이 자기 경영 · 자본수익에서 자가토지 용역비와 자기자금 이자 등 자기자본 수익을 빼면 경영자 노동 · 경영수익(return to operator's labor and management)이 되고, 경영자 노력비를 빼면 자기자본(경영)수익(return to operator's capital and management)이 된다. 자가토지 용역비와 자기자금 이자 및 경영자 노력비도 실제 지불된 비용이 아니므로 비슷한 경우의 예를 의제하여 추정 산출한다.

4 — 시간당 경영자 노동수익(labor income per hour)과 경영수익(management income)

경영자 노동 · 경영수익을 경영자 노동시간으로 나눈 것이 시간당 경영자

노동수익이며, 경영자 노력비를 뺀 것이 경영수익이다. 시간당 경영자 노동수익은 경영자의 노동생산성을 나타내는 것으로서, 다른 농장이나 다른 직장의 경우와 비교해서 평가분석하게 되는데, 일반적인 비교기준은 없고, 대체로 비슷한 분야의 농업경영자의 경우나 비슷한 수준의 다른 산업 종사자의 시간당 노임이 비교대상이 된다. 경영수익은 자기자본(경영)수익에서 자기자본수익을 빼서 계산해도 동일한 금액이 된다. 이도 마찬가지로 비슷한 다른 농장의 경우나 다른 산업 경영자의 경우와 비교 평가하게 된다.

5— 자기자본(경영)수익률(rate of return on operator's capital and management)과 총자본(경영)수익률(rate of return on total capital and management)

자기자본(경영)수익을 평균 자기자본으로 나눈 것이 자기자본(경영)수익

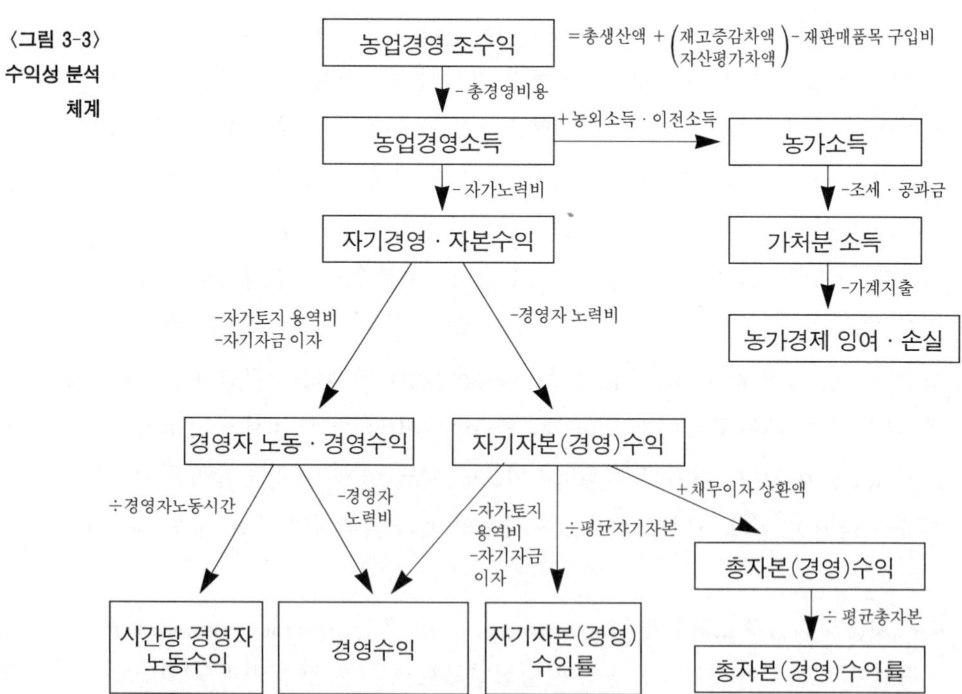

〈그림 3-3〉 수익성 분석 체계

율이다. 이때 평균 자기자본은 기초자본액과 기말자본액의 평균을 뜻한다. 이 수익률이 자기자본에 대한 기회비용과 비교 평가되어 경영의 성과를 판단하게 되는 것이다. 이 경우에도 특별한 비교기준이 없으므로 비슷한 수준의 농장이나 다른 산업분야의 기업경영의 경우와 비교하는 것이 일반적이다.

총자본(경영)수익률은 자기자본(경영)수익에 기간 중에 지불한 채무이자 상환액을 더한 총자본(경영)수익(return to total capital and management)을 평균 총자본으로 나누어서 산출한다. 이때의 평균 총자본도 마찬가지로 기초와 기말의 총자본액을 평균하여 산출하면 된다. 이 수익률 또한 최종적으로 총자본에 대한 기회비용과 비교평가 대상이 되는 경영성과 판단의 가장 중요한 요소이다. 비교방법도 앞에서 설명한 것과 같다. 지금까지 설명한 내용으로 그림으로 나타낸 것이 그림 3-3의 수익성 분석체계이다.

2. 생산성 · 효율성 분석

앞에서 경영수지 분석에 대한 설명을 하였는데, 이들은 대체로 포괄적인 지표이기 때문에 농업경영 관리의 각 분야에 관한 구체적인 판단근거로서의 정보를 제공하는데 제약이 있다. 따라서 여러 가지 생산성 또는 효율성 분석이 필요하게 되며, 이러한 생산성 · 효율성 분석은 농업경영의 성과를 구체적으로, 분야별로 진단하여 문제점과 특별한 성과를 파악하기 쉽도록 분석기법이 발전되어 왔다.

1 — 생산성(productivity)과 효율성(efficiency)

흔히 생산성과 효율성은 거의 같은 의미로 쓰이는 경우가 많다. 그러나 이 둘 사이에는 명백한 기본적 차이가 있다. 생산성이라고 하는 것은 일정한 생산단위(예: 논 10a)가 어떤 생산물을, 어느 정도 산출할 수 있는가(예: 500kg의 쌀)의 생산능력을 말한다. 각각의 토지와 인력은 각각의 생산성(토지생산성과 노동생산성)을 가지고 있으며, 그 차이는 기본적으로 투자된 정도에 따라 달라진다.

반면에 효율성이라고 할 때에는 일반적으로 "최소의 비용으로 시간과 돈, 에너지와 재료를 써서 필요한 성과를 생산해 내는 것"이라고 정의된다. 따라서 바람직한 수준의 생산성을 달성하기 위해서는 얼마든지 다른 수준의 효율성이 가능한 것이다. 예를 들어 비슷한 여건의 농장에서 같은 수준의 토지생산성 또는 수확을 올리는 데 있어서, 비료, 농약 등의 재료와 노동력, 기타 자원을 어느 만큼 쓰느냐 하는 것은 얼마든지 다를 수 있다. 어떤 농장은 이 점에서 대단히 효율적일 수 있겠지만 다른 농장은 그렇지 못할 가능성이 항상 존재한다. 다시 말하면 최대의 생산성이 항상 최대의 효율성을 뜻하는 것은 아니라는 것이다. 예컨대 최대의 생산성을 올리기 위해서는 동원가능한 자원을 최대량 사용해야 하는데, 이것이 효율성의 면에서는 반드시 가장 바람직한 것이 아니다. 결론적으로 농업경영 진단에 있어서 생산성과 효율성은 대체로 같은 의미로 쓰이고 있지만, 엄격하게 말하면 비용을 감안하지 않은 생산성보다는 비용을 감안한 효율성이 더 중요하게 분석되어야 한다고 하겠다.

2 — 물리적 효율성(physical efficiency)과 경제적 효율성(economic efficiency)

생산성 또는 효율성을 물리적으로 계산하면 10a의 논에서 쌀이 얼마나 생산되는지, 또는 10a의 논에서 얼마만큼의 비료 · 농약과 어느 정도의 노동력을 사용했을 때 쌀이 얼마나 생산되는지가 산출된다. 이를 물리적 생산성 또는 물리적 효율성이라 한다. 그러나 이는 비슷한 여건, 또는 같은 분야의 농장 사이에 서로 비교하는 것은 가능하겠지만, 전반적으로 해당 농장의 생산성이나 효율성이 어느 정도인지 비교 분석하는 지표로는 적합하지 못할 때가 많다.

따라서 이를 경제적 가치로 환산한 경제적 생산성 또는 경제적 효율성이 주로 경영진단의 비교분석 지표로 많이 쓰이게 되는 것이다. 경제적 생산성은 물리적 생산성에 생산물의 경제적 가치, 즉 가격을 곱한 것이 되며, 경제적 효율성은 비용으로 지출된 모든 투입재료와 노동력의 평가 환산총액을 분모로 하고, 산출된 생산물(부산물 포함)의 평가 환산총액을 분자로 하여 계산한다. 경제적 가치를 계산할 때에는 화폐로 표시되는 외재적 가치(extrinsic value), 즉 판매가격 또는 구입가격(또는 지불임금) 뿐만 아니라 내재적인 가치(intrinsic value)도 함께 평가해야 한다는 주장이 있으나, 실제 계산시 이를 객관적으로 평가하기는 어렵다고 하겠다.

3 — 경종 농업경영의 생산성과 효율성 분석지표

경종농업 경영이든 축산경영이든 생산성과 효율성 분석지표는 단위토지면적 또는 생산단위(예: 가축 두당)에 대한 분석과 단위노동에 대한 분석, 그리고 기타 기계·장비 등과 자본에 대한 분석으로 나누어 볼 수 있다.

토지 생산성 및 효율성 분석 —

산출분석

흔히 쓰이는 것이 단위면적당 수확량이다. 이는 일정한 토지면적에서 일정 기간 내에 생산된 작물의 수확량을 말한다. 같은 토지를 1년에 2번 이상 경작(2모작 이상)할 수 있으며, 또는 같은 작물을 2회 이상 경작(2기작 이상)할 수 있는 경우도 있기 때문에 이 경우는 1회 생산성을 따로 구분해서 계산하기도 한다.

그러나 경영진단 과정에서는 농장 내의 경작가능한 토지의 단위면적당 생산액을 더 중요한 지표로 삼는다. 이는 일정한 토지면적에서 일정 기간 내에 생산된 모든 생산물(부산물까지 포함)의 판매가액(자가 소비 평가환산액 포함)을 합산한 것을 말한다. 가격 변동이나 진폭이 심한 경우에는 물리적 분석지표가 중요하게 취급될 때도 있다.

투입비용분석

다음으로 단위면적당 투입비용분석이 있다. 이는 단위면적당 노동비, 비료비, 농장운영비, 고정비, 총경영비 등으로 나누어서 분석할 수 있다. 단위면적당 노동비는 자가노력비와 경영주 노력비의 평가환산액을 포함한 총 노동비를 총경작면적으로 나누어서 산출한다. 단위면적당 비료비, 농약비 등은 각각의 비목별 비용합계액을 경작면적으로 나눈 것이며, 이들을 합한 농장운영비와 고정비 및 이를 총 합산한 총경영비 등도 경작면적으로 나누어 단위면적당 각각의 비용을 산출하는 것이다.

투자분석

다음으로 투자분석은 단위면적당 기계 · 장비 등 설비투자, 토지기반 정비투자, 총투자로 나누어서 분석할 수 있다. 단위면적당 기계 · 장비 등 설비투자는 이 부분의 투자총액을 경작면적으로 나누어서 산출하며, 토지기반 투자와 총투자도 같은 방법으로 단위면적당 투자액을 산출한다.

경작률분석

경작률 분석은 총 소유 또는 임차 토지면적 중 경작면적의 비율을 파악하는 것이며, 경작면적 중에서 고수익작물의 재배면적이 차지하는 비율이 얼마인지 파악해 보는 것도 유용한 분석지표가 될 수 있다. 고수익작물은 일반적으로 상대가격이 높은 수준에 있는 환금(換金)작물을 말한다.

노동생산성 및 효율성 분석 —

노동단위산출

노동생산성 및 효율성 분석에 있어서 우선 중요한 것은 노동단위를 산정하는 것이다. 노동단위는 대체로 1인당(person equivalent)으로 계산하는데, 이는 정상인의 1일 노동시간을 8시간으로 상정하여 1인 1일 노동단위를 산출하고, 년간 노동일수를 감안하여 1인 1년 노동단위를 산정하는 것이 일반적이다. 농업경영에 투입된 총노동시간(자가노동과 경영자 노동을 포함)을 1인 1년 노동단위로 나누어 몇 노동단위의 노동이 투입되었는가를 산출하여 이를 분모로 계산한다.

노동단위당 투자분석

먼저 기계·장비 투자를 노동단위로 나누어 노동단위당 기계·장비 투자액을 분석하는데, 이는 노동과 자본장비의 비율을 나타낸다. 자본장비율이 높을수록 노동생산성이 높아져야 하는 것이 일반적 기대이다. 왜냐하면 이는 노동력 부족으로 노임이 상승하여 기계·장비로 대체한 결과에 기인하는 경우가 일반적이기 때문이다. 노임이 상대적으로 낮은 수준에 있을 때 자본장비율이 높은 것은 고정비용을 크게 하기 때문에 전체 비용구조면에서 바람직한 것은 아니다. 따라서 이 문제는 자가노동의 이용가능성과 고용노임의 수준, 기계·장비의 구입가격 및 운영비용 등을 종합적으로 고려하여 분석해야 한다.

다음으로 총투자를 노동단위로 나누어 노동단위당 총투자액을 분석한다. 이 경우 노동단위당 총투자액이 비슷한 여건의 다른 농장과 비교하여 어느 정도인지를 분석 판단하게 된다. 경작면적을 노동단위로 나누어 노동단위당 또는 1인당 경작면적을 산출하는데, 이는 일반적으로 어느 작물의 1인당 경작면적이 평균 얼마인가, 또는 최대한의 1인당 경작 가능면적이 어느 정도인가를 주정하여 비교 분석한다. 1인당 실제 경작면적이 최대한의 1인당 경작면적에 가깝게 접근하는 것이 노동력 자원을 최대한으로 이용한다는 측면에서 바람직하다고 하겠다. 만약 1인당 실제 경작면적이 평균 1인당 경작면적보다 작을 때에는 노동력 자원이 충분히 효율적으로 활용되고 있지 못하다는 뜻이므로 고용축소와 자가노동력의 농외취업 등을 통해 가용노동력을 줄이거나, 농지의 구입 또는 임차 등을 통해 경작면적을 늘리는 것이 좋을 것이다.

1인당 노동생산성과 상대노동효율지수(relative labor efficiency)

다음으로 총생산액을 노동단위로 나눈 것이 노동단위당 생산액, 즉 1인당 노동생산성이 된다. 이 분석에서 가장 중요한 것이 이 지표이다. 1인당 노동생산성이 비슷한 여건의 다른 농장과 비교하여 현저히 낮을 때에는 그 원인을 세밀히 분석 · 파악하여 빨리 그 대책을 강구해야 한다. 또한 다른 산업의 1인당 노동생산성을 감안하여 농업경영의 노동생산성을 가급적 최대한 높일 수 있도록 노력해야 할 것이다.

끝으로 노동 효율성을 분석하는 지표로 상대 노동효율 지수가 있다. 이는 어떤 농업경영의 경우에 평균적으로 소요되는 노동시간을 계산하여, 이에 대한 실제 노동시간의 비율을 계산하는 것인데, 산출과정이 두 단계로 나누어진다. 소요노동시간은 비슷한 규모의 농장에서 표준이 될 만한 기술수준으로 어떤 작물을 경작하는 경우의 단위면적당 노동시간을 기준으로 해서 산출한다. 작물별로 단위면적당 소요노동시간을 계산하여 이를 각 작물의 경작면적으로 곱한 작물별 소요노동시간을 합하면 해당 농장의 총소요 노동시간이 된다. 이를 실제로 투입된 총 노동시간으로 나눈 비율이 상대 노동효율 지수가 되는데 이 지수가 1보다 클 때에는 노동효율이 상대적으로 높은 수준이라 할 수 있다. 소요노동시간에 비해 실제 노동시간이 작다는 뜻이기 때문이다. 이 지수가 1보다 작을 때에는 노동효율이 기준치보다 떨어진다는 것을 의미하는데, 이 수치가 현저히 낮을 때에는 그 원인을 세밀히 분석 · 판단하여 대책을 속히 강구하는 것이 바람직하다.

기타 분석지표 —

위에서 설명한 토지와 노동에 대한 생산성 및 효율성 분석지표 이외에도 몇 가지 분석지표가 유용하게 사용되는데, 생산성 면에서 생산물의 평균 수취가격 지수와 효율성 면에서 구입재료의 평균 지불가격 지수의 두 가지가 흔히 이용된다. 먼저 생산물의 평균 수취가격 지수는 농작물의 단위생산량에 대한 평균 수취가격의 비율인데, 이는 생산물의 유통 · 출하 · 판매 등 마케팅을 얼마나 효율적으로 하였는가를 나타낸다. 마찬가지로 구입재료의 평균 지불가격 지수는 비료 · 농약 등 주요 구입재료를 얼마나 효율적으로 구입하였는가를 나타내는 지표로 이용된다.

4 — 축산경영의 생산성과 효율성 분석지표

축산경영의 경우에도 경종농업 경영과 대체로 비슷한 분석지표가 이용되고 있다. 토지 대신에 생산단위(productive unit)라는 개념을 쓰고, 산출분석(output analysis)이 추가되며, 노동생산성 분석과 기타 분석에서도 몇 가지 추가, 또는 약간 다른 개념의 분석지표가 쓰이는 것이 다른 점이다.

생산단위당 분석(productive unit analysis) —

가축 1마리당 생산성 분석

생산단위는 일반적으로 가축 1마리를 기준으로 한다. 1마리당 생산량은 가축별 총생산량을 마리수로 나누어서 산출한다. 예를 들면 젖소 1마리당 산유량(産乳量), 육우나 돼지, 닭 1마리당 증체량(增體量), 어미돼지 1마리당 새끼돼지 낳는 수(仔豚生産量), 닭 1마리가 낳는 달걀의 수(産卵量) 등이 그러하다. 이 경우도 마찬가지로 생산물의 양으로 표시하는 분석지표가 있고, 이를 평균 판매 또는 수취가격으로 곱한 생산액으로 표시하는 분석지표가 있다. 축산물의 경우에는 가격진폭과 변화가 상대적으로 클 경우가 많기 때문에 물리적인 분석지표가 중요시되고 있다. 그러나 전체적인 분석을 위해서는 역시 경제적 분석지표가 비교 기준이 된다고 하겠다.

축산경영에 있어서 독특한 분석지표로 이용되는 가축 1마리당 사료비 공제 수익이 있다. 이는 가축별로 총 조수익에서 사료비를 뺀 나머지를 가축 마리수로 나누어 산출하며, 축산경영의 기본적 경비인 사료비를 공제한 수익성을 분석하는데 많이 이용되고 있다.

가축 1마리당 투자분석

이는 경종농업 경영과 마찬가지로 토지 단위면적 대신에 축산 생산단위로서 가축 1마리당 기계 · 장비 등 설비투자와 총투자로 나누어 분석한다. 설비투자액과 총투자액을 가축별 마리수로 나눈 수치를 지표로 삼아 비교분석한다.

산출분석(output analysis) —

단위 산출량당 비용분석

축산농장에서 산출되는 축산물의 단위당 비용을 분석하는 것이다. 노동비와 사료비, 총비용으로 나누어 계산한다. 예를 들면 우유 1리터, 쇠고기나 돼지고기, 닭고기 1kg, 달걀 1개 등을 생산하는데 노동비와 사료비, 총비용이 각각 얼마 들었는지를 비교분석하는 것이다. 가축별로 노동비, 사료비, 총비용을 각각의 생산량으로 나누어서 단위 산출량당 각각의 비용을 계산하고, 이를 비슷한 여건의 다른 농장이나 표준농장의 경우와 비교 분석하여 판단하게 된다.

단위 산출량당 생산액 분석

가축별로 총생산 · 판매액을 생산량으로 나눈 값을 비교 분석하는 것이다. 이는 축산물의 단위 판매 또는 수취 가격에 해당하며, 마케팅을 얼마나 잘 하였는가를 나타내는 지표로 흔히 이용된다.

단위 산출량당 사료급여량 분석

가축별로 총 사료급여량을 생산량으로 나눈 값인데, 이는 축산물 1단위를 생산하는데 어느 정도의 사료를 주었는지를 나타내는 지표이다. 사료효율을 비교 분석하는데 유용한 지표이며, 이 수치가 비슷한 여건의 다른 농장이나 표준농장의 경우에 비해 현저히 높을 때에는 기술적으로 사료효율에 문제가 있다고 보고, 원인을 세밀히 분석·판단하여 대책을 강구해야 한다.

노동 생산성 및 효율성 분석 —

이는 대체로 경종농업 경영의 경우와 같다. 다만 1인당 경작면적 대신에 1인당 생산단위, 즉 가축두수를 분석하고, 1인당 축산물 생산량을 추가로 분석지표로 쓰는 점이 다른 점이다.

기타 분석지표 —

평균 수취가격 지수와 평균 구입가격 지수의 분석은 경종농업 경영의 경우와 같다. 축산 경영에서는 가축에 따라 몇 가지 추가적인 지표가 분석에 이용된다. 예를 들면 비육우(肥肉牛)의 경우에는 비육장(feedlot)을 1년간 몇 번 회전하는가의 비육장 회전율(feedlot turnover rate), 소, 돼지의 경우에 젖뗄 때의 평균체중(average weaning weight) 등이 추가적인 분석지표로 활용되고 있다. 또한 평균 사망률(percentage death losses)과 출산율(percentage birth rate)도 축산경영의 성과분석시에 자주 이용되는 지표이다.

지금까지 설명한 분석지표들은 물론 절대적인 것은 아니다. 언제나 경영여건과 지역, 또는 작목에 따라서 다른 분석지표와 분석방법이 얼마든지 가능한 것이다. 따라서 이러한 생산성과 효율성의 분석을 위해서는 해당 농장의 특징과 유리한 점, 취약한 점을 미리 잘 판단해서 특별히 필요한 분석 지표를 선택적으로 사용하는 것이 바람직하다는 점을 덧붙여 강조하고자 한다.

5— 비교분석과 동향분석

1. 비교분석(comparative analysis)

위에서 설명한 모든 분석지표들을 가지고 비슷한 여건에 있는 다른 농장의 평균치와 비교 분석하는 과정을 말한다. 이를 위해서 먼저 해당농장의 경영진단 분석지표에 대한 결과치를 요약 정리하고, 다음으로 비슷한 여건의 다른 농장의 평균치 또는 표준농장의 분석치를 파악해야 한다. 대부분의 개발도상국의 경우에는 표준치에 대한 분석이 제대로 되어 있지 않은 경우가 많으므로 이 분석 자체가 어려운 일이 아닐 수 없다. 그럼에도 불구하고 이러한 분석을 계속 시도해야 경영의 발전이 가능하다는 점을 유념하여 가능한 범위내에서 비교분석을 해 볼 것을 권한다. 다행히 최근 우리나라에서도 벤치마킹(bench-marking)에 대한 관심이 모든 산업이나 조직에서 크게 일어나고 있어, 머지 않아 농업경영 분야에서도 각각의 작목별로 이러한 비교분석의 표준치가 작성, 이용될 것으로 전망되고 있다.

1 — 비교분석의 순서

비교분석은 우선 전체적인 경영진단부터 시작한다. 제일 먼저 자금수지에 문제가 있는지부터 판단해야 한다. 이는 대차대조표와 자금수지 명세서에 대한 진단 결과를 이용하여 주요 분석지표들이 비교대상이 되는 표준치, 또는 비슷한 여건의 다른 농장의 평균치와 비교하여 현저히 높은지, 낮은지 또는 비슷한지를 파악하는 일이다. 만약 현저한 수준으로 이 수치들이 높거나 낮아서 자금 수지에 심각한 문제가 있다고 판단되면 서둘러서 이 문제에 대한 대응방안부터 강구해야 한다. 해당 농장의 가용자원이 표준치에 미달하는 것이 근본원인이라면 혹시 농외 소득으로 가계지출을 더 충당할 가능성이 있는지 또는 토지를 비롯한 가용자원, 즉 경영규모를 개선하는데 도움이 될 수 있을지를 검토 분석해 볼 필요가 있다.

다음은 경영수익에 대한 비교분석이다. 이는 손익계산서의 분석과 수익성 분석에서 설명한 분석지표들을 이용한다. 전체 경영수익이 표준치와 비교해서 문제가 있다면 이에 대한 원인과 대책을 구체적으로 분석해야 한다. 그 전에 비교된 표준치가 현실적으로 타당한 비교대상인지를 검증한 다음 재산정 비교하는 것이 좋다. 왜냐하면 이 표준치가 해당농장의 특수성에 비추어 적절하지 않은 경우도 흔히 있기 때문이다.

다음은 생산성과 효율성에 대한 비교분석이다. 각각의 비교분석지표들을 구체적으로 세밀하게 비교하여 표준치 또는 평균치 보다 현저히 높거나 낮은지, 또는 비슷한 수준인지를 파악하는 것이다. 각 지표별로 비교분석 결과가 현저히 높거나 낮게 나와서 해당 부문에 심각한 문제가 있는 것으로 판단되면 적절한 대응방안을 시기를 놓치지 않고 강구해야 한다. 만약 비교대상보다 상당히 좋은 성과가 나타났다면 그 경우에도 그 원인을 파악하여 좋은 성과를 계속해서 유지 발전시킬 수 있는 장점으로 활용하도록 해야 할 것이다.

2 — 비교분석 결과의 해석

비교대상이 되는 표준치 또는 평균치와 어느 정도의 차이가 난 것을 현저한 수준이라고 보아야 하는지, 심각한 문제 또는 상당한 성과라고 판단할 것인지의 해석상의 방법에 대한 설명이 필요하다. 우선 각 분석 지표 사이의 상관 관계가 있는 경우를 고려해야 한다. 예를 들어 자본의 제약으로 인해 기계・장비에 대한 투자가 부족한 경우, 또는 기계・장비에 비해 노임이 상대적으로 싸기 때문에 자본 대체를 서둘러 할 필요가 없어서 기계・장비에 대한 투자가 낮은 경우에는 상대적으로 노동생산성이 낮을 수밖에 없다는 점을 고려해야 한다는 것이다. 이런 경우에는 노동생산성 지표의 비교 격차가 현저히 있더라도 기계 · 장비 투자 분석지표의 비교 격차가 이를 상쇄하는 상관관계가 있으므로 이미 원인분석이 이루어진 것과 같다는 말이다.

다음으로는 각 분석 지표의 편차(variability)를 고려해야 한다. 일반적으로 어느 분석지표이든지 표준치 또는 평균치에 대해 어느 정도의 편차는 있는 법이다. 따라서 표준편차(standard variability) 이내의 차이는 대체로 큰 문제가 없다고 봐도 된다는 말이다. 예를 들어 경종농업 경영의 경우 어떤 작물의 단위면적당 수확량의 표준편차가 10%라고 하자. 이때 해당 농장의 수확량이 표준치 또는 평균치보다 10% 이내의 범위 내에서 차이가 있을 경우에는 심각한 문제로 보지 않아도 된다는 것이다.

다음 분석지표들 중에서 어느 것이 더 중요하고 어느 것이 덜 중요한지의 중요도를 감안해야 한다. 예를 들어 사료비의 지출 정도는 축산경영에 있어서 비용구성의 주요한 부분이므로 중요하게 취급해야 할 것이다. 특별히 중요하다고 인정되는 분석지표에 대해서는 표준치 또는 평균치와 조금만 차이가 나더라도 특별한 주의를 기울여서 원인분석과 함께 대책을 강구해야 한다.

3 — 비교분석 기법

비교분석을 좀더 정교하게 기술적으로 실시하기 위해 개발된 기법을 몇 가지 설명하기로 한다. 나라와 분야에 따라 여러 가지 많은 기법들이 사용되고 있으나 여기서는 세 가지만 소개하고자 한다.

원형도(圓型圖, pie chart)법 — 표준치를 원형의 그림에 표시해 두고 해당 농장의 실적치를 이 그림에 나타내어 비교하는 방법이다. 일목요연하게 주요한 분석지표의 비교실태를 알 수가 있고, 어느 부분이 취약하고 어느 부분이 좋은지 쉽게 파악할 수 있는 장점이 있다. 다만, 이 도표로는 몇 가지 주요지표만 한 그림에 나타낼 수 있기 때문에 구체적으로 상세한 분석지표에 대해서는 별도의 그림이나 표를 사용해야 한다는 단점이 있다.

그림 3-4의 원형도는 개척1 농장의 1995년도 양돈경영에 대한 분석 결과이다. 가운데 원이 표준치이며, 이 농장의 실적이 선으로 연결되어 있는데,

〈그림 3-4〉 원형도법에 의한 분석예

대체로 표준치에 거의 접근한 것을 볼 수 있다. 순이익과 비생산일수가 표준치보다 상당히 높은 편이고 모돈 회전율과 미유자돈지수가 표준치보다 비교적 낮은 것을 보여주고 있다.

온도계법 — 각각의 분석지표들을 온도계식으로 표시하는 방법이다. 그림 3-5에서 보는 바와 같이 표준치를 100으로 했을 때 실적치가 온도계에서

어느 위치에 해당하는지를 나타내는 것이다. 이 농장의 예에서는 10a당 생산비와 10a당 노동시간이 표준치보다 좋은 것으로 나타나 있으나, 10a당 소득과 순수익은 표준치에 상당히 미달하는 것으로 분석되고 있다. 이는 10a당 수량과 노동생산성이 표준치보다 낮은데 기인하는 것으로 보인다. 이 방법은 여러 가지 분석지표들을 다 표시할 수 있는 장점이 있으나, 일목요연하게 파악하기는 원형도법에 비해 떨어진다고 하겠다.

〈그림 3-5〉
온도계법에
의한 분석예

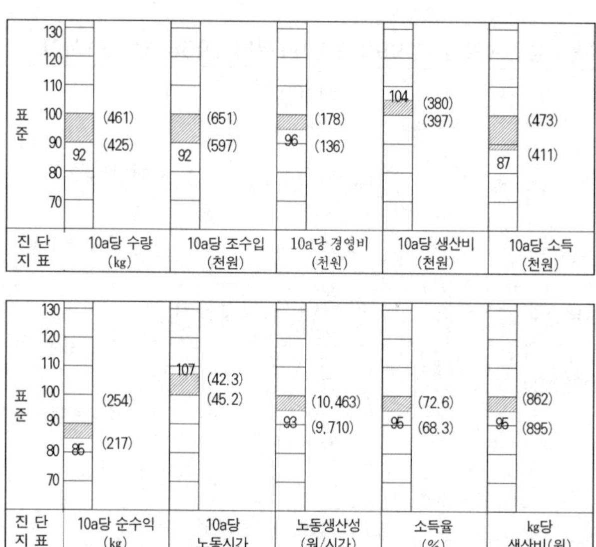

흐름도(flow chart)법 — 앞에서 설명한 비교분석의 순서를 흐름도로 그려놓고 이에 따라 분석하는 방법이다. 그림 3-6에서 보는 바와 같이 먼저 자금수지의 문제부터 시작해서 순저대로 각각의 분석지표들을 비교분석하는 것이다.

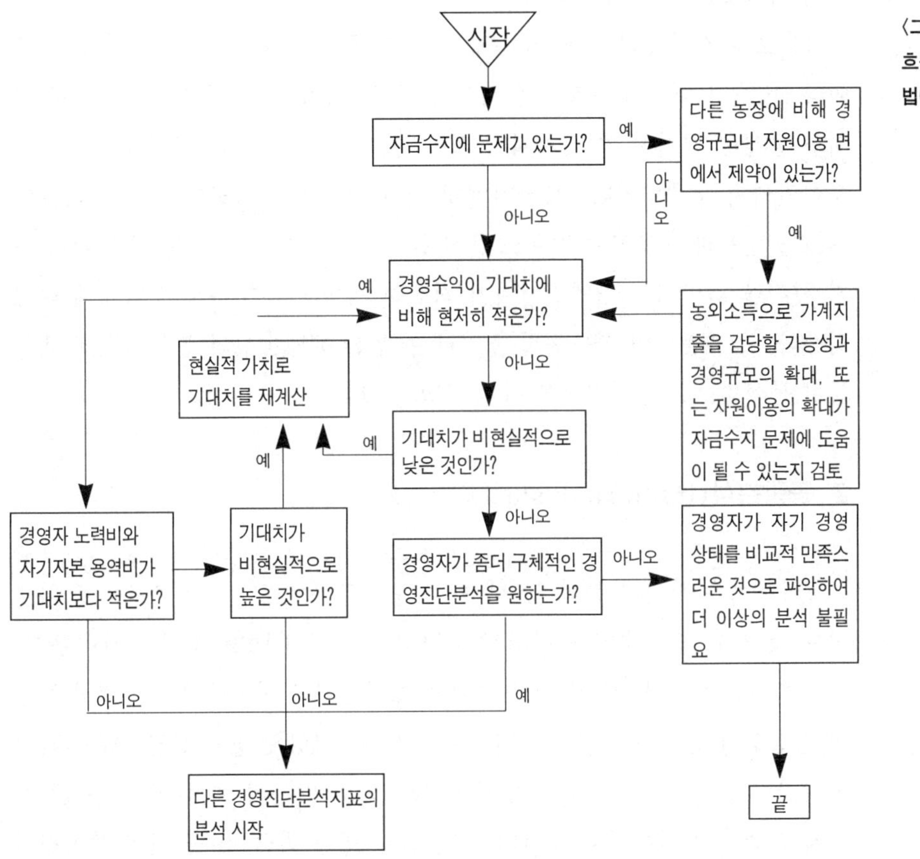

〈그림 3-6〉 흐름도(flow chart) 법에 의한 분석예

4 — 비교분석의 한계

가장 문제가 되는 것이 평균치 또한 표준치의 변이(變異)가능성과 정확한 자료의 확보 문제이다. 우선 농업생산이 기상조건에 따라 풍흉(豊凶)의 차이가 워낙 크기 때문에 이를 어떻게 감안해야 하는가가 큰 문제이며, 이 비교분석의 근본적인 한계이기도 한 것이다. 특히 개발도상국에서는 그 변이

도가 더욱 크다는 점을 유의해야 한다.

다음으로 신뢰도가 높은 표준치 또는 평균치를 구하기가 어렵다는 문제이다. 비슷한 여건의 농장이 숫적으로 적거나 많더라도 경영진단 분석을 실시한 농장이 적어서 자료 자체가 적을 경우가 흔히 있다. 이외에도 조사 · 분석인력이 부족하거나, 분석기법에 대한 이해가 부족하여 자료를 확보해 놓고도 활용하지 못하는 경우도 흔히 볼 수 있다. 이럴 때에는 결국 여러 가지 사정을 감안하여 경영진단자가 적절히 방법을 강구하는 수밖에 없다고 하겠다. 비교분석이 불가능할 경우에는 우선 해당농장의 분석지표에 대한 동향 분석만으로 경영진단을 하는 방법이 있다.

2. 동향분석(trend analysis)

동향분석은 각각의 분석지표에 대한 분석결과를 몇 년 간 추세치로 비교하는 것이다. 경영초기에 비해서 최근의 분석치가 어떤 추세를 보이는지, 최근 몇 년 간의 분석치가 어떤 경향을 보이는지를 비교분석하여 해당 농장의 경영상의 강점과 약점을 파악하는 동시에, 해당 농장의 경영상태가 각각의 분석지표상으로 호전(好轉) 내지 발전되고 있는지, 아니면 악화(惡化) 내지 쇠퇴하고 있는지를 알아내는 것이다. 또한 최근 몇 년 간의 분석결과에 대한 평균치와 편차를 계산하여, 평균치가 비슷한 여건의 다른 농장의 경우, 또는 표준차에 비해 어떤 상태인지를 비교 분석할 수도 있고, 편차가 지나치게 클 경우는 그 부분에 있어서의 경영상의 불안정을 의미하므로 각각의 원인을 좀더 세밀하게 파악하여 대책을 강구하기도 한다.

농업경영자는 자기의 농장경영에 대한 중장기 목표를 가지고 있을 것이므로 이 동향분석의 결과 각각의 분석지표의 결과치가 목표에 접근하고 있는지, 아니면 오히려 멀어지고 있는지를 파악할 수 있을 것이다. 그 결과에 입각하여 경영의 방향이나 진로를 수정하거나, 부문별로 필요한 대책을 강구하는 것이 경영자의 책무인 것이다. 뿐만 아니라 해당 농장에 자금을 지원한 금융기관의 입장에서는 이 추세분석의 결과가 대출금을 조기에 환수해야 할 필요가 있는지, 또는 추가로 대출금을 더 지원하는 것이 좋은지를 판단하는데 결정적인 근거가 된다.

6 — 경영개선처방

경영진단의 결과는 경영개선처방(prescription for managerial improvement)으로 이어진다. 진단결과 밝혀진 문제점에 대한 원인분석이 선행되면 이에 대한 해결방안 또는 개선대책이 강구되어야 하는 것이다. 농업경영자로서는 경영과정에서 그때 그때 필요한 의사결정과 실행 및 피드백을 더욱 효율적으로 하지 않으면 문제를 해결할 수가 없게 될 것이다.

1. 경영개선을 위한 의사결정

모든 문제에 있어서 필요한 것은 올바른 의사결정이다. 그러나 어떤 의사결정이든지 항상 절대적으로 옳다는 것은 현실적으로 있기 어렵다. 따라서 모든 의사결정은 경영자의 경영목적과 그가 알고 있는 정보와 지식의 범위 내에서 다른 대안보다는 비교적 낫다는 정도의 상대적 정당성을 가진다고 할 수 있는 것이다. 그림 3-7에서 보는 바와 같이 경영개선처방은 경영목적과 경영진단 결과, 그리고 예측 또는 계획 정보의 범위 내에서 이루어지게 되는데, 이는 다시 확실한 경우(under certainty)와 위험요소를 감안해야 하는 경우(under risk), 그리고 불확실성을 감안해야 하는 경우(under uncertainty)로 나누어서 각각의 경영개선 전략을 선택하게 된다.

확실한 경우는 적정한 대가(optimum pay-off)를 치르는 전략이 무엇

〈그림 3-7〉 농업경영에서의 경영개선 의사결정체계

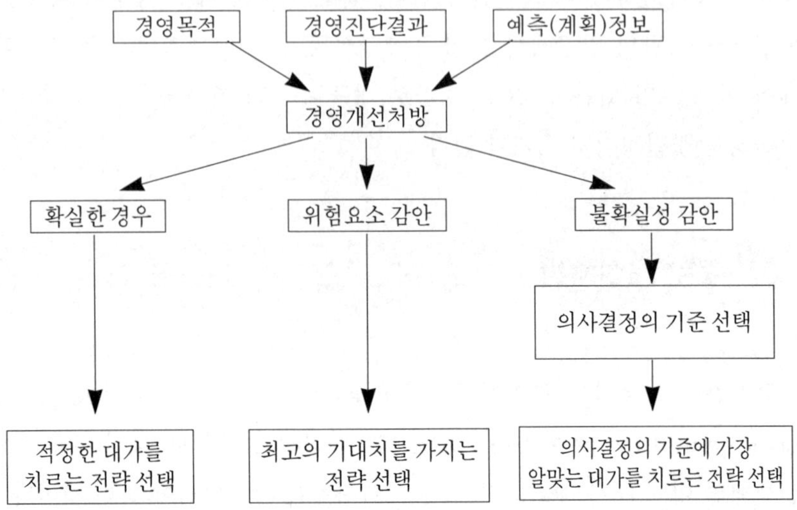

인지를 판단하면 될 것이나, 위험요소를 감안하면 최고의 기대치(highest expected value)를 가지는 전략을 선택하는 것이 합리적이다. 또한 불확실성을 감안해야 할 경우에는 우선 의사결정의 기준을 먼저 선택하고, 그 기준에 가장 알맞는 대가를 치르는 전략을 선택하는 것이 바람직할 것이다.

2. 경영개선처방의 실행

경영개선을 위한 최선의 전략이 마련되면 이를 실천해야 하는데, 예상치 않은 여러 가지 변수들이 항상 일어날 수 있기 때문에 경영개선 처방의 실행도 언제나 완벽하게 하기는 어렵다. 이를 실행하는 과정에서 수시로 세부적인 사항을 조종하거나 수정 보완해야 되는 경우가 흔히 있는 법이다. 이럴 경우 일반적으로 많이 쓰이는 방법이 목표에 의한 경영관리(management by objectives)이다. 이는 경영개선 목표를 구체적으로 설정하여 언제까지, 어떤 방법으로, 어느 정도의 비용을 들여서, 어느 정도로 만족할 만한 성과를 얻고, 어느 만큼의 진보와 향상을 이룩할 것인지를 먼저 정한다. 다음 이를 위해 언제, 어떤 방법으로 개선을 위한 실천사항을 추진할 것인지를 판단하여, 이를 순서에 따라 체계적으로 실천하고 그 결과를 점검・확인하는 것이다.

경영개선을 추진하는 과정에서 실제로 목표에 일치하지 않는 중간성과가 나왔을 경우에는 다시 한번 목표를 재점검하여 현실에 맞게 조정하거나, 성과를 향상시키기 위한 개선방안을 추가로 수정 보완해야 한다. 경영개선 처방을 실천하는데 주로 문제가 되기 쉬운 것이 구체적인 실천사항을 완수하는데 어느 정도의 시간이 소요될지를 추정하는 일이다. 이 시간 계측이 잘못되면 적시에 경영개선 처방을 실천하기 어렵게 되고, 이로 인해 전체적인 경영개선 계획에 차질이 발생할 우려가 커지기 때문이다. 이때 많이 쓰이는 기법이 PERT(program evaluation and review technique)이다.

그림 3-8의 경우는 낙농경영의 규모확대를 위한 PERT 기법 응용의 예이다. 규모확대를 위한 구체적 실천사항을 화살표로 표시하고, 각각의 화살표에 해당하는 실천 사항의 소요시간을 계산하여, 어떤 일을 완료하는데 총 소요시간이 얼마나 필요한지를 산출해 내는 것이다. 동그라미 속의 번호

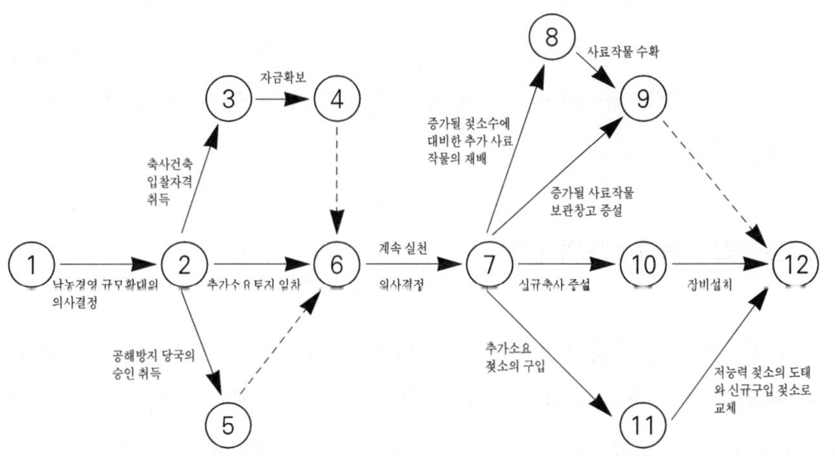

〈그림 3-8〉 낙농경영규모 확대를 위한 PERT기법 응용예

는 실천 순서를 의미하고, 이어진 화살표는 실제로 시간과 비용이 드는 항목을 뜻하며, 중간이 끊어진 화살표는 시간과 비용이 들지 않는 사실상의 무행위(無行爲, dummy activity)를 가리킨다.

각각의 실천항목별로 소요시간을 계산하는데, 이는 최단 소요시간과 현실 소요시간, 최장 소요시간을 추정하고, 이를 평균하여 평균 기대 소요시간을 산출한다. 이렇게 계산된 각 항목의 실천 소요시간을 누적 합산하여 단계별 누적 소요시간을 산출하고, 이에 맞추어 미리 실천사항의 각 항목별 착수시기를 결정하는 것이다. 예를 들어 사료작물의 재배는 계절적으로 가능한 시기가 정해져 있으므로 그 시기에 맞추어서 누적 소요시간을 역산하여 규모확대를 위한 의사결정이 이루어져야 한다는 것이다.

이 PERT 그림을 그려보면 소요시간의 계산뿐만 아니라 여러 가지로 도움이 된다. 구체적인 실천사항들을 개별적인 항목으로 정리하고, 그 진행 순서를 확인하여 일을 체계적으로 추진할 수 있게 해 줄 뿐 아니라 일과 일 사이의 관계도 명확하게 해준다. 어느 일이 가장 시간이 오래 걸리며, 어느 항목의 소요시간이 가장 짧은지를 확인함으로써 시간을 가장 절약할 수 있도록 일의 순서를 조정할 수 있게 해 주기도 한다. 또한 예기치 않은 일이 발생하여 시간적으로 실천사항을 조정해야 할 경우에도 당초의 목표에 크게 어긋나지 않게 체계적으로 이를 수정 보완할 수 있게 해 준다. 이 PERT 기법은 소요시간 계산뿐만 아니라 소요비용의 추정에도 유용하게 쓰이는 기법임을 덧붙여둔다.

3. 피드 백과 책임소재의 규명

경영개선의 실천과정에서 항상 유념해야 할 것이 피드 백이다. 실제로 나타난 성과가 기대치에 비해 현저히 미달하거나, 지나치게 높게 나타날 때에는 기대치 즉 목표를 수정하거나 실천방법 중의 어떤 부분을 보완해야 한다. 성과가 만족스럽지 못할 경우에는 즉시 그 원인이 무엇인지를 분석·파악하여 그 대응방안과 해결책을 모색해야 한다는 것이다. 경우에 따라서는 실천행동을 수정하면 되겠지만, 어떤 경우에는 의사결정에 관한 개선이 필요할 때도 있다. 경영자의 의사결정 방식이 잘못되어 있거나 이용하고 있는 지식과 정보가 잘못된 경우도 있기 때문이다.

의사결정이 한번 잘못되면 상당한 비용이 낭비되거나 고정비용으로 잠겨서 경영수지에 악영향을 미치게 되기 쉽다. 특히 부채와 고정투자에 관한 의사결정은 가능한 한 신중하게 해야 하는 이유가 바로 여기에 있는 것이다. 일단 잘못된 결정이 내려져서 시간이 상당히 지났을 때에는 과거의 잘못에 지나치게 사로잡히는 것도 바람직하지 못하다. 확실한 책임소재를 규명한 다음 같은 잘못을 다시 반복하지 않도록 해야 하며, 가급적 과거보다는 미래지향적으로 대응해야 한다. 잘못으로 인한 손실과 부담을 미래에 어떤 방법으로 적절하게 해소 또는 보전할 것인지에 더욱 힘쓰는 것이 바람직하다는 말이다.

3
경영예측과 경영계획

1 — 경영예측의 방법

1. 예측의 의미

미래를 예측한다는 것은 대단히 어려운 일이다. 그럼에도 불구하고 사람들은 호기심이나 필요에 의해서 미래를 예측하려고 항상 애쓰고 있다. 미래는 인간의 능력으로는 확실하게 예측할 수 없는 것이기 때문에 위험(risk)과 불확실성(uncertainty)이 존재하는 것이다. 그러나 인간이나 다른 생명 있는 모든 동식물들이 완벽하게 미래를 예측할 수 있는 능력을 가지지 못하기 때문에 그들의 의식과 행위가 오히려 합리적일 수밖에 없다는 이론도 있다. 스키너(B.Skinner)의 심리이론(reinforcer theory)이 그렇고, 근래에 많은 지지자를 확보했던 루카스(Lukas)의 합리적기대(rational expectation) 가설도 그 범주에 속한다고 할 수 있다.

만약 인간이 자기의 미래와 세계의 미래에 대해 모두가 확실하게 알고 있거나 예측할 수 있다면 어떻게 될 지를 상상해 보라. 아마 그 결과는 끔찍할 것이다. 미래에 닥쳐올 자신의 불행을 미리 알게 된 인간이 취할 행동은 과

연 어떨 것인가를 생각해보면 짐작이 갈 것이다. 뿐만 아니라 그렇게 된다면 자기의 행위를 선택할 수 있는 자유를 조금이라도 가지고 있는 인간이 미래를 확실히 알게 아는 순간부터 자신의 행위가 미리 정해진대로 되지 않을 수도 있기 때문에 그 미래가 전혀 엉뚱한 방향으로 달라질 수도 있다는 소설적 가정을 흔히 접할 수 있는 것이 그것이다. 또한 농업관측(agricultural outlook)의 중요한 부분인 의향(意向)조사(intention survey)가 가지는 근본적 한계도 그 예의 하나이다. 즉 농업관측의 결과, 다시 말하면 어떤 작물의 재배의향조사 결과가 공표되고, 그것이 신뢰성이 높은 것이라면 그 작물을 재배할 농가에게 그 내용이 알려지게 되고, 농가의 합리적인 반응이 기대된다면 실제로 그 작물을 재배하는 결과는 당연히 당초 예측과 달라지게 되고, 또 사실상 그렇게 달라지도록 유도하는 것이 농업관측의 기본 목적의 하나인 것이다.

어쨌든 미래에 대한 완벽한 예측이 불가능하기 때문에 국가경영이든 기업경영이든 그에 적응하여 관리를 해 나갈 수밖에 없는 것이다. 특히 자연에 대한 의존도가 높은 농업의 경영에 있어서는 미래에 대한 예측이 더욱 중요하게 인식되기 마련이다. 예측할 수 없는 기상의 변화가 농작물의 수확에 결정적 영향을 미치는 요인이기 때문에 농산물의 공급이 불확실한 것이며, 따라서 시장에서의 가격형성에 대한 불확실성이 커지고, 이것이 농산물에 대한 투기가 일어나는 근본원인이 되는 것이다.

인간이 미래를 예측하는 방법에는 고래(古來)로 여러 가지가 있어 왔다. 별을 보고 점을 치는 점성술(占星術)을 비롯하여 수많은 예언이나 점술이 인류의 역사가 시작되기 이전부터 있었다. 과학적이고 합리적인 예측기법이 발달하기 전에는 결국 이러한 특수한 예측능력을 가진 것으로 믿어진 예언가(또는 점쟁이)의 직관(直觀)과 예지, 또는 어느 정도의 통계적 확률에 입각한 지혜에 의존할 수밖에 없었을 것이다. 그러나 이러한 예측방법은 그 신뢰도 자체가 불확실할 뿐만 아니라 아무도 그 실제 결과에 대한 책임을 지지 못하기 때문에 때로는 신비스러운 불가사의(不可思議)로 외경(畏敬)의 대상이 되거나, 때로는 믿을 수 없는 혹세무민(惑世誣民)의 미신(迷信)으로 경계의 대상이 되었던 것이다.

근세 이래로 과학이 발달함에 따라 이 분야에도 제한적이기는 하지만 과학적이고 합리적인 방법이 도입되어 여러 가지 이론체계로 발전되어 왔다. 기상관측이 하나의 학문인 기상학(meteorology)으로 발전되어 단기적인 일기예보는 최근 그 정확도나 예측의 적중률이 상당히 높은 수준으로 향상되어 신뢰도를 얻고 있는 것이 그 대표적인 예이다. 인공위성과 천문학의 발달로 인해 중요한 천체가 상당기간 미래에 어떻게 움직일지에 대한 예측은 거의 완벽하게 정보화되었다. 또한 생물체의 생육에 관한 과학적 정보도 왠만큼 파악되었기 때문에 중요한 변수를 일정하게 가정하면 그 생육의 단계별 진행상황과 결과를 거의 예측할 수 있게 되었다.

인문 · 사회과학의 대상인 인간의 의식과 행동에 대한 과학적 탐구도 상당히 진전되어, 이 분야에 있어서도 결정적인 변수만 일정하게 가정하면 그 단계별 진행상황과 결과를 예측할 수 있는 여러 가지 기법이 개발되어 있다. 다시 말하면 예측의 대상인 자연현상과 인간의 의식과 행위(개인적, 집단적)에 대하여 불확실한 주요 변수를 남겨 놓고, 나머지 부분에 대해서는 대체로 단기, 중기, 장기의 시간대별로 상당한 수준의 예측이 과학적이고 합리적인 방법에 의해 가능하게 되었다는 말이다. 물론 아직까지 미지(未知)의 장(章)으로 남아 있는 부분이 워낙 절대적이기 때문에 인간의 미래에 대한 예측능력이 아직은 아주 작은 일부분에 불과할 수밖에 없다는 전제가 따른다는 점을 잊어서는 안 될 것이다.

2. 경영예측의 중요성

일반적으로 예측이라는 말은 약간씩의 어의(語義)가 다른 여러 가지 용어로 표현되는 경우가 많다. 경영분야에서 가장 많이 쓰이는 용어인 예측(forecasting 또는 prediction) 외에도 추정(estimation 또는 projection)이란 말이 흔히 사용되고 있고, 확률(probability)이나 확실성(certainty), 예상 또는 기대(expectation), 관측(outlook)이나 의향(intention) 등도 관련용어로 사용되고 있다. 과학적이라고 보기는 어렵겠지만 직관적 예언(intuitive prophecy)도 이러한 예측의 범주에 포함시키는 것이 좋을 것으로 생각된다. 왜냐하면 특수한 예지능력을 가지고 있거나 풍부한 경험과 식견을 바탕으로 경륜이나 비전(vision)을 가진 사람들의 직관적 예언은 그 자체가 상당한 영향을 나머지 인간들에게 미치는 것이 사실이기 때문이다.

경영에 있어서 예측의 중요성은 두말 할 필요가 없다. 경영관리에 관한 중요한 의사결정의 전제는 수집 · 이용이 가능한 모든 정보를 분석하여 가장 합리적이고 가장 적절한 최선의 선택을 하는데 있고, 이때 실태분석과 경영진단 결과에 관한 정보와 마찬가지로 중요한 부분이 바로 경영예측 정보인 것이다. 경영예측 정보를 기초로 해서 경영계획을 수립할 수 있을 뿐만 아니라 경영개선 처방이나 경영혁신 전략도 경영예측정보 없이는 제대로 마련되기 어려운 것이다.

일반적으로 농업경영을 포함해서 모든 경영자가 선택할 수 있는 경제현상은 세 가지로 나누어진다. 확정(確定)현상, 확률(確率)현상, 불확정(不確定)현상이 그것이다. 확정현상은 예측이 확실(certainty)한 것이므로 장래에 대한 완전한 정보를 가지고 의사 결정을 할 수 있는 것을 말한다. 확률현상과 불확정현상은 예측이 확실하지 않은 것이므로 불완전한 정보를 가지고 의사결정을 할 수밖에 없는 상태이다. 이 중 확률현상은 개별 확률현상과 사회 확률현상으로, 불확정현상은 예측가능한 부분과 예측이 불가능한 부분으로 구분할 수 있는데, 이를 각각의 정보상태와 대비한 것이 표 3-5이다.

〈표 3-5〉
경제현상과 정보상태의 대비표[1]

경제현상	정보상태
확정현상	완전정보(certainty)
확률현상(위험요소 존재) 개별 확률현상 사회 확률현상 보험제도 존재 보험제도 부재	불완전 정보 확률적 정보(risk의 확률) 개별 확률적 정보 – 비용화 가능 개별 예측가능 정보 – 비용화 가능 사회확률적 정보 비용화 가능 비용화 불가능
불확정 현상(불확실성 존재) 예측 가능 예측 불가능	불확정 정보(uncertainty) 정보습득 과정 정보습득 포기

확률현상은 바꾸어 말하면 위험(risk)요소가 어느 정도의 확률로 존재하는 현상이라 할 수 있다. 먼저 개별 확률현상 중에서 개별 확률적 정보상태는 경영내부에서 수집한 정보를 분석하여 사전에 확률분포를 확정적으로 예측함으로써 경영목표상의 기대치를 감안한 위험과 손실을 비용화하여 의사결정이 가능한 상태를 말한다. 이에 비해 개별 예측가능 정보상태는 개별 확률분포를 사전에 확정적으로 예측할 수는 없으나 주관적으로 경영목표에 입각하여 확률분포의 기대치를 산출하고, 이에 따른 손실을 주관적으로 비용화하여 의사결정을 하는 경우이다.

다음으로 개별 경영자의 경험의 범위만으로는 경제현상의 확률분포를 예측할 수 없으나, 같은 업종의 경영체를 전체적으로 놓고 보면 그 현상의 발생빈도가 높아서 확률분포를 주관적으로 예측할 수 있는 상태가 사회확률적 정보상태이다. 이때 재해보험이나 가격지지제도 등 보험제도가 존재하는 경우에는 개별 경영자의 손실을 비용화할 수 있다고 주관적으로 판단하

1) 加藤 功: 農業經營情報の豫測, 賴 平編 農業經營計劃論 弟3章, 農業經營學 講座, 地球社, 1982, pp. 110~111

지만, 그러한 보험제도가 존재하지 않기 때문에 경영자의 손실을 비용화할 수 없는 경우에는 주관적으로도 확률분포를 예측할 수 없기 때문에 사실상 불확정 정보상태와 같은 상태가 된다.

마지막으로 불확정 정보상태는 불확실성(uncertainty) 때문에 미래의 경제현상이 발생할 확률분포를 예측할 수 없는 경우이다. 이때 이용가능한 정보를 최대한 수집하여 확률분포를 예측할 수 있는 정보를 습득하는 과정에서 정보습득 비용을 들여서 효과를 거둘 수 있다고 판단하는 경우에는 불완전하지만 예측정보를 얻으려고 노력해서 그 예측정보에 입각한 의사결정을 하겠지만, 그렇지 못한 경우에는 결국 예측을 위한 정보습득 노력까지 포기한 상태에서 의사결정을 할 수밖에 없게 된다.

결론적으로 어떤 상태에 있든지 경영자의 입장에서는 의사결정을 최대한 합리적으로 하기 위해 가능한 범위 내에서 어떤 방법으로든 예측을 위한 모든 노력을 하기 마련이며, 이러한 의미에서 경영예측의 의의와 중요성을 다시 한번 강조하는 것이다.

3. 농업경영자의 경험적 예측방법

농업경영자가 실제로 경영계획을 수립하거나 경영개선 대책을 강구하기 위해 필요한 예측정보를 수집하는 대상은 대체로 다음 다섯 가지이다.[1] 첫째는 농산물과 영농자재의 가격 및 그 결정요인이 되는 시장조건에 관한 예측 정보이며, 둘째는 생산반응에 관한 예측정보, 셋째는 새로운 기술에 관한 예측정보, 넷째로 다른 사람의 경제활동과 태도에 관한 예측정보, 다섯째 제도적 여건변화에 관한 예측정보이다.

첫째는 농산물의 가격을 예측하고자 하는 경우이다. 우선 농업경영자가

---

1) Glenn L. Johnson edit: A Study of Midwestern Farmers, Iowa State University Press, Ames, Iowa, 1961, pp.123~127

어떤 특정한 농산물의 가격을 예측하고자 할 때에는 그 작물의 공급모델이 가장 많이 이용된다. 또한 수요 추정에 입각한 수급모델이나 현재 그 작물의 보급률, 경기(景氣)동향, 고용수준과 다른 분야의 기업활동수준, 정부의 개입전망, 그리고 농산물 가격의 전반적 동향 등이 비교적 높은 빈도로 예측에 필요한 정보로 이용되고 있다.

이러한 예측 정보를 얻는 모델의 형식은 농업경영자의 취향과 성격, 학력, 연령과 영농경험 등에 따라 상당히 달라지게 마련이다. 또한 농장의 영농유형과 임차농지의 비율, 예측정보 수집의 어려운 정도와 그 정보의 오차의 범위 등도 영향을 미치는 요인이 된다. 어떤 농산물의 생산반응을 예측하고자 할 때에는 대체로 그 농산물의 공급모델이 가장 많이 이용된다. 다음으로 종묘, 비료, 사료, 연료 등 영농자재의 가격에 관해서는 다섯 가지의 요소가 예측에 필요한 정보로 흔히 이용되고 있다. 그것은 공급모델, 수급모델, 국민경제상의 기업활동전망, 노동 및 기타 생산요소의 수급전망, 그리고 영농자재의 농산물에 대한 상대가격 등이다. 이렇게 예측된 정보의 확률분포의 폭이 상당히 큰 경우가 많기 때문에 그 확률분포의 폭을 좁혀서 좀 더 정확한 예측을 하기 위해서는 더 많은 정보가 필요하게 된다.

다음 새로운 기술을 예측하는 경우인데, 이는 해당 농산물의 생산비와 품질 및 가격에 영향을 미친다는 의미에서 농업경영자에게 대단히 중요한 정보의 하나이다. 이 경우에도 다섯 가지의 요인이 예측을 위한 정보로 이용되고 있는데, 그것은 기술진보의 장기동향과 정부 등 공공기관이 공적으로 쓰고 있는 기술, 생산상의 필요성, 기술도입에 소요되는 비용, 경영자의 실천적 태도 등이다. 다음으로 다른 사람의 경제활동과 태도를 예측하는데는 그 사람의 속성과 배경을 파악하기 위해 복장이나 말하는 것, 직업, 가진 물건의 고급한 정도 등에 관한 정보가 이용된다. 그 외에 그 사람의 평소의 행동이나 대화의 질과 내용, 인사나 제스처 등도 가끔 필요한 예측정보가 된다. 끝으로 정치, 경제, 사회적 여건과 제도의 변화에 관한 예측에 있어서는 세 가지 요소가 주로 이용된다. 우선 여론이 가장 중요한 변수이며, 정당의 정책과 정부의 정책동향 등이 중요한 예측정보로 활용되고 있다.

위에서 설명한 다섯 가지의 예측정보가 농업경영계획을 수립하거나 경영개선 처방을 위해 대단히 중요한 기초자료가 된다는 점은 앞에서 이미 강조한 바 있다. 그러나 농업경영자가 완전한 지식과 완벽한 정보를 가지고 있지 못한 한 장래에 대한 100% 정확한 예측은 불가능한 것이다. 다만, 그 정보에 입각하여 장래의 확률분포와 그 특성치로서의 개연성을 가지고 예측하는 것이다. 경영상의 모든 분야에 대해 예측하기는 어려우므로 계량화, 확률화가 가능한 분야에 대하여 불완전하지만 이용가능한 최대한의 정보에 입각해서 주관적으로 예측할 수밖에 없다는 점에 유의해야 한다. 어쨌든 이러한 예측정보가 없이 경영계획을 수립하거나 경영개선대책을 강구하기보다는 예측정보를 토대로 하는 것이 훨씬 위험을 줄이는 길인 것만큼은 재론의 여지가 없다고 하겠다.

2— 농업경영계획의 개념과 기법

1. 농업경영계획의 의의와 분류

1 — 경영계획의 의의

농업경영의 목적인 농업소득 또는 순수익의 최대화를 위해서는 경영전체가 합리적으로 조직되고 운영되어야 한다. 이를 위해서는 치밀하게 짜여진 순서와 방법에 따라서 모든 경영활동이 계획되고 수행되어야만 충분한 성과를 거둘 수 있게 된다. 제2장에서 설명한 경영진단 결과와 앞절에서 설명한 경영예측을 토대로 농업경영의 결함과 취약점을 시정 · 치유하고 개선보완하여 더 많은 소득과 순수익을 올리기 위해 경영을 어떻게 해 나갈 것인가를 구체적으로 계획하는 단계가 경영계획 또는 경영설계 과정이다.

합리적인 경영계획이 필요한 가장 중요한 이유는 동원가능한 경영요소와 자원이 한정되어 있다는 데 있다. 예를 들면 물이나 공기 등과 같이 무제한으로 존재하는 천연자원은 모든 사람의 필요에 따라 충분한 양을 얻을 수 있으므로 자원의 합리적인 이용을 위한 계획이 불필요하다. 그러나 이러한 경우는 오늘날의 경제사회에서는 예외에 속하는 것이며, 대부분의 자원은 언제나 한정되어 있기 마련이다. 거기에다 소유권이나 이용권이 제약되어 있는 경우가 많기 때문에 개별농가가 이용할 수 있는 자원은 더욱 제한된다. 따라서 농업경영 활동을 합리적으로 영위하기 위해서는 각 농가가 소유 또는 이용할 수 있는 토지, 설비, 자재, 자금, 노동력, 경영능력 등의 모든 경영요소를 최대한 효율적으로 이용해야만 수익이 높은 안전한 농업경영을 할 수 있게 되는 것이다.

특히 농업은 계절성을 기본특성으로 하고 있기 때문에 토지를 이용하는 작물의 경우에 각기 일정한 파종기와 수확기 등이 있고, 그에 따라 작업의 종류와 시기가 정하여져 있다. 따라서 농업경영계획은 이러한 사정을 고려하여 유기적으로 조직하여야 하며, 동시에 경영전체로서 원활하게 운영할 수 있도록 치밀하게 계획되어야 하는 것이다. 또한 농업경영은 항상 변화하는 상황에 적용해 나가는 과정이기도 하기 때문에 경영계획이 더욱 중요한 의미를 가지게 된다. 가격의 등락이나 새로운 기술과 영농자재의 이용가능성의 변화, 새로운 마케팅 전략과 경영기법의 향상 등 동태적인 환경변화를 최대한 예측해서 가장 잘 적응할 수 있는 방향으로 경영계획을 수립하고 경영개선대책을 강구해야 한다는 말이다.

농업경영계획의 필요성은 특히 유통경제의 측면에서도 강조된다. 유통경제란 다른 부문의 경영이나 다른 산업, 또는 다른 지방 간에 가격을 매개로 항상 유통과 교환이 이루어지는 시장경제이다. 이는 화폐를 매개로 한 교환이나 신용에 의한 유통이 원칙이며, 농업도 현대 경제사회에서 하나의 산업으로 다루어지는 만큼 당연히 이 원칙에 충실해야 한다. 즉 농가가 필요로 하는 가계용품을 비롯하여 비료, 농약과 사료, 농기계 등의 농업생산자재의 대부분은 현금을 주고 구입하거나 신용거래를 통해야 하며, 또한 농가가 생산한 생산물도 전부 또는 일부를 현금을 받고 판매하거나 신용거래를 하지 않을 수 없다.

농산물의 시장가격은 그 농산물의 수요와 공급에 따라서 항상 달라지며, 장기적으로는 농업기술의 발달이나 소비자의 기호변화에 따라 많은 변동이 생기게 된다. 따라서 합리적인 농업경영을 위해서는 이를 충분히 예상하고, 그에 적절히 대응하여 농업경영의 조직과 운영을 계획해야 하는 것이다. 요약하면 농업경영계획은 개별 농업경영체가 이용가능한 모든 자원을 최대한 효율적으로 이용하기 위해 합리적으로 경영을 조직하고 운영함으로써 농업순수익이나 농업소득을 극대화하는 데 반드시 필요한 것이다.

2 — 경영계획의 분류

경영계획은 몇 가지 기준에 의하여 분류할 수 있는데 첫째로 설계대상에 따라서 기본계획, 부문별 계획, 실제 이용계획으로 나눌 수 있다. 기본계획은 경영의 기본에 관한 설계로서 경영형태와 경영조직을 어떻게 할 것인가, 즉 작목구성의 선택과 전업, 겸업의 선택에 관한 사항 및 경영규모와 경영요소의 동원 정도에 관한 사항을 결정하는 것이 그 주 내용이 된다. 이에 비해 부문별 계획은 각 생산부문별로 생산규모와 생산방법, 처분방법 등을 선택하는 것이 주 내용이다. 즉 무엇을, 무슨 목적으로, 얼마만큼 생산하여, 어디에, 어느 가격 수준으로, 어떻게 처분하느냐 하는 것을 결정하는 것이다. 실제 이용계획은 기본계획과 부문별 계획에 따라서 필요한 경영요소와 생산수단을 어떻게 동원하고 조달하여, 어떤 방법으로 이를 이용할 것인가를 기술적으로 설계하는 것을 말한다. 여기에는 자금의 조달과 운용에 관한 자금계획과 생산물의 처리에 관한 구체적 계획도 포함된다.

다음으로 시간에 따라 장기계획과 경영기간 계획, 생산기간 계획, 단기계획으로 구분하기도 한다. 장기계획은 대체로 2년 이상의 시간을 단위로 한 경영계획을 말하며, 기본계획은 대부분이 이러한 장기계획의 형태를 취하기 쉽다. 경영기간 계획은 대개 1년의 경영기간을 대상으로 하는데, 부문별 계획은 거의 이러한 1년계획에 의존하는 경우가 많다. 생산기간 계획은 어떤 작목의 생산기간을 단위로 하는 생산 또는 경영계획을 말하며, 작목별로 생육단계별 계획을 세우는 것이 이에 해당한다. 단기계획은 1일, 1주일, 1개월 등의 짧은 기간을 단위로 하는 작업계획, 비료나 농약의 투입계획 등을 말한다.

경영계획은 일반적으로 경영연도의 초기에 세우거나 다음해의 계획을 그 전년도 말에 세우게 된다. 또한 경영계획은 원칙적으로 기본적이고 장기적인 계획부터 먼저 수립한 다음 경영연도의 부문별 계획과 생산기간 단위의 작목생산 및 처분계획, 단기적인 작업계획과 매월, 매주, 매일의 단기 경영계획 등으로 구체화시켜 나가는 것이 좋다.

그러나 근본적이고 장기적인 계획일수록 미래예측의 불확실성과 환경여건의 변동가능성이 크기 때문에 계확과 실제 운영과의 차이가 벌어질 위험이 크다는 점을 항상 예상하여 신중을 기하여야 하며, 실현가능성이 적거나 자기능력으로 무리한 경영계획은 가급적 피해야 한다.

특히 농업경영은 유기적인 특성을 지니고 있기 때문에 경영내부의 각 요소들이 어떤 형태로든 서로 연관되어 있기 쉽다. 따라서 주된 경영부문의 계획이 수립되면 다른 부문도 그에 따라 자동적으로 결정되는 경우가 많다. 이 점을 감안하여 구체적인 각 부문의 경영계획을 애초부터 한꺼번에 하지 않고 주작목의 경영계획부터 한 다음 관련된 부작목과 경영요소의 이용에 관한 구체적 계획을 해 나가는 것도 효과적인 농업경영계획의 한 방법이 될 수 있다.

2. 경영계획기법의 종류

경영계획기법으로 일반적으로 쓰이는 것은 표준법(標準法, standard method), 직접비교법(直接比較法, method of direct comparison), 예산법(豫算法, budgeting method)과 선형계획법(線型計劃法, linear programming) 등이 있다. 선형계획법은 가장 현대적인 기법으로서 선진국에서는 상당히 많이 활용되고 있으나, 그 방법이 매우 고차적인 수학모델에 의한 것이어서 우리나라에서는 아직 일반화되지 못하고 있다. 앞으로 컴퓨터의 보급과 함께 계획 프로그램이 개발되면 우리도 충분히 이용이 가능하고 또 필요한 방법이라고 할 수 있다. 여기서는 전통적인 방법부터 차례로 설명하기로 한다.

1 — 표준법

이 방법에 있어서 표준이란 각 생산요소와 경영부문을 결합하는 이상적인 모형(model)을 뜻한다. 다시 말하면 농가가 농업경영에 이용할 수 있는 자원을 가장 합리적으로 결합한 모범적인 경영방법을 의미한다. 따라서 여기에 이상적으로 설정된 경영모델에 있어서의 경지면적과 노동력 및 작물과 가축 등의 결합모형, 작물과 가축의 생산성 및 이에 따른 토지이용과 노동력배분, 작업체계 등의 모형, 그리고 경영수익과 경영비, 토지, 노동, 자본에 대한 수익성 등 경영성과 모형에 되도록 일치하는 방향으로 작물이나 가축의 결합방법과 생산규모 및 비용투입액을 결정하는 방법을 표준법이라고 하는 것이다. 이 표준법의 단점은 표준경영모델을 어떻게 설정할 것인가가 매우 어려운 문제라는 데 있다. 특히 경영실태를 정확하게 나타내는 진단 자료가 충분하지 못할 때에는 표준 경영모델을 설정하기가 거의 불가능해진다.

표준경영모델을 설정하는 방법은 대체로 다음 순서에 따라 행해진다. 첫째로 농업경영의 규모와 형태에 따라 경영계획을 수립하고자 하는 대상농가를 정하고, 둘째 각 경영규모별로 가장 이상적인 경영상태에 있는 농가를 골라내어, 셋째 이렇게 선정된 모델농가의 농업회계를 가지고 경영진단을 실시하여 그 내용을 파악한 다음, 넷째 모델농가의 경영방식을 표준으로 해서 경영계획의 대상이 되는 농가의 경지와 노동력 및 자본 등을 감안하여 작목선택과 생산규모 등을 결정하고, 다섯째 생산에 소요되는 구체적인 재료와 비용 등을 결정한다.

이와 같이 해서 표준 농업경영 모델이 설정되면 이에 따라 추정 수지 계산표를 만들어서 실제 우수경영농가와 비교한 다음 현실성이 있게 보완하는 절차가 따라야 한다. 이 방법은 생산에 소요되는 자원의 수량이 경영자의 능력과 생산물의 시장가격 및 기술 변화 등에 따라 달라지기 때문에 표준모델이라는 것이 별로 의미가 없다는 비판을 받고 있다. 그러나 이 방법에 의해 얻어진 표준경영모델은 개별농가의 경영목표로서 유용하다는 점은 인정해야 할 것이다.

2 — 직접비교법

이 방법은 경영계획의 대상이 되는 농가와 같은 경영형태를 가진 지역이나 마을 단위의 평균치를 산출하여 대상 농가와 직접 비교함으로써 그 농가의 경영상 결함과 취약점을 파악하고 이를 토대로 경영개선계획을 세우는 방법이다. 이 방법을 사용하려면 농업회계의 기장이나 농업 경영 조직과 형태에 관한 실태조사에 의해 대상 농가와 지역이나 마을 단위의 자원이용 상황과 작목별, 가축별 투입산출 관계 및 수지관계 등 경영요소와 경영성과를 충분히 파악하여 분석할 수 있어야 한다. 직접비교법에서 비교의 기준이 되는 것은 대체로 그 지역이나 마을 단위의 평균치이다. 개별농가의 경영성과를 평균치와 비교하여 그보다 못할 때에는 어떠한 결함이 있다는 것을 의미하므로 이를 개선해야 할 필요가 있게 되는 것이다.

이 방법은 과거에 미국에서 이용된 사례가 많은데, 이때 기준이 되는 평균치를 하나만 정하지 않고, 경영규모나 농업소득 등에 차이가 많이 나는 농가가 함께 효과적으로 사용할 수 있도록 농업조수익의 다소와 경영규모의 대소 등에 따라 상위계층과 하위계층 및 전체에 대한 평균치를 세 가지로 구해서 사용하였다. 그 이유는 어느 지역이나 마을의 많은 농가를 대상으로 집계한 하나의 평균치로는 경영상태나 규모가 크게 차이나는 특정 농가의 경영개선에 그대로 적용하기 어려운 경우가 많아서 규모별로 세 개 정도의 평균치를 기준으로 설정해 두는 것이 실용적이기 때문이다.

이 직접비교법은 과거의 실적을 연차적으로 비교할 경우나 다른 형태의 농업경영체와 비교하여 그 결점과 개선점을 찾아내는 데 유용한 방법이다. 특히 이 방법은 과거의 경영실적과 지역이나 마을 단위의 실제 평규치를 기준으로 하므로 가상적인 표준경영모델로 설정된 경우보다 현실적으로 더 신뢰성이 있다고 할 수 있다. 따라서 경영이 낙후된 농가로 하여금 실제로 존재하는 합리적인 경영을 모방하게 함으로써 경영지도를 효과적으로 할 수 있는 장점이 있다. 그러나 이 방법은 아주 뛰어난 첨단 경영농가가 장차 소득이 훨씬 많은 새로운 농업경영을 설계하고자 할 때에는 적절한 방법이 될 수 없다는 단점도 가지고 있다.

3 — 예산법

이 방법의 특징은 표준법이나 직접비교법과는 달리 장래에 대한 예측과 선택이라는 요소가 들어있다는 점이다. 앞에서 설명한 표준법과 직접비교법에 있어서는 비교의 기준이 되는 지표가 과거의 실적치이거나 이미 경험한 것을 표준으로 추출한 것으로서 기준치가 표준치이냐, 평균치이냐만 다를 뿐이다. 이에 비해 예산법의 기준치는 과거 실적의 평균치나 이를 기초로 한 표준치가 아니고 장래의 예측결과를 기초로 한다는 점이 다른 것이다. 계획이나 설계라는 말은 장래의 생산에 따르는 수입과 지출에 대응하는 개념이므로 과거의 실적을 그대로 따를 수는 없는 것이다. 즉 앞으로의 단위당 생산량이 어떻게 변화하고 시장가격은 어느 수준에 있을 것인가에 대한 예측이 필요하게 된다. 이러한 예측을 근거로 새로운 계획을 수립하고자 할 때에는 처음부터 하나의 안을 만들기는 어렵고, 몇 개의 시안을 만든 후 이들을 비교 검토하여 그 중에서 가장 적합한 것을 선택하는 방법이 좋다.

계획안을 작성할 때에는 농업회계의 기장이나 경영진단 결과 얻은 경영요소와 경영성과에 관한 자료를 정확하게 분석하여 경영의 결함과 취약요소를 찾아내어야 한다. 예를 들면 어떤 작물의 비중이 과다하거나 과소하지는 않은가, 또는 사료의 생산과 가축사육과의 균형이 맞는지, 윤작체제는 제대로 되어 있는지 등등 여러 가지로 검토해야 할 문제들이 많은 것이다. 경영진단 결과에 따라 자원을 더욱 효율적으로 이용하기 위해 작물과 가축을 어떻게 새로이 결합할 것인가를 따져 보아야 한다. 이를 위해서는 여러 개의 개선계획안을 작성하여 각각의 예상수익을 계산, 가장 수익성이 높고 경영조건에 무리가 없는 안을 선택하는 것이 바람직하다. 이때 몇 개의 시안 중에서 하나를 선정하는 지표로서 순수익과 농업소득, 현금소득, 노동력 이용효과 등이 사용되는데, 대개의 경우 현실적인 계산상의 복잡성을 피하기 위하여 현금판매액에서 직접적인 경비를 뺀 현금소득만을 선정기준으로 해도 충분하다. 왜냐하면 단기적인 계획에 고정자산의 증감을 고려할 필요는 없고 직접비의 영향이 중요하기 때문이다. 따라서 예산법에 있어서의 경영개선 계획은 주어진 경영요소를 최대로 활용하여 수익을 증대시키는 것을 주된 내용으로 한다고 할 수 있다.

예산법은 부분예산만 대상으로 할 것인가, 또는 경영 전체를 종합한 예산을 대상으로 할 것인가에 따라 부분예산법과 종합예산법으로 분류된다. 부분예산법은 경영을 전체로 보지 않고 특정한 부분에 새로운 경영방법을 도입하여 거기서 나타나는 효과를 시산하는 것이므로 다른 부분이나 전체에 미치는 경제적 영향은 고려하지 않는다. 따라서 경영개선방안이 어느 한 부분에만 해당되는 것이 아니고 여러 가지 부분이 결합된 경우이거나, 한 부분의 경영개선이라 할지라도 그 영향이 경영 전체에 미치는 경우에는 부분예산법으로서는 불충분하게 된다. 이때에는 경영 전체를 대상으로 계획하는 종합예산법을 필요로 한다. 종합예산법은 부분예산법을 경영 전체에 확대한 것으로서 다른 요령은 부분예산법과 같고, 경영의 전부문과 구입, 판매 등의 모든 분야에 대하여 투입산출의 효과를 전체적으로 계산하는 점만 다르다.

예산법은 비교적 간단한 기법이며, 복잡하고 많은 자료를 필요로 하지 않고 목표와 미래지향적이라는 장점이 있는 반면, 선형계획법에 비해 적정한 수준을 찾아내는 방법이 아니라는 점과 복합영농의 경우 작목별로 비용과 수익을 명확히 구분하기 어렵다는 등의 단점이 있다.

4 — 선형계획법

이 방법은 예산법과 원리는 거의 같으나 일정한 제약조건 하에서 목적하는 최대치 또는 최소치를 달성하기 위한 최선의 결합방식을 추구하는 점이 다르다. 선형계획법에서는 투입산출관계를 1차방정식, 기하학적으로는 직선관계라고 전제하여 계산을 진행에 나간다. 다시 말하면 생산요소의 결합비율이 일정한 것으로 가정하고, 산출량은 생산요소의 투입량에 비례하는 것으로 전제한다는 것이다. 따라서 투입산출분석에서 복잡한 곡선이 사용되는 것과는 대조적이다.

여기서는 다수의 1차함수의 결합에 의해서 경영의 기술구조가 표시된다. 또한 이 방법에서는 생산요소를 이용할 때 잔량(殘量)이 생기는 것을 인정하는 것을 특징으로 한다. 다시 말하면 일반적인 생산함수에서는 주어진 자원을 전부 이용하는 것을 목표로 하기 때문에 잔량을 인정하지 않는 것이 원칙인 데 비해 여기에서는 생산계수가 처음부터 고정되어 있다고 가정한 데다가 생산방식도 몇 가지로 한정되어 있기 때문에 자원을 전부 이용할 수가 없어 잔량이 생기게 되는 것을 인정하지 않을 수 없는 것이다.

이러한 특징을 가지는 선형계획법은 경영형태가 변화하지 않는 단기적인 경영계획법으로는 충분하다고 할 수 있다. 그러나 경영개선이 특정 연도의 수익 극대화만을 목표로 하는 것이 아니라 하나의 계속체로 파악되고 계획되어야 하는 것이므로 그 계획의 대상 전체를 선형모델로 만들기는 어려울 뿐만 아니라 불합리한 것이 되기 쉽다. 따라서 선형계획법은 그 본질상 수송문제나 사료의 배합문제 등과 같은 간단한 문제를 1차적으로 해결하는 데에만 적합한 것이 된다. 최근에는 선형계획법이 게임이론이나 비선형계획법 등에 의해 보완되어 농업경영계획에 있어서 가장 중요한 방법으로 간주되고 있으며, 컴퓨터에 의해 경영자원을 계량적으로 배분하는데 최선의 방법으로 많이 사용되고 있다.

3. 경영계획 작성양식

경영계획이란 어느 부문을 어느 정도 확장하거나 축소할 것인가, 또는 각 부문의 생산방법을 어떻게 변경할 것인가를 계량화한 것이다. 농업경영을 구성하는 부문별로 계획을 세울 필요가 있지만 전체적으로 계획이 현재의 경영보다 나을 것인가이 여부는 종합적으로 판단하여야 한다. 예를 들면 경영요소의 하나인 토지이용 계획에 있어서도 작물의 종류나 품종 등의 결합비율을 노동력의 배분계획과 연관하여 수립해야 한다. 즉 어떤 부문의 축소나 확장은 다른 부문에 당연히 영향을 미치기 때문에 그 효과가 어떠할 것인가를 충분히 감안하여 각 부문별 계획을 수립하고, 또한 전체적인 조화를 고려하여 조정하여야 한다는 뜻이다.

경영계획의 방법은 여러 가지가 있으며, 어떠한 방법을 적용할 것인가는 농업경영의 형태와 경영개선 계획의 목표에 따라서 정해진다. 여기서는 앞에서 설명한 네 가지 경영계획법 중에서 비교적 보편적으로 쉽게 적용할 수 있는 예산법에 따라 경영계획의 작성방법과 그에 필요한 계획표 양식을 소개하기로 한다.(양식 3-15부터 3-24까지 참고할 것.) 실제의 경영계획을 작성할 때에는 여기서 소개하는 계획표의 양식이 다소 추상적이어서 그대로 적용하기가 어려운 경우가 많다. 따라서 실제 계획을 수립할 때에는 각각의 경영조건에 맞도록 좀더 구체적이고 특수하게 계획표 양식을 조정 보완하여 계획 작성에 사용해야 한다.

실제 경영계획의 작성 —

실제의 경영계획에 있어서 무엇보다도 중요한 것은 과거 수년간의 경영실적 자료를 확보하는 일이다. 특정연도의 경영실적 자료만을 이용할 경우에는 그 해의 작황이나 가격사정이 특수하기 때문에 일반적인 경영실태가 충분히 반영되지 못할 경우가 많다. 따라서 되도록이면 과거 몇 년간의 농업회계 기장과 경영진단 조사에서 얻은 실적치의 평균을 산출하여 이를 기준으로 경영계획을 작성하는 것이 타당한 것이다.

경영계획은 하나의 생산기간을 단위로 하거나 수년간에 걸쳐서 수립할 수도 있지만, 대체로 다음 1년간을 대상으로 수립하는 것이 일반적이다. 처음부터 경영계획안을 확정된 하나로 만들기는 어렵고, 여러 개의 경영개선 방안을 작성한 다음 이를 서로 비교 분석하여 최선의 대안을 선정하는 것이 좋다. 선정기준으로는 농업소득과 현금소득, 농업순수익 등이 이용된다. 이 중에서 농업소득은 경영내부에서 자급하는 생산물과 고정자산의 감가상각 및 증감상황, 그리고 가계에서 소비하는 생산물 등을 전부 금액으로 평가하여 환산해야 하는 어려움이 있고, 농업순수익은 거기에다 가족노동력까지 평가 환산해야 하므로 더욱 복잡한 계산이 따르게 된다.

경영계획의 목적은 처음부터 농업순수익이나 농업소득을 최대로 증대 시키는데 있으므로 복잡한 평가와 계산은 피하고 되도록이면 단순화하여 판단하는 것이 좋다. 따라서 현물과 가족노동을 평가 환산하지 않고, 현금소

〈양식 3-15〉
경종부문의 토지이용계획

작물명	번지	경사도	면적	단위면적당 수확량잔당	총생산량	생산물가격	조수익	소요노동력	생산물처분						
									경영 투입			자가소비		판매	
									사료	종녹자비	평가액	수량	가격	수량	가격
		도	평	kg	M/T	원	원	명	M/T	M/T	원	M/T	원	M/T	원
합계	-	-	××	-	××	-	××	××	××	××	××	××	××	××	××

〈양식 3-16〉
경종부문의 현금지출계획

작물명	면적	종자					비료					기타				…
		종류	단위면적당소요량	총소요량	단가	비용액	종류	단위면적당소요량	총소요량	단가	비용액	종류	수량	단가	비용액	
	평		kg	kg	원	원		kg	kg	원	원			원	원	
합계	××	-	-	××	-	××	-	-	××	-	××	-	-	-	××	…

〈양식 3-17〉
축산부문의 사료조달 계획

가축명	사육두수	사료 1			사료 2			… …			소요노동력
		총소요량	자가생산	구입	총소요량	자가생산	구입				
	두	kg	kg	kg	kg	kg	kg				명
합계	××	××	××	××	××	××	××	…	…	…	××

〈양식 3-18〉 축산부문의 현금지출계획

가축명	사육두수	사료구입								가축구입			기타지출		
		사료1			사료2			…							
		구입량	단가	비용액	구입량	단가	비용액			두수	단가	비용액	수량	단가	비용액
		kg	원	원	kg	원	원			두	원	원		원	원
합계	××	××	-	××	k××	-	××			××	-	××	××	-	××

〈양식 3-19〉 축산부문의 생산물 처분계획

가축명	사육두수	현재가치	생산물		생산물처분					
					경영투입		자가소비		판매	
			두당	총량	수량	평가액	수량	평가액	수량	평가액
		원				원		원		원
합계	××	××	-	××	-	××	-	××	-	××

〈양식 3-20〉 농기계와 영농시설계획

종 류	수 량	단 가	비용액	비 고
		원	원	
합 계	-	-	××	

〈양식 3-21〉 고정자본의 감가상각 및 수선유지계획

종류	수량	단가	비용액	감가상각률	감가상각액	수선유지비	비고
		원	원	%	원	원	
합계	-	-	××	-	××	××	

〈양식 3-22〉
노동력 수급계획

월별및 순별		1월			2월			3월			4월			5월			6월			7월			8월			9월			10월			11월			12월		
부문별	작목별	상	중	하	상	중	하	상	중	하	상	중	하	상	중	하	상	중	하	상	중	하	상	중	하	상	중	하	상	중	하	상	중	하	상	중	하
경종																																					
과수																																					
축산																																					
양잠																																					
노동력투입총량(A)																																					
가족노동력(B)																																					
고용노동력(A-B)																																					

〈양식 3-23〉
총괄수입과 지출계획

수 입		지 출	
항 목	금 액	항 목	금 액
농산물 판매	원	경종부문의 현금지출	원
농산물 경영투입		축산부문의 현금지출	
농산물 자가소비		기타재료 구입지출	
축산물 판매		고용노임	
축산물 자가소비		농기계 및 영농시설의 수선유지비	
농업조수익		농기계 임차사용료	
경영비 지출		감가상각비	
농업소득		기타지출	
자기자본 이자		농업경영비 지출총액	
자기토지 임차료			
가족노동력 보수			
농업순수익			

〈양식 3-24〉
총괄투자계획

항 목	금 액
토지구입	원
가축구입	
농기계 및 영농시설	
영농자재구입	
고용노임지출	
합계	

득과 가계소비 및 노동력수급의 세 가지 측면에서만 각각 비교계산하여 최선의 대안을 선택하는 방법이 많이 쓰이고 있다. 이때 현금소득은 금액으로 비교하고 가계소비는 현물수량을 그대로 비교하며, 노동력수급은 단위기간별 노동시간으로 계산하여 비교하기 때문에 간단할 뿐만 아니라 경영계획안을 선택하는 기준으로서도 손색이 없는 것이다.

오늘날의 농업경영은 대부분 몇 개의 경영부문이 결합된 형태이기 때문에 어느 부문에서 이를 먼저 실행할 것인가의 문제가 따르게 된다. 이때 농업경영 전체를 구성하는 경종, 축산 등의 부문별로 각각 따로 계획을 작성하는 방법을 부분예산법이라고 한다는 것은 앞에서 설명한 바와 같다. 예를 들어 새로운 농기계의 도입이나 비료의 투입을 증가시킬 것을 계획하는 경우에는 다른 부문에 대한 영향이 크지 않기 때문에 부분예산법이 효과적인 방법이 된다. 그러나 경영개선 계획이 어느 한 부문만이 아니고 여러 부문에 관련되어 있을 경우나 한 부분의 경영개선이라 하더라도 그 영향이 경영 전체에 미치는 경우에는 농업경영 전체를 대상으로 개선계획을 작성하는 종합예산법이 바람직하다.

다시 말하면 부분예산법으로는 경영개선의 궁극적인 목표인 전체적인 순

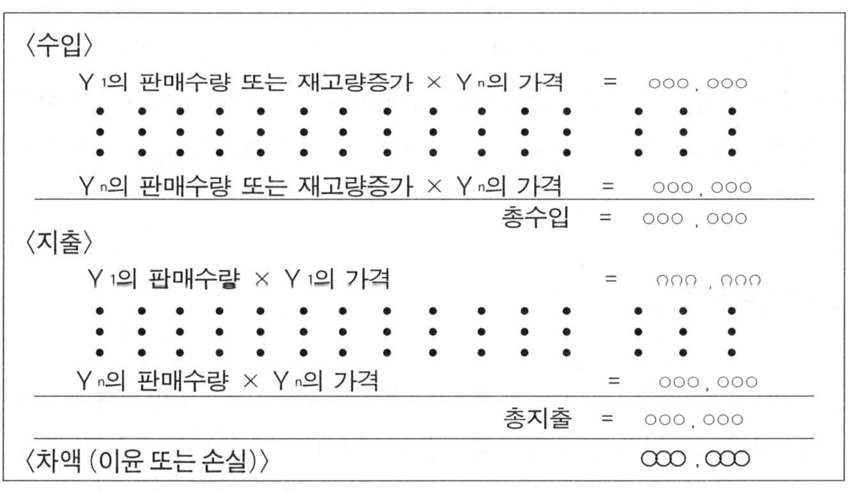
〈수입〉

Y_1의 판매수량 또는 재고량증가 × Y_n의 가격 = ○○○, ○○○

• • • • • • • • • • • • • •

• • • • • • • • • • • • • •

• • • • • • • • • • • • • •

Y_n의 판매수량 또는 재고량증가 × Y_n의 가격 = ○○○, ○○○

총수입 = ○○○, ○○○

〈지출〉

Y_1의 판매수량 × Y_1의 가격 = ○○○, ○○○

• • • • • • • • • • • • • •

• • • • • • • • • • • • • •

• • • • • • • • • • • • • •

Y_n의 판매수량 × Y_n의 가격 = ○○○, ○○○

총지출 = ○○○, ○○○

〈차액 (이윤 또는 손실)〉 ○○○, ○○○

〈표 3-6〉 경영성과 계산을 위한 행렬표

수익과 소득의 증가에 기여하는데 불충분하다. 또한 경영개선의 성과는 1년만으로 끝나는 것이 아니기 때문에 여건이 허락하는 한 계속체로서의 농업경영에 있어서 장기적인 경영계획으로 연속되어야 한다는 것이다. 예산법에 따라 경영내부의 어느 부문에 대한 경영성과를 파악하기 위해서는 먼저 표 3-6과 같은 행렬식 수표에 의한 계산이 필요하게 된다. 이 수표는 다음 공식에 따라 계산할 수도 있다.

$$(QY_1 PY_1 + \cdots + QY_n PY_n) - (QX_1 PX_1 + \cdots + QX_n PX_n) - TFC = \pi$$

Q = 수량, P = 가격, TFC = 총고정비용, π = 이윤 또는 손실

$Y_1 \cdots Y_n$ = 판매된 생산물의 수량 또는 재고량 증가

$X_1 \cdots X_n$ = 투입된 생산요소의 수량

종합예산법은 일정한 기간 내에 생산이 예상되는 모든 생산물에 대해 각각의 가격을 곱한 총액에서 그것을 얻기 위해 투입될 생산요소의 비용을 뺀 나머지인 농업소득을 추정 계산하는 것이다. 따라서 그 기간 중의 농산물가격과 생산수량을 정확하게 예측하는 것이 실행가능한 최선의 계획안을 작성하는 가장 중요한 기초가 된다. 다음의 여러 가지 계획표 양식은 종합예산법으로 경영계획을 작성할 때 필요한 각 부문별 계획과 토지이용, 사료수급, 노동력배분 등의 항목에 관한 것들이다. 앞에서 지적한 바와 같이 실제로 이러한 양식들은 각각의 경영상태와 경영개선의 목적에 따라 적절하게 수정 보완하여 사용하여야 한다는 점을 덧붙여 둔다.

4. 경영계획의 한계

지금까지 설명한 경영계획에 관해서는 몇 가지 주의할 점이 있다. 첫째, 농업경영에 있어서는 토지나 건물, 농기계 등의 고정자산이 차지하는 비중

이 상대적으로 크기 때문에 새로운 투자나 작목의 도입이 사실상 매우 제약되어 있다는 점이다. 예를 들면 경지면적을 늘리거나 가축 두수를 늘리는 것은 쉬운 일이 아니며, 상당한 투자를 필요로 할 뿐 아니라 여기에 한 번 투입한 비용은 달리 변경하여 사용할 수 없게 된다. 따라서 대부분의 경영개선계획이 현재 이용가능한 경영자원만을 대상으로 해서 작성되기 쉽고, 이 점이 경영개선 계획을 불완전하게 하는 근본원인이 된다. 그렇다고 해서 단기간에 고정자산의 비중을 낮추어 경영의 가변성을 키우는 것은 불확실성과 위험을 더욱 크게 하는 일이기 때문에 신중을 기하지 않을 수 없으며, 경영의 가변성을 키운다 하더라도 완전히 고정자산으로부터 자유로울 수는 없는 것이다. 더욱이 경영형태를 변경하고자 할 때에는 여러 가지 어려운 문제가 추가되기 때문에 경영개선 계획이 제한을 받을 수밖에 없게 된다는 점을 반드시 주의하여야 한다.

둘째, 현실의 경영상태를 파악하는 데 필요한 자료의 획득이 쉽지 않다는 문제이다. 어떠한 경영개선 계획이라도 정확한 최신의 자료에 기초하지 않고서는 의미가 없게 된다. 만약 경영개선 계획의 기초자료가 부정확하고 오래된 것이라면 아무리 계수상으로 치밀하게 작성되었다 하더라도 신뢰도가 당연히 문제가 된다. 일반적으로 농업경영에 관련된 자료는 다른 분야에 비해 정확성이 떨어질 가능성이 크고, 뜻하지 않은 자연조건의 변화와 예상이 빗나가는 시장수급상황과 이에 따른 가격의 변동 등으로 인하여 당초에는 잘 계획된 것이라 할지라도 차질이 생기는 경우가 많은 것이다. 경영계획법을 비판하는 입장에서는 표준치를 인정하지 않는데, 현실적으로 경영개선을 위한 표준시비량이나 표준사료급여량 같은 것을 부정하기는 어려울 것으로 생각된다.

또한 농업경영에 있어서 여러 가지 기술적, 사회관습적 변화는 단순한 투입산출의 단기적이고 정태적(靜態的)인 물량관계로만 이루어지는 것이 아니라 끊임없이 변화하는 장기적이고 동태적인 가치관계의 변화라고 보아야 하기 때문에 수확체감의 법칙이나 투입산출 관계가 언제나 그대로 적용되지는 않는다는 점에 유의하여야 한다. 특히 경영계획 자체에 포함되는 위험(risk)과 불확실성(uncertainty)의 문제에 관련된 것을 단기적인 정태이론으로 해명할 수는 없기 때문에 정태적인 단기이론을 기초로 해서 장기적인 경영계획을 수립하기는 어려운 것이다. 따라서 현실적인 필요성에 입각하여 기술과 사회관습 등의 동태적(動態的)인 변화를 예상하여야 하며, 동시에 경영계획에 따르는 위험과 불확실성까지 함께 감안하여 장기적이고 종합적인 경영계획을 수립해야 한다는 점을 강조해 두고자 한다.

경영계획에 사용되는 여러 가지 방법은 어느 것이나 일장 일단이 있다. 이러한 계획방법이 하나의 표준이 되는 범례로서의 역할에 그치는 한이 있다 하더라도 개별농가의 경영개선을 위한 지표로서는 유효하고 중요한 의미가 있다는 점만은 부정할 수 없을 것이다. 따라서 실제로 경영계획을 수립 작성할 때에는 어느 한 가지 방법에만 의존하지 말고 필요에 따라 여러 가지 계획법을 적절히 함께 사용함으로써 각각의 방법이 가지는 결점을 서로 보완하는 것이 경영계획의 신뢰도와 효용성을 높이는 길이다. 충분히 검토해서 수립한 경영계획이라 할지라도 뜻하지 않은 여건의 변화 때문에 도중에 차질이 생길 수 있다는 점은 앞에서 지적한 바 있다. 이러한 경우에는 가능한 범위 내에서 즉시 경영계획을 수정 보완해야만 현실적으로 경영성과를 기대할 수 있게 될 것이다.

3— 경영계획의 단계별 과정

경영계획은 대체로 네 단계의 과정을 거쳐 수립하는 것이 일반적이다. 먼저 경영목적과 목표치를 확인하고 구체화하며, 이용가능한 자원의 실태를 파악하는 것이 첫 단계이다. 두 번째로는 경영전략의 선택과 계획과정에서 사용될 투입/산출 관계 및 가격수준을 설정하는 단계가 있다. 세 번째로는 적절한 계획법에 의해 분석과 계획을 실행하여 경영계획의 시안을 작성하는 단계이며, 마지막으로 계획과 분석에서 제시된 여러 가지 대안들을 평가하여 의사결정으로 연결하는 단계가 있다.

1. 경영목표의 확인과 자원의 파악

가족경영의 경우가 대부분인 농업경영의 목표는 기업적인 목표와 가정적인 목표가 서로 명확하게 분리되지 않을 때가 많기 때문에 경영계획을 수립하기에 앞서서 다시 한번 분명하게 재확인하지 않으면 안 된다. 왜냐하면 가족 구성원 사이에 경영목표에 대해 서로 다른 생각을 가지고 있으면 경영계획이 제대로 세워지기 어렵기 때문이다. 먼저 가정적인 목표는 그 가족의 가치관과 가정이 처한 상황변수에 의해 결정되는데, 가족의 가치관은 그 가족의 출신 배경과 종교, 그리고 사회적인 가치체계에 영향을 받으며, 가정의 상황은 가족 구성원의 학력 수준과 나이, 건강, 기술관련도, 그리고 성격 등을 포함한다.

이와는 달리 기업적인 목표는 기업적인 가치관과 기업으로서의 농업경영이 처한 상황에 의해 결정된다. 기업적인 가치관은 대체로 높은 수익성과 높은 효율을 통한 경쟁력의 유지, 그리고 경영의 성장과 발전을 도모하는데 있기 마련이며, 기업의 상황은 농업경영체가 당면하고 있는 자원의 이용가능성과 생산물의 판로 및 관련 환경과 제도 등 여러 가지 경영여건을 의미한다. 가정적인 목표와 기업적인 목표가 항상 일치하는 것은 아니므로 양자가 상충하지 않는 범위 내에서 농업경영의 목표를 설정해야 한다. 가족 구성원 가운데 의견이 다른 경우 두 가지 목표가 상충될 때가 있다. 이때에는 가능한 한 양자의 타협을 통해 공통의 목표를 도출해야 하는데, 대부분의 경우 각각의 목표를 달성하는 시간대를 조정하는 방법이 많이 이용된다.

경영목표가 확인된 다음에는 토지, 노동력, 자본 등 농업경영에 이용 가능한 모든 자원에 대한 실태 파악이 따라야 한다. 토지의 경우에는 소유면적과 임차 면적을 포함해야 하며, 노동력은 경영자와 가족 구성원의 노동력, 상시고용과 임시고용 노동력, 계절고용 노동력 등을 모두 망라해서 파악해야 한다. 또한 자본은 자기자본 이외에 단기, 중기, 장기로 가능한 차입금을 차입처별로(예: 은행, 농·축협, 기타 금융기관, 사채 등) 최대한 구체적으로 파악할 필요가 있다.

이러한 기본적인 자원 이외에 뺄 수 없는 중요한 자원들이 있다. 일반적으로 농업경영자들이 소홀히 다루기 쉬운 경영자원, 감가상각대상 자본재, 생산물의 판로, 농업자재의 구입처, 축산경영의 경우 사료자원 등이 그것이다. 이들 자원의 중요성이 날이 갈수록 더욱 강조되고 있는 만큼 반드시 정확하게 파악하도록 모든 농업경영자가 최대한 노력해야 한다. 먼저 경영자원은 경영자 자신의 경영능력 수준과 함께 농촌지도소, 농·축협, 농과대학 등으로 부터 경영지도를 받을 수 있는 가능성, 그리고 컨설팅 회사나 농업자재 공급자로 부터 경영서비스를 제공받거나 유통전문회사 또는 농업경영·기술·유통정보 전문가로부터 정보서비스를 제공받을 수 있는 가능성 등을 모두 검토·확인해야 한다.

다음 감가상각 대상이 되는 자본재에는 기계·시설·장비와 건물 등의 대수선 내용, 그리고 종축과 대동물·대식물이 포함된다. 이들은 각각 자기소유와 단기 임차, 장기임차, 일시이용, 공동구입 이용 등 여러 가지 형태가 있을 수 있으므로 그 상태를 잘 파악해야 한다. 생산물의 판로는 시장출하 이외에 공급계약에 의한 판매, 하청(下請)공급, 직접판매 등을 망라해서 파악해야 하며, 농업자재의 구입처도 시장이나 판매회사, 전문상점, 농·축협 기타로 구분해서 현금구매, 외상구매 등 구입형태별로 이용가능성을 파악해야 한다. 끝으로 사료는 자가사료 자원과 구입사료를 구분해서 정확하게 이용가능한 자원을 파악해야 한다. 이러한 자원들은 현재의 이용가능성을 파악함과 동시에 장래에 이를 확대할 수 있는지, 또는 축소가 불가피한지 등 미래의 이용가능성도 함께 파악해 둘 필요가 있다. 현재의 이용가능성 파악에는 경영실태분석과 경영진단 결과 파악된 농업 회계 등의 각종 정보가 유용하게 사용된다. 또한 미래의 이용가능성을 파악하는데는 가능한 예측 정보를 최대한 활용해야 한다.

2. 경영전략의 선택과 투입/산출관계 및 가격수준의 설정

경영계획의 다음 단계는 기본적인 경영전략의 선택이다. 많은 농업경영자들이 경영전략 개념이 없이 자기들이 현재 하고 있는 경영 방식대로 하는 것 이외에 다른 방법을 찾아 볼 생각을 하지 않는다. 아예 이 방면에 관심이 없거나, 자신이 가지고 있는 자원 중에 다른 방법으로 더 잘 이용할 수 있는 자원이 있다는 사실을 모르고 있는 경우가 대부분이다. 아니면 상상력이 부족하거나 필요한 지식과 정보가 결여되어 있는 경우도 많다. 경영목적을 효율적으로 성취하기 위해서는 경영전략을 어떻게 적절하게 선택하느냐가 무엇보다도 중요한 것이다. 우선 이 분야에 관심을 가지고 자기가 가지고 있는 자원을 어떻게 활용하는 것이 가장 효율적일까에 대해 여러 가지로 가능한 모든 경영전략들을 비교 검토하여 깊이 생각해야 한다. 평소에 많은 생각을 하면서 새로운 기술과 경영에 대한 지식과 정보를 얻는데 힘쓰고, 장기적으로 경영의 목표를 계속 새롭게 인식하면서 현실적인 경영여건의 변화와 미래에 대한 예측을 최대한 정확하게 해 보려는 노력을 게을리하지 말아야 한다.

경영전략이 기본적으로 선택되면 다음은 주 생산 분야의 투입/산출관계를 설정하는 단계와 그 과정에서 어떤 가격을 대입할 것인가를 결정하는 과제가 뒤따르게 된다. 예를 들어 벼농사의 경우 단위면적당 수확량을 얼마로 잡을 것이냐를 설정하는 경우를 보자. 이때에는 단위면적당 비료나 농약, 기타 영농자재의 투입량을 얼마로 하고 농기계를 어느 정도 사용해서 노동시간을 몇 시간 투입하면 수확량이 얼마나 산출될 것이냐를 설정하는 것이다. 또한 이때 각각의 영농자재의 가격과 노동시간당 노임은 얼마로 설정하며, 생산된 벼의 가격은 얼마로 할 것인가를 결정해야 경영계획을 수립할 수 있다는 말이다.

투입/산출 관계는 해당 농장에서 실제로 경험한 영농실적을 가지고 몇 년간의 평균치를 산출해서 설정하는 것이 일반적이다. 그러한 실적 자료가 없는 경우에는 주위에 비슷한 여건에 있는 같은 분야의 농장의 수치를 이용하거나, 표준농장의 경영 실적치를 기준으로 해서 적절하게 가감 조정하는 방법이 많이 쓰인다. 그외에 농과대학이나 연구기관, 농촌지도소나 농·축협, 농업경영 컨설팅회사 등에서 제시하는 수치를 감안해서 설정하는 방법도 있다. 대체로 투입/산출 관계를 설정할 때에는 보수적으로 하는 경우가 일반적이다. 지나치게 의욕적으로 설정했을 때 실제 결과가 미치지 못하면 경영에 실패할 위험이 커지기 때문이다. 농업경영은 자연에 의존하는 비중이 아직도 대단히 크기 때문에 위험요소와 불확실성이 크고, 따라서 경영계획을 수립할 때 이러한 위험과 불확실성을 충분히 감안해야 하는 것이다. 특히 새로운 기술이나 경영기법을 도입해서 경영전략을 바꾸고자 할 경우에는 더더욱 이 투입/산출 관계를 설정하는데 신중을 기해서 최대한 안전한 수준으로 하는 것이 경영안정에 필수적이다.

다음으로 영농자재와 생산물의 가격수준을 결정하는 과정인데, 이때는 현재의 시장가격을 기준으로 하는 방법이 가장 손쉬운 방법이다. 그러나 가격이란 시장에서의 수요·공급에 의해 항상 변하는 것이므로 경영계획의 해당기간 중 변동가능성을 최대한으로 정확하게 예측하려는 노력을 하지 않으면 안 된다. 예를 들어 중장기 경영계획을 수립하고자 할 때 현재의 시장가격을 사용하면 실제로는 다른 결과가 나올 확률이 커질 것이다. 앞에서 경영예측 정보에 대해 설명하면서 제시한 방법을 감안하여 기간 중의 가격 변동 가능성을 예측해서 이를 반영한 가격을 대입하여 경영계획을 수립하는 것이 바람직한 것이다. 단기계획의 경우에는 비교적 예측이 간단하고 수월하기 때문에 크게 어려울 것은 없고, 또 시장가격이 안정되어 있을 경우에는 현재가격수준을 그대로 대입해도 큰 문제가 없다. 그러나 중장기계획의 경우에는 이것이 대단히 어려운 과제가 아닐 수 없다. 영농자재의 가격은 그래도 비교적 예측이 쉬운 편이며, 필요시 장기 공급계약을 맺음으로써 가격수준을 미리 정해 둘 수도 있다. 이에 비해 생산물의 가격은 예측이 더욱 어려워서 정확한 가격수준을 미리 예측한다는 것이 거의 불가능한 경우도 있다. 따라서 이 경우에는 최고와 최저가격 수준의 범위를 설정하고, 평균치를 기준으로 경영계획을 수립하되 최고가격과 최저가격의 경우에 해당하는 수치도 미리 계산해서 경영의 안정을 꾀하는 방법이 안전하다. 어떤 경우이든 이 단계에서도 위험요소와 불확실성을 충분히 감안해서 최대한으로 경영안정을 기해야 할 것이다.

3. 경영계획시안의 작성

경영계획시안을 작성하는 방법은 여러 가지가 있으나 여기서는 예산법에 의해 설명해 보기로 한다. 예산법은 경영단위를 기준으로 조수입과 비용, 그리고 농업경영에 있어서 생산활동에 소요되는 자원의 예산을 짜는 경영계획 방법이다. 농업경영전략이 선택되고 투입/산출 관계와 가격수준이 설정되면 이에 따라 부문별로 조수입과 비용, 소요자원에 관한 경영단위당 예산을 산출하게 된다. 예를 들어 벼농사의 경우에는 단위면적(예: 10a 또는 1ha)을 기준으로, 조수입은 투입/산출 관계에서 설정된 수확될 벼의 양을 설정된 예측 수취가격으로 곱해서 산출하고, 비용은 종자대, 비료대, 농약대, 농기계 연료와 작업비 및 수선·유지관리비, 지출된 노임, 출하비, 기타비용 및 단기부채(예: 농업경영자금)의 이자 등을 각각 단위면적 기준으로 나눈 다음 이들을 모두 합산해서 산출한다. 이때 각각의 영농자재 비용은 투입/산출 관계에서 설정된 각각의 투입량에다가 각각 설정된 예측 지출가격을 곱해서 산출한다. 소요자원은 단위면적의 토지에 투입/산출 관계에서 설정된 데 따라 기본적으로 소요되는 노동시간을 산출하면 된다.

축산경영의 경우에는 생산된 최종 축산물의 판매수입 이외에 종축 등을 판매할 수 있을 때도 있으므로 조수입에 이를 포함하여 경영단위인 가축의 마리 기준으로 산출한다. 비용은 구입사료비, 동물약품비, 치료 및 방역비용, 기계 · 장비의 연료비와 작업비 및 수선 · 유지관리비, 출하비용과 기타비용 및 단기부채의 이자 등을 각각 단위마리 기준으로 나눈 다음 이들을 모두 합산해서 산출한다. 이때 각각의 투입량과 기준가격은 벼농사의 경우와 마찬가지로 투입/산출 관계와 가격 수준을 결정할 때 설정된 바를 적용한다. 소요자원은 단위기준 마리당 소요토지와 노동시간, 자가생산 사료작물의 양과 소요면적 등을 계산한다.

예산법에 의한 경영계획에는 감가상각이나 경영관리에 소요되는 간접비용, 중장기 부채에 대한 이자 등이 반영되어 있지 않기 때문에 순수입 개념으로 파악하기는 어렵다. 대신에 각 부문별로 조수입에서 지출된 비용을 뺀 부분을 총이익(gross margin) 개념으로 파악해서 사용하게 되므로 최종적인 판단을 할 때에는 위에서 말한 간접비용들을 충분히 감안할 필요가 있다는 점을 덧붙여 둔다.

1 — 부분예산법(partial budgeting)에 의한 경영개선계획 작성

이는 농업경영의 어느 한 부분을 계획적으로 변화시킬 경우에 조수입과 비용, 소요자원이 어떻게 달라지는지를 파악하기 위해 사용되는 경우이다. 따라서 다른 부분의 경영상황은 고려하지 않고 경영계획을 작성하게 되므로 아주 간편하고 계산상의 착오나 실수를 할 우려가 적은 장점이 있다. 이 과정은 세 단계로 나누어진다. 첫째는 조수입을 증가시키거나 비용을 절감시키는 이익효과가 있는 부분을 파악하고, 둘째는 반대로 조수입을 감소시키거나 비용을 증가시키는 손실효과가 있는 부분을 파악해서, 세 번째 단계에서 첫 번째와 두 번째의 결과를 비교해서 순이익 또는 순손실 효과가 얼마인가를 파악하는 것이다.

예를 들어서 벼농사를 짓던 논에 다른 작물을 재배한다면 조수입과 비용, 소요자원 등이 어떻게 변화할 것인지 파악해서, 순이익이 될 지, 순손실이 될 지 미리 계산해 보는 것이다. 그외에도 제초기를 사용하다가 제초제를 사용하는 방법으로 바꾸면 어떻게 될 것인가? 낙농경영의 경우 착유횟수를 하루에 한 번씩 더 늘리면 어떻게 될 것인가? 컴퓨터를 도입하면 어떻게 될까? 등등 농업경영에서 언제나 직면하는 경영개선 과제와 문제해결 방법을 도입할 때 이 부분예산법을 써서 경영개선 계획을 작성할 수 있는 사례는 얼마든지 있다.

실례를 들어보자. 임시고용으로 제초비를 들이다가 제초제 사용으로 바꾼다면 어떻게 될 것인가? 이 경우 이익효과는 제초에 들어가는 고용노임의 절감액이 될 것이며, 손실효과는 제초제 구입비와 제초제 살포에 소요되는 비용이 증가되는 상당액이 될 것이다. 따라서 이 두 효과를 비교해서 노임절감부분이 제초제 소요비용보다 현저히 크다면 제초제 사용이 훨씬 유리한 것으로 판단할 수 있는 것이다.

2 — 종합예산법(total business budgeting)에 의한 경영계획 작성

앞에서 설명한 것처럼 단순히 한 가지 경영개선 과제에 관한 판단을 위해서는 부분예산법만으로 충분하지만, 농업경영을 시작하거나 주요한 변화를 시도할 때에는 경영의 여러 부문을 전체적으로, 종합적으로 파악하지 않으면 안 된다. 이때 사용되는 방법이 종합예산법에 의한 경영계획 작성법이다. 이 과정도 세 단계로 나누어 진행된다. 첫 번째 단계는 경영개선을 위한 변동사항을 항목별로 정리하여 종전의 경영내용과의 차이점을 명백히 하는 과정이다. 두 번째 단계는 이러한 변화를 위해 소요자원이 어떻게 되는지를 파악하여 현재의 자원으로도 충분한지, 부족하다면 어느 자원을 어느 만큼, 어떻게 확보할 수 있는지, 그 비용은 얼마나 될 것인지 등을 확인하는 것이다. 이때에는 토지, 노동력, 기본적인 영농자재 등 각각의 자원별로 이용가능한 총량과 경영개선 변동에 따른 소요자원의 양을 비교 계산하는 방법이 많이 이용되고 있다.

세 번째 단계는 종합예산을 작성하는 과정이다. 먼저 각각의 경영개선 분야별로 경영단위당 조수입과 비용예산을 산출한 다음 이를 총량으로 곱하여 전체적인 조수입과 비용을 계산한다. 다음 각각의 경영개선 분야와 개별적인 관계가 없는 전체적인 조수입과 비용부분을 파악해서 종합예산을 작성하게 된다. 이때 전체적인 조수입은 경영잡수입으로 분류되는 경우가 많고, 전체적인 비용에는 전체적으로 고용하는 상시고용 노임과 토지 임차료, 재산세, 대수선비와 보험료, 중장기 부채의 이자, 감가상각비 등이 포함된다.

이렇게 해서 경영개선 과제별로 종합예산이 작성되면 이에 따라 총 조수입과 총 비용지출을 비교해서 순수입이 얼마가 될 지를 파악할 수 있게 된다. 순수입의 예상규모가 어느 정도냐에 따라서 위험요소와 불확실성을 감안하여 최종적인 의사결정을 하게 되는 것이다.

4. 경영계획의 평가와 의사결정

경영계획의 마지막 단계는 작성된 경영개선계획 시안을 평가하여 최종적인 의사결정을 내리는 과정이다. 이때에는 경영개선계획의 시안을 작성하는데 사용된 기법이 적절한 것인가를 먼저 평가한 다음, 각각의 경영계획시안이 지니고 있는 긍정적인 측면과 부정적인 측면을 함께 감안하여 종합적으로 판단해야 한다.

지금까지 설명한 바와 같이 경영계획을 작성하는 기법에는 여러 가지가 있으며, 시안에 따라 어느 기법이 적절한지가 달라지기 마련이다. 예를 들어 단순히 제초제의 사용에 관한 문제라면 부분예산법에 의한 경영개선계획이면 충분하겠지만, 경영 작목을 바꾼다든지 재배면적을 조정하고자 할 때에는 종합예산법이나 선형계획법을 이용하는 것이 적절할 경우가 많다. 또 장기적인 고정투자의 내용을 바꾸고자 할 때에는 자본예산법(capital budgeting)을 사용하는 것이 적절할 것이다. 이 기법에 대해서는 앞에서 투자 관리를 설명할 때 기본개념에 대한 설명이 있었지만 다음 절에서 장기 재정계획법과 함께 좀더 구체적으로 설명하기로 한다.

끝으로 어떤 경영개선계획이든지 반드시 긍정적인 측면과 부정적인 측면이 있기 마련이므로 이를 종합적으로 고려해서 신중히 판단해야 한다는 점을 강조하고자 한다.

예를 들어 농업경영의 규모를 확대할 때에는 수익의 규모도 커지지만 비용의 규모도 커지게 되며, 규모확대에 따라 자산도 늘어나지만 그만큼 부채가 커지거나 이용가능한 현금 또는 유통자산이 줄어들어 자금압박으로 인한 경영불안정 요인이 될 우려가 커진다는 점을 반드시 동시에 고려해야 한다는 말이다. 궁극적으로 농업경영자는 경영실태분석과 경영진단 결과에 입각하여 경영예측과 경영계획을 잘 해 나가야만 경영의 안정과 성장 발전을 성공적으로 이룩해 나갈 수 있으므로 경영계획 과정에 대해 기본적인 이해를 할 필요가 있다는 점을 강조해 둔다.

4 — 장기 종합 농업경영계획 기법 (long range whole farm planning)

농업경영계획은 경영실태분석과 경영진단 결과를 토대로 해서 경영예측 정보와 경영계획기법을 이용하여 경영 개선을 위한 계획을 수립하는 것이라고 앞에서 설명한 바 있다. 따라서 농업경영계획의 궁극적인 취지는 장기적으로 종합적인 농업경영개선을 위한 계획을 수립하는 데 있다고 하겠다. 장기 종합 농업경영계획은 농업경영 규모의 확대나 축소, 경영조직의 변화, 다른 농장과의 합병 또는 유통 · 출하 체계의 근본적 변동 등 농업경영상의 주요소들의 변동을 내용으로 하는 기본적인 농업경영계획이다. 그러므로 농업경영자의 능력 중 가장 필요로 하는 것이 이 장기 종합 농업경영계획을 수립 · 추진하는 것이며, 농업경영의 성패가 바로 여기에 달려 있다고 해도 과언이 아닌 것이다.

장기 종합 농업경영계획의 기법은 장기 재정계획법과 종합경영 선형 계획법의 두 가지를 기본으로 한다. 어느 기법을 선택하느냐 하는 것은 장기 농업경영계획의 근본 취지가 어디에 있느냐 하는데 달려 있고, 계획을 수립하는 농업경영자가 어느 기법에 더 자신있게 익숙한가에 달려 있다. 어느 쪽을 택하든지 중요한 것은 앞 절에서 설명한 경영계획의 네 단계를 거쳐야 하며, 예산법의 기본개념을 충분히 활용할 수 있어야 한다는 점이다. 여기서는 두 기법에 대해 차례로 구체적인 설명을 하기로 한다.

1. 장기 재정계획법(long-range financial planning)

장기 재정계획법은 주로 농지를 신규로 더 구입 또는 임차하거나 경영내용을 크게 바꾸든지, 또는 새로운 경영항목을 추가할 때 많이 사용된다. 또한 축산이나 시설원예 경영의 규모를 확대하기 위해 추가 투자를 하거나 새로운 공동경영자를 영입하고자 할 때에도 이용되는 기법이다. 장기적인 농업경영구조를 설계할 때 대단히 유용한 이 기법의 핵심요소는 현재의 경영을 계속할 경우와 의도하는 바대로 경영의 변화를 택할 경우에 재정 상황이 어떻게 될 지를 서로 비교해서 최종적인 판단을 내릴 수 있도록 하는 데 있다.

1 — 장기 재정계획법에 의한 계획수립과정

이 과정은 먼저 현재의 경영실태를 분석하고 경영진단을 하는데서부터 시작된다. 그 결과 현재의 경영성과와 문제점을 파악하고 장기적인 경영목표를 재확인해서 미래의 경영여건 예측을 토대로 기본적인 경영전략을 선택한다. 다음 이 경영전략에 따라 가능한 모든 경영내용의 변화 방안을 검토하여 가장 실현성이 높고 경영목표에 합당한 몇 가지 대안을 설정한다. 예를 들면 작목의 배합을 크게 바꾼다든지, 새로운 분야에 신규투자를 한다든지, 아니면 기존의 고정투자를 크게 대체한다든지, 상시고용인력을 신규로 고용하거나 기존의 고용인력을 감축한다든지 하는 것이 대안이 될 수 있을 것이다.

다음 단계는 현재의 경영을 계속할 경우를 기준으로 해서 각각의 대안별로 예상되는 대차대조표를 작성하는 것이다. 자산과 부채, 자본의 변화 예상치를 각각 단기, 장기로 구분해서 산출하고, 각각의 항목에 대한 분석치(예: 부채/자본비율 등)를 계산해서 서로 비교함으로써 어느 대안이 가장 바람직한 것인지를 판단하는 것이다. 다음은 동일한 방법으로 예상되는 손익계산서를 작성한다. 조수입과 비용을 가능한 한 구체적인 항목으로 세분하여 각각의 예상치를 산출하고 최종적으로 순수익이 대안별로 어떻게 될지를 비교하는 것이다. 이때 조수입에는 생산물의 판매수입과 종축 등의 판매, 자본재의 처분, 기타 잡수입 등이 모두 포함되도록 해야 하며, 비용에는 경영분야별 변동비용과 전체적인 고정비용 및 간접비용 등이 모두 포함되도록 해야 한다.

다음은 같은 방법으로 예상되는 자금수지 명세서를 작성하는 과정이다. 자금조달 부문은 현금수입, 자산매각대, 농업경영외 수입을 모두 포함하며, 자금운영 부문은 농업경영지출, 자산매입비, 가계지출과 저축, 세금과 공과금, 중장기부채의 원리금 상환금, 단기부채 상환금을 포함한다. 양 쪽의 합계액이 같아야 하므로 차액은 자금운영 부문에 현금 여유액 또는 부족액으로 표시하면 된다. 마찬가지로 각각의 대안별로 항목별 예상치를 산출하고 이를 서로 비교 분석하는 것이다. 이어서 같은 방법으로 자산 증감과 수익성 분석을 한다. 자산의 증가 또는 감소, 부채 원리금 상환액의 증가 또는 감소, 현금여유액 또는 부족액의 증가 또는 감소에 대해 각각의 대안별로 예상치를 계산하여 비교분석을 하는 것이다. 이때 자산 중 부동산의 가격상승분을 함께 고려하여 총 자산의 변동예상치를 계산한다. 경영수익이나 총자본 수익, 경영자 자기자본수익, 노동수익 등 수익성 분석지표들도 마찬가지로 각각의 대안별로 예상치를 산출하여 비교분석한다.

마지막 단계는 위에서 작성, 산출한 대차대조표, 손익계산서, 자금수지 명세서, 자산증감과 수익성분석 등 모든 항목의 대안별 예상치를 비교하여 종합적으로 판단을 내리는 과정이다. 대안별로 어느 항목은 유리한데 다른 항목은 불리하게 나타나는 경우가 흔히 있으므로 이때는 어느 항목에 더 비중을 크게 둘 것인가가 판단의 기준이 된다. 이 판단기준은 경영자의 경영목표와 가치관, 기대치, 위험요인의 감수용의 등에 따라 달라진다. 결국 경영자의 최종적인 의사결정은 경영자 자신에게 달려 있다는 말이다.

2 — 자본예산법(capital budgeting)에 의한 투자계획 분석

투자 분석기법으로서 장기 재정계획을 도와주는 기법이 자본예산법이다. 이는 한정된 자본을 가지고 어디에 어떻게 투자하는 것이 가장 효율적인지를 판단하기 위한 분석기법이다. 토지, 기계 · 장비, 시설, 종축 등 장기적인 투자 소요는 많고 이 투자 결정은 농업경영 전반에 걸쳐서 결정적인 영향을 미치는 대단히 중요한 결정이기 때문에 신중에 신중을 기하지 않으면 안 되는 것이다.

자본예산법의 순서는 먼저 수익성이 있는 투자기회를 찾는데서부터 시작한다. 쉽게 이를 찾을 수 있는 때도 많지만, 명백히 알기 어려운 경우도 흔히 있으므로 농업경영자는 평소에 이 분야에 늘 관심을 가지고 좋은 투자기회를 놓치지 않도록 해야 한다. 농업경영상의 투자기회는 첫째 감가상각이 되는 자본재, 고정자산의 유지 관리와 대체를 위한 투자, 둘째 비용절감을 위한 기술 도입을 위한 투자, 셋째 기존 경영부문의 산출 규모확대를 위한 투자, 넷째 새로운 경영부문의 도입에 따른 경영 확대를 위한 투자 등으로 분류할 수 있다.

다음으로 각각의 투자기회에 대한 대안을 작성하는데 가장 중요한 것은 각각의 대안별로 소요액을 정확하게 파악하는 것이다. 일반적으로 농업경영자들이 빠지기 쉬운 함정은 자기가 원하는 투자기회에 대해 투자 소요액을 과소평가하는 경우가 많다는 것이다. 또한 투자에 대한 결정시기와 실제 투자시기 사이에 시간차(time-lag)가 있으므로 그동안에 투자될 자본재의 가격이 인상되어 실제 투자소요액이 현저히 커지게 되는 경우도 흔히 있다. 따라서 투자 소요액을 판정하는 일이 간단하지가 않은 것이므로 특히 유의해야 한다. 다음은 각각의 투자 대안별로 자금수지상 예상되는 변동치를 산출하는 과정이다. 자금의 수입과 지출상황을 예측하는 일도 쉬운 일은 아니다. 가능한 모든 예측정보를 토대로 해서 투자대안에 따른 자금의 수입과 지출 예상치를 최대한 정확하게 추정하는 것이 중요하다.

다음은 이용가능한 재원을 감안하여 자본의 비용을 계산하고, 시간에 따른 돈의 가치를 따져서 장래의 예상소득을 추정하는 것이다. 이때 소득의 자본화(income capitalization) 개념에 입각해서 일정 할인율(discount rate)을 기준으로 자본의 비용을 계산하는 방법이 흔히 사용되고 있다. 이 할인율은 농업경영자가 이 자본을 투자하는 기회비용으로 이해할 수 있는데, 따라서 이는 각각의 농업경영여건이나 농업경영자의 성향에 따라 달라지기 마련이다. 예를 들어 가족의 건강이나 자녀교육 또는 농업경영 외의 부문에 투자 소요가 더 있는 경우에는 이 할인율이 높아지게 되고 다른 쪽의 투자소요가 별로 없는 경우에는 낮아지게 된다는 말이다. 시간에 따른 돈의 가치를 따진다는 말은 대부분의 장기투자의 경우에 투자된 자본이 회수되는데 상당한 시간이 소요되기 때문에 중요한 것이다. 앞에서 투자관리분석을 설명할 때 자본회전기간에 따라 자본의 현재가치를 계산하는 공식을 설명한 바 있는데, 일반적으로 그 공식을 적용하여 계산하는데 큰 무리가 없을 것이다. 각각의 투자대안별로 자본의 현재가치 환산액과 자본비용을 비교분석해서 수익이 비용보다 클 경우에 바람직한 투자라고 판단하는 것이다.

자본예산법의 마지막 단계는 가장 수익성이 높은 투자대안을 선택하는 판단기준 또는 방법을 결정하여 이에 따라 의사결정을 하고, 사후에도 실제 투자의 성과를 계속해서 분석하여 최종판단이 잘 된 것인지 아닌지를 점검하는 것이다. 이때의 판단기준에는 위험요인과 투자된 자본의 회수에 소요되는 기간 등도 중요한 요소로서 고려대상이 된다. 대체로 투자 자본의 현재가치 환산액을 자본비용으로 나눈 수익성지수(profitability index)가 판단기준으로 많이 사용되고 있다. 이 지수가 높은 순서대로 각각의 투자대안의 순위를 내고, 이에 따라 다른 요인들을 감안하여 최종결정을 하는 것이다. 자본회수기간(payback period)도 흔히 쓰이는 방법인데, 이는 자본비용을 해당 투자에 따른 년간 예상수익으로 나누어서 몇 년인지를 계산하는 것이다. 투자의 사후관리로서도 중요한 실제 투자성과의 계속적인 사후점검은 농업경영자의 관리능력과 계획능력을 향상시키는데 무엇보다도 큰 도움이 된다. 최종 투자결정으로 모든 것이 끝나는 것이 아니라 항상 계속해서 투자관리를 점검 확인하는 것이 중요하다는 점을 명심해야 한다.

3 — 감응도(感應度)분석(sensitivity analysis) 과 과도적(過度的)계획 (transitional planning)

장기재정계획을 수립하거나 자본예산법으로 경영개선을 위한 투자분석을 할 경우에 여러 가지 가정 또는 전제가 따른다는 것은 앞에서 설명하였다. 이때 그 가정과 전제에 따라 결과예상치가 어떻게 달라지는지를 분석해 보는 것을 감응도 분석이라 한다. 최근 컴퓨터에 의한 시뮬레이션(simulation) 기법이 많이 이용되고 있으므로 미리 이 감응도 분석을 통해 가능한 많은 가정과 전제의 대안(alternatives)을 검증해 보는 것이 가장 정확하고 현실에 맞는 계획을 수립하는데 크게 도움이 되는 것이다. 수익성, 자금수지, 손익과 자본 등 항목들에 대한 감응도 분석결과를 가지고 많은 가정과 전제 중에서 현실과 경영목표상 가장 적합한 것을 채택하는 것이 잘못된 가정 하에서 수립된 계획으로 인해 발생할 수 있는 손실과 위험을 미리 예방하는 효과적 수단이 되는 것이다.

다음 과도적 계획은 장기재정계획기법의 응용기법에 해당한다. 기존의 경영방식을 새로운 장기경영전략으로 바꿀 때 예상되는 문제점을 파악하는데 흔히 이용되는 것이 과도적 계획기법이다. PERT 기법 등을 통해 경영전략의 변경을 위한 추진단계를 설정한 다음 각 단계별로 이어지는 단기계획을 수립하여 보면 이 과정에서 예상되는 문제점들이 나타난다. 장기계획상으로는 즉각 파악하기 어려운 문제점들을 이러한 과도적인 연속적 단기계획의 수립을 통해 미리 파악해 본다는데 이 기법이 유용하다는 것이다. 예컨대 중간단계에서 발생할지도 모르는 단기적인 자금수지상의 심각한 문제가 있을지를 미리 점검헤 본다든지, 새로운 자원을 취득하는 계획에 장기계획으로는 예상치 못한 차질이 발생할 우려는 없는지 확인해 본다는 것이다.

축산경영의 경우에도 실제로 계획기간 중 필요한 종축을 적시에 충분히 확보하지 못하게 될 우려는 없는지, 사료가 부족하게 될 가능성은 없는지,

이 과도적 계획기법을 이용해서 미리 점검 · 확인해보는 것이 큰 도움이 된다는 말이다. 이 점검결과를 장기계획 수립에 반영하여 미리 중요한 변수들을 적절히 조정하면 있을지도 모르는 좋지 않은 결과를 예방하거나 이를 최소화할 수 있을 것이다. 특히 경영규모를 확정하거나 주요한 경영내용을 변경할 때 초기에 흔히 생산요율의 저하가능성을 미리 점검해 보는 것은 대단히 중요한 일이다. 이로 인해 장기계획의 초기단계에 발생할 가능성이 큰 심각한 재정상의 문제를 파악해서 적절하게 대처하지 않으면 안 되기 때문이다. 이때 유용한 기법이 바로 이 과도적 계획기법인 것이다.

장기계획이나 자본예산법이나, 뒤에서 좀더 구체적으로 설명할 선형계획법이나 컴퓨터의 도움이 없이는 대단히 어렵고, 시간과 정력이 많이 소요될 뿐 아니라 계산상의 실수나 착오가 발생할 우려가 크기 때문에 근래에는 거의 대부분의 경우에 다 컴퓨터에 의존하고 있다. 특히 각각의 기법을 응용한 각종 컴퓨터 소프트웨어(software) 프로그램들이 많이 개발되어 있어서, 이를 활용하면 비교적 쉽게 여러 가지 작업을 할 수 있다. 자원이용 가능성이나 자산과 부채상태, 비용과 수익에 관한 실태자료들을 컴퓨터에 입력한 다음 관련 소프트웨어 프로그램 모델을 쓰면 감응도 분석과 과도적 계획까지 함께 동시에 처리할 수 있으므로 대단히 편리하다. 숙달된 사람은 컴퓨터 모델을 이용해서 몇 분만에 장기재정계획을 감응도 분석과 과도적 계획까지 수행할 수 있다고 한다.

2. 농업경영 전반에 대한 선형계획법(LP, linear programming)

1 — 선형계획법의 기본개념

선형계획법은 경영목표를 충족시키기 위한 최선 또는 최적의 경영 활동이 어떤 것인지를 찾아내는 수학적 분석방법이다. 1937년에 폰 노이만(Von Neuman)이 창시한 자원의 효과적인 활용에 관한 일반이론에 근거해서, 2차대전 때는 군사와 전쟁장비를 가장 효율적으로 배치하거나 최적의 폭격지점을 찾아내는 방법으로 사용되었고, 전후 1951년부터 산업체의 경영활동에 이용되기 시작하여 오늘에 이르렀다.

이 기법에는 세 가지의 기본요소가 있다. 첫째는 목표(objectives) 요소로서 극대화(maximization) 또는 최소화(minimization)하고자 하는 경영목표이다. 다음은 이 목표를 성취하기 위해 할 수 있는 행동(activities) 또는 절차(process)요소이며, 끝으로 목표를 성취하는 데 있어서 사람의 능력을 한정하는 제약(constraints) 또는 제한(restrictions)요소이다. 예를 들어 한정된 농지와 노동력을 가지고 벼와 콩, 채소 등을 재배하여 농업경영수익을 극대화하고자 할 때 선형계획법이 가장 적절한 해답을 얻는데 유용한 기법이 된다는 것이다. 이때 농업경영수익은 극대화하고자 하는 목표요소이며, 벼와 콩 · 채소 등의 재배활동은 행동 또는 절차 요소이고, 한정된 농지와 노동력은 제약 또는 제한요소이다.

선형계획법은 종합예산법과 비슷한 점도 있지만, 근본적으로 다른 점은 종합예산법이 경험과 상식에 의해 자원의 효율적 이용방안을 모색하는데 비해 선형계획법은 이를 수학적으로 찾는다는 데 있다. 따라서 종합예산법은 시행착오의 과정을 거치지 않을 수 없다는 단점이 있는 데 비해 선형계획법은 수학적 공식과 컴퓨터에 의한 의사결정 지원체계(DSS, decision support system)의 모델로 무수한 대안을 사전분석하여 이러한 시행착오의 과정을 미리 거치게 되어 있으므로 유리하다고 할 수 있다. 그러나 선형계획법은 이용가능한 자원을 가지고 어떤 경영활동을 하는 것이 가장 효율적이고 수익을 극대화할 수 있는 방법인지를 찾는데 주로 이용되는 기법이므로 자원이용의 정도를 변경시킬 때 결과가 어떻게 되는지를 분석하는데는 적절치 않다는 단점이 있다.

선형계획법을 사용하는데는 몇 가지 전체 조건이 있다. 첫째는 직선성(linearity)과 분할가능성(divisibility), 변수의 독립성(independency) 등 직선 방정식의 수학적 특성을 충족시켜야 한다는 것이다. 둘째로 투입과 산출 단위의 동질성(homogeneous units of input & output)과 행동의 유한성(finite number of activities), 자원과 요소의 제한성(limiting factors) 등이다.

셋째로는 가격과 비용율의 불변(constant prices & cost rates)과 극대화 또는 최소화의 목표가 전제되어야 하며, 산출은 항상 양(陽)의 정수여야 한다(non-negative outputs)는 것이다. 이러한 전제조건들은 현실에서 항상 전부 충족되기가 어려운 것이기 때문에 이 선형계획법의 사용시에 반드시 유의해야 할 점이라는 것을 강조해둔다.

2 — 그림에 의한 선형계획법의 설명

선형계획법의 기본개념을 알기 쉽게 설명하는데는 그림이 도움이 된다.

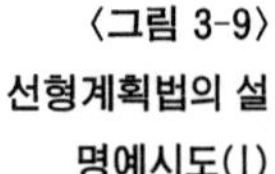

〈그림 3-9〉 선형계획법의 설명예시도(Ⅰ)

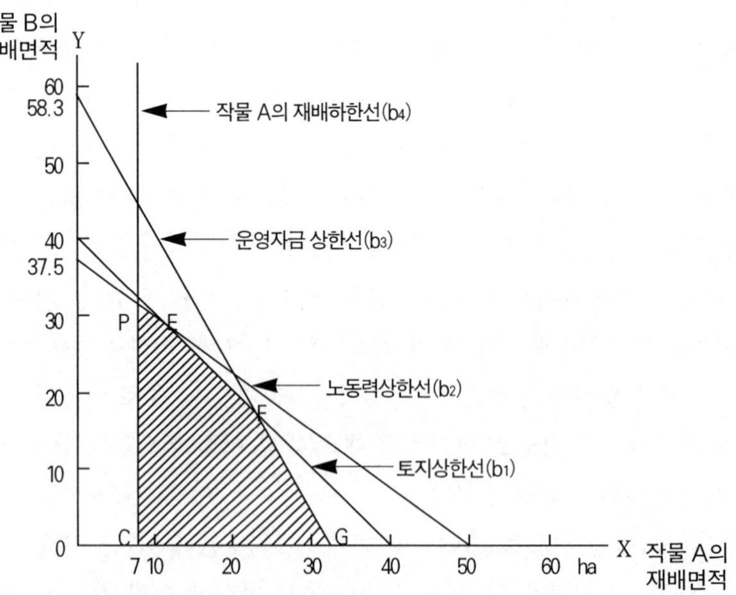

예를 들어 두 작물 A와 B를 재배하고자 하는 경우를 그림으로 설명해 보기로 하자. 먼저 A, B 두 작물의 단위면적당 조수입과 경영비, 소득 등의 기초자료를 산출하고, 토지, 노동력, 자본 등 이용가능한 자원의 한계를 확인한다. 예를 들어 토지는 40ha가 있고, 노동력은 최대한으로 225시간까지 이용가능하며, 운영자금은 3,500만원이 있을 때, 작물 A의 단위 면적(10a)당 조수입이 26만원, 경영비가 11만원, 따라서 소득은 15만원이고, B는 각각 20만원, 6만원, 14만원이라고 가정하고, 각각의 제약요소들을 먼저 선으로 나타낸 다음 두 작물의 재배를 조합해서 소득을 극대화할 수 있는 동일소득선(iso-revenue line)을 그려보자

그림 3-9에서 X, Y의 두 축은 작물 A, B의 재배활동을 나타낸다. 먼저 토지 제약요소를 선으로 나타내면, 양축의 40ha 선인 400(40ha=10a×400)점을 잇는 토지상한선(b_1)이 된다. 다음 노동력 제약요소를 선으로 나타내면 최대가용 노동시간이 225시간인데, 작물 A의 최대 노동수요시간이 단위면적(10a)당 0.45시간, 작물 B가 0.6시간이라고 가정하면 노동력 제약요소만 감안할 때 작물 A의 최대 재배가능면적은 225÷0.45=500, 즉 50ha(10a×500)가 되고, 작물 B의 경우는 225÷0.6=375, 즉 37.5ha가 된다. 따라서 이를 선으로 나타내면 노동력 상한선(b_2)이 된다.

다음 운영자금 제약요소의 경우 작물 A의 경영비가 11만원이므로 가용자금이 3,500만원일 때 최대 재배가능면적은 31.8ha(3.500÷11=318)가 되고, 작물 B의 경영비는 6만원이므로 최대 재배가능면적은 58.3ha(3.500÷6=583)가 되며, 따라서 이를 선으로 나타낸 것이 운영자금 상한선(b_3)가 된다. 끝으로 작물 A를 최소한 7ha 이상은 재배해야 한다는 전제가 있다면 이것이 작물 A의 최소 재배면적이 되며, 이를 선으로 나타내면 수직선인 작물 A의 재배하한선(b_4)이 된다. 그리고 점 C, D, E, F, G를 잇는 빗금친 부분이 각각의 제약요소들을 감안한 재배가능면적의 범위가 되는 것이다. 이를 생산 실현가능범위(feasible region of production)라고 한다. 이 범위 밖에서는 어느 한 가지의 생산요소의 제약이나 최소재배의 제약요소 때문에 생산실현이 불가능하게 되므로 이 범위 안의 어떤 점에서 두 작물의 재배면적이 각각 결정되어야 하는 것이다.

그림 3-10에서는 두 작물의 재배를 조합해서 소득을 극대화할 수 있는 동일소득선을 그려 본다. 동일소득선의 기울기는 두 작물의 단위면적당 소득을 서로 나눈 것이 되므로 여기서는 15만원(작물 A의 소득)÷14만원(작물 B의 소득)=1,071이 된다. 이 선은 오른쪽으로 내려가는 선이므로 그 기울기는 항상 (-)이다. 이를 그림으로 나타낸 것이 동일소득선 ST이며, 같은 기울기의 선은 모두가 두 작물의 재배로 동일한 소득을 얻는 선이 된다. 앞에서 그린 실현가능범위와 이 동일소득선을 동시에 그려보면 실현가능범위 안에서 소득을 극대화하는 수 있는 점은 실현가능범위에 접하는 동일소득선(S′T′)과 만나는 점(F)이 된다는 것을 알 수 있다. 바로 이 점이 두 작물의 재배면적의 조합 중에서 각각의 제약요소를 충족시키면서 소득을 극대화할 수 있는 최적 선택의 점이 되는 것이다. 이 경우는 작물 A를 22ha, 작물 B를 18ha 재배하는 것이 가장 적합한 점이 된다.

〈그림 3-10〉 선형계획법의 설명 예시도(Ⅱ)

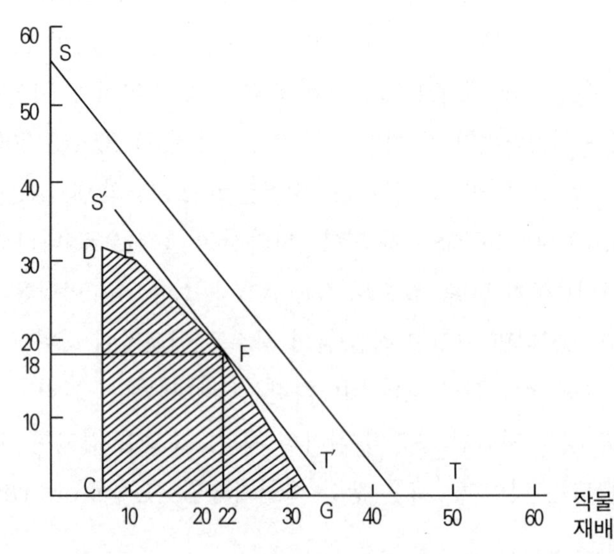

3 — 실제 농업경영에서의 선형계획법의 적용

최적 선택의 점을 찾아낸 다음 이 선형계획법을 이용해서 몇 가지 필요한 정보를 더 얻을 수 있다. 먼저 각각의 생산요소에 관한 자원을 추가로 사용하고자 할 경우에 각각의 추가자원을 얻는데 소요되는 값이 얼마냐 하는 정보를 얻을 수 있다. 다음은 작물 A와 B의 소득이 어느 정도 변화할 때까지 최적 선택의 점이 유효하냐 하는 정보이다. 작물 A와 B의 소득이 변화하면 동일소득선의 기울기가 달라지므로 앞의 예에서 본 바와 같이 점 F에서 최적이 되려면 어느 정도 기울기까지 가능한가를 분석할 수 있다. 더 나아가서 소득은 조수입과 경영비에 의해 결정되므로 조수입에 영향을 미치는 생산요소의 가격이 어느 정도까지 변화하면 최적선택이 달라질 것인가도 이 선형계획기법을 이용해서 분석해 낼 수 있게 된다. 이러한 분석을 가리켜 최적이후 분석(post-optimality analysis)이라고 한다.

앞에서 설명한 그림의 경우는 선형계획법의 기본개념을 알기 쉽게 풀이하는데는 적합하지만 실제 농업경영에서는 이용가치가 떨어진다. 실제 농업경영은 네 가지 이상의 행위요소가 흔히 있기 때문에 이를 그림으로 나타내기가 우선 불가능해지기 쉽고, 제약요소들도 앞의 예에서 본 것처럼 3~4개 정도가 아니라 훨씬 그 숫자가 많기 때문에 이를 그림에서 모두 나타내고 처리한다는 것이 거의 불가능해지게 되는 것이다. 따라서 그림으로는 해결이 어려우므로 수학적으로 처리해야 되는데, 이를 손으로 하자면 시간도 엄청나게 걸리고, 계산착오가 발생할 위험도 커지기 때문에 결국 컴퓨터에 의해서 처리하는 것이 가장 손쉬운 방법이 된다.

컴퓨터에 의할 경우에도 별도의 전문 컴퓨터 의사결정 지원체계(DSS) 모델인 소프트웨어를 사용하는 방법과 그러한 소프트웨어의 노움이 없이 스스로 선형계획기법을 사용해서 결론을 얻는 두 가지 방법이 있다. 스스로 이 기법을 사용하려면 우선 경영주나 컴퓨터 담당자가 고도로 훈련된 숙련기술자여야 하며, 이 기법을 많이 써 본 경험을 가지고 있어야 한다. 뿐만 아니라 각각의 제약요소에 따른 방정식을 설정하고 계산하는데 상당한 시간이 소요되며, 따라서 소요경비 또한 비싸지게 되는 단점이 크다. 스스로 할 수만 있다면 그 방법이 가장 확실하게 해당 농장의 여건을 반영할 것이므로 최적선택의 결론을 찾아내는 것도 경영주의 입장에 가장 적합하도록 융통성 있게 실시할 수 있을 것이지만, 현실적으로는 대단히 어렵다고 하지 않을 수 없다. 따라서 대부분의 경우 별도의 전문 소프트웨어를 사용하는 것이 일반적이다.

컴퓨터에 의한 의사결정 지원체계(DSS)에 대해서 장단점만 간단히 짚고 넘어가기로 한다. 우선 이 방법은 어느 정도의 기본적인 컴퓨터 상식과 기법을 익힌 사람이면 누구나 쉽게 이용할 수 있고 그 비용도 비교적 싸게 먹힌다. 최근에는 농업경영의 분야별로 전문 소프트웨어 프로그램을 만들어서 파는 경우가 늘어나고 있어서 이를 구입해서 쓸 수도 있고, 경영자문(consulting) 또는 경영정보 회사에 의뢰해서 도움을 받을 수도 있다. 물론 이 경우에도 인터넷이나 PC통신을 이용해서 직접 컴퓨터로 연결할 수 있다.

또 하나의 장점은 이 소프트웨어 프로그램이나 경영자문 회사의 경우에는 선형계획기법 뿐만 아니라 농업경영에 필요한 다른 분석기법이나 정보의 처리수단도 함께 이용할 수 있게 되어 있는 경우가 많기 때문에 추가적인 비용이 크게 들지 않고도 여러 가지로 경영에 필요한 의사결정에 그때그때 많은 도움을 받을 수 있다는 장점이 있다. 하나의 단점은 각각의 개별 농장여건에 완전히 일치하는 소프트웨어 프로그램은 현실적으로 구하기 어렵기 때문에 기존의 프로그램 중에서 사용할 수밖에 없다는 점이다. 물론 경영자문 회사의 경우에는 별도로 개별 프로그램을 농장별로 만들어 줄 수 있겠지만 역시 그에 따르는 비용이 그만큼 비싸지지 않을 수 없다는 단점이 있을 것이다.

참고문헌

■ 국내서적

1. 재정경제부 : 주요경제지표, 1998
2. 곽수일 : 생산관리론, 영지문화사, 1991
3. 具在書 : 新農業經營學, 先進文化社, 1991
4. 金文植 : 農業經濟學, 서울대학교 출판부, 1990
5. 김석희 : 재무관리론, 법문사, 1997
6. 金俊輔 : 農業經濟學序說, 고려대학교 출판부, 1971
7. 농림부 : 농림수산주요통계, 1998
8. 柳炳瑞 : 農産物市場分析論, 선진문화사, 1991
9. 文八龍 : 現代農業經濟學, 선진문화사, 1991
10. 정갑영 : 산업조직론, 박영사, 1996
11. 정수영 : 신경영학원론, 박영사, 1996
12. 鄭容福 編譯, 渡邊兵力 著 : 農業經營, 富民文化社, 1989
13. 趙淳 : 경제학원론, 법문사, 1993
14. 한희영 : 신고 경영학원론, 법문사, 1997

■ 일본서적

1. 金澤夏樹 外 : 農業經營學講座(全10卷), 地球社, 1978~1988
2. 農政調査委員會 : 體系 農業百科事典 第5卷 農業經營, 1968
3. 岩片磯雄 : 農業經營學, 養賢堂, 1954
4. ________ : 農業經營通論, 養賢堂, 1965
5. 大槻正男 : 農業經營學の基礎概念, 養賢堂, 1956

6. 石橋幸雄：農業經營講話, 産業圖書, 1957
7. 橋本傳左衛門：農業經營學, 富民社, 1958
8. 柏 祐賢：農業經營學の研究, 養賢堂, 1958
9. 磯邊秀俊：農業經營學(改訂版), 養賢堂, 1989
10. 矢島 武：現代の農業經營學(增訂版), 明文書房, 1971
11. 渡邊兵力：農業の經營, 養賢堂,1962
12. 吉田寛一 外：農業經營學, 文永堂, 1980
13. 金澤夏樹：農業經營學講義, 養賢堂, 1983
14. 頼　平：農業經營學, 明文書房, 1990
15. ______：農業經濟經營論, 明文書房, 1971
16. 工藤 元：農業經營設計と分析, 明文書房, 1961
17. ______：農業經營學講義, 明文書房, 1976
18. 菊池泰次：農家の經營診斷入門, 家の光協會, 1964
19. ______：農業會計學, 明文書房, 1986
20. 和泉庫四郎：最新農業經營學, 明文書房, 1968
21. 澤村東平：農場經營の意思決定, 富民協會, 1971
22. ______：農業經營システム管理總論, 明文書房, 1975
23. 吉田 忠 外：農業經營學序論, 同文館, 1977
24. 亀谷 叚 外：現代農業經營分析論, 富民協會, 1990
25. 阿部良耳：農業財務會計論, 明文書房, 1974
26. ______・頼 平：農業簿記教本, 明文書房, 1977
27. 久保嘉治：營農計劃の經濟學, 明文書房, 1963
28. 天間 征：定量分析による 農業經營學, 明文書房, 1966
29. 今村幸生：農業經營設計の理論と應用, 養賢堂, 1969
30. 川口雅正：農業の經營戰略, 不安定性と農業經營計劃, 明文書房, 1973
31. 相川哲夫：農業經營經濟學の體系, 御茶の水書房, 1974
32. 馬場克三 外：經營學通論, 有斐閣, 1977

33. 藤谷築次：農産物流通の基本問題, 家の光協會, 1970
34. 稲本志良：農業の技術進歩と家族經營, 大明堂, 1987
35. ________：新しい 担い 手・ファーム サービス 事業體の展開, 農林統計協會, 1996
36. 淺見淳之: 農業經營・産地發展論, 大明堂, 1989
37. 七戸長生：經營發展と營農情報, 農林統計協會, 1990

■ 유럽·미국서적

1. Aereboe, F. : Algemeine Landwirtschaft Betriebslehre, 1917 : 工藤 元 譯, 農業經營學 汎論, 龍溪書舍, 1976
2. Anderson, J. R., Dillon, J. L., and J.B.Hardaker : Agricultural Decision Analysis, Iowa State University Press, 1977
3. Aston, P. : Farm Business Management and Land Ownership, Echo Press, 1979
4. Barker, J. W. : Agricultural Marketing, Oxford University Press, 1981
5. Barnard, C. S., and J. S. Nix : Farm Planning and Control, University Press, 1973
6. Barry, P.J., Hopkin, J. A., and C. B. Baker : Financial Management in Agriculture, Interstate Printers and Publishers, 1983
7. Bishop, C. E., and W. D. Toussaint : Introduction to Agricultural Economic Analysis, John Wiley & Sons, 1958
8. Black, J. D., Clawson, Marion, Sayre, C. R., and W. W. Wilcox : Farm Management, MacMillan, 1951

9. Blohm, G : Die Neuorientierung der Landwirtschaft, 1966 : 川渡剛毅 譯, 農業經營の新方向, 農業技術研究所, 1967
10. Boehlje, M. D., and V. R. Eidman : Farm Management, John Wiley & Sons, 1984
11. Bradford, L. A., and G. L. Johnson : Farm Management Analysis, John Wiley & Sons, 1953
12. Brinkmann, T. : Die Oekonomik des Landwirtschaftlichen Betriebslehre, 1922 : 大槻正男 譯, 農業經營經濟學, 地球出版, 1970
13. Butterworth, W., and J. Nix : Farm Mechanization for Profit, Granada, 1983
14. Calkins, P. H., and D. D, Dipietre : Farm Business Management, MacMillan, 1983
15. Capstick, M. : The Economics of Agriculture, George Allen and Urwin, 1971
16. Castle, C. N., Becker, M. H., and F. J. Smith : Farm Business Management, MacMillan, 1972
17. Cramer, G. L., and C. W. Jensen : Agricultural Economics and Agribusiness, John Wiley & Sons, 1988
18. Doll, J. P., and F. Orazem : Production Economics-Theory with Applications, Grid, 1978
19. Downey, W. D., and S. P. Erickson : Agribusiness Management, McGraw Hill, 1987
20. Dunn, E. S. : The Location of Agricultural Production, 1954
21. Efferson, J. N. : Principle of Farm Management, McGraw Hill, 1953
22. Forster, D. L., and B. L. Erven : Foundations for Managing the Farm Business, Grid, 1981

23. Giles, T., and M. Stansfield : The Farmer as Manager, George Allen & Urwin, 1980
24. Goodwin, J. W. : Agricultural Economics, Reston, 1977
25. Harrison, E. F. : The Managerial Decision-Making Process, Houghton Mifflin, 1981
26. Harsh, S. B., Connor, L. J., and G. D. Schwab : Managing the Farm Business, Prentice Hall, 1981
27. Heady, E. O. : Economics of Agricultural Production and Resource Use, Prentice Hall, 1957
28. ______, and H. R. Jensen : Farm Management Economics, Prentice Hall, 1961
29. ______, and J. A. Hopkins : Farm Records and Accounting, Iowa, 1962
30. Hedges, T. R. : Farm Management Decisions, Prentice Hall, 1963
31. Herbst, J. H. : Farm Management-Principles, Budgets & Plans, Stipes Publishing, 1976
32. Hicks, H. G., and C. R. Gullett : Modern Business Management, McGraw Hill, 1988
33. Holmes, C. L. : Economics of Farm Organization and Management, Iowa, 1928
34. James, S. C., and E. Stoneberg : Farm Accounting and Business Analysis, Iowa State University Press, 1974
35. Johnson, G. L. ; Methodology for the Managerial Input, Agricultural Policy Institute, 1963
36. ______ . edit : A Study of Midwestern Farmers, Iowa State University Press, 1961

37. Johnston, B. F., and J. W. Mellor : The Role of Agriculture in Economic Development, American Economic Review, vol. 51(September 1961), pp. 566~595

38. Kay, R. D. : Farm Management-Planning, Control and Implementation, McGraw Hill, 1986

39. Laur, E. : Wirtschaftslehre des Landbaus, 1930

40. Lee, W. F., et al : Agricultural Finance, Iowa State University Press, 1980

41. Legacy, J., Stitt, T., and F. Renean : Microcomputing in Agriculture, Reston, 1984

42. Newman, W. H., and J. P. Logan : Business Policies and Management, Chicago, 1959

43. Norman, L., Turner, R. A. E., and K. R. S. Wilson : The Farm Business, Longman, 1985

44. Osburn, D. D., and K. C. Schneeberger : Modern Agricultural Management, Reston, 1983

45. Penson, J. B., Jr., Klinefelter, D. A., and D. A. Lins : Farm Investment and Financial Analysis, Prentice Hall, 1982

46. ——, and D. A. Lins : Agricultural Finance-An Introduction to Micro and Macro Concepts, Prentice Hall, 1980

47. Ricardo, D. : Principle of Political Economy and Taxation

48. Schmalenbach, E. : Selbstkostenrechnung und Preispolitik, 1919 : 土岐政藏邦 譯, 原價計算と價格政策, 1951

49. Simon, H. A. : Administrative Behavior, 1954

50. Sistler, F. E. : The Farm Computer, Reston, 1984

51. Sonka, S. T. : Computer in Farming-Selection and Use,

McGraw Hill, 1983
52. Terry, G. R. : Principlë of Management, Illinois, 1972
53. Thaer, A. D. : Grundsatze der Rationallen Landwirtschaft, 1809
54. Thünen, J. H. von : Der Isolierte Staat, 1826 : 近藤康男 譯, 孤立國, 近藤康男 著作集 第1卷, 農文協, 1974
55. Thierauf, R. J. : User-Oriented Decision Support Systems, Prentice Hall, 1989
56. Toffler, A.: The Third Wave, 1970 : 李揆行 譯, 제3의 물결, 한국경제신문사, 1989
57. Tschajanow, A. : Die Lehre von der Bauerlichen Wirtschaft, 1923 : 磯邊秀俊 外 譯, 小農經濟の原理, 大明堂, 1957
58. Warren, M. : Financial Management for Farmers, Hutchinson, 1982
59. Williamson, O. A. : The Organization of Capitalism
60. Wilson, B., and G. Macpherson : Computers in Farm Management, Northwood Books, 1982
61. Yang, W. Y. : Methods of Farm Management Investigations, F. A. O., 1965

찾아보기

ㄱ

ㄴ

ㄷ

ㅈ

ㅊ

ㅋ

ㅌ

ㅍ

ㅎ

심영근 沈永根

서울대 농대 졸업. 서울대 대학원 농학박사
미국 애리조나대학과 미네소타대학에서 농경제학과 수학(post-Dr.)
미국 하와이대학 동서문화센터 수석객원연구원
현재 서울대 농과대학 명예교수
저서 : 농산물유통학(1981), 농업정책학(1982) 외 논문 다수

주요경력

농림수산정보센터 해외농업연구원장('93. 6~'98. 12)
서울대 농과대학 교수('60. 3~'95. 2)
한국협동조합학회장('84. 6~'86. 5)
한국농업경제학회장('87. 2~'90.1)
농협중앙회 운영위원('85. 6~'90. 3)
축협중앙회 연구자문위원('86. 6~'94. 3) 역임

이상무 李相茂

서울대 농대 졸업. 서울대 행정대학원 수료
미시간 주립대학교 농업경제학 박사
1990~1992 서울대 농과대학에서 농업정책 강의
1993년 3월부터 1년간 일본 교토(京都)대학 초빙교수
현재 경북대 농과대학 초빙교수, 연변과학기술대학 교수, 동북아농업개발원장
학위논문 : 개발도상국에서 선진국으로 발전하는 과도기의 한국의 쌀, 쇠고기, 사료곡물 정책의 함축적 의미

주요경력

1971년부터 농림수산부 근무, 사료과장, 농업금융과장,
대통령 경제비서실 농수산담당관, 농업공무원교육원 원장,
농림수산부 농업구조정책국장, 농어촌개발국장, 기획관리실장 역임